多光谱食品品质检测技术与信息处理研究

刘翠玲　孙晓荣　吴静珠　于重重　著

机 械 工 业 出 版 社

本书结合我国当下“食品安全”热点问题，以果蔬农残、食用植物油、小麦粉、茶叶等检测对象为例，系统介绍了作者所在课题组采用多种光谱技术（近红外、中红外、拉曼及紫外等）在农产品和食品品质快速检测中的研究理论、方法以及应用成果，并重点探讨了多种光谱技术在农产品和食品品质快速检测领域中的应用可行性及存在问题。

本书系作者及所在课题组多年从事光谱技术应用的经验总结，适合从事食品、卫生、检测技术、自动化、信息处理等专业的研究生、本科生及相关工程技术人员和科研人员阅读。

图书在版编目（CIP）数据

多光谱食品品质检测技术与信息处理研究/刘翠玲等著. —北京：机械工业出版社，2017.11

ISBN 978-7-111-58430-8

Ⅰ. ①多… Ⅱ. ①刘… Ⅲ. ①光电子技术 – 应用 – 食品检验 – 研究 Ⅳ. ①TS207

中国版本图书馆 CIP 数据核字（2017）第 276459 号

机械工业出版社（北京市百万庄大街 22 号 邮政编码 100037）
策划编辑：顾 谦 责任编辑：顾 谦
责任校对：王 延 封面设计：马精明
责任印制：常天培
唐山三艺印务有限公司印刷
2018 年 1 月第 1 版第 1 次印刷
184mm × 260mm · 16.75 印张 · 443 千字
0001—2600 册
标准书号：ISBN 978-7-111-58430-8
定价：69.00 元

凡购本书，如有缺页、倒页、脱页，由本社发行部调换

电话服务
服务咨询热线：010 – 88361066
读者购书热线：010 – 68326294
010 – 88379203

网络服务
机 工 官 网：www.cmpbook.com
机 工 官 博：weibo.com/cmp1952
金 书 网：www.golden-book.com
教育服务网：www.cmpedu.com

前　言

食品安全，是“管”出来的，高效、快捷、准确的食品检测技术正是保障监管制度和监管手段的重要技术基础之一。近年来，近红外、中红外和拉曼等光谱检测技术以其快速、便捷的技术特点引起了国内外科研工作者极大的关注，日趋成为食品品质快速检测领域新兴的研究热点。本书正是作者及所在课题组多年来采用多种光谱技术进行农产品和食品检测相关课题的研究成果总结，是为解决实际问题所进行的科学研究和实践经验而著的。

本书的编写和出版受到了多项国家和省部级课题资助：北京市教育委员会科技规划重点项目“基于多光谱技术的食品安全快速无损检测方法研究”（项目编号：KZ201310011012）、北京市自然科学基金项目“基于拉曼及红外光谱技术的果蔬类农药残留量快速检测研究”（项目编号：4142012）、北京市自然科学基金项目“基于 NIR－Raman 光谱技术的食用植物油综合品质快速诊断机理研究”（项目编号：4132008）、北京市自然科学基金项目“基于光谱技术的农药残留量快速智能检测方法研究”（项目编号：4073031）、北京市优秀人才资助项目“基于多光谱信息技术的面粉品质快速检测方法研究”（项目编号：2012D005003000007）等。

本书重点介绍了多种光谱分析技术在食品及农产品食品品质检测中的应用研究成果，内容涉及多种光谱分析法的理论基础、分析特点以及发展简介；多种光谱分析技术在果蔬农药残留量、食用油理化指标、营养指标检测以及掺伪识别，小麦粉、淀粉、茶叶品质检测中的应用；并初步探索了深度学习方法在高光谱成像信息处理中的应用。

本书由北京工商大学刘翠玲、孙晓荣、吴静珠、于重重著，共分 14 章内容。刘翠玲教授执笔了第 2～7 章；孙晓荣副教授执笔了第 10～12 章；吴静珠副教授执笔了第 8～9 章；于重重教授执笔了第 13 章；作者共同完成了第 1 章和第 14 章；赵琦参加了第 1～7 章的资料整理工作。在本书的著作过程中，得到了北京工商大学研究生隋淑霞、郑光、索少增、李慧、吴胜男、董秀丽、苗雨晴、石瑞杰、胡玉君、窦颖、张宇靖、赵琦、刘倩、邢瑞芯、周兰等人在校期间的实验工作与协助，孙晓荣、吴静珠老师指导了实验。同时本书在著作过程中，参考了国内外一些优秀的相关研究内容（见各章参考文献），在此对相关作者一并表示诚挚的感谢。

由于作者研究尚浅，有些学术观点乃一家之言，仅供参考，错误和不妥之处在所难免，欢迎读者批评指正，共同探讨。

作　者

2017 年 6 月 1 日

目　　录

第1章　绪　　论

1.1　光谱技术概述

1.1.1　光谱技术的起源

光谱学是光学的一个分支学科，它主要研究各种物质的光谱的产生及其同物质之间的相互作用。根据研究光谱方法的不同，习惯上把光谱学区分为发射光谱学、吸收光谱学与散射光谱学。光谱学是一门从实验发展起来的科学技术，关于光谱学的研究至今已有一百多年的历史了。1666年，牛顿把通过玻璃棱镜的太阳光分解成了从红光到紫光的各种颜色的光谱，他发现白光是由各种颜色的光组成的。这可算是最早对光谱的研究，使得人们第一次接触到了光的客观的和定量的特征。其后一直到1802年，沃拉斯顿观察到了光谱线，其后在1814年夫琅和费也独立地发现了它。牛顿之所以没有能观察到光谱线是因为他使太阳光通过了圆孔而不是通过狭缝。1814~1815年，夫琅和费公布了太阳光谱中的许多条暗线，并以字母来命名，其中有些命名沿用至今。此后便把这些线称为夫琅和费暗线。

实用光谱学是由基尔霍夫与本生在19世纪60年代发展起来的，他们证明光谱学可以用作定性化学分析的新方法，并利用这种方法发现了几种当时还未知的元素，并且证明了太阳里也存在着多种已知的元素。就这样，基尔霍夫和本生找到了一种根据光谱来判别化学元素的方法——光谱分析技术，即根据各种结构的物质的特征光谱，利用光谱学的原理和实验方法来确定物质的结构和化学成分的分析方法。

1.1.2　光谱技术的主要应用领域

光谱技术有着十分广泛的应用。通过光谱的研究，人们可以得到原子、分子等的能级结构、能级寿命、电子的组态、分子的几何形状、化学键的性质、反应动力学等多方面物质结构的知识。但是光谱学技术并不仅是一种科学工具，它为化学分析提供了重要的定性与定量的分析方法。利用光谱技术，人们发现了许多新元素，例如铷和铯就是从光谱中看到了以前所不知道的特征谱线而被发现的。可以说光谱分析技术开创了化学和分析化学的新纪元。光谱技术除了在化学分析中得到广泛应用外，在研究天体的化学组成中，同样也起到很重要的作用。19世纪初，科学家们在研究太阳光谱时，发现它的连续光谱中有许多暗线。最初不知道这些暗线是怎样形成的，后来在了解了吸收光谱的成因后，才知道这是太阳内部发出的强光经过温度比较低的太阳大气层时产生的吸收光谱。仔细分析这些暗线，把它跟各种原子的特征谱线对照，于是就知道了太阳大气层中含有氢、氦、氮、碳、氧、铁、镁、硅、钙、钠等几十种元素。

随着数字化、智能化、网络化光谱分析检测技术和光谱仪器的不断发展，目前光谱技术已广泛地用于地质、冶金、石油、化工、农业、医药、生物化学、环境保护等许多方面。诸如现代航空航天、环境生态保护、自然灾害预测预报、全球性传染病［艾滋病、禽流感、重症急性呼吸综合征（非典型肺炎）、疟疾］控制、大规模战争和恐怖活动控制等领域的分析检测，而且会更多应用在现场、生产线、战场实地工作、无人监守、连网工作的环境下，成为在线测控、野外环境监测等领域必不可少的分析检测手段。并且，今后光谱技术仍会沿着20世纪末已开始的应用面拓宽、转移的方向发展，将由传统科技基础学科（物理、化学、天文、生物）、矿物分析、工业产品质量控制等理论研究、物质生产领域继续向生物医学、环境生态、社会安全、国防建设等与人直接相关的领域拓展。近年来，国内外已经发展出多种直接与人相关的光谱仪器，可直接获取来自人体皮肤的荧光，从而检测化妆品、药品的应用效果、皮肤增生、头发损伤、紫外线防护效果等，仪器不必样品制备，也无样品池，使用方便；也可用于水质分析、土壤分析、环境分析以及农产品、食品、化妆品分析等。

1.1.3 光谱技术的应用特点

1）分析速度较快。原子发射光谱用于炼钢炉前的分析，可在1～2min完成，同时给出20多种元素的分析结果。

2）操作简便。有些样品不经任何化学处理，即可直接进行光谱分析，采用计算机技术，有时只需按一下键盘即可自动进行分析、数据处理和打印出分析结果。在毒剂报警、大气污染检测等方面，采用分子光谱法遥测，不需采集样品，在数秒内，便可发出警报或检测出污染程度。

3）不需纯样品。只需利用已知谱图，即可进行光谱定性分析。这是光谱分析中一个十分突出的优点。

4）可同时测定多种元素或化合物，省去复杂的分离操作。

5）选择性好。可测定化学性质相近的元素和化合物。如测定铌、钽、锆、铪和混合稀土氧化物，它们的谱线可分开而不受干扰，成为分析这些化合物的得力工具。

6）灵敏度高。可利用光谱法进行痕量分析。目前，相对灵敏度可达到10^{-9}～10^{-7}g，绝对灵敏度可达到10^{-9}～10^{-8}g。

7）样品损坏少。可用于古物以及刑事侦查等领域。

随着新技术的采用（如应用等离子体光源），定量分析的线性范围变宽，使高低含量不同的元素可同时测定。还可以进行微区分析。

虽然现代光谱检测技术的发展十分迅速，应用领域也更加广泛，但还是存在一定的局限性：光谱定量分析建立在相对比较的基础上，必须有一套标准样品作为基准，而且要求标准样品的组成和结构状态应与被分析的样品基本一致，这常常比较困难。

1.2 光谱技术在食品品质检测中的应用现状

光谱技术如近红外光谱法、红外光谱法、拉曼光谱法、紫外－可见光光谱法等作为近些年蓬勃发展起来的快速检测方法，在石化、医药、食品和农业方面的检测领域得到了广泛研究和应用。光谱检测方法属二次检测技术，只要在首次建模时建立优秀的标准模型数据库并定期进行维护、模型修正和转移，即可将此检测方法对农产品进行快速、无损、无污染地直接测量，无需像生物化学原理方法每次测量都进行复杂的样本前处理，非常适用于现场检测。

1.2.1 光谱技术在农药残留检测中的应用现状

1874年欧特马·勒德勒首次合成DDT（双对氯苯基三氯乙烷），1939年瑞士化学家P. H. Müller发现了化合物DDT强大的杀虫剂功效，使农药从天然药物与无机合成农药并存的阶段直接进入了合成有机农药的阶段。当农药使农作物产量增加、提高经济效益时，带来的问题也逐渐显露。1962年农药残留的概念被首次提出，1970年美国成立国家环境保护局（US EPA），开始对包括农药残留在内的全部农产品环境进行检测。目前全世界化学合成的农药大约有 1.4 万种，常用的有 80 种左右，美国环境工作组（EWG）连续 10 年发布的受农药污染最严重的农产品排行榜中，约 65% 的农产品样本检测呈阳性，其中苹果位居 12 种农药污染排行榜之首，几乎每个样本的农药残留量都高达 99%，残留农药种类至少有一种。20 世纪 70 年代以来，伴随着气相色谱和液相色谱的发展，农药残留分析技术不断成熟，农药残留开始被人们关注。经过半个多世纪的研究与发展，农药残留检测技术种类日益增多，成本逐渐降低，检测过程更加方便和快捷。目前研究中的检测技术多达几十种，检测原理涉及各个学科。依据我国的实际蔬菜种植和销售状况，我国农药残留的检测体系主要分为田间地头、市场和实验室三步检测，不同农药残留检测方法适用于其中不同的步骤，例如，试纸法和传感器法被广泛应用于田间地头的初步筛查，酶抑制法和光谱技术等适用于市场快速检测，而条件较好的实验室则常用 GC（气相色谱法）、LC（液相色谱法）、HPCE（毛细管电泳）技术、薄层色谱技术、色谱 - 串联质谱法等对农药残留进行仔细、准确地分析。

农药残留量检测方法主要是生物、化学检测方法，检测时针对被测物化学组分比较复杂的问题，也为了得到准确可信的检测结果并方便检测，需要使用一定的样本前处理方法，传统的前处理方法有振荡提取、液 - 液分配、索氏提取、离心、柱层析等，近年来随着色谱技术的快速发展，微波辅助萃取（MAE）、固相微萃取（SPME）、快速溶剂提取（ASE）、超临界流体萃取（SFE）和凝胶渗透色谱（GPC）等技术也被广泛地应用于农药残留检测的前处理中。虽然这些样本处理方法对于检测结果有突出的贡献，但是其操作的高度复杂性和高成本特点限制了现场检测的应用，并且基于生物化学原理的检测方法耗时长，结果的等待周期长。在使用特殊化学方法提取待测成分的过程中，可能会出现污染环境的情况，检测后的样本通常情况下都无法继续正常食用。因此，此领域迫切需要新型的农药残留量检测技术来克服基于生物、化学方法的农药残留量检测方法的弊端。

近年来，在农药残留量检测领域，研究者分别使用各种不同的光谱做了一些研究，得到了较为理想的结果。

1. 近红外光谱技术在农药残留量检测中的应用

近红外光谱检测方法是理论基础较为成熟、应用非常广泛的光谱检测技术。近红外（NIR）光谱是由于分子在振动和转动过程中向高能级跃迁时反映物质中含氢基团如 C - H、O - H、N - H 等振动过程的倍频跟合频的吸收，根据样本的待测成分在近红外光谱区 700 ~ 2500nm 范围内的吸光度特性来实现定量和定性的分析检测。

自 1800 年被天文学家 William Herschel 发现后，经过研究者的努力，近红外光谱技术日益完善，并且由于兼有可见区光谱数据容易获取和红外区光谱数据信息量丰富的优点，而被广泛应用于农药残留量检测研究领域。

国外方面，Bahareh 等人使用可见/近红外（Vis/NIR）光谱技术来探究无损检测黄瓜中二嗪农残留的可行性。研究用 450 ~ 1000nm 波长处光谱对二嗪农的浓度变化进行定量分析，所得校正标准方均差为 0.366；针对二嗪农含量高于和低于最大残留限量的两种黄瓜样本，基于不同的光谱预处理建立了其偏最小二乘判别（PLS - DA）的分类模型，该模型校正集和预测集的分类准确率分别为 97.5% 和 92.31%。结果表明，可见/近红外光谱可以适当、快速、无损地对黄瓜中的二嗪农含量进行控制。Arias 等人对苹果中的农药代森锰锌和克菌丹进行了研究，实验获取了两种农药液体样本的近红外光谱，建立了基于 SIMCA 法的分类模型，该模型对农药含量在最大残留限量水平之上和之下的两类样本的分类准确率为 99% ~ 100%。Lourdes 等人对近红外光谱技术检测橄榄中除草剂敌草隆的可行性进行了评估，实验制备了敌草隆含量在最大残留限量之上和之下的橄榄样本216个，用一组不含敌草隆的样本作控制样本集，采用二阶导数结合多元散射校正（MSC）的前处理方法建立了定性判别模型，该模型对敌草隆含量在最大残留量之上和之下的两类橄榄样本的判别正确率为85.9%，表明近红外光谱技术适合对完整橄榄的敌草隆含量进行质量控制。Sánchez M. T. 等人详细研究了含农药及不含农药的无损青椒、青椒粉碎液和青椒粉碎液烘干物的近红外光谱，采用主成分分析法对光谱进行预处理，采用马氏距离法对样本进行校准，确定了青椒及其所含农药的特征谱区。

国内方面，Xue 等人采用近红外光谱技术研究了脐橙表面的敌敌畏残留量，研究共使用330个脐橙样本，其中220个作校正样本，110个作预测样本，用自来水将敌敌畏稀释至不同浓度后喷洒至脐橙表面。12h后，采集所有样本的近红外光谱，然后用GC法测定每个样本的敌敌畏含量作为标准值，使用粒子群优化（PSO）算法进行波长选择后结合偏最小二乘（PLS）法建立了定量模型，结果表明该PSO－PLS模型不仅可以优化模型复杂度还能够提高定量模型的精度，对220个校正样本的校正标准方均差（RMSECV）为0.8692，对110个预测样本的预测标准方均差（RMSECP）为0.8743。Xu 等人将超高压技术与近红外光谱技术相结合应用于大白菜中的农药乐果残留检测，结果表明：超高压提取不影响近红外光谱的吸收，在4100～11000cm^{-1}的近红外光谱范围内建立了基于PLS的数学模型，相关系数为87.14%，RMSECV为0.139，其中10^{-5}～10^{-4}浓度范围内相对误差较小，预测效果也较好，通过进一步处理和样本的选择可以扩大样本预测浓度的范围。沈飞等人对近红外光谱分析技术在辛硫磷农药残留检测中的应用研究中，纵观近红外光谱技术的新发展，综合考虑后采用的优化手段为以硅胶为吸附剂来吸附微量的农药，这种方法需要将需要扫描的对象掺入硅胶，然后再扫描其近红外数据，并以此建立PLS数学模型，建立模型后的评价手段采取留一法交互验证。结果表明，以0.5mg/L作为间隔选取的21个待测目标的评价参数如下：交互验证相关系数为0.958，RMSECV＝0.872mg/L。以间隔为0.25mg/L选取另外一组待检测目标集的41个待测目标的评价结果如下：交互验证相关系数为0.924，RMSECV＝1.15mg/L。模型的预测能力虽然在间隔为0.25mg/L的样本中有所损失，但是其相关系数仍是较优的，以硅胶吸附样本中农药的方法对痕量农药残留量的近红外光谱检测技术是有效的。刘丽丽基于近红外光谱技术研究了白菜乐果残留的分析和检测探索，使用的主要样本制作手段为以超高压对蔬菜进行预处理，压力持续3min，并且保持300MPa的压强，并在其中掺入50mL的萃液，需要25g农作物。仪器参数的设置情况大致如下，光谱扫描的分辨率：4cm^{-1}，按采集32次进行光谱平均处理，光程1mm，以此建立了近红外光谱仪器扫描到的数据的分析模型。结果表明，使用超高压处理过的蔬菜样本的相关系数为87.14%，模型的RMSECV＝0.139，根据研究结果，此方法的分析精度为10^{-5}，比同等条件下不进行超高压处理的样本数据的分析精度高100倍，并且此方法的快捷程度为NY/T 761—2008所规定的国标有机磷农药分析快速程度的20倍左右。吴泽鑫等人基于近红外光谱的番茄农药残留无损检测方法研究中，建立的基于误差反传理论的神经网络方法数学校正分析模型，试验得到了如下结果：对校正集外的样本的正确判断高达96%，在模型的建立过程中，对神经网络模型的训练仅有0.015的偏差，$R=0.971$，表明了BP神经网络在近红外光谱法检测农药残留量研究中的可行性。代芬等人在基于近红外光谱分析的桂圆表面农药残留无损检测研究中，对桂圆上存在的O，O－二甲基－（2，2，2－三氯－1－羟基乙基）磷酸酯和O，O－二甲基－O－（2，2－二氯乙烯基）磷酸酯残留含量分析进行了新的探索，仪器的扫描波数为500～1000nm，扫描用不同浓度的O，O－二甲基－（2，2，2－三氯－1－羟基乙基）磷酸酯和O，O－二甲基－O－（2，2－二氯乙烯基）磷酸酯喷洒的桂圆，对扫描到的取样值进行主成分分析、聚类分析，并建立BP神经网络模型，结果表明，模型判断两种农药物质的微量残留结果高达93%和80%，为BP神经网络在近红外光谱检测中应用的可行性提供了实验依据。

2. ATR－FTIR 技术在农药残留量检测中的应用

红外光谱波段的电磁波波数在 4800～400cm^{-1}的范围，常用于定量分析和结构定量分析。由于衰减全反射傅里叶变换红外光谱（ATR－FTIR）技术的独特优势，其应用极其广泛，在农药残留检测领域应用研究都有较多的文献记载。

李志倩等人在研究中确定了农药敌敌畏和敌百虫在中红外波段的特征峰，对 42 个农药敌百虫的水溶液样本进行光谱扫描后结合 PLS 法建立了其多变量数学模型，模型相关系数为 0.95，预测残差在 40ppm[⊖]以内，从而表明 ATR－FTIR 技术在检测农药残留方面具有理论依据和实验操作的双重可行性。索少增等人使用 ATR－FTIR 光谱技术定量分析研究了萝卜中的毒死蜱残留含量，从线性和非线性两种角度出发将 ATR－FTIR 光谱数据用矢量归一化法优化后建立了基于 PLS 法和 BP 神经网络的两种数学模型，其中基于 PLS 的模型校正标准差为 0.168，预测标准差为 0.127，基于 BP 神经网络的模型校正标准差为 0.100，预测标准差为 0.106，表明 ATR－FTIR 光谱技术在萝卜中农药毒死蜱残留检测方面有潜能和研究价值。徐琳等人首先分析了 ATR/FTIR 技术和红外透射技术原理上的区别，然后通过实验证明了 ATR/FTIR 技术检测蔬菜中氯氰菊酯含量比传统红外透射技术效果好、灵敏度高。Xiao 等人使用苹果中毒死蜱为研究材料，分析了苹果挥发物中的 ATR－FTIR 光谱，观测到毒死蜱在 830～990cm^{-1}和 990～1259cm^{-1}处具有明显的特征峰，然后在苹果上喷洒浓度分别为 1∶20、1∶10、1∶1000 的毒死蜱，加上干净的苹果，采集这 4 组样本挥发物的中红外光谱，并使用主成分分析（PCA）方法进行分类，结果表明中红外光谱技术在完全无损条件下可将 4 组样本准确分类。Wei Liao 等人以 ATR－FTIR 光谱法监测 DNA 结合过程中的蛋白质和小分子，将此技术用于生化反应过程的检测。在农药残留检测领域的应用中，徐琳使用 ATR－FTIR 光谱技术对抑虫琳在青菜表面的残留进行了分析，作者通过自己的试验方法进行了检测限的研究。在衰减全反射红外光谱法测定蔬菜农残的实验研究中，徐琳以氯氰菊酯和抑虫琳为研究对象，对多种叶菜类农作物产品进行了残留检测分析，对检测限进行了研究，为 ATR－FTIR 红外光谱技术在蔬菜农药残留检测领域提供了方法上的依据。朱春艳在 FTIR/ATR 检测蔬菜有机磷农药残留研究中，初步研究了敌百虫在常用蔬菜上的残留检测，确定了更低的检测限。

3. 表面增强拉曼散射光谱技术及其在农药残留检测中的应用

拉曼光谱是一种散射光谱，广泛应用于物质结构鉴定的分析检测并适用于许多领域。拉曼光谱有诸多优点，检测时需要的样本量极少，而且可以实现痕量分析；可以对样本直接测量而不损坏样本，可实现无接触无损测量；根据拉曼散射机理，拉曼光谱的频移特性不受限制于光源频率，因此可以根据样本特性选择不同激发波长的光源进行检测；由于激发光源激光在光纤内部传播时损耗小，拉曼光谱技术还可以实现远程检测。拉曼光谱发现的时间比红外光谱晚，因此拉曼光谱检测方法的研究起步也比较晚。拉曼表面增强技术的出现，使得样本的拉曼强度提高了几个数量级，大大提高了拉曼光谱技术检测的灵敏度，改善了常规的拉曼光谱方法检测的有效性，并且随着拉曼表面增强技术的不断进步，拉曼光谱的检测限还在不断降低甚至直逼单个分子。还有傅里叶变换拉曼光谱技术，采用近红外激光作为激发光源能够消除大量的荧光干扰信号，同时结合化学计量学统计方法，可以通过比较分析光谱间的相似度来实现物质的鉴别检验。

国外对表面增强拉曼散射光谱技术的应用研究时间较长，在食品品质和食品安全特别是农药残留方面取得了一定的进展。Wisiani 等人使用表面增强拉曼散射光谱技术对烟碱类杀虫剂啶虫脒进行了快速检测，以金属银为表面增强剂获得其 SERS，研究发现其在 634cm^{-1}处出现明显特征

⊖ 1ppm = 1×10^{-6}。

峰，在甲醇－水 1∶1 溶剂、苹果汁和苹果表面的检测限分别为 0.5μg/mL、3μg/mL、0.125μg/mL。Benjamin Saute 等人采用 785nm 激发波长，以金纳米棒为表面增强拉曼散射基底对 3 个不同的二硫代氨基甲酸杀菌剂：福美双、福美铁和福美锌进行了检测，3 种杀菌剂的定性检测限分别为（11.00±0.95）nM、（8.00±1.01）nM、（4.20±1.22）nM；定量检测限为（34.43±0.95）nM、（25.61±1.01）nM、（12.94±1.22）nM，实现了 3 种农药的 nM 级检测。Trang 等人利用金纳米棒和石墨烯作为关键材料制造了高性能表面增强拉曼散射拉曼基底，对谷硫磷、西维因和亚胺硫磷 3 种杀虫剂进行了检测研究，结果表明石墨烯－镀金膜－金纳米棒组合基底对 3 种农药有最强的拉曼增强效果，对谷硫磷、西维因和亚胺硫磷 3 种杀虫剂的最低检测限分别为 5ppm、5ppm、9ppm，用 PLS 法建立定量模型分析光谱数据，谷硫磷、西维因和亚胺硫磷 3 种杀虫剂模型的相关系数分别为 0.94、0.87、0.86。Jitraporn 等人分别使用金、银纳米溶胶粒子作为表面增强基底获得了农药地虫磷的表面增强拉曼散射光谱，发现地虫磷分子在两种金属表面的吸附特性不同，特征信号的增强效果也不同，其中基于银纳米粒子的地虫磷检测限可达 10ppm。Shintaro 等人采用纳米银作为表面增强基底研究了水胺硫磷、氧化乐果、甲拌磷和丙溴磷 4 种农药的表面增强拉曼散射光谱，主成分分析显示 4 种农药的检测限分别为 1ppm、5ppm、0.1ppm 和 5ppm。Carrillo－Carrión C 等人采用色谱分析结合 SERS 技术的方法对特丁津、绿麦隆、敌草隆和阿特拉津 4 种农药进行了检测，实验表明 4 种农药的检测限为 0.2～0.5ng。

近年来国内也渐渐将拉曼光谱技术应用于果蔬中的农药残留检测。其中李小舟等人选用苹果和有机磷农药倍硫磷、甲拌磷为研究对象，采用表面增强拉曼散射光谱技术探索了两种农药在苹果表面的快速无损检测方法，实验发现：表面增强拉曼散射光谱可有效识别倍硫磷和甲拌磷的特征信号，然后分别以 $728cm^{-1}$、$1512cm^{-1}$ 波段处的拉曼信号作为甲拌磷和倍硫磷定标峰建立两种农药的定量标准曲线，为表面增强拉曼散射光谱技术定量分析甲拌磷、倍硫磷的含量提供了参考。王晓彬等人对空心菜中的农药噻菌灵进行了研究，采用快速前处理方法萃取了空心菜菜汁，分别采集了以水和菜汁为背景的不同浓度的噻菌灵的表面增强拉曼散射光谱，结果表明水溶液中的噻菌灵表面增强拉曼散射信号在 0.1～10mg/L 范围内具有良好的线性关系，以 $1009cm^{-1}$ 波段处峰强建立的噻菌灵定量分析曲线相关系数为 0.9922；空心菜菜汁中噻菌灵溶液表面增强拉曼散射光谱最低检测浓度为 0.2mg/L，在该浓度下，$990cm^{-1}$、$1225cm^{-1}$ 和 $1527cm^{-1}$ 波段处的特征峰明显，与水溶液中的噻菌灵表面增强拉曼散射特征峰一致，可以作为定性鉴别叶菜中噻菌灵农药残留的依据的同时也为叶菜中农药残留的快速检测提供了方法支持。徐莹等人采用一种新型的基于银修饰的氨基改性粉末多孔材料作为表面增强拉曼散射基底对农药乐果和水胺硫磷进行的检测，将两种农药的检测限从单纯银溶胶作为基底的 100mg/L 和 7mg/L 降低到了 0.5mg/L 和 0.14mg/L，并且在低浓度下乐果和水胺硫磷的混合农药溶液中各农药的特征峰仍然可显著识别，为有机磷农药的检测提供了一种新的检测手段。赵进辉等人采集分析了四环素水溶液的 SERS 光谱，使用自适应迭代惩罚最小二乘法（air－PLS）消除其荧光背景，探索了四环素浓度对其表面增强拉曼散射信号强度的影响，最后以 $1274cm^{-1}$ 波段处峰强定标，建立了水溶液中四环素浓度的标准曲线，相关系数为 0.9897，为之后快速分析检测水中四环素残留提供了参考。Liu B 等人采用 SERS 技术结合金纳米基底对苹果及西红柿样本中的 3 种农药（西维因、亚胺硫磷和谷硫磷）进行了定性定量分析，其中西红柿中亚胺硫磷的检测限可达 2.91ppm。Yu 等人采用 SERS 方法检测了苹果中的甲拌磷和倍硫磷，结果表明两种有机磷农药都有较易识别的特征频率，然后选取甲拌磷的 $728cm^{-1}$ 波段和倍硫磷的 $1512cm^{-1}$ 波段的拉曼信号做定量分析，采用内标法建立了两者的线性回归模型。周小芳等人用激发波长为 1064nm 的拉曼光谱仪测定了梨、香蕉、苹果等常见水果中常用农药的特征拉曼光谱，结果表明拉曼光谱能同时显示出水果和农药的特征谱，从而可以判断出水果表面所含的各种不同农药。

由此可见，国内外学者、机构基于紫外－可见光、近红外、ATR－FTIR 和表面增强拉曼散射光谱的农药残留检测研究都取得了一定效果，为农药残留检测的快速化、现场化和绿色化奠定了基础。

4. 紫外－可见光分光光度法在农药残留检测中的应用

目前的研究中，紫外光谱结合高效液相色谱分析技术在检测农药残留方面取得了较好的效果。吴国旭等人研究了高效液相色谱中 94 种化合物在紫外光波段中的特征吸收波长，找出了分别适宜这些化合物定性分析和定量分析的最大吸收波长和适宜分析波长，通过简化检测操作步骤降低了分析时长。黄明元等人建立了一种快速分析肉制品中瘦肉精盐酸克伦特罗含量的方法：将盐酸克伦特罗与环糊精混合后再测定其紫外光谱的吸光度值，实验发现 358nm 波长处吸收峰强能够线性体现盐酸克伦特罗浓度的变化，据此所建立标准曲线检测限为 0.015mg/L，线性范围为 0.05～0.15mg/L，线性相关系数为 0.9995，残差比为 2.20%～6.04%，回收率为 95.0%～106.0%。林静佳等人将乳及乳制品溶解于水中，进行一定的前处理后利用双波长紫外—可见光分光光度法测定其中的硝酸盐含量，实验结果表明乳和乳制品中硝酸盐加标回收率为 92.0%～96.6%，与国标方法检测结果无显著差异，相对标准偏差为 2.5%～3.3%，该方法快速经济，适合在大批量乳制品硝酸盐含量的快速测定中推广。马仁坤将紫外－可见光分光光度法进行改进后对水中总氮的含量进行了检测：首先通过双波长法快速判断水体消解过程，然后结合 BP 神经网络消除了碘离子和溴离子的干扰，建立了水中总氮的分析模型，结果表明误差范围在 2% 以内时总氮的检测上限为 6mg/L，误差范围在 8% 以内时总氮的检测上限为 10mg/L，大大提高了总氮的测定效率。上述研究显示，紫外－可见光分光光度法可以用于农药残留检测，但对被测样本背景单一度要求较高，一般只能使用单波长法或双波长法进行分析。

1.2.2 光谱技术在食用植物油品质检测中的应用现状

食用植物油在近红外光谱区可以获得包含大量有用信息的近红外吸收光谱，不同种类的食用油各个成分也都包含了特有的吸收光谱特征，为实现定量或是定性检测分析提供了有力的基础。但是近红外光谱范围比较宽，组分共存使各组分光谱之间产生重叠而造成了严重的干扰，需要结合多元校正方法实现有效的定量分析，对于定性分析也需要结合模式识别的方法，进行有效的分类判别。

吴静珠、刘翠玲等人针对花生油掺伪的问题，采用近红外光谱技术区分花生油与按照 10 个梯度的体积比掺入大豆油、棕榈油、菜籽油以及调和油的掺伪花生油。将 40 个掺伪样本与 5 个花生油样本结合支持向量机算法建立了花生油的掺伪鉴别模型，识别和预测的结果正确率均能达到 100%，模型具有一定的可行性与实用性。张辉、吴迪等人基于近红外光谱方法实现了对食用油主成分中的 α—亚麻酸及亚油酸的定量快速检测，采用偏最小二乘回归算法和最小二乘支持向量机算法分别建立定量分析模型，并比较不同预处理方法对模型结果的影响，为食用油脂肪酸含量的快速检测提供了依据。Luna A. S、da Silva A. P 等人采用近红外光谱法对转基因和非转基因大豆油进行了分类识别，应用主成分分析算法提取特征光谱并剔除了异常样本，然后分别用支持向量机算法和 PLS 法对结果进行了分析，分类结果的正确率约为 90%。结果表明，应用近红外光谱技术可以实现识别转基因与非转基因大豆油。

中红外（MIR）光谱通过基频、倍频及合频吸收产生的吸收峰来表征分子的结构特征。根据某物质的中红外光谱便能够像指纹识别一样判断是否存在该物质或是某个化学基团，实现定性判别分析；或是根据某组分的吸收峰强度，结合朗伯比尔定律实现对该组分的定量预测分析。

Vincent Baeten 等人采用 FTIR 光谱方法检测橄榄油掺入榛子油的比例，对油品及其皂化物质采集中红外光谱，结果表明该方法对于橄榄油中掺入榛子油的鉴别是完全可行的，且对于榛子油掺杂量的检测限为不低于 8%。Yoke W. Lai 等人应用 FTIR 光谱技术，结合主成分分析与判别分析算法检测玉米油、葵花油、菜籽油等 8 个种类食用油，并利用 2800 ~ 3100cm^{-1} 和 100 ~ 1800cm^{-1}范围的光谱信息进行食用油的聚类分析，根据橄榄油与其他种类油的明显差异实现掺假橄榄油的定性鉴别分析。Hong Yang、Joseph Irudayaraj 等人利用 FTIR、FTNIR 和拉曼检测方法对食用油和脂肪酸分别进行分类辨别，并应用 LDA（Linear Discriminant Analysis，线性判别式分析）和 CVA（Canonical Variate Analysis，规范变量分析）的分析方法对光谱数据进行分析处理。结果表明，采用 FTIR 检测方法得到的分类结果最好，准确率为 98%，而另外两种方法分类的准确率略低于 FTIR 检测方法，但是 3 种方法都是可行的。

拉曼光谱有诸多优点，检测时需要的样本量极少，而且可以实现痕量分析；可以对样本直接测量而不损坏样本，可实现无接触无损测量。拉曼光谱在食用油检测领域一方面可以应用于食用油的真伪和掺假识别，如判断食用油的真伪以及产地或者对食用油种类的分析识别，另一方面也可以应用于食用油理化指标的定量检测分析中。

章颖强、董伟等人研究了橄榄油中掺杂葵花籽油、大豆油、玉米油的定性识别和掺伪定量预测分析，对 117 个掺伪的橄榄油样本用拉曼光谱法定性分析检测，采用经过优化的最小二乘支持向量机算法实现定性识别，准确率为 97%。比较采用最小二乘支持向量机、人工神经网络算法、偏最小二乘回归算法建立的掺伪定量分析模型预测结果表明，采用最小二乘支持向量机算法建立的定量模型预测方均根误差（RMSEP）为 0.0074 ~ 0.0142，预测效果最好。Jun Luo、Tao Liu 等人使用拉曼光谱法检验掺入体积比为 5% ~ 20% 的大豆油、玉米油和花生油的掺假芝麻油，应用主成分分析法与 PLS 法分别对光谱进行定性建模，分类结果准确率可达 100%，表明拉曼光谱技术能够实现检测芝麻油是否掺伪。冯巍巍、付龙文等人实现了基于光谱技术的食用油检测系统，并利用此系统获取了某餐馆回收地沟油、油烟机油、压榨花生油以及某品牌花生油 4 类食用油样本的拉曼光谱及荧光光谱信号，结果表明食用油样本可以检测到包含特征信息的拉曼信号和荧光光谱信号，且不同种类的食用油的光谱信号有一定的区别。因此，采用激光拉曼法和激光诱导荧光检测法相结合的检测手段能够应用于食用油品质的快速检测。

上述光谱技术以其快速、无损、绿色的检测优势在食用油的品质及掺伪分析检测领域有广阔的应用前景。

1.2.3 光谱技术在面粉品质检测中的应用现状

我国小麦粉品质分析基本上是由物理品质检验、化学品质检验、食用品质检验 3 个部分组成的：物理品质包括加工精度、粗细度、面筋质、磁性金属物等；化学品质包括灰分、含砂量、脂肪酸值、水分等；食用品质包括熟食品质、有害残留物测定、判断其气味和口味等。其中，水分、灰分及面筋的含量是影响小麦粉品质的重要因素，也是工厂日常检测的主要工作，3 项指标需要实时检测，同时也对指导实时生产起到重要作用。目前小麦粉的品质检测采用传统的实验室测定法，存在检测时间较长、操作复杂及人为因素影响较大等问题，比如小麦粉的水分、灰分定量分析的测定至少需要 3 ~4h，即使检测人员全力以赴，每日的检验也只能做 1 ~2 次，而面筋的检验不仅耗时长而且受人为因素的影响较大，这对保证产品质量的稳定性是远远不够的，特别是生产自动化高度发展的今天，小麦粉厂的配粉工艺要求品质研发部及时提供品质检验结果，以便及时采取措施，调整小麦粉的生产工艺和搭配，减少不合格产品的生产。

针对目前小麦粉品质检测方法的种种弊端和实际生产的需要，研究一种简便、快速、准确、无污染、无损的检测方法是小麦粉品质检测的重要发展方向。近红外光检测技术作为近些年发展起来的检测方法，在石化、医药、食品和农业方面的检测领域得到了卓有成效的广泛研究和使用，并且在某些领域得到了产业化应用，通过近些年的研究证明，近红外光检测技术是无损、无污染、快速、低成本的检测方法。这一方法可以解决传统小麦粉检测时间长、操作复杂等难题，利用近红外光检测技术测定小麦粉的品质指标的技术和方法逐渐得到应用和推广。

彭玉魁等人用近红外光分析技术对124个小麦品种的营养成分含量进行了比较测试，结果表明用近红外光技术测得小麦样品的水分、粗纤维、粗蛋白、赖氨酸含量与常规分析法之间的相关系数较高，均达到了相近的水平。刘继明等人探讨了近红外光分析仪在小麦粉厂的重要应用，可以测定小麦及通用小麦粉水分、灰分、粒度含量等。Feng 等人通过对面包老化特性和货架寿命研究表明，利用近红外光交叉验证测定货架寿命数值比质构仪（Texture Profile Analyzer，TPA）测定值的效果更好。

Wesley 等人用近红外光漫反射技术对小麦粉的麦谷蛋白和纯溶蛋白进行了测定，结果获得了较高的相关系数和较低的误差，进一步深化了近红外光谱技术的应用领域。值得关注的是澳大利亚 Black 和 Panozzo 利用可见光－近红外漫反射技术测定小麦的水分、蛋白质、面团黄度、出粉率、吸水率、延展性、硬度、最大抗延阻力和峰值黏度9项指标，只有最大抗延阻力和延展性的相关程度较低，其他的各项指标与常规分析结果相比均达到了显著相关水平。

邓益锋和张志霞将近红外光谱方法与传统分析方法测定小麦粉中粗蛋白和粗灰分进行比较，统计结果表明，两者相关系数 R^2 分别为0.986和0.991，相对误差均小于5%，说明可以用近红外光谱分析技术进行小麦粉粗蛋白和粗灰分的测定。

为了使 DA7200 近红外仪在小麦品质分析、优质小麦选育和种质资源评价中广泛应用，高居荣研究利用国标化学法和 DA7200 近红外仪分别对20个小麦品种的面筋含量、吸水率、蛋白质含量、面团形成时间和稳定时间进行检测。结果表明，近红外光谱技术与国标法具有良好的重现性和相关性。

陈锋、何中虎等人利用近红外的透射光谱对自全国各地426份小麦样品的水分、面筋、硬度、蛋白质等含量进行了测定，指出化学分析结果与光谱之间具有较好的相关性，如蛋白质、水分等指标校正集和预测集决定系数分别为0.96、0.97和0.97、0.96，可知误差较低，这说明近红外光谱对蛋白质和水分的预测精度可以满足一般的分析要求。

1.3 完成的相关科学研究项目概况

作者所在课题组先后获得项目资助的情况具体如下：

1）2013～2015年，北京市教育委员会科技规划重点项目“基于多光谱技术的食品安全快速无损检测方法研究”（项目编号：KZ201310011012）；

2）2014～2016年，北京市自然科学基金项目“基于拉曼及红外光谱技术的果蔬类农药残留量快速检测研究”（项目编号：4142012）；

3）2014～2016年，中国农业机械化科学研究院土壤植物机器系统技术国家重点实验室开放课题“NIR 光谱及显微成像技术检测小麦种子发芽率机理研究”（项目编号：2014－SKL－05）；

4）2013～2015年，北京市自然科学基金项目“基于 NIR－Raman 光谱技术的食用植物油综合品质快速诊断机理研究”（项目编号：4132008）；

5）2012～2014年，北京市优秀人才资助项目“基于多光谱信息技术的面粉品质快速检测方法研究”（项目编号：2012D005003000007）；

6）2008～2010年，北京市优秀人才资助项目“基于近红外光谱的食用植物油品质检测技术研究”（项目编号：20081D0500300130）；

7）2006～2008 年，北京市自然科学基金项目“基于光谱技术的农药残留量快速智能检测方法研究”（项目编号：4073031）。

1.4 本书主要内容概述

第 1 章概述了光谱技术的起源、应用领域和应用特点，重点介绍了光谱技术目前在食品品质检测领域（以农药残留、面粉和食用油为代表）的应用现状。

第 2 章阐述了以近红外光、红外光、拉曼和紫外光为代表的光谱分析理论基础和技术特点，光谱的分析流程，常规预处理方法和典型的校正建模方法，光谱模型评价指标以及光谱仪器。

第 3 章主要介绍了目前农药残留检测的主流方法以及本书中所涉及的研究工作中的光谱仪器。

第 4～7 章介绍了采用近红外光、红外光和拉曼光谱技术在农药残留检测领域所做的研究工作和取得的成果。主要包括以下 4 个方面的研究：

1）近红外光谱技术农药残留检测方法研究。近年来近红外光谱技术应用存在很多不足，针对众多不足，作者打算使用近红外光谱技术和高光谱技术结合 PLS 法和 BP 神经网络法对果蔬表面农药残留量进行试验研究，希望探索出一种无损、快速、无接触和无污染的光谱检测新方法。

2）ATR－FTIR 光谱技术在瓜果蔬菜等农作物农药残留量痕量检测中的应用。近年来该技术在食品、工业、生物化学等领域的高精度、快速检测方法应用研究随着硬件技术和光学科技发展水平的提高而更有优势，但由于该技术在农药残留检测领域的文献记载相对较少，且研究者所做的工作主要集中在最低检测限的研究上，因此作者想要对该技术的可行性和适用性进行完整的研究。

3）SERS 技术在瓜果蔬菜等农作物农药残留量痕量检测中的应用。为了消除可能杂质带来的干扰，每次实验必须耗费大量时间进行样品前处理，但在操作过程中极有可能加大检测误差造成检测结果的不准确。所以研究便捷、选择性高且又绿色无污染的样本预处理方法是非常必要的。QuEChERS 技术是一种经欧洲标准委员会（CEN）和美国分析化学家协会（AOAC）评估承认的快速、准确、有效的农药残留样品前处理方法。本书重点研究采用 QuEChERS 技术对样品进行一定的前处理，结合 SERS 光谱对经过前处理后的样本进行扫描及分析，探索该技术的可行性和适用性。

4）采用 4 种光谱技术对二嗪农进行初步检测分析。同一光谱技术对不同农药的检测效果参差不齐，针对具体农药，何种光谱检测技术为最优选择更无确切定论，因此选择常见的农药二嗪农作为主要研究对象，着重分析不同光谱对农药二嗪农的敏感性，以寻求最适宜二嗪农的光谱检测技术。

第 8 章和第 9 章介绍了采用近红外光、红外光和拉曼光谱技术在食用植物油安全品质、营养品质和理化指标检测领域所做的研究工作和取得的成果。

第 10 章介绍了采用近红外光、红外光和拉曼光谱技术在面粉品质检测领域所做的研究工作和取得的成果。

第 11 章和第 12 章介绍了采用近红外光、红外光和拉曼光谱技术在其他品质检测领域（淀粉和茶叶）所做的研究工作和取得的成果。

第 13 章介绍了高光谱成像技术原理及图像处理方法，并且介绍了采用高光谱成像技术对小麦不完善粒进行无损检测的研究工作和取得的成果。

第 14 章是本书的总结和展望。

参考文献

[1] 王洁莲．蔬菜农药残留检测技术的发展［J］．中国农业信息，2014，11（22）：28－29.

[2] 惠瑾，王玮，刘超，等．浅谈农药残留检测的前处理技术研究进展［J］．农业装备技术，2013，（5）：7－9.

[3] 刘燕德，万常斓．土壤重金属光谱检测技术的研究进展［J］．中国农机化学报，2012，2：76－80.

[4] 郭沫然．光谱技术在食品安全检测中的应用研究［D］．长春：长春理工大学，2014.

[5] 吴国旭，翟立红，毕富春．94种化合物高效液相色谱分析中紫外吸收波长的选择［J］．农药分析，2010，49（8）：581－584.

[6] 黄明元，曾晓玲，黄焕炎，等．紫外分光光度法检测肉制品中盐酸克伦特罗残留量［J］．广东医学院学报，2014，32（6）：763－768.

[7] 林静佳，胡国媛，李荔，等．紫外分光光度法快速测定乳制品中硝酸盐含量［J］．中国卫生检验杂志，2012，22（8）：1757－1763.

[8] 马仁坤．污水中总氮测定的紫外分光光度法的研究［D］．无锡：江南大学，2011.

[9] 陆婉珍，袁洪福，徐广通，等．现代近红外光谱分析技术［M］．北京：中国石化出版社，2000：14－36.

[10] 孙露萍，王举涛．近红外在食品及药品农残检测中的应用研究进展［J］．广州化工，2013，41（15）：12－13.

[11] Williams P C, Norris K H. Near－Infrared Technology in the Agricultural and food industries［M］. Minneapolis: Cereal Chem, 1987: 107－136.

[12] 杨芳．近红外光谱分析技术应用［J］．中国当代医药，2011，18（1）：15－16.

[13] Jamshidi B, Mohajerani E, Jamshidi J, et al. Non－destructive detection of pesticide residues in cucumber using visible/near－infrared spectroscopy［J］. Food Additives & Contaminants: Part A, 2015.

[14] Arias N, Arazuri S, Jarén C. Ability of NIRS technology to determine pesticides in liquid samples at maximum residue levels［J］. Pest management science, 2013, 69（4）: 471－477.

[15] Xue L, Cai J, Li J, et al. Application of particle swarm optimization（PSO）algorithm to determine dichlorvos residue on the surface of navel orange with vis－NIR spectroscopy［J］. Procedia Engineering, 2012, 29: 4124－4128.

[16] Salguero－Chaparro L, Gaitán－Jurado A J, Ortiz Somovilla V, et al. Feasibility of using NIR spectroscopy to detect herbicide residues in intact olives［J］. Food Control, 2013, 30（2）: 504－509.

[17] Sánchez M T, Flores－Rojas K, Guerrero J E, et al. Measurement of pesticide residues in peppers by near－infrared reflectance spectroscopy［J］. Pest management science, 2010, 66（6）: 580－586.

[18] Xu Z M, Sun Y J. Impact Analysis of Ultrahigh Pressure Treatment Pesticide Residues in Vegetables on near Infrared Spectroscopy Detection［J］. Applied Mechanics and Materials, 2012, 142: 46－49.

[19] 李志倩，康少芳，王元元．农药残留检测的中红外衰减全反射方法研究［J］．人工智能及识别技术，2011，07（32）：8000－8001.

[20] 索少增，刘翠玲，吴静珠，等．NIR和ATR－FTIR光谱技术在萝卜农残检测中的应用［J］．传感器与微系统，2012，31（10）：136－138.

[21] 徐琳，王乃岩，等．ATR/FTIR技术和红外透射法用于蔬菜中农药含量测定的比较研究［J］．红外技术，2008，30（12）：702－705.

[22] Xiao G, Dong D, Liao T, et al. Detection of Pesticide（Chlorpyrifos）Residues on Fruit Peels Through Spectroscopy of Volatiles by FTIR［J］. Food Analytical Methods, 2014: 1－6.

[23] 李鑫．磺化聚苯乙烯/壳聚糖复合微球形貌调控及性能研究［D］．合肥：安徽大学，2014.

[24] 欧阳思怡，叶冰，刘燕德．表面增强拉曼光谱法在农药残留检测中的研究进展［J］．食品与机械，

2013, 1, 243 - 246.

[25] Fleischmann M, Hendra P J, McQuillan A J. Raman spectroscopy of pyridine adsorbed at a silver electrode [J]. Chemical Physics Letters, 1974, 26 (2): 163 - 166.

[26] Wang H H, Liu C Y, Wu S B, et al. Highly Raman - Enhancing Substrates Based on Silver Nanoparticle Arrays with Tunable Sub - 10 nm Gaps [J]. Advanced Materials, 2006, 18 (4): 491 - 495.

[27] Wijaya W, Pang S, Labuza T P, et al. Rapid Detection of Acetamiprid in Foods using Surface - Enhanced Raman Spectroscopy (SERS) [J]. Journal of food science, 2014, 79 (4): 743 - 747.

[28] Saute B, Premasiri R, Ziegler L, et al. Gold nanorods as surface enhanced Raman spectroscopy substrates for sensitive and selective detection of ultra - low levels of dithiocarbamate pesticides [J]. Analyst, 2012, 137 (21): 5082 - 5087.

[29] Nguyen T H D, Zhang Z, Mustapha A, et al. Use of Graphene and Gold Nanorods as Substrates for the Detection of Pesticides by Surface Enhanced Raman Spectroscopy [J]. Journal of agricultural and food chemistry, 2014, 62 (43): 10445 - 10451.

[30] Vongsvivut J, Robertson E G, McNaughton D. Surface - enhanced Raman spectroscopic analysis of fonofos pesticide adsorbed on silver and gold nanoparticles [J]. Journal of Raman Spectroscopy, 2010, 41 (10): 1137 - 1148.

[31] Pang S, Labuza T P, He L. Development of a single aptamer - based surface enhanced Raman scattering method for rapid detection of multiple pesticides [J]. Analyst, 2014, 139 (8): 1895 - 1901.

[32] 李晓舟，于壮，杨天月，等．SERS 技术用于苹果表面有机磷农药残留的检测 [J]．光谱学与光谱分析，2013，33 (10)：2711 - 2714.

[33] 王晓彬，吴瑞梅，刘木华，等．叶菜中噻菌灵农药的 SERS 快速检测研究 [J]．核农学报，2014，28 (10)：1874 - 1879.

[34] 徐莹，杜一平，汪宣，等．银修饰的氨基改性粉末多孔材料作为表面增强拉曼散射光谱基底用于检测有机磷农药的研究 [J]．光散射学报，2014，26 (2)：165 - 169.

[35] 赵进辉，袁海超，洪茜，等．表面增强拉曼散射光谱快速检测四环素水溶液 [J]．食品安全质量检测学报，2014，5 (3)：703 - 706.

[36] Liu B, Zhou P, Liu X, et al. Detection Of Pesticides In Fruits By Surface - Enhanced Raman Spectroscopy Coupled With Gold Nanostructures [J]. Food & Bioprocess Technology, 2013, 6 (3): 710 - 718.

[37] Carrillo - Carrión C, Simonet B M, Valcárcel M, et al. Determination of pesticides by capillary chromatography and SERS detection using a novel Silver - Quantum dots "sponge" nanocomposite [J]. J Chromatogr A, 2012, 1225 (2): 55 - 61.

[38] Yu Z. Detection of organophosphorus pesticide residue on the surface of apples using SERS [J]. Spectrosc-Spect Anal, 2013, 33 (10): 2711 - 2714.

[39] 周小芳，方炎，张鹏翔．水果表面残留农药的拉曼光谱研究 [J]．光散射学报，2004，16 (1)：11 - 14.

第 2 章　光谱分析技术基础

2.1　光谱分析理论基础及技术特点

2.1.1　近红外光谱技术

1. 理论基础

近红外（Near－Infrared，NIR）光谱区是介于可见光（Vis）和中红外光（MIR）之间的电磁波，按 ASTM（美国试验和材料检测协会）定义是指波长在 780～2526nm 的电磁波，波数范围为 4000～12500cm^{-1}。利用近红外光谱对物质分子进行的分析和鉴定，简单来说，就是将一束不同波长的红外射线照射到样品的分子上，由于光具有波粒二象性，红外光从光源射出后，会与被检测样品中的分子碰撞，当光粒子与样品分子的振动频率不同时，光会通过样品而不发生任何变化；如果光粒子与样品分子的振动频率一样，样品分子将会吸收光粒子的能量从而发生振幅改变。因为每种分子都有由其组成和结构决定的独有的红外吸收光谱，所以测量样品的出射光或者反射光的衰减和吸收可以得到样品所包含的物质信息。

近红外光谱的常规分析技术包括近红外透射光谱分析和近红外漫反射光谱分析两大类。

近红外光谱透射分析技术一般用于均匀透明的溶液或固体样品，测量得到的吸光度与光程及样品的浓度之间符合朗伯－比尔定律，如图 2-1 所示：

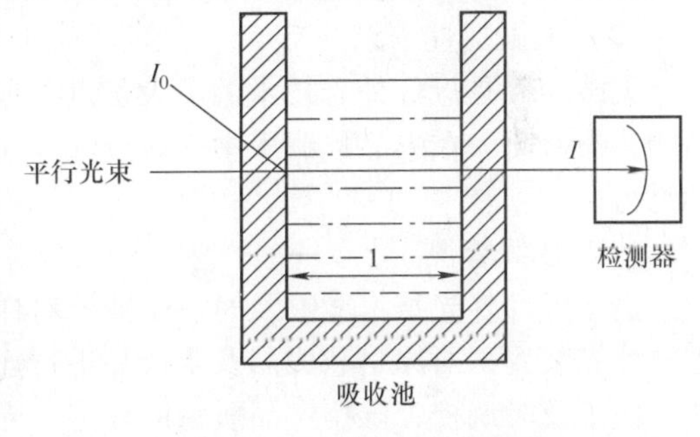

图 2-1　朗伯－比尔定律

一种物质的溶液对光的吸收程度，由该溶液能吸收光子的物质微粒数目和长短决定。显然，物质的浓度越大，吸收的光就越多，液体厚度越大，吸收的光也越多。朗伯－比尔定律说明了待测物质的吸光度与溶液中吸收物质的浓度以及吸收介质的厚度有关，与入射光的强度无关。

一束强度为 I_0 的光辐射通过一层溶液时，一部分能量 I 被吸收，另一部分被透射 I_t，还有一部分被吸收池散射（I'_s）和反射（I_r）。如果样品浑浊或发荧光，则透射光中还包括样品的散射光（I_s）和荧光（I_f）。

如果样品为透明介质，不发射荧光，并且样品测量总是在类似的比色池中，相对参比溶液而言的 I_r、I_s、I_f 和 I'_s 均可被忽略。据朗伯－比尔定律有如下的公式：

$$A = klc = \lg \frac{I_0}{I} \tag{2-1}$$

$$A = -\lg T = \lg \frac{I}{I_0} \tag{2-2}$$

式中，A 是吸光度；c 是溶液浓度；k 为吸光系数，它随不同的介质、波长、环境而异，它可以表示一个物质的吸收特征，在数值上等于单位摩尔浓度在单位光程中所测得溶液的吸光度；l 为介质厚度，在这里为常数；T 是透光度，表示透射辐射能与入射辐射能的比。

近红外光谱漫反射分析在近红外光谱分析中占有十分重要的地位，近红外光谱早期在农业和农副产品分析中的应用大多是靠漫反射完成的。漫反射是光源出来的光进入样品内部，经过多次反射、折射、衍射及吸收后返回样品表面的光。因此，漫反射光是分析光与样品内部分子发生作用后的光，负载了样品的结构和组成信息。由于漫反射过程中样品与光的作用有多种形式，除样品的组成外，其粒径大小及分布和形状均对漫反射光的强度有一定的影响，因此漫发射光的强度不符合朗伯－比尔定律。漫反射光谱定量的基本原理遵守 Kubelka－Munk 方程，如下：

$$A = \log\left(\frac{1}{R_\infty}\right) = -\log\left(1 + \frac{K}{S} - \sqrt{\left(\frac{K}{S}\right)^2 + 2\left(\frac{K}{S}\right)^{\frac{1}{2}}}\right) \tag{2-3}$$

其中，R_∞ 为样品厚度无穷大时的相对漫反射率；A 为吸光度；K 为吸收系数；S 为散射系数。

2. 技术特点

与传统分析技术相比，近红外光谱分析技术具有诸多优点，它能在几分钟内，仅通过对被测样品完成一次近红外光谱的采集测量，即可完成其多项性能指标的测定（最多可达十余项指标）。光谱测量时不需要对分析样品进行前处理；分析过程中不消耗其他材料或破坏样品；分析重现性好、成本低。

（1）无前处理、无污染、方便快捷

近红外光具有很强的穿透能力，在检测样品时，不需要进行任何前处理，可以穿透玻璃和塑料包装进行直接检测，也不需要任何化学试剂。和常规分析方法相比，既不会对环境造成污染，又可以节约大量的试剂费用。近红外光仪器的测定时间短，几分钟甚至几秒钟就可以完成测试，并打印出结果。

（2）无破坏性

无破坏性是近红外光技术的一大优点，根据这一优点，近红外光技术可以用于果蔬原料及成品的无损检测。在果品贮藏库中安装近红外光装置，能够实现果蔬的自动检测，节省大量的人力和物力。

（3）在线检测

由于近红外光技术能够及时、快捷地对样品进行检测，在生产中，可以在生产流水线上配置近红外光装置，对原料和成品及半成品进行连续再现检测，有利于及时发现原料及产品品质的变化，便于及时调控，维持产品质量的稳定。光纤导管和光纤探头的开发应用使远距离检测成为现实。且远距离检测技术特别适用于污染严重、高压、高温等对人体和仪器有损害的环境应用，为近红外光网络技术的发展奠定了基础。

（4）多组分同时检测

多组分同时测定，是近红外光技术得以大力推广的主要原因。在同一模式下，可以同时测定多种组分，比如在测小麦的模式中，可以同时测定其蛋白质含量、水分含量、硬度、沉淀值、快速混合比等指标，这样大大简化了测定操作。不同的组分对测定结果都有一定的影响，因为在测定过程中，其他组分对近红外光也有吸收。

（5）测定速度快

近红外光谱的信息必须由计算机进行数据处理，统计分析一个样品取得光谱数据后可以立即得到定性或定量分析结果，整个过程可以在不到 2min 内完成，而且可以通过样品的一张光谱计算出样品的各种组成或性质数据。

（6）投资及操作费用低

近红外光谱仪的光学材料为一般的石英或玻璃，仪器价格低，操作空间小，样品大多数不需要预处理，投资及操作费用较低，而且仪器的高度自动化降低了操作者的技能要求。

当然，近红外光谱分析也有其固有的缺点：首先，它的测试灵敏度比较低，相对误差比较大；其次，由于它是一种间接测量手段，需要用参考方法（一般是化学分析方法）获取一定数量的样品数据，因此测量精度永远不能达到该参考方法的测量精度，建立模型也需要一定的化学计量学知识、费用以及时间；最后，近红外光的测量范围小，只适合对含氢基团的组分或与这些组分相关的属性进行测定，而且组分的含量一般应大于0.1%才能用近红外光进行测定。对于经常质量监控是十分经济且快速的，但对于偶然做一两次分析或分散性样品的分析则不太适用。因为建立近红外光谱方法之前，必须投入一定的人力、物力和财力，才能得到一个准确的校正模型。当然，近红外光谱分析技术目前在实际应用中也存在一定的局限性，需要进一步探索和改善：

1）对痕量分析和分散性样品分析有很大困难，其检测限常在100×10^{-6}；

2）模型建立需要投入一定的人力、财力和时间，而且建立后的模型还需要不断修正；

3）模型的适用受一定的地域或者环境影响，不容易建立通用模型。

2.1.2 傅里叶变换红外光谱衰减全反射技术

1. 理论基础

衰减全反射（ATR）原理可以简单地概括如下：当入射角大于临界角时，入射光在透入光疏介质（样品）一定深度后，会折回射入全反射晶体中。进入样品的光，在样品有吸收的频率范围内光线会被样品吸收而强度衰减，在样品无吸收的频率范围内光线被全部反射。ATR光谱就是置于晶体上样品的红外光谱，反映出来的是光线经过的那部分样品的化学键分子运动特征，亦即表面或界面的化学特征。

用水平ATR测试仪测得的是样品吸收光谱，光路示意如图2-2所示。

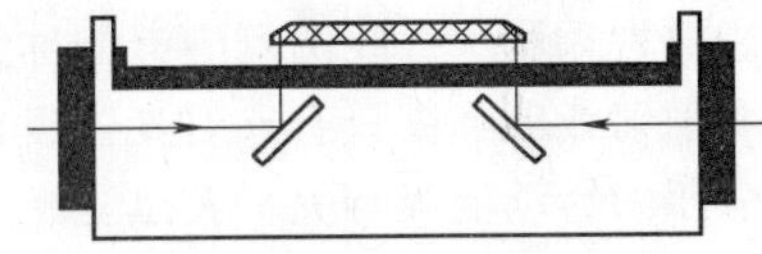

图2-2 水平ATR附件的光路示意图

当入射角θ大于临界角时，还有部分光束透过反射表面进入样品，穿透一定深度后，再反射回棱镜。光线全反射示意如图2-3所示。

$$N = \frac{L}{T\tan\theta} - 1 \tag{2-4}$$

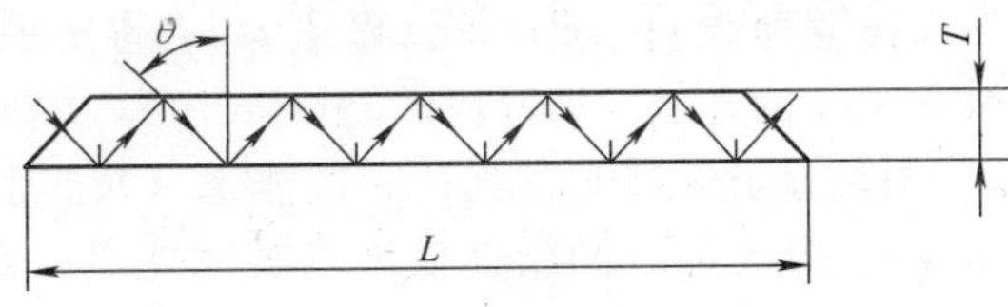

图2-3 光线全反射示意图

从式（2-4）可以看出，增加L，减小T和θ可以使反射次数增加。但在实际中受到材料来源和整个装置的设计尺寸限制，一般L不超过50mm。T减小，使进光斜面减小，会造成光能利用率减小。为保证获得好的光谱质量，入射角不能等于或接近临界角，否则将会产生波峰畸变。

ATR光谱强度取决于有效穿透强度、反射次数和样品与反射晶体的紧密贴合程度以及样品本身吸收的大小。而有效穿透强度取决于3个因素：

1）光波波长；

2）反射晶体与样品的折射率比（n_1/n_2）；

3）入射角。

影响样品与反射晶体接触程度的主要因素是样品与晶体间的压力。

ATR技术主要用于研究有机化合物的红外光谱，而大多数有机物的折射率小于1.5。因此，根据发生全反射条件（$n_1 > n_2$）要求，要获得 ATR 光谱需使用折射率大于 1.5 的红外透过晶体。常用的 ATR 晶体材料有 Ge、ZnSe 和 KRS－5 等。但由于 KRS－5 质软、有毒性，已少用。

2. 技术特点

衰减全反射不需要通过样品信号，而是通过样品表面的反射信号获得样品表层有机成分的结构信息。因此，衰减全反射具有如下特点：

1）非破坏性分析方法，能够保持样品原貌进行测定。常用的 KBr 压片法，对样品研磨或挤压可能改变样品的微观状态。

2）对样品的大小、形状没有特殊要求，甚至可测极微小物，如纤维、毛发等。

3）可测定含有水和潮湿样品。

4）红外辐射通过穿透样品与样品发生相互作用而产生吸收，因此，ATR 光谱具有透射吸收光谱的特性和形状，因红外光谱数据库中多以透射谱形状出现，ATR 光谱的这一特性使它便于与透射光谱比较。但由于不同波数区间 ATR 技术灵敏度不同，因此，ATR 光谱吸收峰相对强度与透射光谱相比并不完全一致。

5）操作简便、自动化程度高，可用计算机进行选点、定位、聚集、测定。

2.1.3 拉曼散射光谱技术

印度物理学家拉曼（Raman）在 1928 年发现了光的非弹性散射效应拉曼散射，单色光照射在分子表面会发生散射，小部分散射光因为会跟分子发生能量交换，光谱的波长会发生改变，这种光谱就是拉曼光谱。同年稍后在前苏联和法国也被观察到。在透明介质的散射光谱中，频率与入射光频率 ν_0 相同的成分称为瑞利散射；频率对称分布在 ν_0 两侧的谱线或谱带 $\nu_0 \pm \nu_1$ 即拉曼光谱，其中频率较小的成分 $\nu_0 - \nu_1$ 又称为斯托克斯线，频率较大的成分 $\nu_0 + \nu_1$ 又称为反斯托克斯线。靠近瑞利散射线两侧的谱线称为小拉曼光谱；远离瑞利线两侧出现的谱线称为大拉曼光谱。瑞利散射线的强度只有入射光强度的 10^{-3}，拉曼光谱强度大约只有瑞利线的 10^{-3}。小拉曼光谱与分子的转动能级有关，大拉曼光谱与分子振动－转动能级有关。拉曼光谱的理论解释是，入射光子与分子发生非弹性散射，分子吸收频率为 ν_0 的光子，发射 $\nu_0 - \nu_1$ 的光子（即吸收的能量大于释放的能量），同时分子从低能态跃迁到高能态（斯托克斯线）；分子吸收频率为 ν_0 的光子，发射 $\nu_0 + \nu_1$ 的光子（即释放的能量大于吸收的能量），同时分子从高能态跃迁到低能态（反斯托克斯线）。分子能级的跃迁仅涉及转动能级，发射的是小拉曼光谱；涉及振动－转动能级，发射的是大拉曼光谱。图 2-4 所示是拉曼光谱的能阶图，其可以更好地表示出不同的能阶相对应的拉曼信号（图中线的粗细大致与描述信号的强度成比例）。与分子红外光谱不同，极性分子和非极性分子都能产生拉曼光谱。拉曼光谱的应用范围遍及化学、物理学、生物学和医学等各个领域，对于纯定性分析、高度定量分析和测定分子结构都有很大价值。

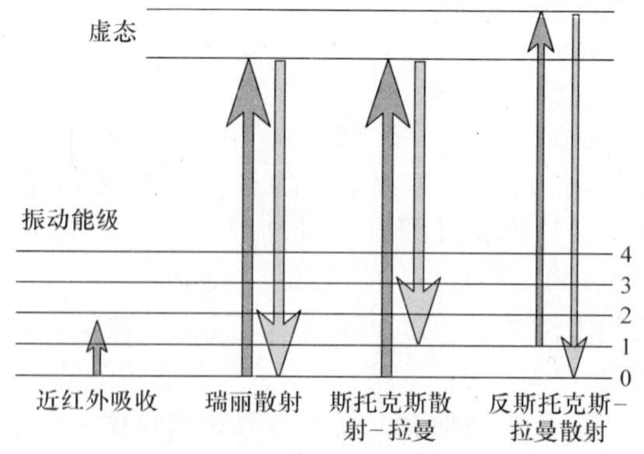

图 2-4　拉曼光谱能阶图

随着拉曼光谱学、仪器学、激光技术的发展，拉曼光谱技术作为一种成熟的光谱分析技术，已发展了多种不同的分析技术，如傅里叶变换－拉曼（FT－Raman）光谱、表面增强拉曼光谱（Surface Enhanced Raman Spectroscopy，SERS）、激光共振拉曼光谱（Resonance Raman Spectrometry)、共焦显微拉曼光谱等。表2-1列出了各种拉曼光谱技术的原理、优缺点及主要的应用领域。

表2-1 典型拉曼光谱技术

类型	原理	优点	缺点	应用领域
傅里叶变换拉曼	傅里叶变换技术采集信号，1064nm的激光光源	消除荧光、精度高	温度漂移、试样移动对光谱影响大	样品的结构分析、蛋白质二级结构分析、染色纤维检验
SERS	衡痕量分子吸附于Cu、Ag、Au等金属溶胶和电极表面，信号增强104～106倍	灵敏度高，所需样品浓度低	基衬重线性和稳定性难以控制	分子的理化研究，病理分析，药物分析，如L－天冬氨酸在银胶中的吸附研究
RRS	激光频率与待测分子的某个电子吸收峰接近或重合时，信号增强104～106倍	灵敏度高，所需样品浓度低	荧光干扰，热效应，要求光源可调	低浓度和微量样品检测，药物、生物大分子检测，如色素蛋白的研究
共焦显微拉曼	使光源、样品、探测器三点共轭聚焦，消除杂散光，信号增强104～106倍	灵敏度高，所需样品浓度低，信息量大	荧光干扰	电化学研究，宝石中细小包裹体的测量
高温拉曼	高温下的理化反应，得到反应物和产物的结构信息以及反应中间体和变化过程的信息	空间分辨率高，消除杂散光，样品可程序控温	热辐射	晶体生长、冶金熔渣、地质岩浆等物质的高温结构研究
固体光声拉曼	通过光声方法直接探测样品而存储能量的一种非线性光存储方式	灵敏度高，分辨率高，避免了非共振拉曼散射的影响	要求激光具有高的亮度	气体、液体、固体介质的特性分析

2.1.4 紫外－可见光分光光度法

1. 理论基础

紫外－可见光（UV－Vis）谱区电磁波波长范围为200～900nm，波数范围为50000～10000cm^{-1}。物质对紫外光谱区光的吸收具有选择性，这种选择性的特征吸收光谱使得使用紫外分光光度法检测农产品农药残留成为可能。物质中的分子或原子与紫外光子碰撞后吸收了紫外光子的能量，导致分子能级和电了能级发生跃迁从而形成物质的紫外光区吸收光谱。不同物质内部分子或原子结构的不同反映在光谱吸收上即不同物质对紫外光谱区的吸收波段不同，因此可根据其特有的吸收光谱曲线进行定性或定量分析。定量分析的基础是朗伯－比尔定律：物质在一定浓度时的吸光度不仅与物质种类有关且与介质的厚度和浓度成正比。紫外可见光区域可以反映许多有机化合物的特征信息，因此可用紫外－可见光分光光度法定性和定量分析有机物结构及含量。

2. 技术特点

1）同一浓度的待测溶液对不同波长的光有不同的吸光度；

2）对于同一待测溶液，浓度愈大，吸光度也愈大；

3）对于同一物质，不论浓度大小如何，最大吸收峰所对应的波长（最大吸收波长λ_{max}）相同，并且曲线的形状也完全相同。

2.2 光谱分析流程

利用多光谱技术进行分析主要分为3步：模型建立、模型测试及多光谱对比寻优，具体流程如图2-5所示。

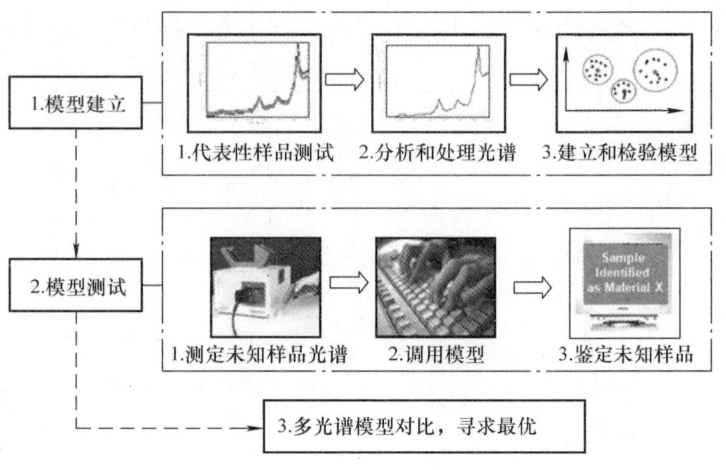

图 2-5　多光谱分析流程

首先是模型建立阶段：建立分析模型前，对有代表性样品的测试十分重要。样品要能涵盖待测样品成分的全部范围，并且在各个范围内的样品数目分布最好均匀一致，从而保证以后分析模型测量的精度较高，避免出现共线性现象。收集样品代表的范围越宽，则所建立模型的适用性越好，但是分析模型的精度会有所下降；反之，如果所收集的样品范围比较窄，则其适用范围将有所缩小，但建立的分析模型精度会相对提高。采集光谱时，应保证测量时间和化学分析时间一致，避免因时间间隔过长而引起样品内成分的变化。由于红外光谱信号不仅与被测样品的化学组分有关，还受样品大小、形状、密度等影响，所以完成光谱数据采集之后，还要进行适当的光谱预处理。光谱中包含了大量的样品信息，很难从中选出与特定理化性质相关的信息，而且不同样品的光谱差别很微小，用肉眼难以分辨，预处理还有助于突出有用信息。最后，把标准分析方法测得的数据和经过预处理的光谱数据结合起来，利用数学方法来建立校正模型，用来预测未知样品的成分浓度、类属性等。

其次是模型测试阶段：模型建立好后，便可用于测定未知样品的成分浓度、类属性等。在分析样品之前，应注意校正模型的测量范围及适用性。浓度范围是指测量样品的成分浓度是否在该校正模型的测量范围之内，如果不在，即超常样品。那么需要将该样品的光谱收集到原来的校正集样品中，并对该样品做标准的化学分析，将原来的校正模型进行修正，以适用更大范围的样品。如果在，则可以直接扫描未知样品的光谱，然后调用已经建好的模型对未知样品的光谱进行分析，即可预测未知样品的成分浓度。

最后是进行多种光谱模型间的比较，不同光谱适用于不同性质的样本，所以不同样本基于多光谱的检测效果也不同，针对特定样本对比多光谱模型间的效果，选取最优。

2.3　常规光谱预处理方法

由于仪器、样品特征和测量环境、条件的变化，光谱预处理并没有通用的解决方法，也没有一个处理效果评定的指标。光谱预处理常规使用的方法有平滑、求导、多元散射校正、标准正态变换等，实际处理时，会依照一定的次序组合上述的几种方法用于具体情况具体分析。

本节介绍一些常用的预处理方法。

2.3.1　中心化

中心化，又称为标准化或归一化处理。在建立近红外光谱定标分析模型时，需将光谱的特征与待测样品的性质或结构特征相互关联。正是基于如上的特点，在建立近红外光定量或定性模型前，往往需要采用一些数据增强算法来降低直至消除一些冗余信息，从而在降低样品间相关性的同时，也能够增大样本之间的差异，进而达到提高模型的重现性和预测能力的效果。常用的算法有均值中心化、标准化和归一化等。这些方法的基本思路是计算每个样品的平均值，将光谱数据减去这些数值，使所有样品的有关数据都分布在零点两侧，充分反映变化信息，这样温度或人为操作等客观因素所带来的变化对光谱数据造成的影响可以被有效去除，并且对以后回归运算有一定的简化作用。

2.3.2 平滑法

由光谱仪得到的光谱信号中既含有有用信息，同时也叠加着随机误差，即噪声。信号平滑是消除噪声最常用的一种方法，其基本假设是光谱含有的噪声为零均值随机白噪声，若多次测量取平均值可降低噪声提高信噪比。常用的信号平滑方法有移动平均平滑法和 Savitzky – Golay 卷积平滑法。

1. 移动平均平滑法

如图 2-6 所示，移动平均平滑法选择一个具有一定宽度的平滑窗口（$2\omega+1$），每个窗口内有奇数个波长点，用窗口内中心波长点 k 以及前后 ω 点处测量值的平均值 $\overline{x_k}$ 代替波长点的测量值，自左至右依次移动 k，完成对所有点的平滑：

$$x_{k,\text{smooth}} = \overline{x_k} = \frac{1}{2\omega+1}\sum_{i=-\omega}^{+\omega} x_{k+i} \tag{2-5}$$

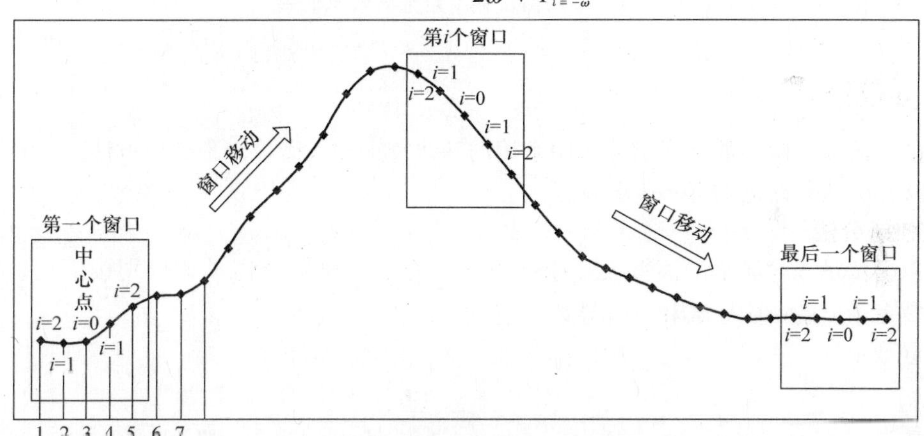

图 2-6 窗口移动平滑法示意图

采用移动平均平滑法时，平滑窗口宽度是一个重要参数，若窗口宽度太小，平滑去噪效果将不佳，若窗口宽度太大，进行简单求均值运算，会在对噪声进行平滑的同时也将有用信息平滑掉，造成光谱信号的失真，如图 2-7 所示。

2. Savitzky – Golay 卷积平滑法

Savitzky – Golay（S – G）卷积平滑又称多项式平滑，波长 k 处经平滑后的平均值为

$$x_{k,\text{smooth}} = \overline{x_k} = \frac{1}{H_i}\sum_{i=-\omega}^{+\omega} x_{k+i}h_i \tag{2-6}$$

式中，h_i 为平滑系数；H 为归一化因子，$H=\sum_{i=-\omega}^{+\omega} h_i$，每一测量值乘以平滑系数 h_i 的目的是尽可能减小平滑对有用信息的影响。

Savitzky – Golay 卷积平滑法与移动平均平滑法的基本思想是类似的，只是该方法没有使用简单的平均而是通过多项式来对移动窗口内的数据进行多项式最小二乘拟合，其实质是一种加权平均法，更强调中心点的中心作用。Savitzky – Golay 卷积平滑法是目前应用较广泛的去噪方法，移动窗口宽度（常称平滑点数）的影响要明显低于移动平均平滑法。

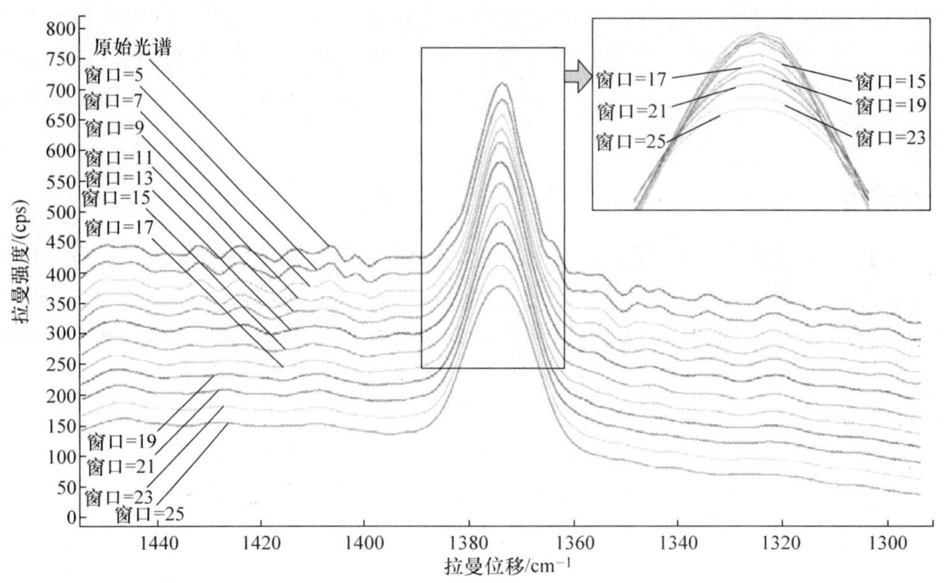

图 2-7　不同窗口宽度对平滑效果的影响

2.3.3　导数法

光谱的一阶和二阶导数是光谱分析中常用的基线校正和光谱分辨预处理方法。对光谱求导一般采用直接差分法和改进的 Norris 求导法。

1. 直接差分法

直接差分法是一种简单的离散波谱求导方法，对于一离散光谱 x_k，分别按下式计算波长 k 处、差分宽度为 g 的一阶导数和二阶导数光谱：

一阶导数：

$$x_{k,1\mathrm{st}} = \frac{x_{k+g} - x_{k-g}}{g} \tag{2-7}$$

二阶导数：

$$x_{k,2\mathrm{nd}} = \frac{x_{k+g} - 2x_k + x_{k-g}}{g^2} \tag{2-8}$$

2. Norris 求导法

为了消除光谱变换带来的噪声，常在求导前对原始光谱进行平滑。这种方法最早是由 Norris 等人提出的，即被常称为 Norris 求导法。如图 2-8 所示，对光谱进行 7 点平滑、3 点差分宽度的 Norris 求导，即先用窗口宽度为 7 点的移动平滑对光谱进行去噪，再用宽度为 3 点的直接差分法求导。

2.3.4　标准正态变量变换法

标准正态变量变换（Standard Normal Variate transformation，SNV）用来减小颗粒大小不均匀和粒子表面非特异性散射的影响。SNV 与标准化的计算公式相同，区别在于标准化过程是基于光谱阵的列进行运算，即对一组光谱数据进行处理，而标准正态变量变换是基于光谱阵的行，即对一条光谱数据进行处理。对需 SNV 的光谱按下式计算：

$$x_{\mathrm{SNV}} = \frac{x - \bar{x}}{\sqrt{\dfrac{\sum_{k=1}^{m}(x_k - x)^2}{(m-1)}}} \quad (2\text{-}9)$$

式中，$\bar{x} = \frac{\sum_{k=1}^{m} x_k}{m}$；$m$ 为波长点数；$k = 1, 2, \cdots, m$。

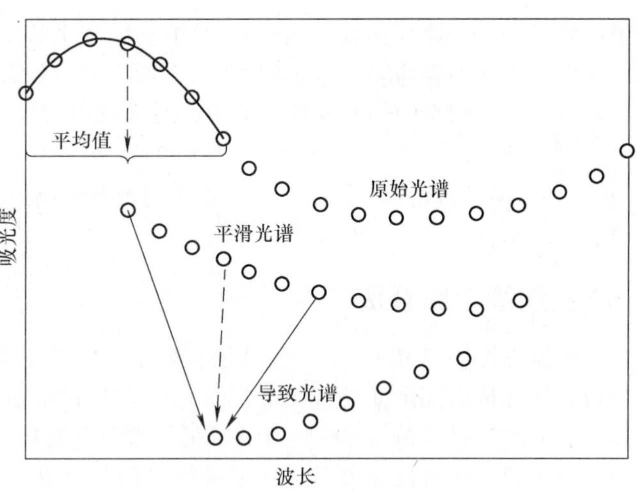

图 2-8　Norris 求导法示意图

2.3.5　去趋势法

去趋势算法是对 SNV 后的光谱进行处理的，将原始光谱的吸光度和波长拟合出一条趋势线，然后从原光谱中减掉趋势线，从而消除漫反射光谱的基线漂移。

2.3.6　多元散射校正

多元散射校正（MSC）由 Martens 等人提出，是基于一组样品的光谱阵进行运算。该方法的基本思想是假定散射系数在所有波长处都是相同的，将化学物质的吸收信息与光谱中的散射光信号进行有效分离。

多元散射的校正过程：

首先，计算所需校正光谱的平均光谱，如式（2-10）所示：

$$\bar{A} = \frac{\sum_{n} A}{n} \quad (2\text{-}10)$$

其次，对平均光谱做回归，如式（2-11）所示：

$$A_i = m_i \bar{A} + b_i \quad (2\text{-}11)$$

最后，对每一条光谱做 MSC，如式（2-12）所示：

$$A_{i(\mathrm{MSC})} = \frac{A_i - b_i}{m_i} \quad (2\text{-}12)$$

MSC 可消除近红外漫反射光谱中由于样品的镜面反射及不均匀造成的噪声，消除光谱的基线漂移现象及光谱的不重复性。但是，由于 MSC 假定了散射同波长和样品的浓度的变化无关，所以对于组分性质变化范围较大的样品处理效果并不明显，甚至导致较大误差。

2.3.7　小波变换

小波变换（Wavelet Transform，WT）的基本原理与傅里叶变换类似，不同的是，它既保持了傅里叶变换的优点又具有良好的局部化性质。因此，小波变换被誉为分析信号领域的显微镜，已被广泛应用于光谱数据平滑、降噪以及数据压缩等诸多方面。小波变换的实质是将信号 $x(t)$ 投影到小波 $\Psi_{a,b}(t)$ 上，即 $x(t)$ 与 $\Psi_{a,b}(t)$ 的内积，得到便于处理的小波系数，按照光谱分析的需要对小波系数进行处理，然后对处理后的小波系数进行逆变换，进而得到处理后的信号：

$$\Psi_{a,b}(t) = \frac{1}{\sqrt{|a|}} \Psi\left[\frac{t-b}{a}\right] \quad a, b \in R,\ a \neq 0 \quad (2\text{-}13)$$

式中，$\Psi_{a,b}(t)$为一个函数族，通过$\Psi(t)$的伸缩和平移产生；$\Psi(t)$为小波基或小波母函数；a 为尺度参数，用来控制伸缩；b 为平移参数，用来控制位置。

在分析光谱信号的小波变换处理中，通常使用的是离散 WT。离散 WT 定义为

$$a = a_0^m(a_0 > 1, m \in Z), b = nb_0 a_0^m(b_0 \in R, n \in Z) \tag{2-14}$$

则 $\Psi_{m,n}(t) = a_0^{-\frac{m}{2}}\Psi(a_0^{-m}t - nb_0)$。在利用小波变换对光谱函数进行预处理时，选择合适的参数很重要。

2.3.8 连续投影算法

连续投影算法（SPA）是一种能够很好地消除波长变量间共线性问题的变量选择方法，利用向量投影来优选出冗余度低、共线性小又能反映样本光谱关键信息的有效特征波段，通过减少建模输入变量的数目来提高建模速度并降低模型复杂程度，最大限度地避免光谱信息重叠。SPA 以其简单、快速的优势被应用于选取多种样品波长，获得了较好的结果。为了提高分析模型的精度，本书尝试应用 SPA 进行谱区筛选和模型优化，其算法原理如下：校正集样本数目 M 和波点数 K 组成表面增强拉曼散射光谱的吸光度矩阵 $\boldsymbol{X}_{M\times K}$，令 $\boldsymbol{x}_{k(0)}$ 为初始迭代向量，$N(N < M-1)$为需要提取的波段数目，SPA 从一个波段出发进行前向循环选择，每次循环时计算该波段在其他波段上的投影，若某一波段上投影向量最大，则将其加入波段组合中，N 次循环中每次循环选中的波段都与上次循环选中的波段有最小的线性关系，具体步骤如下：

1）初始化：$n=1$，在表面增强拉曼散射光谱吸光度矩阵中任选一个列向量 $\boldsymbol{x}_j$ 进行第一次迭代，记为 $\boldsymbol{x}_{k(0)}$（即 $k(0)=j$）；

2）集合 S 定义为：$S=\{j, 1\leqslant j\leqslant K, j\notin\{k(0),\cdots k(n-1)\}\}$，即未被选入的列向量，计算 $\boldsymbol{x}_j$ 在 S 上每一个列向量的投影：

$$\boldsymbol{P}\boldsymbol{x}_j = \boldsymbol{x}_j - (\boldsymbol{x}_j - \boldsymbol{x}_{k(n-1)})\boldsymbol{x}_{k(n-1)}(\boldsymbol{x}_{k(n-1)}^{\mathrm{T}} - \boldsymbol{x}_{k(n-1)})^{-1} \tag{2-15}$$

3）记录最大投影的序号：

$$k(n) = \arg(\max \| \boldsymbol{P}\boldsymbol{x}_j \|, j \in S) \tag{2-16}$$

4）以最大投影作为下次循环的投影向量：

$$\boldsymbol{x}_j = \boldsymbol{P}\boldsymbol{x}_j, j \in S \tag{2-17}$$

5）$n=n+1$，如果 $n<N$ 回到 2）继续投影。

循环结束得到 $M\times K$ 对波长组合，使用每对 $\boldsymbol{x}_{k(0)}$ 和 $\boldsymbol{N}$ 组合建立定量模型，预测方均差最小时所对应的 $\boldsymbol{x}_{k(0)}^*$ 和 $\boldsymbol{N}^*$ 为最优波长组合。

2.3.9 正交信号校正

利用正交信号校正算法，对原始光谱数据进行预处理，可以有效地取出光谱数据中所包含的各种干扰噪声信号。在实际应用近红外光谱技术进行分析时，部分系统误差或干扰噪声等与有效信息无关的信息常常会被引入在光谱中，这时，用 PLS 法建立的定标模型的前几个主因子数对应的光谱载荷经常不是有用的浓度矩阵信息，而是与浓度矩阵无关的噪声信号。因而，在建立定标模型前，通过正交的数学运算，除去与浓度阵无关的噪声，然后将经过数学运算处理后的光谱矩阵作为新的自变量矩阵，再利用 PLS 法建立校正模型。

只要保证除去的部分与预测值矩阵能够正交，则除去部分所含有的信息必然与光谱矩阵没有必然的关系。正是基于这种新颖的思想，S. Wold 等人在 1998 年提出正交信号校正方法。但是这种最初的算法的缺点是每次迭代计算均需要计算一遍 PLS，计算时间较长，且内置 PLS 法的成分数很难确定。Sjoblom 又改进了该算法，其算法与 Wold 基本一致，只是计算次序略有差别。这种

算法在迭代时不用反复计算 PLS，其主成分数也容易通过交叉验证的方法确定。但同样该方法的缺点是无法严格证明其剔除的信息与光谱矩阵正交。经过学者们长时间的不断探索和研究，陆续出现了逐渐完善的算法，如 Fearn 的类 PCA 算法、Andersson 的 DO 算法、Westerhuis 的 DOSC 算法、Trygg 的 O－PLS 算法、Feudale 的 POSC 算法等。这些改良后的预处理方法的基本原理是在建立定标分析模型前，将光谱矩阵与浓度矩阵正交，去掉光谱与浓度矩阵无关的冗余信号，再进行多元校正，从而使所建立的模型更加简化，并且提高模型的稳定性和预测能力。

2.4 典型校正模型建立方法

2.4.1 MLR 法

光谱分析时，一种目标组分的变化通常会引起多个光谱波段随之变化，多元线性回归（MLR）法常用与这种多个自变量对应一个因变量的情况。

光谱分析中校正集样本数、样本组分数和光谱数分别为 n、p、m，假设 MLR 分析中校正集样本数 n 大于光谱数 m。光谱矩阵为 $\boldsymbol{X}_{n\times m}$，组分含量矩阵为 $\boldsymbol{Y}_{n\times p}$，测量误差矩阵为 $\boldsymbol{E}_{n\times p}$，则有关系式：

$$\boldsymbol{Y}_{n\times p}=\boldsymbol{X}_{n\times m}\boldsymbol{B}_{m\times p}+\boldsymbol{E}_{n\times p} \tag{2-18}$$

$$\boldsymbol{B}_{m\times p}=(\boldsymbol{X}_{n\times m}^{\mathrm{T}}\boldsymbol{X}_{n\times m})^{-1}\boldsymbol{X}_{n\times m}^{\mathrm{T}}\boldsymbol{Y}_{n\times p} \tag{2-19}$$

通过将 $\boldsymbol{B}_{m\times p}$代回式（2-18）中即可得样本集的校正模型。采集未知样本光谱后带入式（2-18）即可计算未知样本中的组分含量。

其中：

$$\boldsymbol{Y}_{n\times p}=\{\boldsymbol{y}_{ij}\}(i=1,2,\cdots,n,j=1,2,\cdots,p) \tag{2-20}$$

$$\boldsymbol{X}_{n\times m}=\{\boldsymbol{a}_{ik}\}(i=1,2,\cdots,n,k=1,2,\cdots,m) \tag{2-21}$$

对于单一组分分析，$p=1$，则式（2-20）可简化为

$$\begin{bmatrix} y_1 \\ y_2 \\ \vdots \\ y_n \end{bmatrix}=\begin{bmatrix} x_{11} & x_{12} & \cdots & x_{1m} \\ x_{21} & x_{22} & \cdots & x_{2m} \\ \vdots & \vdots & \ddots & \vdots \\ x_{n1} & x_{n2} & \cdots & x_{nm} \end{bmatrix}\begin{bmatrix} b_1 \\ b_2 \\ \vdots \\ b_m \end{bmatrix}+\begin{bmatrix} e_1 \\ e_2 \\ \vdots \\ e_n \end{bmatrix} \tag{2-22}$$

多元线性回归法公式实际含义清晰且计算简单，在计算过程中又忽略了交互干扰效应和非线性因果关系，所以比较线性程度较好，样本数量不大，具有数据矩阵较小的体系。

2.4.2 PCR 法

主成分回归（PCR）法是一种可以有效解决变量间共线性问题的建模方法，该方法不是直接在 $\boldsymbol{Y}$ 矩阵和 $\boldsymbol{X}$ 矩阵之间建立联系，而是对 $\boldsymbol{X}$ 矩阵中的信息进行重组后提取出对目标组分反映最准确的光谱信息，综合重组变量可以将具有多重共线性的重叠信息分离出来，同时又对光谱的信息进行了挑选，将有用信息从干扰噪声中提取开来，提高模型的精度和预测能力。

首先将光谱矩阵 $\boldsymbol{X}$ 主成分分解为载荷矩阵和得分矩阵：

$$\boldsymbol{X}_{n\times p}=\boldsymbol{T}_{n\times f}\boldsymbol{P}_{p\times f}+\boldsymbol{E}_f \tag{2-23}$$

式中，列正交矩阵 $\boldsymbol{T}_{n\times f}$是矩阵 $\boldsymbol{X}$ 的得分矩阵；行正交矩阵 $\boldsymbol{P}_{p\times f}$是主成分的载荷矩阵；$\boldsymbol{E}_f$、$f$ 分别表示残差和主成分数目。此时未引进目标组分含量矩阵 $\boldsymbol{Y}$，PCR 法在主成分分析的基础上将含量

矩阵 $\boldsymbol{Y}$ 和 $\boldsymbol{X}$ 的得分矩阵 $\boldsymbol{T}$ 进行回归：$\boldsymbol{y}=\boldsymbol{TB}+\boldsymbol{E}$，参数矩阵 $\boldsymbol{B}$ 的最小二乘最优解为

$$\boldsymbol{B}=(\boldsymbol{T}^{\mathrm{T}}\boldsymbol{T})^{-1}\boldsymbol{T}^{\mathrm{T}}\boldsymbol{y} \tag{2-24}$$

PCR 法通过合理筛选参与建模的主成分来剔除绝大多数的干扰信息，通过列正交得分矩阵 $\boldsymbol{T}$ 解决了共线性问题，但也可能会将一些与目标组分含量之间并无关联的主成分引入回归过程，造成建模结果的不准确。

2.4.3 PLS 法

光谱数据一般为多维空间数据，偏最小二乘（PLS）法采用因子分析法对多维的光谱数据进行降维处理，其主要原理是将每个 $\boldsymbol{X}$ 矩阵潜变量的方向进行修改使其投影在与 $\boldsymbol{Y}$ 矩阵协方差最大的方向，将原始光谱数据分割为多种主成分，不同的主成分（主成分数相当于波段数目）代表不同组分及其对目的信息的影响，通过合理地选取主成分可以剔除干扰信息和干扰信息主成分光谱，仅选取有用的主成分进行模型的回归建立。

PLS 法的基本步骤：设在 n 个标准样本中某个组分的含量矩阵为 $\boldsymbol{Y}$，用 $\boldsymbol{N}$、$\boldsymbol{M}$ 表示残差矩阵，PLS 法首先将整个光谱矩阵分解为 $\boldsymbol{T}\times\boldsymbol{P}$（$\boldsymbol{T}$ 为吸光度隐变量矩阵，$\boldsymbol{P}$ 为载荷矩阵），其次将组分含量矩阵 $\boldsymbol{Y}$ 分解为 $\boldsymbol{U}\times\boldsymbol{Q}$（$\boldsymbol{U}$ 为含量隐变量矩阵，$\boldsymbol{Q}$ 为载荷矩阵）：

$$\boldsymbol{A}_{(n\times m)}=\boldsymbol{T}_{(n\times d)}\boldsymbol{P}_{(d\times m)}+\boldsymbol{N}_{(n\times m)} \tag{2-25}$$

$$\boldsymbol{Y}_{(n\times 1)}=\boldsymbol{U}_{(n\times d)}\boldsymbol{Q}_{(d\times 1)}+\boldsymbol{M}_{(n\times 1)} \tag{2-26}$$

再把吸光度隐变量矩阵 $\boldsymbol{T}$ 和含量隐变量矩阵 $\boldsymbol{U}$ 作线性回归，对角矩阵 $\boldsymbol{B}$ 作关联矩阵：

$$\boldsymbol{U}_{(n\times d)}=\boldsymbol{T}_{(n\times d)}\boldsymbol{B}_{(d\times d)} \tag{2-27}$$

设检验集中未知样本光谱矩阵为 $\boldsymbol{A}_{\mathrm{unk}}$，则：

$$\boldsymbol{A}_{\mathrm{unk}}=\boldsymbol{T}_{\mathrm{unk}} \tag{2-28}$$

继而推导出 $\boldsymbol{T}_{\mathrm{unk}}$：

$$\boldsymbol{Y}_{\mathrm{unk}}=\boldsymbol{T}_{\mathrm{unk}}\boldsymbol{BQ} \tag{2-29}$$

1. 模型回归步骤

1）矩阵标准化：对 $\boldsymbol{X}_{n\times m}$ 和 $\boldsymbol{Y}_{n\times k}$ 矩阵中的列向量进行 z - score 标准化，使数据符合标准正态分布：

$$\boldsymbol{S}_{x,j}=\sqrt{\left(\sum_{i=1}^{n}(\boldsymbol{x}_{ij}-\bar{\boldsymbol{x}}_j)^2/(n-1)\right)} \tag{2-30}$$

$$\boldsymbol{S}_{y,j}=\sqrt{\left(\sum_{i=1}^{n}(\boldsymbol{y}_{ij}-\bar{\boldsymbol{y}}_j)^2/(n-1)\right)} \tag{2-31}$$

其中

$$\boldsymbol{x}_{ij}=(\boldsymbol{x}_{ij}-\bar{\boldsymbol{x}}_j)/\boldsymbol{S}_j,i=1,2,\cdots,n;j=1,2,\cdots,m$$

$$\boldsymbol{y}_{ih}=(\boldsymbol{y}_{ih}-\bar{\boldsymbol{y}}_h)/\boldsymbol{S}_h,i=1,2,\cdots,n;h=1,2,\cdots,k$$

2）设置迭代次数 f（$f\geqslant 1$ 且为正整数）后以 $\boldsymbol{Y}_{n\times k}$ 矩阵中任意列向量作 u 初值进行迭代。

3）$\boldsymbol{Y}$ 矩阵权值变量：

$$\boldsymbol{w}'=\boldsymbol{u}'\boldsymbol{X}/\boldsymbol{u}'\boldsymbol{u} \tag{2-32}$$

4）归一化权值变量：

$$\boldsymbol{w}'_{\mathrm{new}}=\boldsymbol{w}'_{\mathrm{old}}/\|\boldsymbol{w}'_{\mathrm{old}}\| \tag{2-33}$$

5）计算矩阵 $\boldsymbol{X}$ 的 $\boldsymbol{t}$ 变量：

$$\boldsymbol{t}=\boldsymbol{Xw}/\boldsymbol{w}'\boldsymbol{w} \tag{2-34}$$

6）计算矩阵 $\boldsymbol{Y}$ 的 $\boldsymbol{q}$ 变量：

$$\boldsymbol{q}'=\boldsymbol{t}'\boldsymbol{Y}/\boldsymbol{t}'\boldsymbol{t} \tag{2-35}$$

7）计算矩阵 $\boldsymbol{Y}$ 的 $\boldsymbol{u}$ 变量：

$$\boldsymbol{u}=\boldsymbol{Yq}/\boldsymbol{q}'\boldsymbol{q} \tag{2-36}$$

8）变量归一化：

$$\boldsymbol{q}'_{\text{new}}=\boldsymbol{q}'_{\text{old}}/\parallel\boldsymbol{q}'_{\text{old}}\parallel \tag{2-37}$$

9）检验本次和上一次迭代中的变量 $\boldsymbol{t}$ 是否都收敛，收敛则继续进行下一步，发散则返回步骤 3）重新迭代。

10）计算矩阵 $\boldsymbol{X}$ 的 $\boldsymbol{p}$ 变量：

$$\boldsymbol{p}'=\boldsymbol{t}'\boldsymbol{X}/\boldsymbol{t}'\boldsymbol{t} \tag{2-38}$$

11）归一化 $\boldsymbol{p}$ 变量：

$$\boldsymbol{p}'_{\text{new}}=\boldsymbol{p}'_{\text{old}}/\parallel\boldsymbol{p}'_{\text{old}}\parallel \tag{2-39}$$

12）正交化 $\boldsymbol{t}$ 变量：

$$\boldsymbol{t}_{\text{new}}=\boldsymbol{t}_{\text{old}}\parallel\boldsymbol{p}_{\text{old}}\parallel \tag{2-40}$$

13）标准化 $\boldsymbol{w}$ 变量：

$$\boldsymbol{w}'_{\text{new}}=\boldsymbol{w}'_{\text{old}}\parallel\boldsymbol{p}'_{\text{old}}\parallel \tag{2-41}$$

14）计算回归系数：

$$\boldsymbol{b}=\boldsymbol{u}'\boldsymbol{t}/\boldsymbol{t}'\boldsymbol{t} \tag{2-42}$$

15）计算残差矩阵，将矩阵 $\boldsymbol{X}$、$\boldsymbol{Y}$ 重新赋值：

$$\boldsymbol{E}_{\text{f}}=\boldsymbol{E}_{\text{f}-1}-\boldsymbol{t}_{\text{f}}\boldsymbol{p}'_{\text{f}} \tag{2-43}$$

令

$$\boldsymbol{X}=\boldsymbol{E}_{\text{f}}$$

$$\boldsymbol{F}_{\text{f}}=\boldsymbol{F}_{\text{f}-1}-\boldsymbol{u}_{\text{f}}\boldsymbol{q}'_{\text{f}}$$

令

$$\boldsymbol{Y}=\boldsymbol{F}_{\text{t}} \tag{2-44}$$

16）保存 $\boldsymbol{t}$、$\boldsymbol{p}$、$\boldsymbol{u}$、$\boldsymbol{q}$、$\boldsymbol{b}$ 的迭代结果以供计算预测值。从步骤 2）重新开始对下个主成分进行迭代。

2. 预测算法原理

1）数据标准化：同校正部分算法一样标准化 $\boldsymbol{X}$ 矩阵；

2）设置迭代次数 f（$f\geqslant 1$ 且为正整数）并将校正集的平均值赋作初始变量开始迭代：

$$\boldsymbol{Y}=\overline{\boldsymbol{y}} \tag{2-45}$$

3）将校正部分所得变量 $\boldsymbol{W}$、$\boldsymbol{q}$、$\boldsymbol{b}$ 带入下式：

$$\boldsymbol{t}_{\text{f}}=\boldsymbol{XW}'_{\text{f}} \tag{2-46}$$

$$\boldsymbol{y}=\boldsymbol{y}+\boldsymbol{b}_{\text{f}}\boldsymbol{t}_{\text{f}}\boldsymbol{q}'_{\text{f}}$$

4）计算校正集残差矩阵：

$$\boldsymbol{x}=\boldsymbol{x}-\boldsymbol{t}_{\text{f}}\boldsymbol{p}'_{\text{f}} \tag{2-47}$$

5）迭代未结束则返回步骤 2）继续迭代。

上述原理决定了 PLS 法具有下列优点：可以最大限度地提取样本光谱的有用信息；避免线性相关；包含了光谱与样本组分含量间的隐含联系，使模型稳健性更好；适用于多组分混合复杂体系的分析。该方法目前被广泛应用于光谱的定量分析软件。

3. 主成分数目 f 的确定

如果样本光谱矩阵 $\boldsymbol{X}$ 和样本组分含量矩阵 $\boldsymbol{Y}$ 间的关系为线性模型，那么模型的主成分数应等于描述模型的组分数，主成分数是能否成功建立 PLS 模型的关键。

PLS 建模中较困难的一步是如何确定主成分数目。主成分数目越多，其各载荷向量对建模的贡献度也就越小，且可能会引进噪声载荷，造成过拟合现象，影响模型精度。反之，主成分数目过少有可能漏掉光谱中的有用信息，使模型不能完全反映样本中目标组分产生的光谱变化，出现欠拟合现象，降低模型预测能力。所以，确定一个合理的参与建模的主成分数目既可以充分利用光谱信息又可以有效过滤干扰信息。

预测残差平方和（PRESS）法是一种常用的主成分数计算方法，其计算过程如下：

$$\mathrm{PRESS} = \sum_{i=1}^{n}\sum_{j=1}^{f}(Y_{p,ij} - Y_{ij})^2 \tag{2-48}$$

式中，n 为校正集样本数；f 为建模主成分数；$Y_{p,ij}$ 为样本拟合值；Y_{ij} 样本真值。

预测残差二次方和值越小表示模型拟合值与真值越接近，模型预测精度越高，所以通常取其值最接近 0 时所对应的主成分数作为最佳主成分数进行建模。

基于预测残差二次方和值确定主成分数的方法目前有校正集自预测法、交互验证法、杠杆点预测法、验证集预测法等，目前应用较多且有效的方法是交互验证法。

2.4.4 BP 神经网络

BP 神经网咯属于一种有监督式的非线性学习算法，模型拓扑共分输入层、隐层和输出层 3 层，其上有正、反两种方向的信息流。正向信息流传输输入数据，由输入层经隐层传向输出层，每层神经元只能对下层神经元产生影响。假如输出层的结果不符合初始设定，则继续计算输出层的误差大小，然后沿正向信息流的传输路径反向传回输入层，即反向信息流，依次对各层神经元的权值不断修改，直至输出满足初始规定。BP 神经网络的误差函数：

$$\boldsymbol{E} = (\boldsymbol{y} - \tilde{\boldsymbol{y}})^{\mathrm{T}}(\boldsymbol{y} - \tilde{\boldsymbol{y}}) \tag{2-49}$$

式中，$\boldsymbol{y}$ 代表目标值；$\tilde{\boldsymbol{y}}$ 代表由 BP 神经网络得到的预测值。

对于一组输入数据，BP 神经网络训练的最终目标是要寻找网络连接权值使误差函数 $\boldsymbol{E}$ 最小。网络训练的目的就是对调整权值和偏置值进行调整，直至函数最终寻找到最适合的输入 - 输出的关系。当网络训练完成时，最终的权重和偏置值就确定了。

2.4.5 SVM

针对传统学习方法处理有限样本数据，高维数、非线性等问题的困难，Vapnik 等人建立在统计学习理论和结构风险最小化准则基础上提出的一种新的机器学习方法——支持向量机（Support Vector Machine，SVM）。其基本思想是在样本空间或特征空间中，构造一个最优决策的超平面，使得该超平面到不同类样本集之间的距离最大，从而使算法的泛化能力得到提高。该方法是一个凸二次优化问题，能够得到全局最优解。此外，SVM 较传统的神经网络具有收敛速度快、容易训练、不需要预设网络结构等优点。因此 SVM 在模式识别、数据挖掘、函数逼近和图像处理方面都得到了广泛的应用。

1. 线性 SVM

（1）硬间隔支持向量分类机

假设 m 个样本数据 $\boldsymbol{S}=\{(x_i, y_i) \mid i=1, 2, 3, \cdots, m\}$，其中 $x_i \in R^n$，$y_i \in \{-1, 1\}$，如图 2-9 所示。

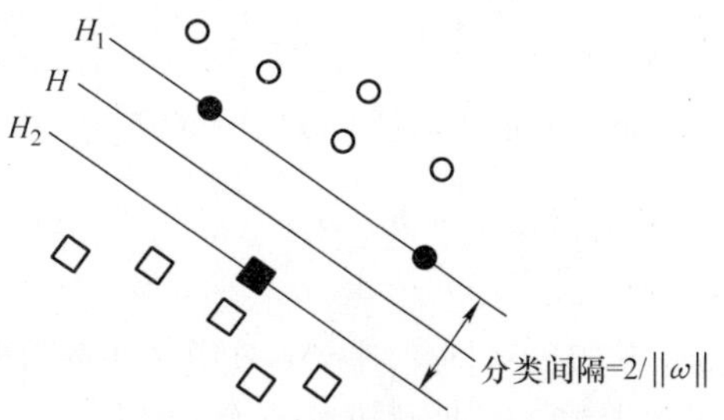

图 2-9　二维空间优化超平面

图 2-9 中，方形点和圆形点分别代表两类样本数据，H 为分类线，H_1、H_2 分别为过各类样本点中距离分类线最近的样本且平行于分类线的直线。直线 H_1 和 H_2 之间的距离叫做分类间隔（Margin）。分类的目的是寻找一个最优分类面能够正确分开两类样本，并且使得分类间隔最大。如果存在分类面 H: $\boldsymbol{\omega}^{\mathrm{T}}\boldsymbol{x}+\boldsymbol{b}=0$ 使得

$$\begin{cases}\boldsymbol{\omega}^{\mathrm{T}}x_i+\boldsymbol{b}\geqslant 1, y_i=1\\ \boldsymbol{\omega}^{\mathrm{T}}x_i+\boldsymbol{b}\leqslant -1, y_i=-1\end{cases} \tag{2-50}$$

则称训练集是线性可分的。式（2-50）可以统一表示为

$$y_i(\boldsymbol{\omega}^{\mathrm{T}}x_i+\boldsymbol{b})\geqslant 1, i=1,\cdots,m \tag{2-51}$$

其中使等号成立的样本点称作支持向量。由于超平面 H_1 和 H_2 之间的间隔为 $2/\|\boldsymbol{\omega}\|$，为了求取最优超平面，需要最大化 $2/\|\boldsymbol{\omega}\|$，即最小化 $\frac{1}{2}\|\boldsymbol{\omega}\|^2$。最优分类面的求解可以转化为下面的二次规划问题：

$$\begin{cases}\min Q(\boldsymbol{\omega})=\frac{1}{2}\|\boldsymbol{\omega}\|^2\\ \text{s. t. } y_i(\boldsymbol{\omega}^{\mathrm{T}}x_i+\boldsymbol{b})\geqslant 1, i=1,\cdots,m\end{cases} \tag{2-52}$$

为了求解约束规划问题，定义拉格朗日函数：

$$L(\omega,b,\alpha)=\frac{1}{2}\boldsymbol{\omega}^{\mathrm{T}}\boldsymbol{\omega}-\sum_{i=1}^{m}\alpha_i[y_i(\boldsymbol{\omega}^{\mathrm{T}}x_i+\boldsymbol{b})-1] \tag{2-53}$$

式中，$\alpha_i\geqslant 0$ 是拉格朗日乘子。

分别对 ω 和 b 求偏导等于 0，二次规划问题可以转化为其对偶问题：

$$\begin{aligned}&\max Q(a)=\sum_{i=1}^{m}\alpha_i-\frac{1}{2}\sum_{i,j=1}^{m}\alpha_i\alpha_j y_i y_j x_i^{\mathrm{T}}x_j\\ &\text{s. t. }\sum_{i=1}^{m}y_i\alpha_i=0\\ &\alpha_i\geqslant 0, i=1,\cdots,m\end{aligned} \tag{2-54}$$

同时，其解还应满足 Kaush－Kuhn－Tucker（KKT）互补条件：

$$\alpha_i[y_i(\boldsymbol{\omega}^{\mathrm{T}}x_i+\boldsymbol{b})-1]=0, i=1,\cdots,m \tag{2-55}$$

式中，$\alpha_i>0$ 所对应的训练数据即支持向量。最优分类决策函数如式（2-56）所示：

$$f(x)=\sum_{i\in S}\alpha_i y_i \boldsymbol{x}_i^{\mathrm{T}}\boldsymbol{x}+\boldsymbol{b} \tag{2-56}$$

式中，S 为支持向量集合；偏置项 b 如式（2-57）所示：

$$b=y_i-\boldsymbol{\omega}^{\mathrm{T}}x_i \tag{2-57}$$

式中，x_i 为支持向量。

为了提高 b 的精度，可以取其平均值，如式（2-58）所示：

$$b=\frac{1}{|S|}\sum_{i\in S}(y_i-\boldsymbol{\omega}^{\mathrm{T}}x_i) \tag{2-58}$$

（2）软间隔支持向量分类机

当样本数据不能被线性函数完全分开时，可以采用 Vapnik 提出的软间隔分类的概念，在式（2-54）中引入非负松弛因子 ξ_i，如图 2-10 所示。

此时优化函数如式（2-59）所示：

$$\min Q(\boldsymbol{\omega}) = \frac{1}{2}\|\boldsymbol{\omega}\|^2 + C\sum_{i=1}^{m}\xi_i$$
$$\text{s. t. } y_i(\boldsymbol{\omega}^{\mathrm{T}}x_i + \boldsymbol{b}) \geqslant 1 - \xi_i, \xi_i \geqslant 0, i = 1, \cdots, m \tag{2-59}$$

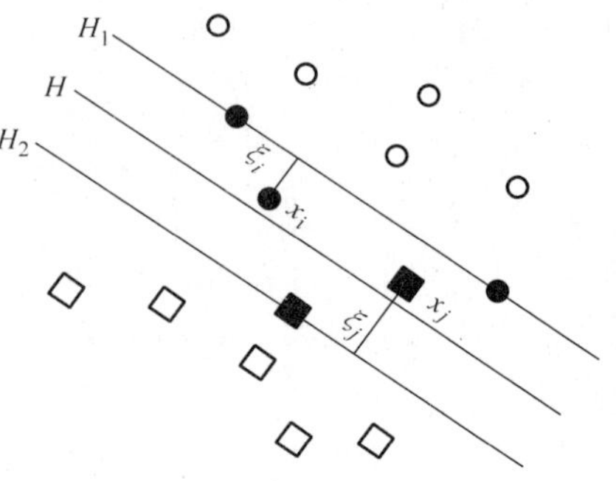

图 2-10　二维空间的不可分情况

式中，C 为惩罚因子，表示对错分样本的惩罚程度，它可以用来平衡最大间隔和最小分类误差。

C 越大，表示越不能容忍对样本的错分。当 C 趋于无穷大时，软间隔问题退化为硬间隔问题。采用类似硬间隔问题的方法，二次规划问题可以转化为其对偶问题：

$$\begin{aligned}&\max Q(a) = \sum_{i=1}^{m}\alpha_i - \frac{1}{2}\sum_{i,j=1}^{m}\alpha_i\alpha_j y_i y_j \boldsymbol{x}_i^{\mathrm{T}}x_j\\&\text{s. t. } \sum_{i=1}^{m} y_i\alpha_i = 0\\&0 \leqslant \alpha_i \leqslant C, i = 1, \cdots, m\end{aligned} \tag{2-60}$$

最优分类决策函数和硬间隔支持向量相同：

$$f(x) = \sum_{i \in S}\alpha_i y_i \boldsymbol{x}_i^{\mathrm{T}}x + b \tag{2-61}$$

为了提高计算精度，b 取平均值：

$$b = \frac{1}{|U|}\sum_{i \in U}(y_i - \boldsymbol{\omega}^{\mathrm{T}}x_i) \tag{2-62}$$

式中，U 为所有满足 $0 < \alpha_i < C$ 的支持向量集合，称作非边界支持向量集合。

2. 非线性 SVM

对于实际中经常用到的非线性分类问题，前面介绍的线性分类方法不再适用。在这种情况下，Vapnik 等人通过引入核空间理论，把样本数据通过非线性变换映射到一个高维的特征空间中，将非线性问题转换为高维空间中的线性问题，然后在这个高维空间中构造最优分类面。采用非线性变换，许多样本空间中的线性不可分问题在高维特征空间变为线性可分问题。另外寻优函数和分类函数只是涉及训练样本之间的内积运算，因此在高维的特征空间中，也只需要进行内积运算，而且这种内积运算可以由核函数 $K(x_i, x_j)$ 在原空间中的运算来实现。根据泛函理论，如果核函数 $K(x_i, x_j)$ 满足 Mercer 条件，那么它就可以对应某一变换空间中的内积。采用适当的核函数，原来的优化问题可以转化：

$$\begin{aligned}&\max Q(a) = \sum_{i=1}^{m}\alpha_i - \frac{1}{2}\sum_{i,j=1}^{m}\alpha_i\alpha_j y_i y_j K(x_i, x_j)\\&\text{s. t. } \sum_{i=1}^{m} y_i\alpha_i = 0\\&0 \leqslant \alpha_i \leqslant C, i = 1, \cdots, m\end{aligned} \tag{2-63}$$

根据 KKT 互补条件，可以得到最优的分类决策函数：

$$f(x) = \sum_{i \in S}\alpha_i y_i K(x_i, x) + b \tag{2-64}$$

式中，偏置项 b 为

$$b = \frac{1}{|U|}\sum_{j \in U}\left(y_i - \sum_{i \in S}\alpha_i y_i K(x_i, x_j)\right) \tag{2-65}$$

式中，S 为支持向量集合；U 为非边界支持向量集合。

SVM 分类函数在形式上类似于一个神经网络，输出是中间节点的线性组合，每个中间节点对应一个支持向量，如图 2-11 所示。

目前常用的满足 Mercer 条件的核函数主要有线性核函数、多项式函数、径向基函数和 Sigmoid 函数等，通过选择不同的核函数可以构造不同的 SVM。

1）线性核函数：

$$K(x_i, x_j) = \boldsymbol{x}_i^{\mathrm{T}} x_j \tag{2-66}$$

2）多项式核函数：

$$K(x_i, x_j) = (\boldsymbol{x}_i^{\mathrm{T}} x_j + 1)^p \tag{2-67}$$

3）径向基函数：

$$K(x_i, x_j) = \exp\left(-\frac{\| x_i - x_j \|^2}{\sigma^2}\right) \tag{2-68}$$

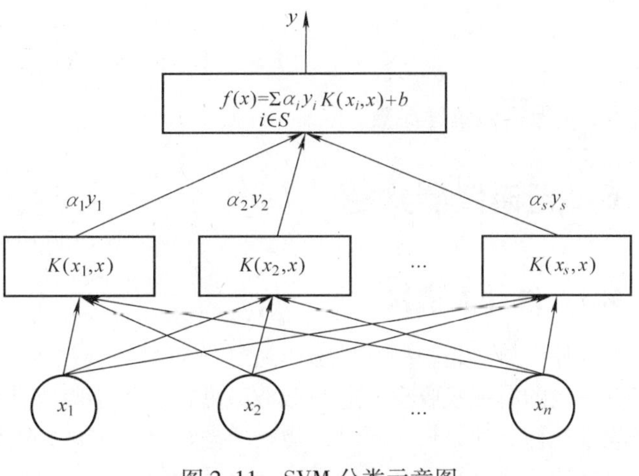

图 2-11　SVM 分类示意图

4）Sigmoid 函数：

$$K(x_i, x_j) = \tanh[v(\boldsymbol{x}_i^{\mathrm{T}} x_j) + a] \tag{2-69}$$

2.5　光谱模型评价指标

对已经建好的校正模型，必须采用一些方法来验证模型预测能力的好坏。验证模型通常有如下指标。

假设 y_i 为样品 i 某一组分浓度标准值，$\hat{y}_i$ 为样品 i 的某一组分浓度预测值，$\bar{y}$ 为 n 个样品的某一组分浓度标准值的平均值：$\bar{y}^P$ 为 n 个样品的某一组分浓度预测值的平均值：

$$\bar{y} = \frac{1}{n}\sum_{i=1}^{n} y_i \tag{2-70}$$

$$\bar{y}^P = \frac{1}{n}\sum_{i=1}^{n} \hat{y}_i \tag{2-71}$$

1）测定系数 R^2，等于相关系数的二次方：

$$R^2 = \frac{\sum_{i=1}^{n}(\hat{y}_i - \bar{y})^2}{\sum_{i=1}^{n}(y_i - \bar{y})^2} \tag{2-72}$$

2）相关系数 R：

$$R = \frac{\sum_{i=1}^{n}(\hat{y}_i - \bar{y}^P)(y_i - \bar{y})}{\sqrt{\sum_{i=1}^{n}(\hat{y}_i - \bar{y}^P)^2}\sqrt{\sum_{i=1}^{n}(y_i - \bar{y})^2}} = \sqrt{R^2} \tag{2-73}$$

3）交叉验证预测方均差（Root Mean Squared Error of prediction of Cross Validation，RMSECV）或称为内部交叉验证标准差（Standard Error of Cross Validation，SECV）：

$$\mathrm{RMSECV}=\sqrt{\frac{1}{n}\sum_{i=1}^{n}(y_i-\hat{y}_i)^2} \tag{2-74}$$

式中，n 为校正集样品数。

4）预测标准差（Standard Error of Prediction，SEP）或方均根偏差（Root Mean Squared Deviation，RMSD）：

$$\mathrm{SEP}=\mathrm{RMSD}=\sqrt{\frac{1}{n}\sum_{i=1}^{n}(y_i-\hat{y}_i)^2} \tag{2-75}$$

式中，n 为检验集样品数。

2.6 光谱仪器介绍

2.6.1 红外光谱仪

红外光谱仪是一种测量物质对红外辐射的吸收率（或透过率）的分析仪器，由于每种物质都有一定的特征吸收谱（它只吸收某些波长而不吸收其他波长的辐射光），所以可以利用特征的吸收谱进行定性分析。同时，物质的总量与吸收总量成线性关系，因此利用吸收谱还可以进行物质成分的定量分析。红外光谱仪经过几十年的发展历程，从仪器的设计方式到性能和测量方法都发生了很大的变化。

从样品光谱信息的获得看，分为可在一个或几个波长范围内测定的专用型滤光仪器和在红外光波长范围内测定全谱信息的研究型仪器。从光谱测定的波长范围看，由于采用不同的检测器和分光器件，可分专用于短波红外光区域和用于长波红外光区域。从红外光仪器的分光器件看，可分为 4 种主要类型：滤光片、光栅分光、傅里叶变换和声光调制滤光器。从检测器对分析光的响应看，有单通道和多通道两种类型，多通道型又有采用电荷耦合器件和二极管阵列器件作检测器的红外光谱仪。

滤光片型红外光谱仪早在 20 世纪 50 年代就已得到应用，该类仪器采用滤光片作为单色光器件。该类仪器的特点是设计简单、成本低，只能获得几个特定波长处的光谱信息。这类仪器已广泛应用于专用或便携式仪器。

色散型红外光谱仪器采用光栅作为分光器件，根据使用的检测器类型不同，可分为光栅扫描单通道型和固定光路多通道型。光栅扫描单通道仪器是 20 世纪 60 年代末 70 年代初发展起来的一类仪器。这类仪器的特点是可进行全谱扫描，分辨率高，但是存在机械轴承容易磨损、抗振性较差等问题，故不适合在线分析。固定光路多通道型仪器是 90 年代发展起来的一类仪器。这类仪器采用固定光栅分光，经光栅色散的光聚焦在多通道检测器的焦面上。

傅里叶变换光谱技术是利用干涉图和光谱图之间的对应关系，通过测量干涉图和对干涉图进行傅里叶变换的方法来测定和研究光谱的技术。能同时测量、记录所有波长的信号，并以比传统的色散型光谱仪更高的效率采集来自光源的辐射能量，具有更高的信噪比和分辨率。

声光可调滤光器（Acousto－Optic Tunable Filter，AOTF）红外光谱仪器，用 AOTF 作为分光系统，被认为是 20 世纪 90 年代红外光谱仪器最突出的进展。这类仪器采用双折射晶体，来改变频率调节扫描的波长。这类仪器最大的特点是无机械移动部件，扫描速度快，且精度高，准确性好。这类仪器具有较好的稳定性，特别适合用于在线分析。

多通道红外光谱仪器是因为仪器的检测器采用多通道光敏器件而得名。这类仪器的色散系统一般采用平面光栅或全息光栅，与光栅扫描型仪器相比，光栅不需要转动即可实现确定波长范围的扫描。这类仪器的最大特点是仪器内部无可移动部件，仪器的稳定性和抗干扰性能好；另外一个特点是扫描速度快，一般单张光谱的扫描速度只有几十毫秒。这两个特点的结合，使该类仪器特别适合作为现场或在线分析仪器使用。

我国对红外光谱仪器的研制起步较晚，大约在20世纪90年代中后期，通过一些厂家和科研单位的积极努力，在红外光谱仪器的研制方面取得了一定的成绩。如北京第二光学仪器厂研制了傅里叶变换红外辛烷值分析仪，石油化工科学研究院研制了采用电荷耦合检测器（CCD）的多通道红外光谱仪，中国农业大学研制了滤光片型漫透射红外谷物品质分析仪，中国农业机械化科学研究院研制的CA－XP粮油品质红外分析系统等。

在仪器研制方面，国外已经有商业化的仪器。如德国Bruker公司、美国Thermo－Fisher公司、美国PE公司、瑞典Foss公司等。由于国内硬件工艺水平所限，以及缺乏功能完善的光谱定量分析软件，国产光谱仪器的使用和推广受到极大的限制，在我国科研所和一些企业用户使用的红外光谱仪器，绝大多数采用的是国外生产的光谱仪。但是近十年来国产近红外仪器得到了快速的发展，以聚光为代表的国产光谱仪器在国内多个生产领域得到了初步的应用。

2.6.2 拉曼光谱仪

按照拉曼散射光随着频移分散开的方式进行分类，拉曼光谱仪主要有滤光器型、色散型（光栅分光）和傅里叶变换型（迈克尔干涉仪）。滤光器型拉曼光谱仪是最早、最简单的拉曼光谱仪，其缺点是来自试样的绝大部分拉曼散射被阻挡，只有很狭窄的光谱段进入检测器。而色散型和傅里叶变换型拉曼光谱仪能克服这个缺点。实际应用证明：色散型拉曼光谱仪具有更高的灵敏度，适用于各种样品；而采用低能量1064nm激光作为光源的傅里叶变换型光谱仪对样品破坏性小，可消除荧光背景，更适合生物样品的测试。色散型拉曼光谱仪大多带有显微镜，用以实现高灵敏度和高空间分辨率。目前各大厂商的主流机型为共聚焦显微拉曼光谱仪，其工作原理如图2-12所示。若以3层样品的中间层为检测目标，当激光聚焦于中间层面时，来自于中间层面上的信号能够完全通过“共焦孔”到达检测器，非焦平面（上层和下层）上的信号通不过针孔。

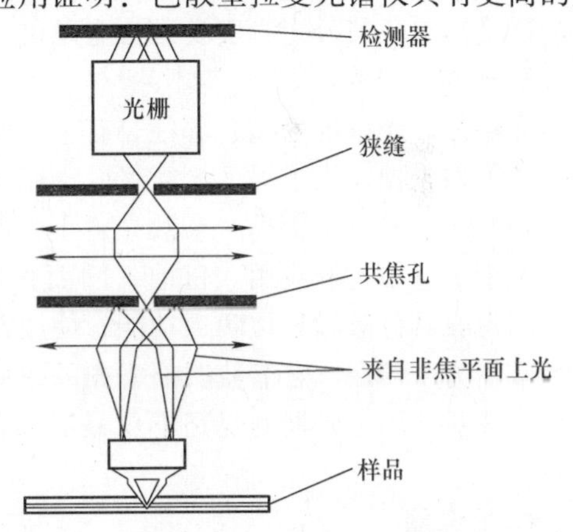

图2-12　共聚焦原理图

激光器作为激发光源对拉曼光谱技术的发展至关重要，其突出优点是方向性强、单色性好、亮度高、相干性好，可远距离传输。表2-2列出了常用于拉曼光谱仪的激光器。

表2-2　常用拉曼光谱仪激光器

激光光源	波长/nm	功率/mW	评论
氦镉激光器	325	1～75	工艺成熟
氦镉激光器	354	3～30	可代替低功率近紫外光水冷却离子激光
氦镉激光器	442	5～200	工艺成熟
空气冷却氩离子（Ar+）激光器	488	5～75	波长固定并与激光器温度无关
空气冷却氩离子（Ar+）激光器	514	5～75	波长固定并与激光器温度无关
加倍频率的镉激光器：钇铝石榴石固体激光器	532	10～400	比离子激光小得多的热发射
氦氖激光器	633	5～25	2～4.5年的连续使用寿命
二极管	785	50～500	可得到波长为660～680nm和780～1000nm
二极管面阵侧泵浦激光器	1064	50～1000	热发射较少

2.6.3 紫外光谱仪

目前，市场上的紫外－可见光分光光度计主要有两类：扫描光栅型和固定光栅型。后者也常常被称为CCD（PDA）光谱仪或多通道光度计。它们的主要构成：光源、分光系统、探测器和软件系统。

1. 光源

紫外－可见光区的光源主要采用卤素钨灯和氘灯或氙灯。钨卤素灯的工作波长范围为320～2500nm，氘灯的工作波长范围为180～375nm，两者组合使用。氙灯是新颖的光源，发光效率高，强度大，而且光谱范围宽，包括紫外光、可见光和近红外光。扫描光栅型大多能在扫描过程中自动地完成光源切换动作，并自动转换滤光片，以消除高级次谱的干扰。固定光栅型为了保持其高速测量的优点，要避免光源切换。

2. 分光系统

扫描光栅型的分光系统常称为单色仪，固定光栅型的分光系统则接近摄谱仪。单色仪大多布置在样品室之前，固定光栅型则必须把分光系统置于样品室之后。在紫外－可见光分光光度计的发展历史上，扫描光栅型出现过多种光路设计，主要如单光束、准双光束和双光束，还有双波长。单光束光路的漂移是主要问题，但现在也可通过元器件性能的提高、制造工艺的进步和软件校正加以改进。准双光束和真正双光束设计都是利用参比光路的补偿来减少漂移的影响，结构更为复杂。为了进一步地提高分辨率或降低杂散光，还出现了双单色器分光光度计，其杂散光等性能的确是单单色器分光光度计无法企及的，但其结构的复杂性和制造工艺的高要求也是显然的。

3. 光栅

光栅是分光系统的核心部件，有平面光栅和凹面光栅两种。在制造工艺上，全息光栅已全面取代了刻划光栅。为了提高光能量的利用率，闪耀光栅的使用也很普遍。对于平面光栅，全息技术的长处在于成品率更高，杂散光更小，不产生伪线。而对凹面光栅来说，其迅速的发展几乎全部得益于全息技术的应用。目前，凹面光栅已发展出4种类型。其中的Ⅳ型可用于扫描光栅型中。因为兼具色散和聚焦两项功能，使用凹面光栅可以帮助简化扫描光栅型分光光度计的结构。Ⅲ型常称为平场型，它能使凹面光栅的像面从通常的罗兰圆变成平面，还可以同时实现消像散的设计。这对于固定光栅的光路不仅是必需的，也使固定光栅型分光光度计的分光系统简约到了极致。

4. 探测器

探测器对分光光度计的设计和性能有着重要的影响。扫描光栅型分光光度计使用的探测器主要为光电管、光敏二极管和光电倍增管等。近十几年来，随着阵列型光电器件技术的发展和应用，促使全新结构和性能的固定光栅型分光光度计诞生，尤其使分光光度计的测量速度上了一个新的台阶。阵列型光电探测器的典型代表是PDA和CCD，这类探测器测量速度快，多通道同时曝光，最短时间仅在毫秒量级，也可以累积光照，积分时间最长可达几十秒，可探测微弱的信号，动态范围大。另外，由于固定光栅型分光光度计没有机械运动部件，简化了结构，减小了体积，提高了工作的稳定性，使分光光度计能走出实验室，进入工作现场，进行在线测量。

5. 软件

现代分光光度计的软件已不再只是用作数值运算的附属工具，而是整台仪器的核心，渗透到分光光度计的各个层面。特别是那些使用通用PC的分光光度计，用户的使用感觉与其说是一台实实在在的仪器，倒不如说是计算机上的一个应用程序。仪器4 Modern Scientific Instruments 2004

网络化的趋势将进一步加深这种印象。软件技术也是分析仪器自动化、智能化的关键因素。软件的作用主要有控制、监测与校正、光谱采集与处理、数据存储与分析等。分光光度计的测量波长或范围的设置、光栅运动的驱动和控制、光源的自动切换、滤光片的自动选择、探测器的驱动、A－D 转换的同步、数据传输至计算机、数据写入存储器、光谱或测量结果的显示，所有这些功能对于使用者来说可能只是按下了一个按钮或点击了一次鼠标，软件完成了所有的幕后工作。为了提高仪器的使用性能，在软件中包含了硬件的监测和校正，如光源的输出功率、波长的准确性、杂散光水平、基线校正等。光谱数据的处理和分析更是软件的特长。用户友好的视窗图形界面和菜单操作，光谱图和数据作为文件进行管理、存储和读取，光谱图可随意地移动、放大、缩小、重叠，数据可以被平滑、求导、积分、进行函数运算，可以自动寻找峰值、浓度分析、多组分分析，还可以有多种软件包，如核酸分析、蛋白质分析、动力学分析、水质分析和环保分析等，用于各专业领域。

2.7 小结

本章介绍了以近红外光、红外光、拉曼和紫外光为代表的光谱分析理论基础和技术特点，光谱的分析流程，常规预处理方法和典型的校正建模方法，光谱模型评价指标以及光谱仪器。

参考文献

[1] 褚小立. 化学计量学方法与分子光谱分析技术 [M]. 化学工业出版社, 2011.

[2] 唐勤学, 陶小林, 离司. 有机磷农药残留检测技术的研究进展 [J]. 化工时刊, 2008, 22 (9): 68－72.

[3] 严衍禄. 近红外光谱分析基础与应用 [M]. 北京: 中国轻工业出版社, 2005: 1－7.

[4] Wang Jingjing, HouDexin, Wu Beilei, et al. An effective classification procedure for plastic food packaging based on NIRS [J]. Applied Mechanics and Materials, 2011 (88－89): 399－403

[5] Chen Quansheng, CaiJianrong, Wan Xinmin, et al. Application of linear/non－linear classification algorithms in discrimination of pork storage time using Fourier transform near infrared (FT－NIR) spectroscopy [J]. LWT － Food Science and Technology, 2011 (44): 2053－2058.

[6] NicolettaSinelli, Ernestina Casiraghi, StefaniaBarzaghi, et al. Near infrared (NIR) spectroscopy as a tool for monitoring blueberry osmo－air dehydration process [J]. Food Research International, 2011 (44): 1427－1433.

[7] Fodor Mariettal, Woller Agnes, Turza Sandor, et al. Development of a rapid, non－destructive method for egg content determination in dry pasta using FT－NIR technique [J]. Journal of Food Engineering, 2011, 107 (2): 195－199.

[8] Hattori Yusukel, Otsuka Makoto. NIR spectroscopic study of the dissolution process in pharmaceutical tablets [J]. Vibrational Spectroscopy, 2011, 57 (2): 275－281.

[9] Zhou Jun, Tsai Yi－Tingl, Weng Hong, et al. Real time monitoring of biomaterial－mediated inflammatory responses via macrophage－targeting NIR nanoprobes [J]. Biomaterials, 2011, 32 (35): 9383－9390.

[10] 谈爱玲, 毕卫红, 赵勇. 基于稀疏非负矩阵分解和支持向量机的海洋溢油近红外光谱鉴别分析 [J]. 光谱学与光谱分析, 2011, 31 (5): 1250－1253.

[11] 褚小立, 许育鹏, 田高友. 近红外光谱解析实用指南 [M]. 北京: 化学工业出版社, 2009: 10－18.

[12] 陆婉珍, 袁洪福, 徐广通, 等. 现代近红外光谱分析技术 [M]. 北京: 中国石油化工出版社, 2000: 14－36.

[13] 岳永德，花日茂，张承祥. 茶叶农药残留与控制［M］. 北京：中国农业出版社，2001：24－25.

[14] Williams P C, Norris K H. Near－Infrared Technology in the Agricultural and food industries［M］. Minneapolis：Cereal Chem，1987：107－136.

[15] 张学博，冯艳春，胡昌勤. 近红外多元校正模型传递的进展［J］. 药物分析杂志，2009，29（8）：1390－1399.

[16] 陆婉珍. 近红外光谱仪器［M］. 北京：化学工业出版社，2010：3－16.

[17] 褚小立，袁洪福，陆婉珍. 近红外分析中光谱预处理及波长选择方法进展与应用［J］. 化学进展，2004，16（4）：528－542.

[18] 尼珍，胡昌勤，冯芳. 近红外光谱分析中光谱预处理方法的作用及其发展［J］. 药物分析，2008（5）：824－829.

[19] 刘翠玲，隋淑霞，吴静珠，等. 基于近红外光谱的微量成分（毒死蜱）检测技术研究［J］. 农机化研究，2008（6）：156－167.

[20] 刘翠玲，隋淑霞，孙晓荣，等. 近红外光谱技术用于菠菜中毒死蜱残留的定量分析研究［J］. 食品科学. 2008，29（07）：356－358.

[21] 王惠文. 偏最小二乘回归方法及其应用［M］. 北京：国防工业出版社，1999：12－242.

[22] SvanteWold，Michael Sjöström，Lennart Eriksson. PLS－regression：a basic tool of chemometrics［J］. Chemometrics and Intelligent Laboratory Systems 2001，58：109－130.

[23] 褚小立，袁洪福，陆婉珍. 近年来我国近红外光谱分析技术的研究进展［J］. 分析仪器，2006，2：1－10.

[24] 赵环环，严衍禄. 噪声对近红外光谱分析的影响及相应的数学处理方法［J］. 光谱学与光谱分析，2006，26（5）：842－845.

[25] 夏俊芳，李培武，李小昱，等. 不同预处理对近红外光谱检测脐橙 VC 含量的影响［J］. 农业机械学报，2007，38（6）：107－111.

[26] 尼珍，胡昌勤，冯芳. 近红外光谱分析中光谱预处理方法的作用及其发展［J］. 药物分析，2008，28（5）：824－829.

[27] 褚小立，袁洪福，陆婉珍. 近红外分析中光谱预处理及波长选择方法进展与应用［J］. 化学进展，2004，16（4）：528－542.

[28] 董守龙，任芊，黄友之. 近红外光谱分析技术的发展和应用［J］. 化工生产与技术，2004，11（6）：44－46.

[29] 熊艳梅，王冬，闵顺耕. 短波近红外模拟测定农药乳油中的有效成分含量［J］. 现代科学仪器，2010，4：85－86.

[30] 沈飞，闫战科，叶尊忠，等. 近红外光谱分析技术在辛硫磷农药残留应用检测中的应用［J］. 光谱学与光谱分析，2009，29（9）：2421－2424.

[31] 刘丽丽. 基于超高压预处理的蔬菜农药残留近红外检测技术的初步研究［D］. 北京：吉利大学，2009.

[32] 徐广通，袁洪福，陆婉珍. 现代近红外光谱技术及应用进展［J］. 光谱学与光谱分析，2000，20（2）：134－142.

[33] 史永刚，冯新泸，李子存. 化学计量学在近红外光谱定性分析中的应用［J］. 光谱实验室，1999，16（3）：237－239.

[34] 刘涛，孙旭东，刘燕德. 农作物品质的近红外光谱无损检测研究进展［J］. 食品与机械，2010，26（3）：161－166.

[35] 褚小立，许育鹏，陆婉珍. 用于近红外光谱分析的化学计量学方法研究与应用进展［J］. 分析化学，2008，36（5）：702－709.

[36] 王迪，刘潇威，刘岩，等. 蔬菜、水果中 12 种限量有机磷农药残留量测定方法［J］. 分析实验室，

2010, 29 (7): 37 - 41.

[37] 李伟，肖爱平，冷鹃. 近红外光谱技术及其在农作物中的应用 [J]. 中国农学通报，2009，25 (3): 56 - 59.

[38] Osborne B G, Fearn T. Applications of near - infrared spectroscopy in food analysis [M]. UK: Longman Scientific & Technical, 1986: 10 - 22.

[39] 熊艳梅，段云青，王冬，等. 近红外光谱技术快速测定农药有效成分的研究 [J]. 光谱学与光谱分析. 2010，30 (6): 1488 - 1492.

[40] 刘翠玲，郑光，吴静珠，等. 近红外光谱分析技术在蔬菜农药残留检测中的初步探索 [J]. 中国酿造. 2009，10: 138 - 140.

[41] 刘翠玲，隋淑霞，吴静珠，等. 近红外光谱技术检测溶液中毒死蜱含量试验 [J]. 农业机械学报，2009，40 (1): 129 - 131.

[42] 周向阳，林纯忠，胡祥娜，等. 近红外光谱法（NIR）快速诊断蔬菜中有机磷农药残留 [J]. 食品科学，2004，25 (5): 151 - 154.

[43] 吴泽鑫，李小昱，王为，等. 基于近红外光谱的番茄农药残留无损检测研究方法研究 [J]. 湖北农业科学，2010，49 (4): 961 - 963.

[44] 代芬，张昆，洪添胜，等. 龙眼表面农药残留的无损检测研究—基于近红外光谱分析 [J]. 农机化研究，2010，10: 111 - 114.

[45] G. Dhoot, R. Auras, M. Rubino, et al. Determination of eugenol diffusion through LLDPE using FTIR - ATR flow cell and HPLC techniques [J]. Polymer, 2009 (50): 1470 - 1482.

[46] 张勇，曹春昱，冯文英，等. ATR - FTIR 分析技术在制浆造纸工业中的研究与应用 [J]. 光谱学与光谱分析，2011，31 (3): 652 - 655.

[47] Eva Gómez - Ordóñez, Pilar Rupérez. FTIR - ATR spectroscopy as a tool for polysaccharide identification in edible brown and red seaweeds [J]. Food Hydrocolloids, 2011 (25): 1514 - 1520.

[48] Nicole Branan, Todd A Wells. Microorganism characterization using ATR - FTIR on an ultrathin polystyrene layer [J]. Vibrational Spectroscopy, 2007 (44): 192 - 196.

[49] Sanni Matero, Jari Pajander, Anne - Marie Soikkeli, et al. Predicting the drug concentration in starch acetate matrix tablets from ATR - FTIR spectra using multi - way methods [J]. Analytica Chimica Acta, 2007 (595): 190 - 197.

[50] Paulina de la Mata, Ana Dominguez - Vidal, Juan Manuel Bosque - Sendra, et al. Olive oil assessment in edible oil blends by means of ATR - FTIR and chemometrics [J]. Food Control, 2012 (23): 449 - 455.

[51] Steven Vermeir, Katrien Beullens, Péter Mészáros, et al. Sequential injection ATR - FTIR spectroscopy for taste analysis in tomato [J]. Sensors and Actuators B: Chemical, 2009 (137): 715 - 721.

[52] 张普敦，董蔚潇. ATR - FTIR 技术用于酒精饮品中乙醇含量的快速测定 [J]. 化学研究与应用，2009，21 (3): 334 - 337.

[53] 王家俊，邱启，刘巍. FTIR - ATR 指纹图谱的主成分分析 - 马氏距离法应用于烟用香精质量控制 [J]. 光谱学与光谱分析，2007，27 (5): 895 - 898.

[54] 张红雨，徐琳，王乃岩. 皮革产品的 ATR - FTIR 快速鉴定 [J]. 光谱实验室，2004，21 (6): 1189 - 1191.

[55] 刘倩，孙培艳，高振会，等. 衰减全反射傅里叶变换红外光谱技术结合模式识别进行油品鉴别 [J]. 光谱学与光谱分析，2010，30 (3): 663 - 666.

[56] 康继，顾小红，汤坚，等. 中红外反射光谱结合偏最小二乘法快速定量分析葡萄酒 [J]. 光谱实验室，2010，27 (3): 789 - 796.

[57] Charity Coury, Ann M Dillner. A method to quantify organic functional groups and inorganiccompounds in ambient aerosols using attenuated total reflectance FTIR spectroscopy and multivariate chemometric techniques

[J]. Atmospheric Environment, 2008 (42): 5923 - 5932.

[58] Katrien Beullens, Dmitriy Kirsanov, Joseph Irudayaraj, etal. The electronic tongue and ATR - FTIR for rapid detection ofsugars and acids in tomatoes [J]. Sensors and Actuators, 2006 (116): 107 - 115.

[59] Wei Liao, Fang Wei, Dan Liu, et al. FTIR - ATR detection of proteins and smallmolecules through DNA conjugation [J]. Sensors and Actuators, 2006 (114): 445 - 450.

[60] 徐琳，吴晓琼. 用 ATR - FTIR 快速检验蔬菜表面残留抑虫琳 [J]. 应用化工，2006，35 (6): 476 - 477.

[61] 徐琳. 衰减全反射红外光谱法测定蔬菜农残的实验研究 [J]. 安徽农业科学，2009，37 (24): 11353 - 11355.

[62] 朱春艳，李伟凯，李艳梅. FTIR/ATR 检测蔬菜有机磷农药残留 [J]. 科技创新导报，2008 (2): 108.

[63] Antonio Plaza, Jon Atli Benediktsson, Joseph W Boardman, et al. Recent advances in techniques for hyperspectral image processing [J]. Remote Sensing of Environment 113 (2009): 110 - 122.

[64] Mohammed Kamruzzaman, Gamal El Masry, Da - Wen Sun, et al. Application of NIR hyperspectral imaging for discrimination of lamb muscles [J]. Journal of Food Engineering 104 (2011): 332 - 340.

第 3 章 农药残留检测方法及光谱仪概述

3.1 农药残留检测方法介绍

目前关于农药残留量的检测方法主要有如下几种：色谱法、光谱法、酶抑制法、免疫分析法和生物传感器检测法等。

3.1.1 色谱法

色谱法也叫色层法或层析法，它是利用物质各组分在两相间分配系数的不同，实现各组分分离的目的，并将待测浓度转化为电信号记录下来的方法。目前色谱法主要有气相色谱法、高效液相色谱法、薄层色谱法、超临界流体色谱法。

1. 气相色谱（GC）法

随着现代仪器分析方法的发展，气相色谱法已成为目前典型的，应用最广泛的仪器分析方法之一。在农药测定方面的应用主要是从 20 世纪 60 年代开始的，可以这样认为，由于气相色谱的应用，特别是高灵敏度的选择性检测仪器的应用，农药残留量的测定水平提高到了一个新的台阶。就在各种新的检测方法不断出现的今天，气相色谱法仍占绝对的优势，就是由过去的以填充柱为主转变为目前的以毛细管柱为主。由于石英毛细管柱的出现和进样系统的不断改进，大大提高了气相色谱法的分析精度、准确度和灵敏度，但气相色谱法对于挥发性差、极性和热不稳定性的农药分析较困难。AOAC 对大部分有机磷农药，如乙拌磷、丰索磷、马拉硫磷、对硫磷，在 80 年代就建立了气相色谱检测方法。我国食品理化检验国家标准方法也采用了气相色谱检测有机磷农药，检测限为 1ng。该方法是利用经提取、纯化、浓缩后的有机磷农药注入气相色谱柱，程序化升温汽化后，不同的有机磷农药在固相中分离，经不同的检测器检测扫描绘出气相色谱图，通过保留时间来定性，通过峰或峰面积与标准曲线对照来定量。一次可同时测定多组分，简便快捷，灵敏度高，准确性也好，目前，是检测有机磷的国家标准方法。

2. 高效液相色谱（HPLC）法

高效液相色谱法形成于 20 世纪 70 年代，是在液相色谱柱层析的基础上，引入气相色谱理论并加以改进而发展起来的色谱分析方法，其是一种以流体为流动相的高效、快速的分离技术，常用于测定高沸点和热不稳定的大分子量农药残留，具有分离速度快、效率高、灵敏度高等优点，但是高效液相色谱法要配备昂贵的检测仪器，试剂消耗也比较大，主要用于检测一些不适于气相色谱上检测的少数农药。AOAC 中有近半数的有机磷农药都建立了高效液相色谱法，研究报道也很多。

3. 薄层色谱（TLC）法

薄层色谱法原理是被检测物经显色后同标准有机磷农药对比来定性，然后用薄层扫描仪来定量的检测方法。它可以同时分析多个样品，主要用于复杂混合物的分离及筛选。特点是成本低、可现场操作，与荧光显色技术结合，对有机磷的检测限为 0. 01μg，与酶抑制技术结合，检测限可达 0. 001pg。但本身准确度不高且预处理繁琐，适用范围较窄。

4. 超临界流体色谱（SFC）法

超临界流体色谱法是产生于20世纪80年代的技术，以超临界流体为流动相，综合了气相色谱与其他一些色谱的优点，超临界流体具有气、液双重性质，有黏度小、传质阻力小、扩散速度快等特点。此外，它还能与气相和液相的检测器相匹配，与其他检测手段联用，是一种强有力的分离和检测手段。

3.1.2 光谱法

光谱法是根据农药中的某些官能团或水解、还原产物与特殊的显色剂在特定的环境下发生氧化、磺酸化、脂化、络合等化学反应，产生特定波长的颜色反应来进行定性或定量测定，也可以根据含氢基团在近红外光谱区的吸收来进行测定。目前，在农药残留检测研究中应用的主要有以下3种：

1. 荧光分析法

这是一种根据氨基甲酸酯类农药在紫外光照射下能够产生荧光的机理而设计的一种用于检测氨基甲酸酯类农药残留的荧光系统。该系统采用单光源、双光路结构，能够对测量信号和参考信号同时进行处理。采用所设计的筒式光纤探头激发并探测荧光，设计了相应的信号处理电路，实现了计算机管理。该法具有灵敏度高、操作简便、速度快等优点。

2. 红外光谱法

应用红外光谱法可以直接对蔬菜上的农药残留进行检测，通过农药在水中的吸收建立的模型来模拟其在蔬菜体内的吸收，这为实现对蔬菜上的农药残留进行快速检测提供了一条可能的途径。因为在中红外光农药特征吸收区域，蔬菜中的各种色素对农药的特征吸收基本没有干扰，农药在蔬菜汁溶液中与在标准试剂溶剂中反映出基本相同的吸收特性。目前这种方法还有待进一步研究，但是这一方法如果研发成功，将为农药残留检测带来极大的方便，不用对农药进行提取就可对其进行检测，还可以提高精确度，应用前景非常广泛。

3. 拉曼光谱法

近几年将拉曼光谱用于农药残留检测。拉曼光谱是借助分子的振动谱来识别物质的，不同农药的分子结构不同，其振动谱也会不同，因而可将其作为“分子指纹”来识别不同的农药。利用拉曼光谱识别农药时必须首先获得各种样品的拉曼数据，然后分别测量各种农药的拉曼光谱，分别形成数据库和评判模型，最后输入待测样本光谱进行识别。

3.1.3 酶抑制法

有机磷、氨基甲酸酯类农药进入机体以后，与胆碱酯酶结合，形成了不易水解的磷酰化胆碱酯酶，丧失了水解乙酰胆碱的活力，如果大多数胆碱酯酶都转变为相当稳定难以水解的磷酰化胆碱酯酶，乙酰胆碱就在体内大量蓄积，产生迟发性神经毒性使中枢神经、交感神经、运动神经和一些腺体首先兴奋而活动增强，引起运动失调等，最后转入抑制和衰竭、瘫痪，甚至中毒死亡。有机磷、氨基甲酸酯类农药可以抑制乙酰胆碱酯酶的活性，使其分解乙酰胆碱的速度变慢或停止。酶抑制法的原理是利用这一反应特性，用滤纸片或电极作为载体，将乙酰胆碱酯酶吸附在上面，加入显色剂，如果酶的活性没有被抑制，则生成的产物可以使显色剂显色，如果被测样品中含有农药残留，则酶活性被抑制不能生成水解产物，显色剂不显色，根据颜色的变化或测定酶与某种特定化合物反应的物理化学信号的变化，可判断是否存在有机磷及氨基甲酸酯类农药。酶抑制法最大的优点是前处理简单、检测时间短、不需昂贵的仪器、易于掌握推广，特别适合现场检测以及大批样品的筛选。但是酶抑制法测定样品和农药种类有限，目前只适用于蔬菜、水果中有机磷和氨基甲酸酯类农药的残留检测，并且该方法使用的酶、底物、显色剂有一定的特异性，需控制的条件比较多，易出现假阳性或假阴性现象。另外其灵敏度、重复性、回收率还有待提高。

3.1.4 酶联免疫法

农药残留免疫分析方法是以抗原与抗体的特异性结合为基础，把抗体作为生物化学检测器对化合物、酶或蛋白质等物质进行定性和定量分析的一门技术。按标记抗原或抗体标记物的不同可区分为放射免疫分析（RIA）法、酶免疫分析（EIA）法、荧光免疫分析（FIA）法等。由于保存期长、高敏感性、结果准确且可进行光谱分析等优点，使酶免疫分析法成为迄今为止农药残留免疫检测中应用最广泛的一种免疫分析方法。

酶联免疫（ELISA）法是将免疫技术与现代测试手段相结合而建立的一种超微量的测定技术，20 世纪 80 年代开始应用于农药残留分析，随后得到不断改进和发展。其原理是通过在合适的载体上，酶标限定量抗原与未知抗原竞争固相抗体结合位点或固相抗原与未知抗原竞争限定量的标记抗体结合位点，形成抗体复合物。在一定底物参与下，复合物上的酶催化底物，使其水解、氧化或还原成另一种带色物质。由于酶的降解底物与显色成正比，通过肉眼观察或分光光度计测定，从而确定是否存在未知抗原或含量。ELISA 法的优点是检测成本低、试剂保存时间较长、专一性强、灵敏度高、安全性好、可进行定性或定量检测，并且不需要复杂昂贵的设备、自动化程度高、对使用人员的专业技术要求也不高、容易普及推广，尤其适合样本量较大或对指定农药种类的现场筛查检测。但目前 ELISA 法在农药残留检测中仍有其局限性，一种试剂盒只能检测一种农药，不能同时分析多种成分，不能检测农药残留总量。另外由于制备抗体比较困难，抗体数量还较少，如果在不能肯定试样中的农药品种的情况下，检测具有一定的盲目性，因此应用范围受到限制。虽然目前 ELISA 法应用于农产品农药残留检测比不上传统的色谱分析技术广泛，但随着 ELISA 法分析技术自身优势和在方法上的不断改善，尤其是亲和力强、特异性高的标准化抗体生产技术的突破和免疫传感器技术的日臻完善，ELISA 法检测技术会成为农产品农药残留和安全质量控制的有效快速检测手段。

3.1.5 生物传感器检测法

20 世纪 80 年代以来，国际上农药残留分析新技术的研究非常活跃，不断有新的方法、新的技术涌现，生物传感器法就是其中日渐成熟的一种。生物传感器是由一种生物敏感部件与转换器紧密配合的分析装置，这种生物敏感部件对特定化学物质或生物活性物质具有选择性和可逆响应，通过测定 pH 值、电导等物理化学信号的变化，即可测得农药残留量。传感器的生物敏感层与复杂样品中特定的目标分析物之间（如酶与底物、抗体与抗原）的识别反应会产生物理化学信号（如光热、声音、颜色、电化学），转换成电信号后可放大记录。与传统的分析方法相比，生物传感器法的特点是响应速度快、灵敏度高、选择性及专一性强、抗干扰能力强、可反复多次使用；样品中被测组分的分离和检测同时完成、可以实现连续在线监测、容易实现自动化测量，甚至可以插入生物组织或细胞内实现超微量快速跟踪分析；传感器连同测定仪的成本远低于大型分析仪器，便于推广普及。目前，生物传感器尚存在一些技术难点，主要表现是结果的稳定性、重现性和使用寿命等问题。随着逐步解决生物传感器的稳定性、精确度、使用寿命等问题后，将有望开发出小型化、实用化、商品化的农药残留检测系统。

3.1.6 发光菌检测法

发光菌是一类能运动的革兰氏阴性兼性厌氧杆菌，一般将其分为 3 类：弧菌属、发光杆菌属和异短杆菌属。发光菌的发光现象是其正常的代谢活动，在一定条件下发光强度是恒定的，当与外来受试物（无机、有机毒物，抑菌、杀菌物等）接触后，其发光强度即有所改变，变化的大小与该物质的毒性大小有关，与特定的受试物的浓度呈现相关关系。发光菌检测法正是利用灵敏的光电测量系统测定毒物对发光菌发光强度的影响。

3.2 光谱仪设备概述

作者所在课题组主要在以下 3 台光谱仪上开展研究工作。

1）北京普析通用公司 TU－1900 紫外－可见光分光光度计（见图 3-1）。波长范围：190～900nm，波长准确度：±0.3nm，光谱带宽：2nm，波长重复性：≤0.1nm，基线平直度：±0.001A。附件为固定样品池，仪器光谱基本采集步骤见附录 D。

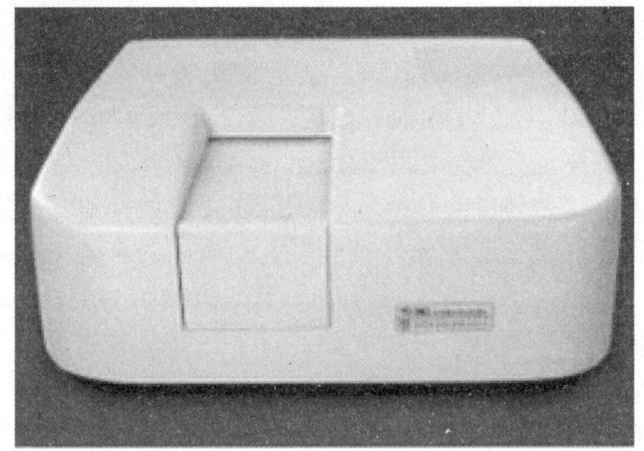

图 3-1　紫外－可见光分光光度计 TU－1900

2）德国布鲁克 VERTEX 70 型傅里叶变换红外光谱仪（见图 3-2）：

① 近红外光波数范围：4000～12500cm^{-1}，分辨率可调，InGaAs 光纤探测器。液体光纤探头，固定光程：2mm。

② 中红外光波数范围：400～4000cm^{-1}，分辨率可调，KBr 透射探测器。ATR 附件。

光谱采集及处理软件为 OPUS 6.5，仪器光谱基本采集步骤见附录 A。

3）DXR 激光共焦显微拉曼光谱仪（见图 3-3）。激光波长：780nm，波数范围：50～3500cm^{-1}，激光能量可调范围：0～20mW，光栅：400 线/mm，估计分辨率：4.7～8.7cm^{-1}。仪器光谱基本采集步骤见附录 A。

图 3-2　布鲁克 VERTEX 70 型傅里叶变换红外光谱仪

图 3-3　DXR 激光共焦显微拉曼光谱仪

3.3 小结

本章对目前常见的一些关于农药残留量的检测方法进行了介绍，简述了本书的研究内容以及课题研究过程中所使用的实验仪器设备及其相关参数设置。

参考文献

[1] 李晓婷，王纪华，朱大洲，等. 果蔬农药残留快速检测方法研究进展 [J]. 农业工程学报，2011 (S2)：363 - 370.

[2] 蔡建荣，张东升，赵晓联. 食品中有机磷农药残留的几种检测方法比较 [J]. 中国卫生检验杂志，2002，12 (6)：750 - 752.

[3] 郭沫然. 光谱技术在食品安全检测中的应用研究 [D]. 长春理工大学，2014.

[4] 刘慧，闫树刚，朱力. 食品中农药残留快速检测方法的研究 [J]. 中国农学通报，2003，19 (4)：138 - 141.

[5] Ana A，Mariano C，Juan C，et al. Multiresidue method for the analysis of multiclass pesticides in agricultural products by gas chromatography - tandem mass spectrometry. [J]. Analyst，2002，127 (3)：347 - 354.

[6] Nieto - García A J，Romero - Gonzålez R，Frenich A G. Multi - pesticide residue analysis in nutraceuticals from grape seed extracts by gas chromatography coupled to triple quadrupole mass spectrometry [J]. Food Control，2015，47：369 - 380.

[7] 易江华，段振娟，方国臻，等. QuEChERS 方法在食品农兽药残留检测中的应用 [J]. 中国食品学报，2013，02：153 - 158.

[8] Rohman A，Man Y B C. Fourier transform infrared (FTIR) spectroscopy for analysis of extravirgin olive oil adulterated with palm oil [J]. Food Research International，2010，43 (3)：886 - 892.

[9] Rohman A，Man Y B C，et al. Application of FTIR Spectroscopy for the Determination of Virgincoconut Oil in Binarv Mixtures with Olive Oil and Palm Oil [J]. Journal of the American Oil chemists Society，2010，87 (6)：601 - 606.

[10] Karoui Rf Blecker C. Fluorescence Spectroscopy Measurement for Quality Assessment of FoodSystems—a ReView [J]. Food and Bioprocess Technology，2011，4 (3)：364 - 386.

[11] Karoui R，Downev G，et al. Mid - Infrared Spectroscopy coupled with chemometrics：A Tool for the Analysis of Intact Food Systems andthe Exploration of Their Molecular Structure — Qualitv Relationships - A ReView [J]. chemical ReViews，2010，110 (10)：6144 - 6168.

[12] 谢劼，饶之帆，董鹍. 仿宝石塑料材料的拉曼光谱分析 [J]. 光谱实验室，2012，29 (6)：3672 - 3676.

[13] 朱华东，罗勤，周理，等. 激光拉曼光谱及其在天然气分析中的应用展望 [J]. 天然气工业，2013，33 (11)：110 - 114.

[14] 董海胜，张丽芬，钟悦，等. 拉曼光谱结合偏最小二乘法测定血清胆固醇含量 [J]. 光谱学与光谱分析，2013，33 (5)：5 - 27.

[15] Najmaei S，Liu Z，Ajayan P M，et al. Thermal effects on the characteristic Raman spectrum of molybdenum disulfide (MoS_2) of varying thicknesses [J]. Appl Phys Lett，2012，100 (1)：1 - 4.

[16] 陈倩，李沛军，孔保华. 拉曼光谱技术在肉品科学研究中的应用 [J]. 食品科学，2012，33 (15)：307 - 313.

[17] Lahfid A，Beyssac O，Deville E，et al. Evolution of the Raman spectrum of carbonaceous material in low - grade metasediments of the Glarus Alps (Switzerland) [J]. Terra Nova，2010，22 (5)：354 - 360.

[18] Zhang Y，Huang Y，Zhai F，et al. Analyses of enrofloxacin，furazolidone and malachite green in fish products with surface - enhanced Raman spectroscopy [2012] [J]. Food Chemistry，2012，135 (2)：845 - 850.

[19] 任斌，王喜. 针尖增强拉曼光谱：技术、应用和发展 [J]. 光散射学报，2006，4：288 - 296.

[20] 欧阳思怡，叶冰，刘燕德. 表面增强拉曼光谱法在农药残留检测中的研究进展 [J]. 食品与机械，2013，29 (1)：243 - 246.

第 4 章　基于近红外光谱技术的农药残留检测方法研究

4.1　简介

近红外光谱分析技术在农药残留量检测领域虽然具有快速、无损检测、无污染、低成本等优点，但是由于农药品种多且新品种不断涌现、农产品种类多、缺少农药残留检测限量标准、没有建立各地方各品种的标准光谱数据库，虽然有研究者的研究取得了良好的结果，但近红外光谱分析技术在农药残留领域仍处于探索阶段。

实现近红外光谱分析技术在农药残留领域的广泛应用，要解决许多关键问题：①建立大量可长期使用的网络标准数据库。农药种类多、农作物品种多，在互联网建立标准光谱数据库可很大程度便利各地研究者的研究过程，研究者可以通过模型适配性检验、模型修正、模型转移得到适合自己的数学模型。②发展农残检测专用的便携近红外光谱仪。对于近红外光检测技术仪器是关键，专用便携仪器的研制将为农药残留近红外光检测技术在现场的实施提供硬件基础。

计算机和化学计量学的发展使近红外光谱分析技术在农药残留痕量分析领域拥有广阔的发展前景，关键技术的突破，将使近红外光谱分析技术在农药残留领域巨大的潜力转化为社会财富。

本章重点探索应用近红外光谱技术结合化学计量学方法检测蔬果类农药残留的可行性。

4.2　基于近红外光谱的农药溶液定量分析方法研究

本节围绕化学计量学中应用最广泛的偏最小二乘（PLS）法进行近红外光谱的微量农药溶液检测建模分析。PLS 法可适用于数据量大、噪声多、共线性数据、不完整数据矩阵等问题的模型校正。本节通过使用不同的预处理方法对近红外光谱数据进行优化，分别建立了不同优化方法处理后数据结合 PLS 法的数学模型，通过模型的校正参数和预测结果对比了在微量农药溶液中各种数据预处理方法对 PLS 模型的影响，旨在研究近红外光谱技术应用于微量农药溶液检测的可行性，并找到本节所用两种农药（毒死蜱和炔螨特）样本的最佳近红外光谱数据预处理方法。

4.2.1　样本制备及光谱采集

1. 样本制备

用购自中国计量科学研究院的甲醇中毒死蜱溶液标准物质（标准值为 1.01mg/ml）配置 26 个样本各 15g，制样前，先从冷藏室将样本取出，在室温 20℃平衡并摇匀后再打开安瓿瓶，样本浓度 0.03 ~ 6mg/kg 分布在行业标准规定的最大残留量 1mg/kg 附近，见表 4-1，随机抽取 5 号、9 号、13 号、18 号和 23 号 5 个样本作为预测集。

用购自中国计量科学研究院的农药炔螨特标准物质（标准值为 1.00mg/ml，以乙腈为溶剂）配置 20 个样本各 15g，制样前，先从冷藏室将样本取出，在室温 20℃平衡并摇匀后再打开安瓿瓶，样本浓度 2 ~ 20mg/kg 分布在行业标准规定的最大残留量 5mg/kg 附近，见表 4-2，随机抽取 2 号、5 号、10 号、15 号和 19 号 5 个样本作为预测集。

表 4-1　毒死蜱溶液样本浓度

样本号	浓度值/(mg/kg)	样本号	浓度值/(mg/kg)	样本号	浓度值/(mg/kg)
1	0.03	10	1.3	19	3.45
2	0.09	11	1.54	20	3.78
3	0.18	12	1.62	21	4.2
4	0.28	13	1.72	22	4.56
5	0.36	14	1.84	23	4.88
6	0.5	15	2	24	5.2
7	0.6	16	2.4	25	5.6
8	0.76	17	2.86	26	6
9	1	18	3.2	27	0

表 4-2　炔螨特溶液样本浓度

样本号	浓度值/(mg/kg)	样本号	浓度值/(mg/kg)	样本号	浓度值/(mg/kg)
1	2	8	5	15	12
2	2.5	9	5.3	16	12.5
3	3.3	10	5.8	17	13.5
4	3.9	11	6.6	18	15
5	4.3	12	8	19	17
6	4.6	13	9.5	20	20
7	4.8	14	10.8	21	0

2. 光谱采集

近红外光谱仪器的选择，使用德国布鲁克 VERTEX 70 型傅里叶变换红外光谱仪，检测器使用砷化铟镓（InGaAs），所使用的液体光纤探头长度为 2m，有效光程为 2mm，波长范围为 4000 ~ 12500cm^{-1}，分辨率设置为 8cm^{-1}，扫描次数为 32 次。光谱数据处理软件使用 OPUS6.5。

把不同质量浓度的毒死蜱和炔螨特样本溶液分别装入 25mL 茶色玻璃小瓶中，如图 4-1 所示，在室温相对恒定的环境中把光纤探头伸入小瓶中进行光谱数据的采集，此操作要保证近红外光纤探头完全浸没在样本中。

图 4-1　制备好的样本溶液

4.2.2　基于近红外光和 PLS 法的农药溶液定量分析方法研究

在采集好毒死蜱和炔螨特样本溶液的近红外光谱数据后，分别使用 10 种常用的预处理方法：一阶导数（17 点平滑）、消除常数偏移量、矢量归一化（SNV）、最小 - 最大归一化、多元散射校正、减去一条趋势线、一阶导数（17 点平滑） + MSC、一阶导数（17 点平滑） + 减去一条趋势线、一阶导数（17 点平滑） + SNV、二阶导数进行优化处理，使用 PLS 法建立模型后与未进行优化的原始光谱数据模型进行对比，选取两种农药样本的最优预处理方法。

1. 毒死蜱样本溶液不同预处理方法对模型的影响

分别使用10种预处理方法对毒死蜱溶液样本光谱数据进行优化，建立毒死蜱溶液的11个PLS数学模型，模型的内部交叉验证结果如图4-2所示，使用模型对预测集样本进行预测，模型的优化结果和各评价参数见表4-3。

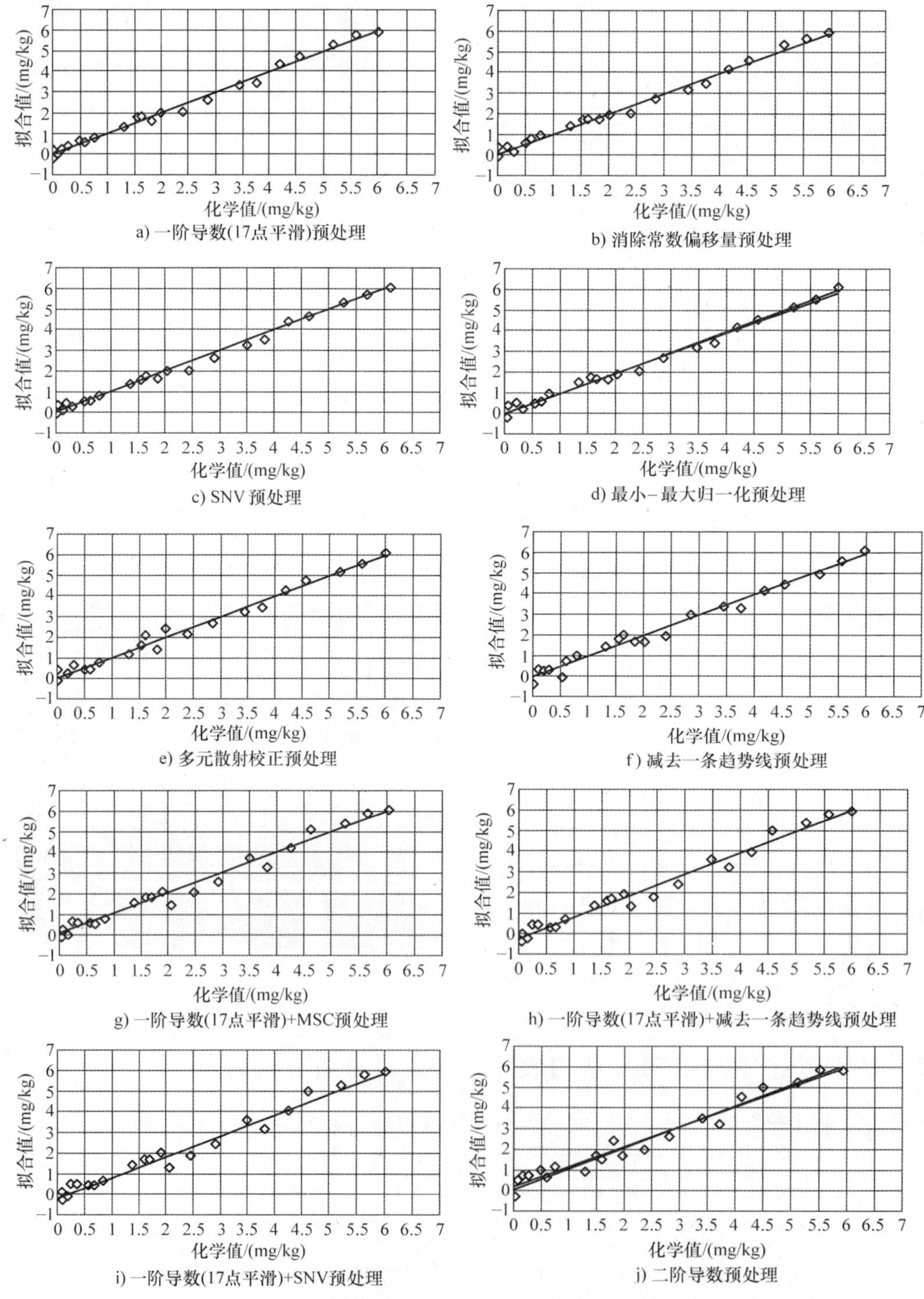

a) 一阶导数(17点平滑)预处理
b) 消除常数偏移量预处理
c) SNV预处理
d) 最小-最大归一化预处理
e) 多元散射校正预处理
f) 减去一条趋势线预处理
g) 一阶导数(17点平滑)+MSC预处理
h) 一阶导数(17点平滑)+减去一条趋势线预处理
i) 一阶导数(17点平滑)+SNV预处理
j) 二阶导数预处理

图4-2 毒死蜱不同预处理方法模型内部交叉验证结果

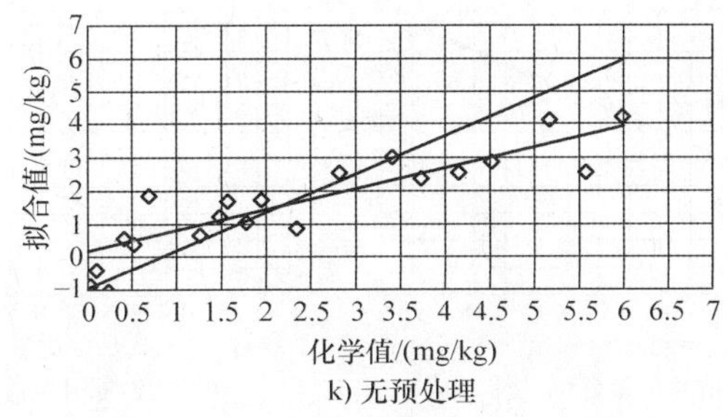

k) 无预处理

图 4-2 毒死蜱不同预处理方法模型内部交叉验证结果（续）

表 4-3 毒死蜱溶液样本数据优化和建模结果

预处理方法	优化光谱范围/cm⁻¹	所选数据点	主成分数	内部交叉检验相关系数 R	内部交叉检验标准差 RMSECV	预测相关系数 R	预测标准差 RMSEP
一阶导数（17 点平滑）	5446. 3 ~6102	171	3	0. 9965	0. 16	0. 9949	0. 164
消除常数偏移量	7498. 3 ~11995. 7 5446. 3 ~6102	1338	4	0. 9959	0. 176	0. 9938	0. 194
SNV	7498. 3 ~11995. 7 5446. 3 ~6102	1338	3	0. 9957	0. 182	0. 9992	0. 0802
最小 - 最大归一化	7498. 3 ~11995. 7 5446. 4 ~6102	1338	3	0. 9949	0. 198	0. 993	0. 199
多元散射校正	5446. 3 ~6102	171	2	0. 9922	0. 239	0. 9926	0. 199
减去一条趋势线	5446. 3 ~11995. 7	1699	5	0. 9902	0. 268	0. 985	0. 296
一阶导数（17 点平滑）+ MSC	7498. 3 ~11995. 7 5446. 3 ~6102 4246. 7 ~4601. 6	1431	4	0. 9891	0. 283	0. 9859	0. 3
一阶导数（17 点平滑）+减去一条趋势线	7498. 3 ~11995. 7 5446. 3 ~6102 4246. 7 ~4601. 6	1431	4	0. 989	0. 284	0. 9877	0. 284
一阶导数（17 点平滑）+ 矢量归一化	4246. 7 ~4601. 6	93	4	0. 9889	0. 287	0. 9857	0. 303
二阶导数	4246. 8 ~4601. 6	93	9	0. 983	0. 352	0. 9535	0. 499
无预处理	4246. 7 ~11995. 7	2010	4	0. 8691	1. 04	0. 9449	0. 559

利用不同预处理方法对毒死蜱溶液样本近红外光谱数据进行优化处理，并使用 PLS 法对各优化处理后的数据建立数学模型，结果显示，一阶导数（17 点平滑）、消除常数偏移量、SNV、最小 - 最大归一化、多元散射校正的内部交叉验证相关系数和预测相关系数均达到 0. 99 以上，其中，综合考虑各模型的内部交叉验证结果和对预测集的预测结果，SNV 预处理方法为毒死蜱溶液样本数据的最佳优化方法。

2. 炔螨特样本溶液不同预处理方法对模型的影响

剔除 14 号异常样本后，分别使用 10 种预处理方法对炔螨特溶液样本光谱数据进行优化，建立炔螨特溶液的 11 个偏最小二乘数学模型，模型的内部交叉验证结果如图 4-3 所示，使用模型对预测集样本进行预测，模型的优化结果和各评价参数见表 4-4。

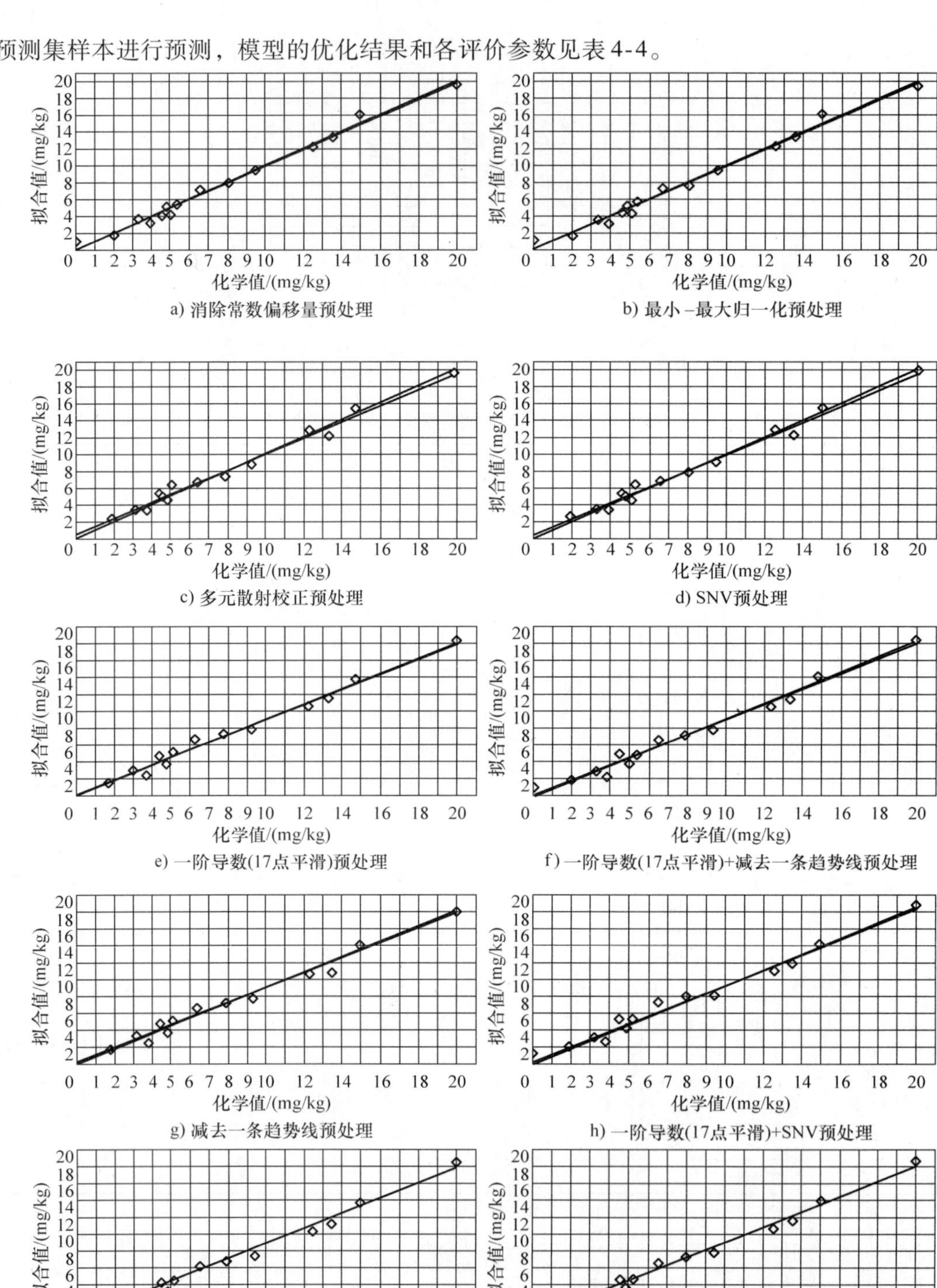

图 4-3　炔螨特不同预处理方法模型内部交叉验证结果

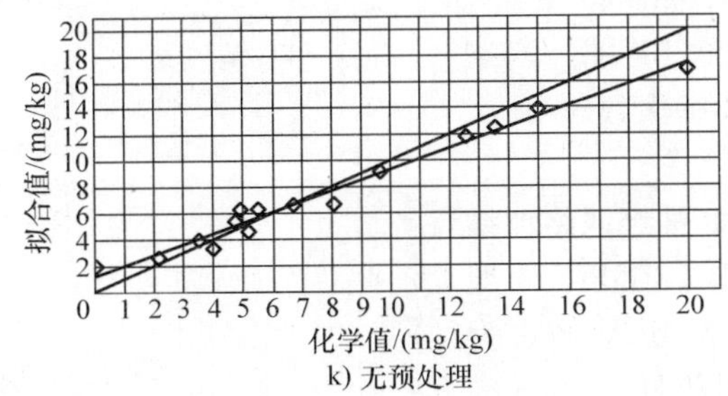

图 4-3　炔螨特不同预处理方法模型内部交叉验证结果（续）

表 4-4　炔螨特溶液样本数据优化和建模结果

预处理方法	优化光谱范围 /cm^{-1}	所选数据点	主成分数	内部交叉检验相关系数 R	内部交叉检验标准差 RMSECV	预测相关系数 R	预测标准差 RMSEP
消除常数偏移量	5774.1 ~ 6102	86	3	0.9946	0.553	0.9933	0.856
最小－最大归一化	5446.3 ~ 6102	171	3	0.9943	0.567	0.995	0.79
多元散射校正	5446.3 ~ 7502.1	534	3	0.9943	0.587	0.9933	0.889
SNV	5446.3 ~ 7502.1	534	3	0.9943	0.587	0.9933	0.889
一阶导数（17 点平滑）	5446.3 ~ 6102	171	1	0.9929	0.63	0.9937	0.749
一阶导数（17 点平滑）＋减去一条趋势线	5446.3 ~ 6102	171	1	0.9928	0.637	0.9938	0.675
减去一条趋势线	5446.3 ~ 11995.7	1699	3	0.9925	0.649	0.9952	0.646
一阶导数（17 点平滑）＋SNV	5446.3 ~ 6102	171	1	0.9924	0.657	0.9936	0.706
一阶导数（17 点平滑）＋MSC	5446.3 ~ 6102	171	1	0.9923	0.661	0.9936	0.707
二阶导数	5446.3 ~ 6102	171	1	0.992	0.674	0.9934	0.684
无预处理	4246.7 ~ 11995.7	2010	3	0.9888	1.23	0.9916	0.966

利用不同预处理方法对炔螨特溶液样本近红外光谱数据进行优化处理，并使用 PLS 法对各优化处理后的数据建立数学模型，结果显示，各种预处理方法的内部交叉验证相关系数和预测相关系数均达到 0.99 以上，其中，综合考虑各模型的内部交叉验证结果和对预测集的预测结果，减去一条趋势线预处理方法为炔螨特溶液样本数据的最佳优化方法。

本次实验结果表明：近红外光谱技术结合相关预处理方法和 PLS 建模方法可用于初步检测在本实验条件下配制的农药溶液中的农药含量。

4.2.3　基于近红外光和 BP 神经网络的农药溶液定量分析方法研究

根据 4.2.2 节中的试验研究，本节以 4.2.2 节的预处理研究方法和结果为基础，对光谱数据分别进行最佳优化后，使用 BP 人工神经网络分别为炔螨特和毒死蜱建立校正模型，并利用此模型对预测样本进行预测，根据校正模型参数和预测结果，研究 BP 神经网络在近红外光谱法检测农药溶液含量中应用的可行性，同时，讨论 BP 神经网络的使用方法。

本节建立 BP 模型使用 MATLAB 7.7 神经网络工具箱中量化共轭梯度（Scaled Conjugate Gradient，SCG）反向传播算法训练函数（trainscg 训练函数），采用以校正集为训练样本对网络进行训练，以方均误差（Mean Squared Error，MSE）为性能函数，建模时对 BP 神经网络以 0.01 的目标误差和最大训练次数 3000 次进行模型的训练。

1. 毒死蜱微量溶液的 BP 神经网络训练

根据 4.2.2 节的研究结果，在 PLS 模型建立中，贡献最大的最优预处理方法为 SNV 法，因此，首先对毒死蜱样本的近红外光谱数据进行 SNV 预处理，观察此优化方法对 BP 神经网络建模应用的优化贡献价值，并找出可应用于近红外光谱法结合 BP 神经网络法检测微量农药溶液的最佳优化方法。

（1）基于 SNV 法的 BP 神经网络训练

当隐含层选为 15 个神经元时，所建立模型的各个评价参数为 $R=0.9986$、RMSEC $=0.1000$、RMSEP $=1.5800$。内部交叉验证的拟合结果如图 4-4 所示。BP 神经网络模型对预测样本集的预测结果见表 4-5。

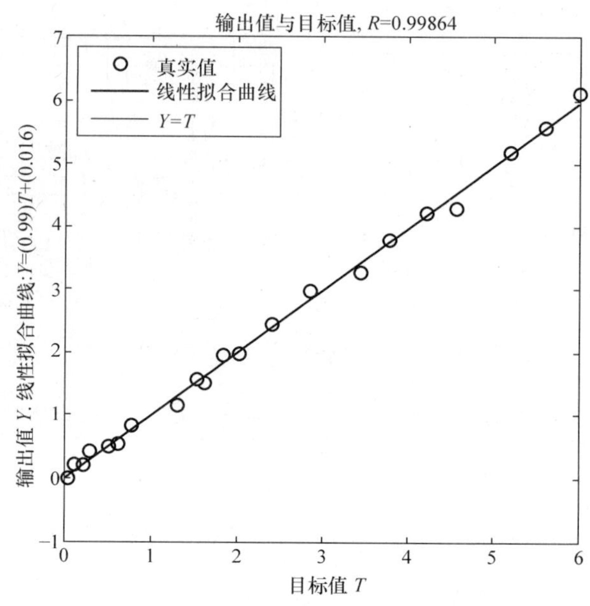

图 4-4　毒死蜱溶液的 SNV BP 神经网络内部交叉验证拟合结果

表 4-5　毒死蜱溶液的 SNV BP 神经网络模型预测结果（一）

化学值/(mg/kg)	0.3600	1.0000	1.7200	3.2000	4.8800
预测值/(mg/kg)	0.8673	−0.6512	0.9556	5.8252	3.4579
RMSEP	1.5800				

从校正模型的校正结果和对预测样本集的预测结果不难看出，当隐含层神经元选择为 15 个时，所建立的 BP 神经网络模型出现了过拟合，相关系数 $R=0.9986$ 非常接近于 1，内部交叉验证标准差 RMSEC $=0.1000$ 很小，但是对预测集的预测表示，预测标准差 RMSEP $=1.5800$ 误差严重。

因此，当隐含层神经元数量为 15 时的模型不可取，根据实验所得数据结果，基于 SNV 优化原始光谱数据的 BP 神经网络的最优模型如下。

在 SNV 预处理方法结合 BP 神经网络所建立的最优数学模型为隐含层神经元数目为 9 的 3 层神经网络。其模型评价参数为 $R=0.8962$、RMSEC $=0.8466$、RMSEP $=0.8104$。内部交叉验证的拟合结果如图 4-5 所示。模型对预测样本集的预测结果见表 4-6。

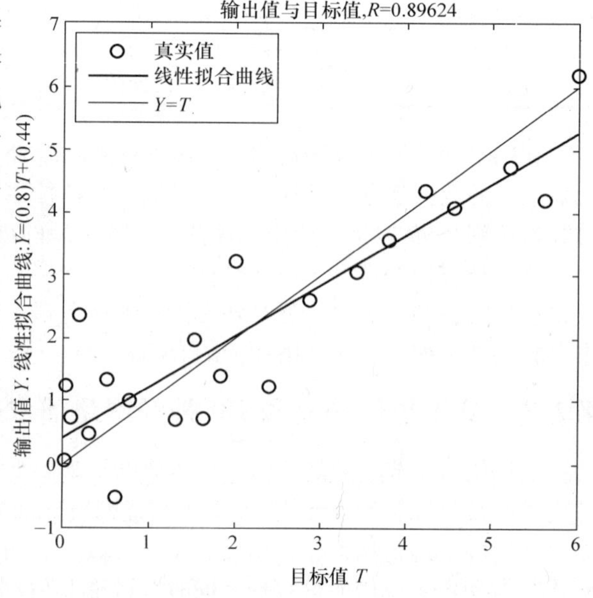

图 4-5　毒死蜱溶液的 SNV 方法下最优 BP 神经网络内部交叉验证拟合结果

表 4-6　毒死蜱溶液的 SNV BP 神经网络模型预测结果（二）

化学值/(mg/kg)	0.3600	1.0000	1.7200	3.2000	4.8800
预测值/(mg/kg)	0.3135	2.2520	1.6635	4.2267	5.6905
RMSEP	0.8104				

根据 SNV 处理后的数据的 BP 神经网络模型结果来看，即使是此条件下最优的模型，其模型的内部交叉验证标准差和预测标准差 RMSEC = 0.8466、RMSEP = 0.8104 误差都较大，因此，有必要利用其他优化方法进行最优模型寻找的实验研究。

（2）基于一阶导数的 BP 神经网络训练

根据以上所研究的 BP 神经网络模型中隐含层神经元数目的确定思路和光谱数据最优的预处理方法研究，建立了以一阶导数优化后的近红外光谱数据最优 BP 神经网络模型，其模型为隐含层神经元数目为 15 的 3 层神经网络模型。模型的各评价参数为 R = 0.9504、RMSEC = 0.5960、RMSEP = 0.6424。内部交叉验证的拟合结果如图 4-6 所示。模型对预测样本集的预测结果见表 4-7。

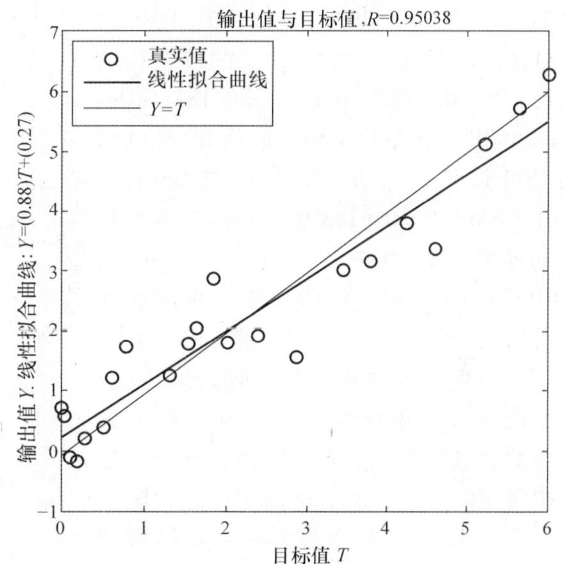

图 4-6　毒死蜱溶液的一阶导数方法下最优 BP 神经网络内部交叉验证拟合结果

表 4-7　毒死蜱溶液的 SNV BP 神经网络模型预测结果（三）

化学值/(mg/kg)	0.3600	1.0000	1.7200	3.2000	4.8800
预测值/(mg/kg)	1.0425	1.1092	1.4476	2.9673	3.6727
RMSEP	0.6424				

从以上建模结果可以看到，不同的光谱数据预处理方法对 BP 神经网络模型的建立贡献不同，隐含层神经元数目的选择也对模型的优劣有很大影响。不同的预处理方法对不同建模方法（例如 PLS 法和 BP 神经网络法）的模型贡献度也不同，在后续的研究中，需要根据实际情况采用不同的预处理方法和模型参数设置。

2. 炔螨特微量溶液的 BP 神经网络模型研究

基于本节前面部分的研究结果，针对炔螨特微量农药溶液的 BP 神经网络建模过程，以本节前面部分为基础进行延续研究，确认上面的研究结果在炔螨特农药微量溶液建模中是否有效。

首先对 20 个炔螨特微量溶液样本进行近红外光谱数据采集，得到原始光谱数据后，对数据进行优化，选取最佳的预处理方法，即最小 - 最大归一化法，作为最终的优化方法。建立模型之前，首先剔除 14 号异常样本。建立炔螨特微量农药溶液的近红外光谱法结合 BP 神经网络法的数学模型，模型的校正结果和对预测集的预测结果为 R = 0.9949、RMSEC = 0.5361、RMSEP = 0.6143。内部交叉验证的拟合结果如图 4-7 所示，模型对预测样本集的预测结果见表 4-8。

基于近红外光谱技术结合 BP 人工神经网络分析研究了其在微量农药溶液含量检测中应用的可行性。前半部分以微量毒死蜱溶液为研究对象，以实验结果数据讨论了不同预处理方法和隐含层神经元数目对模型的影响，根据研究结果又在后半部分为微量炔螨特溶液建立了最优的 BP 人工神经网络校正模型。从结果来看，微量毒死蜱溶液的 BP 神经网络模型的评价参数 $R=0.9504$、RMSEC = 0. 5960、RMSEP = 0. 6424，远不及之前 PLS 模型的校正和预测结果：$R=0.9957$、RMSEC = 0. 182、RMSEP = 0. 0802。微量炔螨特溶液的 BP 神经网络模型的评价参数 $R=0.9949$、RMSEC = 0. 5361、RMSEP = 0. 6143 优于使用 PLS 法所建立的模型：$R=0.9925$、RMSEC = 0. 649、RMSEP = 0. 646。对比结果可知，在近红外光谱法检测微量农药含量的建模方法中并没有固定的最优建模方法和数据预处理方法，根据不同的农药物质性质和不同的试验方法，要酌情选择最优的光谱数据预处理方法和建模所用的算法，本节所做实验结果证实微量毒死蜱农药溶液的 PLS 法所建模型较优，而微量炔螨特溶液的 BP 神经网络模型的校正和预测效果最佳。

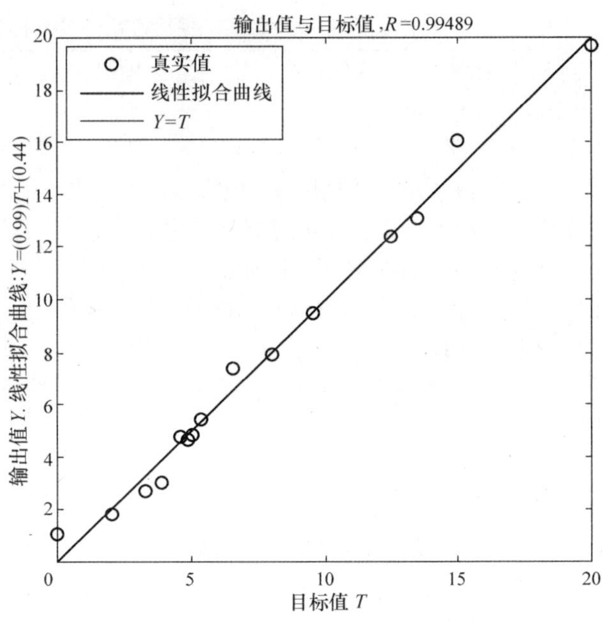

图 4-7　炔螨特溶液的最优 BP 神经网络内部交叉验证拟合结果

表 4-8　炔螨特溶液 BP 神经网络模型预测结果

化学值/(mg/kg)	2. 5000	4. 3000	5. 8000	12. 0000	17. 0000
预测值/(mg/kg)	2. 7868	4. 8710	4. 8601	11. 8844	17. 7626
RMSEP	0. 6143				

4. 3　基于近红外光谱的萝卜农药残留（毒死蜱）检测方法研究

本章前面部分以微量农药溶液为研究对象，研究了近红外光谱技术在水溶液中微量农药的检测技术，并取得了良好的检测结果。根据以上的微量农药水溶液检测技术试验方法和研究结论，本节作为前面部分的延续研究，以萝卜为试验对象，研究近红外光谱技术结合 PLS 法和 BP 神经网络建模方法在真实农产品中应用的可行性和应用前景。

萝卜作为我国主要蔬菜之一，除具有帮助消化等餐用价值外，其种子、叶和跟都可入药，且种子具有高出油率。然而，为了防治萝卜的病虫害，往往需要在其生长过程中喷洒毒死蜱等常用农药，不合理使用农药导致的农药残留将影响广大食用者的健康和生命安全。

为了研究近红外光谱技术在微量农药残留检测中应用的可能性和前景，本节分别利用 PLS 法和 BP 神经网络法对 27 个萝卜样本的毒死蜱残留光谱数据建立数学模型，并用 6 个预测样本对模型的稳健性进行检验。旨在研究近红外光谱技术在农产品农药残留检测应用的可行性和优势，并对两种光谱法进行对比，找到最佳方法。

4. 3. 1　样本制备及光谱采集

1. 样本制备

作为样本，为了降低干扰因素，购买自大型超市出售的无公害萝卜。

甲醇中毒死蜱溶液标准物质（标准值为1.01mg/mL）购自中国计量科学研究院。

根据中华人民共和国农业行业标准 NY 1500.41.3～1500.41.6—2009，NY 1500.50～1500.92—2009规定，萝卜中毒死蜱最大残留量为1mg/kg。

将萝卜洗净后在清水中浸泡24h以消除萝卜表面上其他物质的影响，使用榨汁机将萝卜榨成液体状，并在33个茶色螺口小瓶中各装10g萝卜汁。

在33个萝卜汁中滴入不同量的毒死蜱标准物质配制成33个浓度分布在1mg/kg附近的待测样本。浓度分布见表4-9。随机选取3号、7号、12号、17号、25号、31号作为预测样本集。

表4-9　萝卜中毒死蜱样本浓度

样本号	浓度值/(mg/kg)	样本号	浓度值/(mg/kg)	样本号	浓度值/(mg/kg)
1	0.1	12	1	23	3.8
2	0.15	13	1.2	24	3.95
3	0.21	14	1.35	25	4.18
4	0.26	15	1.5	26	4.5
5	0.34	16	1.74	27	4.8
6	0.41	17	1.89	28	5
7	0.5	18	2.2	29	5.29
8	0.57	19	2.56	30	5.48
9	0.66	20	2.88	31	5.77
10	0.75	21	3.3	32	6
11	0.88	22	3.49	33	6.5

2. 光谱采集

光谱仪器同4.2.1节。设定光谱采集的波长范围为4000～12500cm^{-1}，分辨率设置为8cm^{-1}，扫描次数设定为32次。分析软件使用OPUS 6.5和MATLAB 7.7。

室温20℃的环境下，使用近红外光光纤探头伸入小瓶进行33个样本的近红外光谱数据采集。

4.3.2　基于近红外光和PLS法的萝卜农药残留检测方法研究

根据典型的5个近红外光频率范围进行所有交叉组合优化检验，优化后选择最佳的预处理方法：最小-最大归一化法，特征波范围：7498.3～11995.7cm^{-1}、5446.3～6102cm^{-1}。

近红外光谱法检测萝卜中毒死蜱残留量的PLS模型校正结果如图4-8所示。校正结果显示，相关系数$R=0.9901$，RMSECV＝0.289。

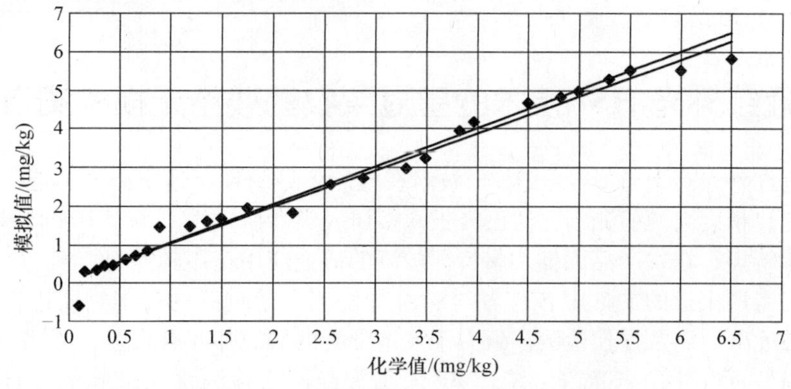

图4-8　近红外光谱法PLS模型校正结果

使用此模型对6个预测样本的预测结果见表4-10。

表 4-10 近红外光谱法 PLS 模型预测结果

化学值/(mg/kg)	0.2100	0.5000	1.0000	1.8900	4.1800	5.7700
预测值/(mg/kg)	0.0993	0.6114	1.5235	2.1188	4.3175	5.2176
RMSEP	0.335					

4.3.3 基于近红外光和 BP 神经网络的萝卜农药残留检测方法研究

近红外光谱法的 BP 神经网络模型校正结果如图 4-9 所示，回归方程为 $Y=0.95T+0.13$。校正结果显示，相关系数 $R=0.9761$，RMSECV = 0.436。

本节将 4.2 节的试验方法和经验用于农产品农药残留量检测，基于近红外光谱技术以萝卜为研究对象，建立了分析萝卜中毒死蜱残留量的 PLS 法和 BP 神经网络法的数学校正模型，PLS 法模型的校正相关系数 $R=0.9901$，大于 BP 神经网络法的相关系数 $R=0.9761$，根据校正模型的内部交叉验证和预测标准差来看，PLS 法的 RMSECV = 0.289、RMSEP = 0.335 分别小于 BP 神经网络法的 RMSECV = 0.436、RMSEP = 0.610。两种建模方法都取得了较好的模型参数结果，在使用近红外光谱法检测萝卜中毒死蜱残留量的方法中，PLS 法优于 BP 神经网络法。

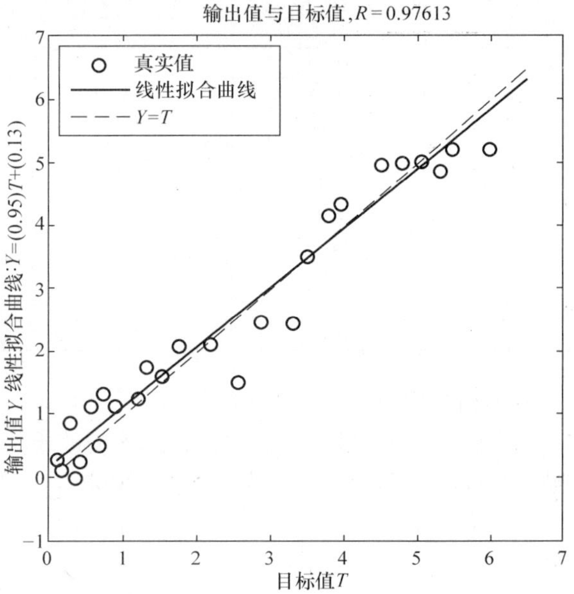

图 4-9 萝卜样本的 BP 神经网络模型校正结果

对 6 个预测样本的预测结果见表 4-11。

表 4-11 萝卜样本的 BP 神经网络模型预测结果

化学值/(mg/kg)	0.2100	0.5000	1.0000	1.8900	4.1800	5.7700
预测值/(mg/kg)	0.7888	0.9856	2.1461	1.7970	4.5593	5.3248
RMSEP	0.610					

4.4 基于近红外光 HSI 技术的皇冠梨农药残留无损检测方法研究

从近年来近红外光高光谱成像（HSI）技术在检测领域的发展情况来看，近红外光 HSI 技术作为无损、快速、精度高的检测新方法已经被众多研究学者所重视。由于 HSI 技术集成了光谱和图像检测的技术特点，在农产品无损、多特征检测的研究应用正蓬勃兴起。

近年来研究者所报道的文献中各作者纷纷对待检测含量较高的样本物质进行了研究，如水分、含糖量、酸度等，以及探伤检测。致力于痕量分析的研究却鲜有报道。

本节使用短波近红外光高光谱法结合 BP 人工神经网络检测水晶皇冠梨表面微量农药残留量，旨在探索近红外光高光谱技术在蔬果痕量农药残留无损检测中应用的可行性。

4.4.1 样本制备及高光谱采集

1. 样本制备

农药炔螨特标准物质（标准值为1.00mg/mL，以乙腈为溶剂）购自中国计量科学研究院，根据中华人民共和国农业行业标准：NY 1500.41.3～1500.41.6—2009、NY 1500.50～1500.92—2009规定，炔螨特最大残留量为5mg/kg。使用标准物质在浓度范围2～20mg/kg配制20个样本，浓度分布见表4-2。

农药毒死蜱标准物质（标准值1.01mg/ml，以甲醇为溶剂）同样购自中国计量科学研究院，根据中华人民共和国农业行业标准：NY 1500.41.3～1500.41.6—2009，NY 1500.50～1500.92—2009规定，毒死蜱最大残留量为1mg/kg。使用标准物质在浓度范围0.03～6mg/kg配制26个样本，浓度分布见表4-1，随机选择1号、3号、5号、8号、9号、11号、16号、17号、19号、20号、21号、22号、24号、25号、26号作为校正集，2号、6号、15号、18号、23号作为预测集。

图4-10 水晶皇冠梨样本制备

分别用移液枪取每种浓度的农药样本150μL和100μL滴在购买的无公害水晶皇冠梨表面，如图4-10所示，放置8h后进行数据采集。在每个水晶皇冠梨样本表面都滴有150μL和100μL的农业标准规定的最大残留量农药样本与其他浓度农药样品进行比对。

2. HSI数据采集

HSI数据采集使用北京卓立汉光仪器有限公司HyperSIS－NIR近红外光增强型HSI系统。

该系统主要由高光谱成像仪、CCD相机、光源、暗箱、计算机组成，如图4-11所示。

图4-11 北京卓立汉光仪器有限公司HyperSIS－NIR HSI系统

光谱扫描范围：835.4678～1648.3568nm，光谱分辨率为6.3nm。扫描速度：60图像/s，焦平面阵列为320×256。曝光时间0.03s，传送带的传输速度为2.35mm/s。

高光谱图像数据的采集使用spectraSENS高光谱软件，HSI数据分析软件使用ENVI 4.7、MATLAB 7.7和OPUS 6.5。

在采集高光谱图像数据之前，为了克服光强分布弱的波段存在的图像噪声和暗电流的影响，首先扫描标准白板采集反射率为100%的全白标定图像D_{white}，然后盖上摄像头盖采集反射率为0的全黑标定图像D_{dark}，进行黑白标定后再进行样本光谱图像Dsample的采集，由此可根据式（4-1）得到黑白标定后的相对样本光谱图像的感兴趣像素区域c或波段i处的反射率R：

$$R(ci) = \frac{D_{\text{sample}}(ci) - D_{\text{dark}}(ci)}{D_{\text{white}}(ci) - D_{\text{dark}}(ci)} \tag{4-1}$$

4.4.2 光谱特征提取

采集 HSI 数据之后，根据特征波段灰度图中明显可见的滴有农药样本的区域，以面积为 80 个像素的椭圆形提取感兴趣区域，如图 4-12 所示。另外，在没有滴农药的皇冠梨表面区域，可以用同样的方法提取农药含量为 0mg/kg 的光谱曲线。

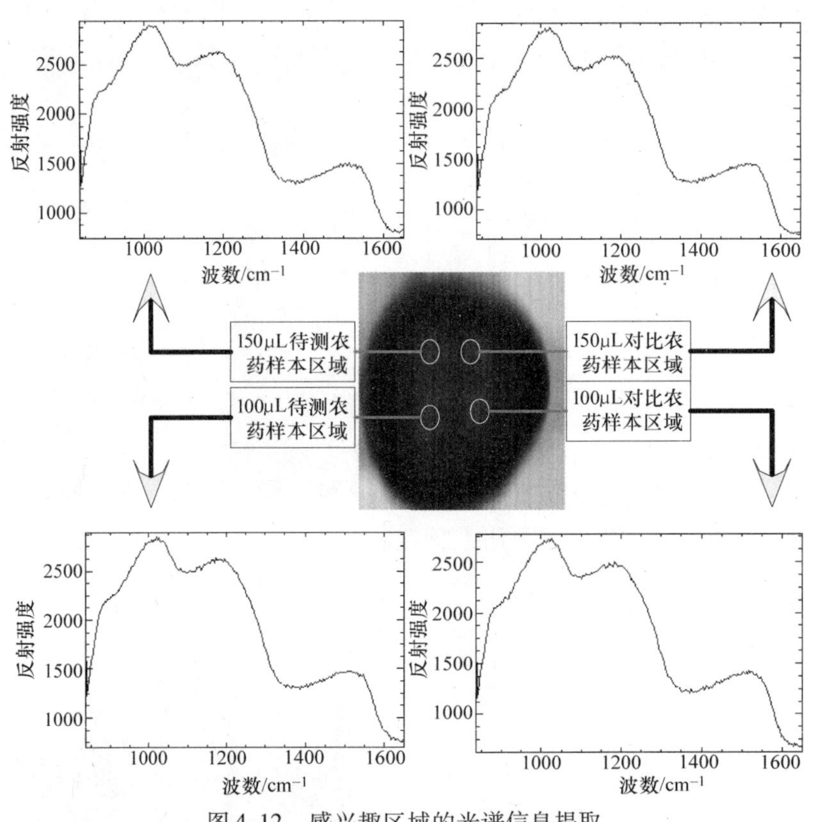

图 4-12 感兴趣区域的光谱信息提取

提取到感兴趣区域的波谱数据后，对数据进行 21 点平滑和 SNV 处理，处理后的谱图如图 4-13所示。

根据 OPUS6.5 软件分析得出的波段贡献率，进行特征波段的选择：毒死蜱农药残留样本特征波段选择为 1323.2012 ~ 1406.0840cm^{-1}；炔螨特农药残留样本特征波段选择为 1313.6378 ~ 1453.9010cm^{-1}和 1479.4034 ~ 1552.7228cm^{-1}。

4.4.3 基于 BP 神经网络的皇冠梨农药残留（毒死蜱）检测方法研究

把每组校正集中的 16 个样本作为训练样本，使用 MATLAB 7.7 神经网络工具箱中 Powell - Beale 共轭梯度反向传播算法训练函数（traincgb）分别为 150μL 和 100μL 两组毒死蜱样本的 ROI 波谱信息建立 3 层 BP 神经网络模型，以神经网络输出和实际化学值的平均绝对误差（Mean Squared Error，MSE）为其性能函数，经多次调试，根据最优结果将隐含层选为 16 个神经元，将训练目标误差设为 0.01，训练 1000 次，训练好网络后对每组的 5 个预测样本进行预测，模型的运行结果如下：150μL 组：R = 0.9924，RMSEC = 0.2683，RMSEP = 1.7425；100μL 组：R =

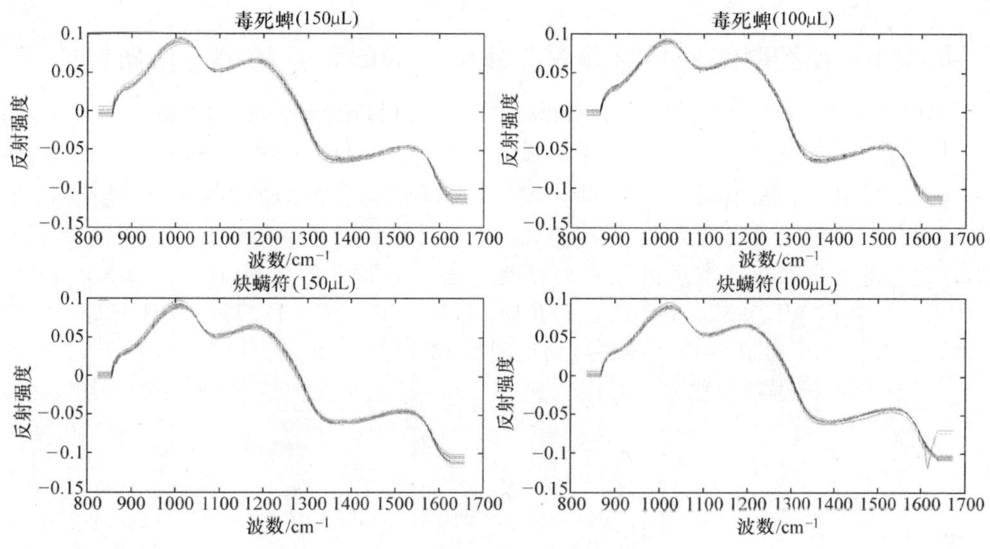

图 4-13　预处理后 4 组样本的谱图

0.9530，RMSEC = 0.6529，RMSEP = 3.4417。模型的拟合结果如图 4-14 和图 4-15 所示，预测结果见表 4-12 和表 4-13。

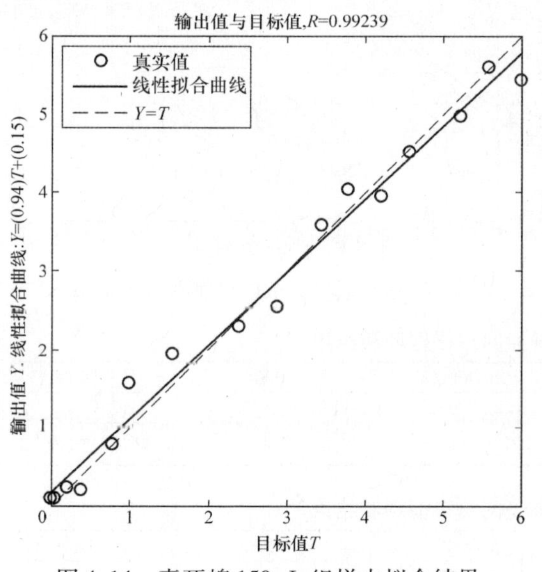

图 4-14　毒死蜱 150μL 组样本拟合结果

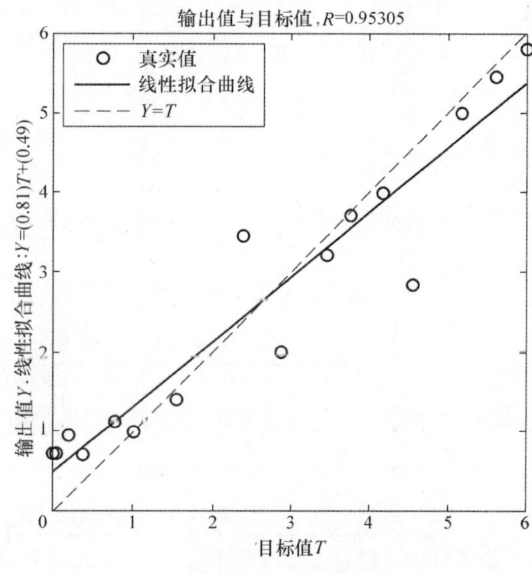

图 4-15　毒死蜱 100μL 组样本拟合结果

表 4-12　毒死蜱 150μL BP 神经网络模型预测结果

化学值/(mg/kg)	0.0900	0.5000	2.0000	3.2000	4.8800
预测值/(mg/kg)	1.1586	−2.7205	2.1097	5.1039	4.7012
RMSEP	1.7425				

表 4-13　毒死蜱 100μL BP 神经网络模型预测结果

化学值/(mg/kg)	0.0900	0.5000	2.0000	3.2000	4.8800
预测值/(mg/kg)	0.9784	0.4592	4.8067	8.3432	9.7898
RMSEP	3.4417				

4.4.4 基于 BP 神经网络的皇冠梨农药残留（炔螨特）检测方法研究

用两组校正集中的 16 个样本作为训练样本，利用 MATLAB 7.7 神经网络工具箱中量化共轭梯度反向传播算法训练函数（trainscg 训练函数）分别为 150μL 和 100μL 两组炔螨特样本的 ROI 波谱信息建立 3 层 BP 神经网络模型，以神经网络输出和实际化学值的 MSE 为性能函数，经多次调试，根据最优结果将隐含层选为 16 个神经元，将训练目标误差设为 0.01，训练 1000 次，训练好网络后对每组的 5 个预测样本进行预测，模型的运行结果如下：150μL 组：$R=0.9935$，RMSEC = 0.6349，RMSEP = 1.5932；100μL 组：$R=0.9724$，RMSEC = 1.3239，RMSEP = 2.7227。模型的拟合结果如图 4-16 和图 4-17，预测结果见表 4-14 和表 4-15。

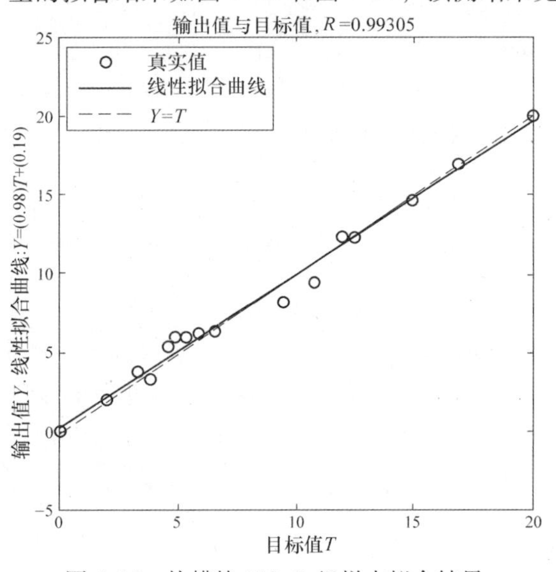

图 4-16 炔螨特 150μL 组样本拟合结果

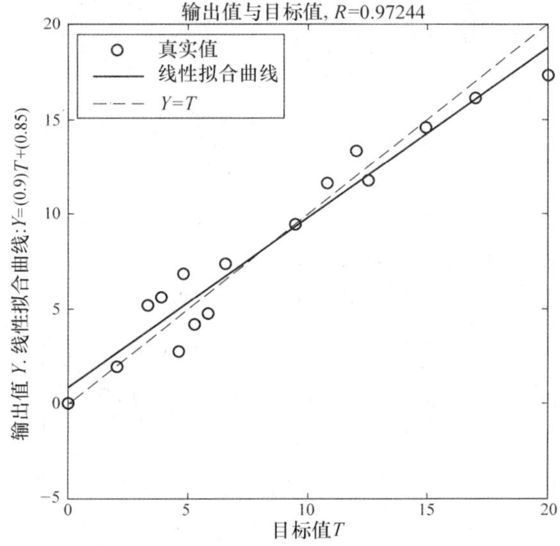

图 4-17 炔螨特 100μL 组样本拟合结果

表 4-14 炔螨特 150μL BP 神经网络模型预测结果

化学值/(mg/kg)	2.5000	4.3000	5.0000	8.0000	13.5000
预测值/(mg/kg)	4.1203	6.4550	6.7991	7.9343	12.0233
RMSEP	1.5932				

表 4-15 炔螨特 100μL BP 神经网络模型预测结果

化学值/(mg/kg)	2.5000	4.3000	5.0000	8.0000	13.5000
预测值/(mg/kg)	0.1754	4.3980	8.0210	6.4305	9.0208
RMSEP	2.7227				

HSI 技术在梨表面农药残留量痕量分析研究中，可对每个像素点进行采样和分析，可实现对任何感兴趣区域和像素点的研究和分析，其可视化选择感兴趣区域和像素点的优越性非常适合农作物等现场检测的要求，由于课题时间紧迫，检测的预测标准差虽然改善空间较大，但是如果深入研究，使用其他更加合适的方法对光谱数据进行优化和建立模型，将会对 HSI 技术在农作物农药残留量痕量分析中有突出的贡献。

4.5 小结

在 4.2 节中，通过使用 10 种预处理优化方法分别处理毒死蜱农药溶液和炔螨特农药溶液的近红外光谱数据，并利用PLS法建立数学模型，从模型内部交叉验证结果和模型对预测集样本的预测结果可得出结论：SNV预处理方法对毒死蜱溶液样本PLS模型的优化效果明显，是毒死蜱溶液模型的最佳优化方法，根据外部检验法和内部交叉验证法两种确定最佳系数的检验方法的检验结果显示，一阶导数和消除常数偏移量两种方法虽然有较好的内部交叉验证结果，但从预测集结果来看，都出现了过拟合现象，消除常数偏移量由于主成分数更大，包含的光谱无用信息也较多，所以过拟合现象更为明显；减去一条趋势线预处理方法对炔螨特溶液样本PLS模型的优化效果最佳，是炔螨特溶液模型的最优预处理方法，表4-4中前4种优化方法由于方法本身的原因，预测结果无法达到最优，一阶导数和一阶导数+减去一条趋势线方法由于主成分数太少，无法包含更多有用的光谱信息，导致无法有效预测外部样本，但在试验过程中发现，即使对这两种方法加大主成分数，仍不可有更佳的预测结果，因此，同样由于方法本身对实验样本数据的选择而导致其结果不可得到最优。

另外，通过26个样本的毒死蜱溶液和20个样本的炔螨特溶液建模结果分析对比，发现在提高样本数量和相关数据量后，建模结果得到了改善。

根据分析结果，近红外光谱技术可用于初步分析农作物微量农药残留量研究，但是，由于近红外光谱法扫描样本需要将探头完全浸入样品池，需要样本量较大，而且近红外光谱技术在痕量农药残留量分析中精度已达到极限，在现阶段，使用近红外光谱技术检测痕量农药残留量也是行业内各知名专家学者讨论的热点，为了探索精度更高、更节约样本的检测方法，在后面将重点研究ATR－FTIR光谱技术在瓜果蔬菜等农作物农药残留量痕量检测中的应用。

通过对HSI技术检测水晶皇冠梨表面农药残留量进行了研究，充分利用人工神经网络强大的非线性映射和泛化能力建立复杂定量分析模型，对实验分析结果总结如下：①特征波长的选取在通过主成分分析按贡献确定的波段中仍需从多波段中筛选农药物质的特征波段，选择过程比较繁琐，这就需要建立所有农药品种的谱库，确定特征波段，由于农药品种极多，此任务需耗费大量的时间和经费；②根据建模结果，尤其对预测集的预测结果（RMSEP）来看，滴有较多农药溶液的水晶皇冠梨的建模效果较好，此方法所建立模型的适用性仍然在一定程度上受到农药残留量的制约，因此，如何优化模型提高预测能力仍需要进一步研究；③在使用BP神经网络建模过程中，确定隐含层神经元的数目是难点之一，隐含层神经元数目太多，会出现过拟合，导致泛化能力很弱，隐含层数目太少，拟合不充分，模型质量差。因此，需要多次调试确定隐含层神经元数。结果表明，HSI技术结合BP人工神经网络可用于农药残留量的检测，无需对样本进行任何预处理即可进行数据采集，HSI技术是农药残留量无损、高精度和快速的检测方法。

参考文献

[1] 吴新生，等. 主成分－BP算法在近红外光谱法纸浆卡伯值测量中的应用研究［J］. 分析测试学报，2005，(25) 6：10－12.

[2] Edward V, Thomas J. Adaptable Multivariate Calibration Models for Spectral Applications [J]. Analytical Chemical, 2000, 72: 2821－2827.

[3] 李彦周，闵顺耕. 近红外化学模式识别方法及应用研究［J］. 光谱学与光谱分析，2007，7 (27)：1299－1303.

[4] 祝诗平，王一鸣，张小超，等. 近红外光谱建模异常样品剔除准则与方法［J］. 农业机械学报，2007，7，35 (4)：115－119.

[5] Javier Moros, Sergio Armenta, et al. Near infrared determination of Diuron in pesticide formulations [J]. science direct, Tlanta, 2005, 543: 124－129.

[6] 徐广通，袁洪福，陆婉珍. 近红外光谱仪器概况与进展［J］. 现代科学仪器，1997，3：9－11.

第5章 基于ATR－FTIR光谱技术的农药残留检测方法研究

5.1 简介

衰减全反射傅里叶变换红外（Attenuated Total Reflectance - Fourier Transfer Infrared，ATR - FTIR）光谱技术由于其光谱携带有大量的检测对象信息，几乎可以对所有有机官能团进行定性和定量分析，利用在两种不同介质表面，光由光密介质以大于临界角的入射角度进入光疏介质一段距离后被反射回来时发生全反射，并且具有光在透入光疏介质中被样品吸收而衰减的光学原理，根据特征波段衰减的程度，依据吸收谱图性状，利用朗伯－比尔定律和其他多元校正算法可对样本进行分析和检测。

衰减全反射附件的晶体通常由ZnSe、AMTIR、Ge等晶体材料构成，容易被划伤，晶体上的划痕将影响测量的精度，在试验过程中要注意保护晶体不被损伤。另外，ATR－FTIR光谱技术在检测时无需对样本进行任何处理，与晶体紧密接触即可进行无损检测，使检测过程更加便捷。尤其在使用ATR－FTIR光谱技术进行液态样本的无损检测时，由于受到重力作用，液体会在自然状态下与晶体保持紧密接触，只要保证液体完全将晶体覆盖即可进行安全检测。在本章中，对所有液体样本都取10μL滴在晶体上进行光谱数据的扫描试验。

ATR－FTIR光谱技术在食品、工业、生物化学等领域的高精度、快速检测方法应用研究，在近年来随着硬件技术和光学科技发展水平的提高而更有优势。但是，在农药残留检测领域的文献记载相对较少，且研究者所做的工作主要集中在最低检测限的研究中。

本章对ATR－FTIR光谱技术在农药残留方面的应用做了系统地研究，从农药溶液到农产品实际检测应用，旨在对ATR－FTIR光谱技术进行由浅入深完整的可行性和适用性的研究。

5.2 基于ATR－FTIR的农药溶液定量分析方法研究

本节基于ATR－FTIR红外光谱法，为了尽量使样本覆盖范围大、结果更具有普遍性，以有机磷和有机硫农药中应用广泛的毒死蜱和炔螨特两种不同农药的水溶液为研究对象，分别使用峰高和峰面积、BP神经网络和PLS法建立了农药残留量分析模型，努力找到适合不同农药和方法的最佳模型建立方法，旨在为后面实际农产品农药残留量检测提供试验方法和理论模型基础。

5.2.1 基于FTIR峰高和峰面积的农药溶液定量分析方法研究

1. 样本制备

农药水溶液样本为26个浓度范围为0.03～6mg/kg的毒死蜱溶液和20个浓度范围为2～20mg/kg的炔螨特溶液，两种农药溶液的浓度分布见表4-1、表4-2。

随机抽取3号、5号、14号、20号和24号毒死蜱水溶液样本为预测样本集，炔螨特水溶液的预测集样本随机选择为3号、8号、11号、16号和19号，建立定量分析模型的理论依据为特征波段吸收谱峰强度的朗伯－比尔定律。

2. 光谱采集

光谱采集所用的装置为德国 Bruker 公司 Vertex 70 型 FTIR 光谱仪、KBr 分束器（350 ~ 7800cm^{-1}）、DLATGS 检测器（350 ~ 12000cm^{-1}）、单次反射水平 ATR 附件，晶体的材料为 ZnSe。光谱采集与分析软件使用 OPUS 6.5 和 MATLAB 7.7。

光谱扫描范围：600 ~ 4500cm^{-1}，扫描 16 次，分辨率为 4cm^{-1}，室温为 20℃。取样本 10μL 滴在 ZnSe 晶体表面进行检测。为了降低样品间的相互影响，每测一次样品即用石油醚对晶体表面进行擦拭并在擦拭后间隔 30s，再进行下一样本的测量。

3. 结果与讨论

（1）特征波段的选择和光谱预处理

为了找到样本的特征波段，检测样本后，再分别扫描纯水和石油醚，进行谱图对比。如图 5-1 和图 5 2 所示，水的吸收峰主要在 2803 ~ 3729cm^{-1}、1900 ~ 2243cm^{-1}、1536 ~ 1792cm^{-1} 3 处。石油醚的吸收峰出现在 2826 ~ 3012cm^{-1}、2291 ~ 2392cm^{-1}、1323 ~ 1505cm^{-1} 3 处。由于每次测量后使用石油醚清洗擦拭晶体，在 2836 ~ 2988cm^{-1}、2291 ~ 2382cm^{-1} 处出现的峰为晶体残留的石油醚对农药溶液的影响峰。

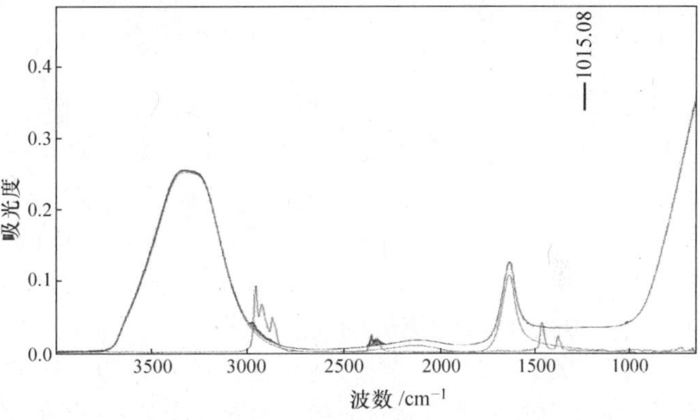

图 5-1 毒死蜱溶液、水、石油醚的 ATR – FTIR 光谱图

由于 ATR – FTIR 对水非常灵敏，水峰信息很强，农药样本谱图受水峰干扰很大。但是在图 5-1 中 1015cm^{-1}处，图 5-2 中 2259cm^{-1}处分别出现了小特征峰。

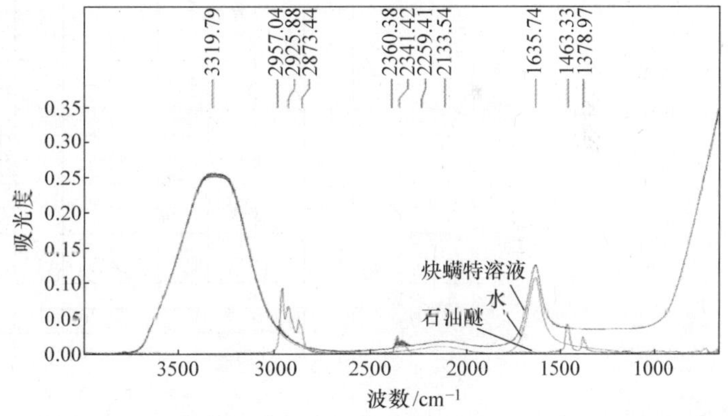

图 5-2 炔螨特溶液、水、石油醚的 ATR – FTIR 光谱图

从图 5-1 和图 5-2 中可以看到，由于测量环境的非绝对恒定，农药溶液谱图的基线出现了漂移。

为了提取到特征波段，提高建模的精度，采用差谱法，将两种农药溶液和水的波谱进行差减，将特征信息放大。

同时，为了提高分析精度和信噪比，把基线分成若干个窗口，把各窗口信息中的特征值用直线连接，拟合为基线函数，原始函数和基线函数进行差减，即可对农药溶液进行基线校正。图 5-3、图 5-4 分别为毒死蜱溶液和炔螨特溶液经过差谱、

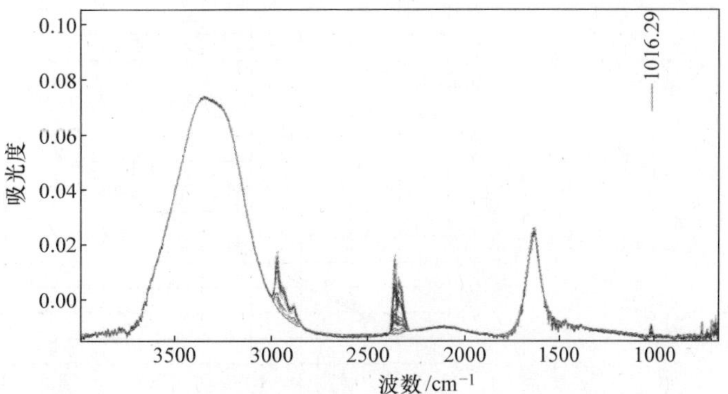

图 5-3 预处理后的毒死蜱溶液的 ATR – FTIR 光谱图

基线校正和 SNV 后的谱图。特征信息得到了有效放大。

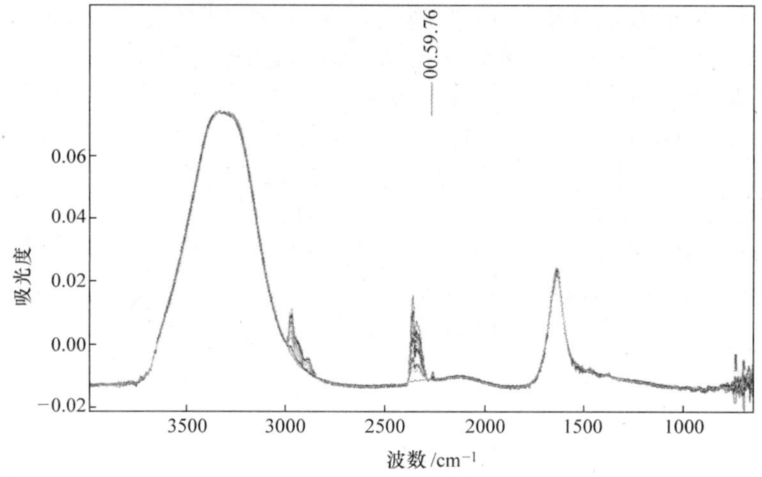

图 5-4　预处理后的炔螨特溶液的 ATR－FTIR 光谱图

（2）毒死蜱溶液模型的建立

选择 1008～1027cm^{-1}波段为特征波段对毒死蜱溶液进行定量分析，随机抽取 5 个样本作为预测集。建模时用所选范围两端点的连线作为基线的峰面积与浓度的关系和相对于当地基线的峰强度（峰高）与浓度的关系分别建立二次函数模型。建模结果如图 5-5、图 5-6 所示。

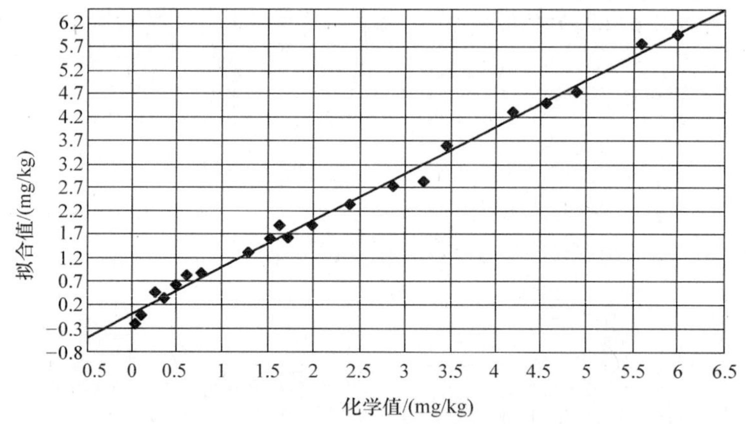

图 5-5　以峰面积建立模型的毒死蜱内部交叉验证结果

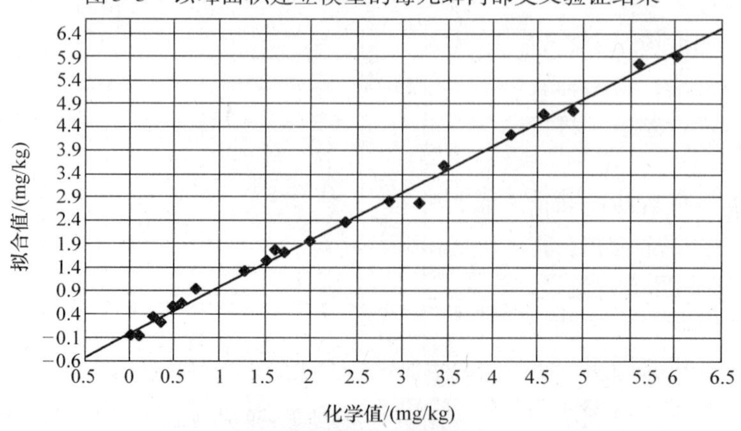

图 5-6　以峰高建立模型的毒死蜱内部交叉验证结果

以峰面积和浓度所建的二次函数模型为 $Y = +0.30126 + 198.86X - 554.86X^2$，相关系数为0.9958，RMSEC＝0.1685。对预测集的预测结果见表5-1。

表5-1　毒死蜱峰面积与浓度关系模型预测结果

化学值/(mg/kg)	0.18	1	1.84	3.78	5.2
预测值/(mg/kg)	0.21	0.88	1.93	3.42	5.4
RMSEP	0.1965				

以峰高和浓度所建二次函数模型为 $Y = -0.03155 + 2163.1X - 83927X^2$，相关系数为0.9975，RMSEC＝0.1305。对预测集的预测结果见表5-2。

表5-2　毒死蜱峰高与浓度关系模型预测结果

化学值/(mg/kg)	0.18	1	1.84	3.78	5.2
预测值/(mg/kg)	-0.03	0.85	1.87	3.37	5.43
RMSEP	0.2686				

(3) 炔螨特溶液模型的建立

选择2253～2264cm^{-1}波段为特征波段对炔螨特溶液进行定量分析，随机抽取5个样本作为预测集。并剔除异常样本14号、15号。建模时用所选范围两端点的连线作为基线的峰面积与浓度的关系和相对于当地基线的峰强度（峰高）与浓度的关系分别建立线性函数模型。建模结果如图5-7、图5-8所示。

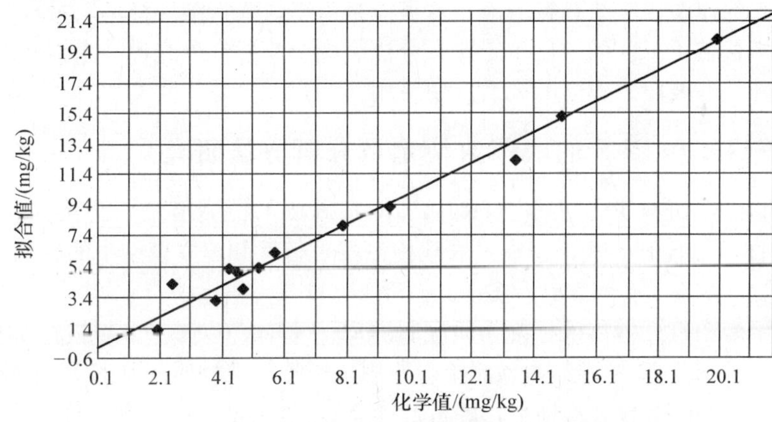

图5-7　以峰面积建立模型的炔螨特内部交叉验证结果

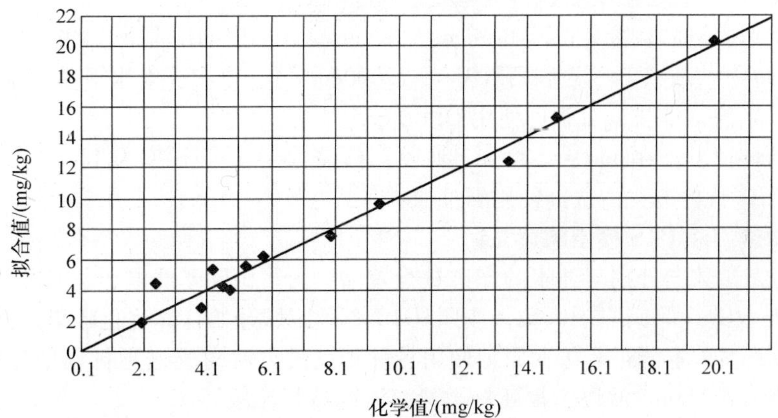

图5-8　以峰高建立模型的炔螨特内部交叉验证结果

以峰面积和浓度所建的二次函数模型为 $Y = 0.58821 + 2377X - 26141X^2$，相关系数为 0.9895，RMSEC = 0.6432。对预测集的预测结果见表 5-3。

表 5-3　炔螨特峰面积与浓度关系模型预测结果

化学值（mg/kg）	3.3	5	6.6	12.5	17
预测值（mg/kg）	2.83	4.84	7.72	12.04	14.85
RMSEP	1.1256				

以峰高和浓度所建二次函数模型为 $Y = 0.54152 + 15212X - 196140X^2$，相关系数为 0.9871，RMSEC = 0.7128。对预测集的预测结果见表 5-4。

表 5-4　炔螨特峰高与浓度关系模型预测结果

化学值/(mg/kg)	3.3	5	6.6	12.5	17
预测值/(mg/kg)	2.98	5.08	7.11	11.74	14.54
RMSEP	1.1831				

在本次试验中，ATR－FTIR 光谱数据通过基线校正，改善了基线的漂移，由于所检测的是农药微量成分溶液，导致特征波段的吸收峰很小，采用差谱技术有效放大了特征波段的信息。SNV 对光谱数据进行标准处理后消除了光程微小差异引起的光谱变动，提高了建模的精度和建模速度。研究结果表明，以峰高和峰面积与浓度关系建立的模型的相关系数都达到了 0.98 以上，对毒死蜱溶液建立的模型优于炔螨特溶液，这可能是由于炔螨特溶液样本数量较少或更加有用的特征吸收峰被水峰覆盖了。朗伯－比尔定律在分析衰减全反射红外光谱技术检测农药残留量的实验中，根据中红外特种波段，建立的模型方便易用。

5.2.2　基于 FTIR 和 PLS 的农药溶液定量分析方法研究

本节通过实验方法研究 PLS 法在 ATR－FTIR 光谱技术检测痕量农药溶液中的应用，研究 ATR－FTIR 光谱技术结合 PLS 法用于痕量农残检测的可行性和建立模型中的影响因素。

1. 样本制备

试剂：使用甲醇中毒死蜱溶液标准物质配制的 26 个样本（见表 4-1）进行实验，随机选择 2 号、5 号、10 号、16 号、22 号样本为预测集。使用炔螨特标准物质配制的 20 个样本（见表4-2）进行试验，排除 14 号和 15 号异常样本，随机选择 2 号、5 号、9 号、19 号样本为预测集样本。

2. 光谱采集

ATR－FTIR 光谱扫描装置为德国 Bruker 公司 Vertex 70 型 FTIR 光谱仪的组成部分、KBr 分束器（350～7800cm^{-1}）、DLATGS 检测器（350～12000cm^{-1}）、单次反射水平 ATR 附件，使用的晶体材料为 ZnSe。光谱采集与分析软件使用 OPUS 6.5。

室温 20℃的环境下，在 600～4500cm^{-1}波段，扫描 16 次，分辨率为 4cm^{-1}。取样本 10μL 滴在 ZnSe 晶体表面进行检测，清洗剂使用石油醚。

3. 毒死蜱微量溶液 PLS 模型的建立

将扫描到的光谱数据分别与纯水的光谱进行差谱，为了消除基线漂移，对差谱数据进行基线校正，将波段分为 10 个等间隔子区域，按照从 10 个子区域开始计算优化效果，并连续去除子区域，直到平均预测误差不能再改善的原理使用各种预处理方法对光谱进行预处理和主成分分析，优化后选择 1008～1027cm^{-1}波段为毒死蜱微量溶液的特征波段。

根据建模结果，选择建模校正相关系数大于 0.9 的预处理方法二阶导数、减去一条趋势线、消除常数偏移量和一阶导数进行分析，不同主成分数对4种预处理方法PLS模型相关系数的影响结果见表5-5。

表5-5 不同主成分数对毒死蜱各预处理方法PLS模型的影响

预处理方法 \ 主成分数	1	2	3	4
二阶导数	R^2 =98.74，RMSECV =0.209	R^2 = -3321，RMSECV =10.9	R^2 < -3321，RMSECV >10.9	R^2 < -3321，RMSECV >10.9
减去一条趋势线	R^2 =98.86，RMSECV =0.199	R^2 =98.5，RMSECV =0.228	R^2 =98.64，RMSECV =0.217	R^2 =98.09，RMSECV =0.258
消除常数偏移量	R^2 =98.33，RMSECV =0.241	R^2 =98.76，RMSECV =0.208	R^2 =98.64，RMSECV =0.217	R^2 =98.62，RMSECV =0.219
一阶导数	R^2 =98.74，RMSECV =0.209	R^2 = -3321，RMSECV =10.12	R^2 < -3321，RMSECV >10.12	R^2 < -3321，RMSECV >10.12

对于二阶导数预处理方法，当主成分数为1时相关系数和内部交叉验证标准差分别为98.74和0.209，当主成分数大于2时，相关系数和内部交叉验证标准差绝对值分别大于3321和10.09，因此，确定二阶导数预处理方法的建模主成分数为1。对于减去一条直线预处理方法，当主成分数大于1时不能改善模型的检测结果，选择主成分数为1。消除常数偏移量预处理方法的最佳主成分数为2。一阶导数方法的最佳主成分数为1。根据4种方法确定的主成分数所建立的最优PLS模型的校正结果如图5-9所示。

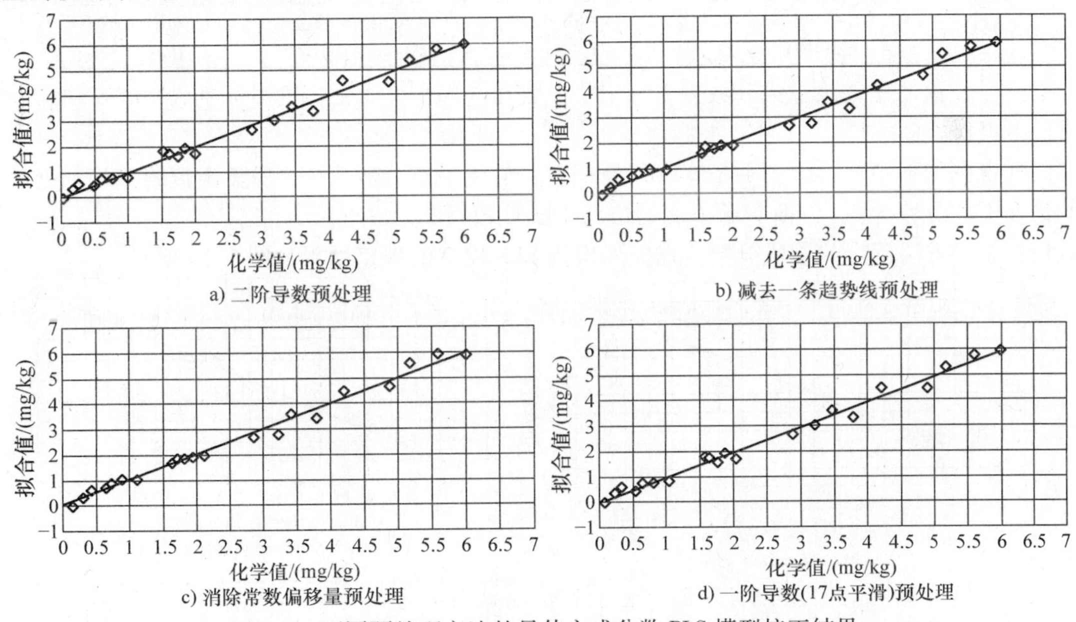

图5-9 不同预处理方法的最佳主成分数PLS模型校正结果

4种预处理方法的PLS模型及其建模结果如下：

二阶导数PLS模型为 $Y=0.99X+0.027$，其校正集和预测集的评价参数为 $R=0.9937$、RMSECV =0.209、RMSEP =0.193。

减去一条趋势线PLS模型为 $Y=0.992X+0.023$，对校正集和预测集的评价参数为 $R=0.9943$、RMSECV =0.199、RMSEP =0.0574。

消除常数偏移量 PLS 模型为 $Y=0.997X+0.006$，模型评价参数为 $R=0.9938$、RMSECV = 0.208、RMSEP = 0.126。

一阶导数 PLS 模型为 $Y=0.99X+0.027$，模型的各参数为 $R=0.9937$、RMSECV = 0.209、RMSEP = 0.126。

根据模型的内部交叉验证和预测结果，主成分为 1 的减去一条趋势线优化方法的 PLS 模型为微量毒死蜱溶液的最优模型。

4. 炔螨特微量溶液 PLS 模型的建立

同样，对扫描到的微量炔螨特农药溶液 ATR - FTIR 光谱数据与水的光谱数据进行差谱、基线校正，剔除 14 号和 15 号异常样本，选取 2241.09 ~ 2281.59cm^{-1} 为其特征波段建立模型，经过优化选取最优的 4 种预处理方法建立不同主成分数的 PLS 模型，表 5-6 记录了主成分数对炔螨特农药溶液 PLS 模型的影响。

表 5-6　不同主成分数对炔螨特各预处理方法 PLS 模型的影响

主成分数 / 预处理方法	1	2	3	4
二阶导数	R^2 = 93.6，RMSECV = 1.28	R^2 = 96.96，RMSECV = 0.882	R^2 = 95.03，RMSECV = 1.13	R^2 = 96.07，RMSECV = 1
减去一条趋势线	R^2 = 98.94，RMSECV = 0.52	R^2 = 98.87，RMSECV = 0.537	R^2 = 98.52，RMSECV = 0.615	R^2 = 98.05，RMSECV = 0.707
消除常数偏移量	R^2 = 93.26，RMSECV = 1.31	R^2 = 92.96，RMSECV = 1.34	R^2 = 98.36，RMSECV = 0.648	R^2 = 97.33，RMSECV = 0.826
一阶导数	R^2 = 77.04，RMSECV = 2.42	R^2 = 96.83，RMSECV = 0.901	R^2 = 96.26，RMSECV = 0.977	R^2 = 94.65，RMSECV = 1.17

二阶导数预处理方法主成分数为 2 时相关系数和内部交叉验证标准差分别为 96.96 和 0.882，此方法下最优。

同理得到如下结果：减去一条直线预处理方法最优主成分数为 1；消除常数偏移量预处理方法的最佳主成分数为 3；一阶导数方法的最佳主成分数为 2。

根据 4 种方法确定的主成分数所建立的最优 PLS 模型的校正结果如图 5-10 所示。

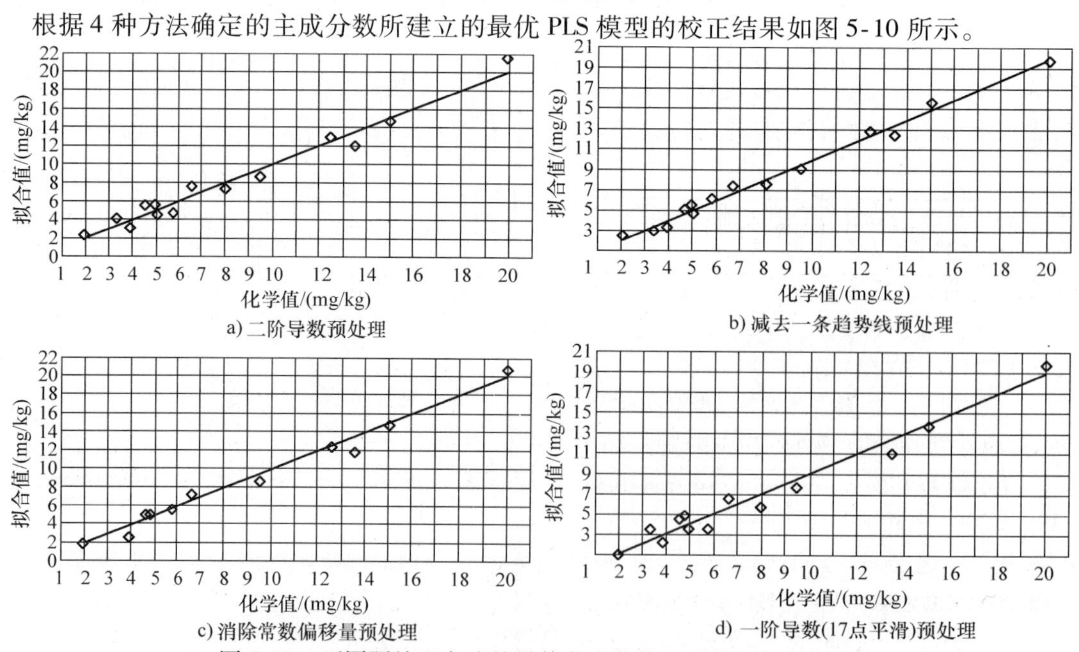

图 5-10　不同预处理方法的最佳主成分数 PLS 模型校正结果

微量炔螨特溶液的 PLS 模型及其建模结果如下：

二阶导数 PLS 模型为 $Y=1.011X-0.042$，其校正集和预测集的评价参数为 $R=0.9855$、RMSECV = 0.882、RMSEP = 1.47。

减去一条趋势线 PLS 模型为 $Y=0.983X+0.121$，对校正集和预测集的评价参数为 $R=0.9947$、RMSECV = 0.52、RMSEP = 1.83。

消除常数偏移量 PLS 模型为 $Y=1.011X-0.079$，模型评价参数为 $R=0.9921$、RMSECV = 0.648、RMSEP = 1.89。

一阶导数 PLS 模型为 $Y=0.999X+0.014$，模型的各参数为 $R=0.9845$、RMSECV = 0.901、RMSEP = 1.36。

根据内部交叉验证和预测结果选择主成分为 1 的减去一条趋势线优化方法的 PLS 模型为微量毒死蜱溶液的最优模型。

在微量毒死蜱和微量炔螨特溶液 PLS 模型建立过程中研究了主成分数和不同预处理方法对模型的影响。主成分数选取过大会导致建模包含过多的无用信息，见表 5-5、表 5-6，当主成分数大于最优主成分数时，随着主成分数越来越人，由于包含了太多的无关信息，模型的各参数越来越差。而当主成分数取值过小时，会导致有用信息被舍弃而使模型的泛化能力降低，见表 5-6 中一阶导数主成分数为 1 时的情况；不同的预处理方法对模型的影响需要根据建模的实际情况而定。本次针对 ATR - FTIR 光谱技术检测农药溶液含量的 PLS 法模型研究，分别为毒死蜱和炔螨特两种农药的微量溶液建立了最优模型，模型的评价参数为 $R_{毒死蜱}=0.9943$、$RMSECV_{毒死蜱}=0.199$、$RMSEP_{毒死蜱}=0.0574$；$R_{炔螨特}=0.9947$、$RMSECV_{炔螨特}=0.52$、$RMSEP_{炔螨特}=1.83$。

5.2.3 基于 FTIR 和 BP 神经网络的农药溶液定量分析方法研究

5.2.1 节研究了以峰高和峰面积法建立 ATR - FTIR 光谱技术检测农药溶液含量的模型，本节以 5.2.2 节为基础，随机抽取 4 号、8 号、13 号、18 号和 23 号毒死蜱水溶液样本为预测样本集，炔螨特水溶液的预测集样本随机选择为 3 号、7 号、11 号、16 号和 18 号，直接使用 5.2.2 节中特征波段选择的结果进行 ATR - FTIR 光谱技术检测农药溶液含量 BP 神经网络模型的研究。

对两种农药溶液进行光谱数据扫描后，使用差谱 + 基线校正 + SNV 处理后，相对于原始谱图数据，两种农药溶液的特征信息得到了有效放大，SNV 处理后的数据使得后期建模过程更加简化和快速。选择 1008 ~ 1027cm^{-1} 波段和 2253 ~ 2264cm^{-1} 波段的特征吸收峰分别对微量毒死蜱溶液和炔螨特溶液建立定量分析模型。

1. 毒死蜱溶液 BP 神经网络模型训练

使用 MATLAB 7.7 神经网络工具箱中自适应调整学习率并附加动量因子的梯度下降反向传播算法训练函数（traingdx 训练函数），以校正集为训练样本对网络进行训练，神经网络输出和实际化学值的方均误差即 MSE 为其性能函数，隐含层选为 15 个神经元，将训练目标误差设为 0.01 进行建模。模型评价参数如下：$R=0.9986$、RMSEC = 0.1000、RMSEP = 0.2201。

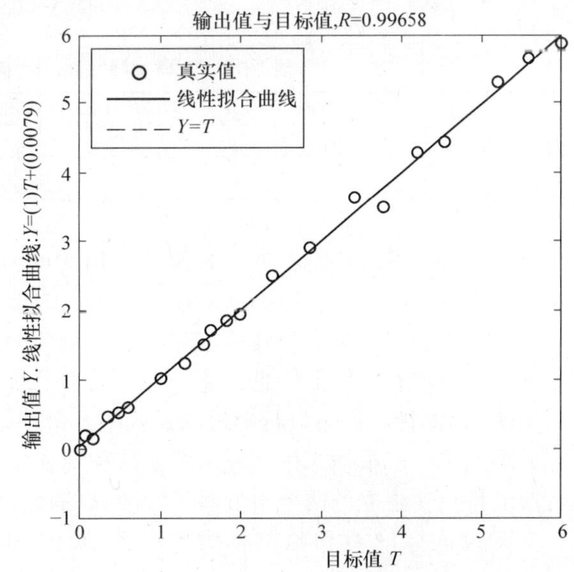

图 5-11　毒死蜱溶液 BP 神经网络内部交叉验证拟合结果

内部交叉验证的拟合结果和对预测集预测结果曲线如图 5-11 所示。BP 神经网络模型对样本集的预测结果见表5-7。

表5-7　毒死蜱溶液的BP神经网络模型预测结果

化学值/(mg/kg)	0.2800	0.7600	1.7200	3.2000	4.8800
预测值/(mg/kg)	0.4039	0.8759	1.8797	2.8179	4.6750
RMSEP	0.2201				

本节结合ATR-FTIR技术，使用BP神经网络建立微量农药溶液的定量分析模型有效利用了ATR-FTIR光谱技术的快速、无损检测特点和BP神经网络非线性映射能力强、模型概括性和推广型强的优点。使用BP神经网络建立的模型相关系数都达到了0.99以上，校正标准差的表现也很好，但是相对于峰高和峰面积建立的模型，BP神经网络模型的预测效果仍有改善的空间，需要对BP神经网络建模过程中的各个参数选取进行深入研究，以解决出现的问题。

2. 炔螨特溶液BP神经网络模型及其分析结果

使用MATLAB 7.7神经网络工具箱中量化共轭梯度（Scaled Conjugate Gradient，SCG）反向传播算法训练函数（trainscg训练函数），同样采用以校正集为训练样本对网络进行训练和以MSE为性能函数，隐含层选为11个神经元，建模时对BP神经网络训练300次。所建立模型的各个评价参数为 R = 0.9974、RMSEC = 0.3918、RMSEP = 0.6241。

内部交叉验证的拟合结果如图5-12所示。BP神经网络模型对样本集的预测结果见表5-8。

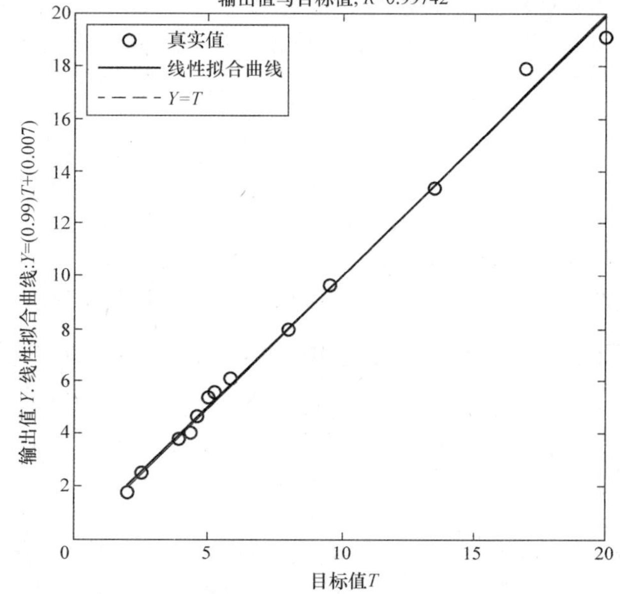

图5-12　炔螨特溶液BP神经网络内部交叉验证拟合结果

表5-8　炔螨特溶液的BP神经网络模型预测结果

化学值/(mg/kg)	3.3000	4.8000	6.6000	12.5000	15.0000
预测值/(mg/kg)	2.8125	4.7522	5.8536	12.2108	13.9671
RMSEP	0.6241				

农药残留检测属微量物质的检测，由于受到仪器精度及稳定性、实验方法设计和实验过程中的操作方法的影响，检测结果往往和预想的结果有很大差距，化学计量学方法在农药残留光谱检测技术中的应用是农药残留检测课题的重要内容。本节通过对ATR-FTIR光谱技术数据的预处理，不但放大了特征信息，而且大大减小了后期的建模过程计算量。

在使用BP神经网络进行建模的过程中，最优训练函数的选取和隐含层神经元数目的选择是遇到的难点之一，根据采用不同训练函数和隐含层神经元数的BP神经网络针对毒死蜱溶液和炔螨特溶液特点所建立的两个模型对两种溶液的建模结果如下：两种模型的相关系数都在0.99以上，交叉验证标准差和预测标准差分别为 $RMSEC_{毒死蜱}$ = 0.1000、$RMSEP_{毒死蜱}$ = 0.2201；$RMSEC_{炔螨特}$ = 0.3918、$RMSEP_{炔螨特}$ = 0.6241，两个模型都得到了较好的评价参数，且毒死蜱溶液模型明显优于炔螨特溶液模型。

BP 神经网络对于非线性和复杂的数学模型的建立有非常强的泛化能力，但是这种方法的隐含层神经元数目的选取和训练函数的选择要依经验或大量实验选定，BP 神经网络的工作量稍大。从近红外光谱技术数学模型建立效果来看，PLS 法模型的分析结果各评价参数和稳定性优于 BP 神经网络，但在衰减全反射红外光谱技术以及高光谱技术的实验中，BP 神经网络却表现了突出的泛化能力，得到了稳健性超强的人工神经网络数学模型。

试验结果说明 BP 神经网络应用于 ATR – FTIR 光谱技术的农药残留检测技术是可行的，但是样本集所包含样本数对 BP 神经网络建模结果的影响仍需要进一步研究。

5.3 基于 ATR – FTIR 的萝卜农药残留（毒死蜱）检测方法研究

在 5.2 节中，以毒死蜱为样本对各优化方法和建模方法在 ATR – FTIR 光谱技术痕量农药溶液检测中的可行性进行了初步研究。本节将根据 5.2 节的研究结果，以萝卜为实验材料研究 ATR – FTIR 光谱技术在农产品（萝卜）农药残留含量检测中的应用。

5.3.1 基于 FTIR 峰高和峰面积的萝卜农残检测方法研究

作为 5.2 节的延续，本小节和后续的小节将 5.2 节中的试验结果和方法分别用于 ATR – FTIR 光谱技术的萝卜农药残留量检测。本小节以峰高和峰面积为方法依据进行了 ATR – FTIR 光谱技术检测萝卜中毒死蜱农药残留量检测实验研究。

1. 样本制备

以选购自大型超市的无公害萝卜作为实验农产品，将萝卜洗净后在清水中浸泡 24h 以消除萝卜表面上其他物质的影响，使用榨汁机将萝卜榨成液体状，并在 33 个茶色螺口小瓶中各装 10g 萝卜汁。

使用毒死蜱标准物质配置的萝卜样本浓度见表 4-9，随机选取 2 号、6 号、12 号、18 号、24 号、30 号作为预测样本集。

2. 光谱采集

德国 Bruker 公司 Vertex 70 型傅里叶变换红外光谱仪，溴化钾（KBr）分束器（350 ~ 7800cm^{-1}），DLATGS 检测器（350 ~ 12000cm^{-1}），单次反射水平 ATR 附件，ZnSe 为检测晶体材料。分辨率为 4cm^{-1}，扫描次数为 16 次。分析软件使用 OPUS 6.5 和 MATLAB 7.7。

室温 20℃的环境下，在 600 ~ 4500cm^{-1}波段，取样本 10μL 滴在 ZnSe 晶体表面以 30s 的采样间隔进行 ATR – FTIR 光谱数据采集，使用石油醚清洗晶体。

3. 基于峰高的定量模型建立

对特征波段范围内峰的绝对强度最高值建立浓度和峰高的对应关系模型，所建立的最优模型为三次函数，建模结果如图 5-13 所示。

以峰高为基础建立的 ATR – FTIR 萝卜农药残留量检测三次函数模型为 $Y = 0.14847 + 2.4683X + 1.1402 \times 105\ X^2 + 5.1406 \times 106X^3$，相关系数为 0.999，RMSEC = 0.102，模型对预测集的预测结果见表 5-9。

4. 基于峰面积的定量模型建立

对采集到的 ATR – FTIR 光谱数据进行 SNV 预处理后，选择 4106.1 ~ 4497.6cm^{-1}波段作为建模特征波段。

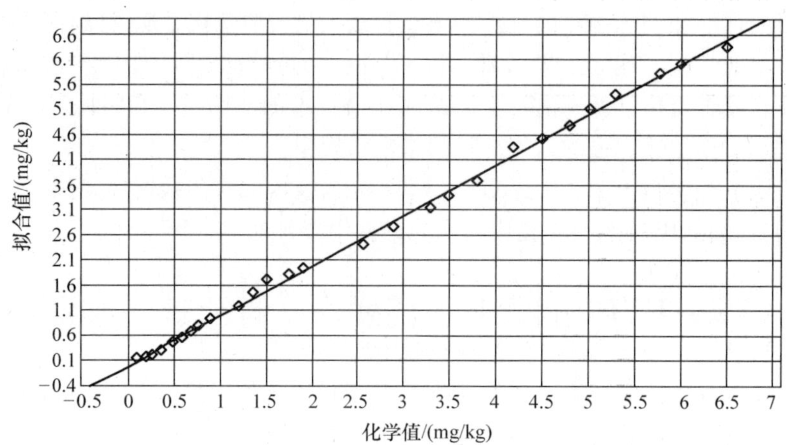

图 5-13　以峰高建立模型的内部交叉验证结果

表 5-9　ATR - FTIR 光谱法峰高模型预测结果

化学值/(mg/kg)	0.15	0.41	1	2.2	3.95	5.48
预测值/(mg/kg)	0.15	0.34	1.13	2.23	3.97	5.61
RMSEP	0.08					

首先，建立峰面积与浓度关系的校正数学模型，建模时以零为基线，对所选特征波段范围进行积分，建立的以峰面积为依据的 ATR - FTIR 萝卜农药残留量检测三次函数模型结果如图 5-14 所示。

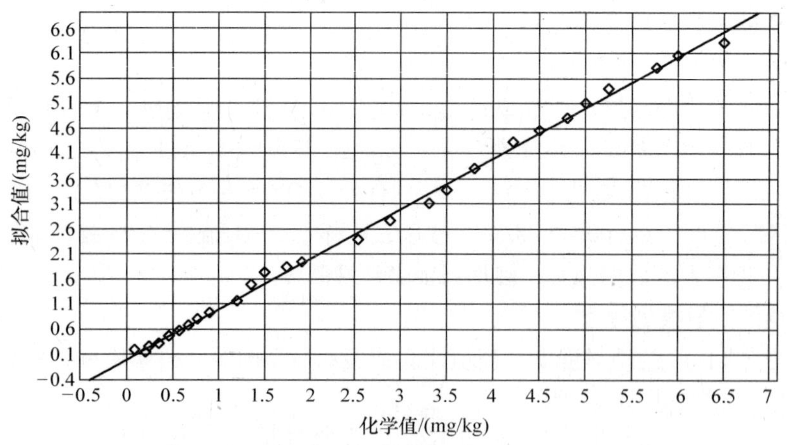

图 5-14　以峰面积建立模型的内部交叉验证结果

以峰面积为依据建立的 ATR - FTIR 萝卜农药残留量检测三次函数模型为 $Y = 0.19156 + 0.31033X + 0.66255X^2 + 0.064323X^3$，相关系数为 0.999，RMSEC = 0.100。

模型对预测集的预测结果见表 5-10。

表 5-10 ATR - FTIR 光谱法峰面积模型预测结果

化学值/(mg/kg)	0.15	0.41	1	2.2	3.95	5.48
预测值/(mg/kg)	0.16	0.35	1.11	2.24	3.97	5.6
RMSEP	0.07					

5. 小结

本节以峰面积和峰高为依据，基于 ATR - FTIR 光谱技术对萝卜中痕量毒死蜱残留量建立了模型，其中以峰面积为建模依据建立模型的相关系数 $R=0.999$ 以及 RMSECV $=0.100$；以峰高为建模依据建立模型的相关系数 $R=0.999$ 以及 RMSECV $=0.102$，以实验证明了在 5.2 节中以峰面积和峰高建立的模型在 ATR - FTIR 光谱技术检测痕量农药残留应用中的可行性。

5.3.2 基于 FTIR 和 PLS 的萝卜农残检测方法研究

本节将针对 5.2 节中关于 ATR - FTIR 光谱技术结合 PLS 法建立模型检测农药残留量研究结果，将此检测方法的研究结果和试验方法用于萝卜中农药残留量的检测。

1. 样本制备

无公害萝卜选购自大型超市，以毒死蜱标准物质为农药配置的基本材料。将萝卜洗净后在清水中浸泡 24h 以消除萝卜表面上其他物质的影响，使用榨汁机将萝卜榨成液体状，并在 33 个茶色螺口小瓶中各装 10g 萝卜汁。

在 33 个萝卜汁中滴入不同量的毒死蜱标准物质配制成 33 个浓度分布在 1mg/kg 附近的待测样本。浓度分布见表 4-9。随机选取 3 号、7 号、12 号、17 号、25 号、31 号作为预测样本集。

2. 光谱采集

同 5.3.1 节。

3. 模型建立与结果分析

将波段分为 10 个等间隔子区域，按照从 10 个子区域开始计算优化效果，并连续去除子区域，直到平均预测误差不能再改善的原理选择最佳预处理方法：SNV 法，特征波范围选为 $4106.1 \sim 4497.6\text{cm}^{-1}$、$1379 \sim 2939.3\text{cm}^{-1}$。

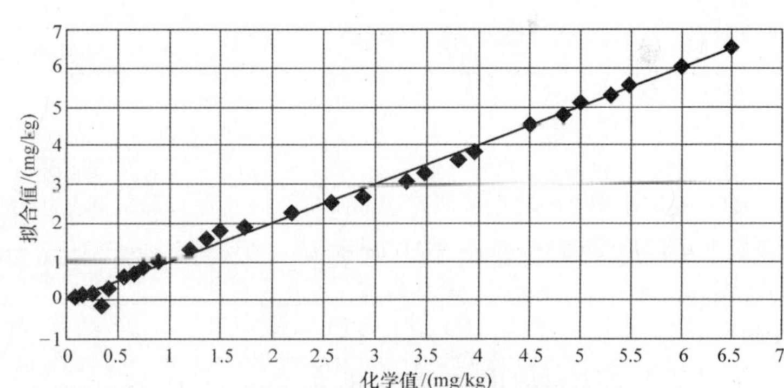

图 5-15 ATR - FTIR 光谱法 PLS 模型校正结果

ATR - FTIR 光谱法的 PLS 模型校正结果如图 5-15 所示，回归方程为 $Y=1.001X-0.013$。校正结果显示，相关系数 $R=0.9965$、RMSECV $=0.168$。

ATR - FTIR 光谱法的 PLS 模型对 6 个预测样本的预测结果见表 5-11。

表 5-11 ATR - FTIR 光谱法 PLS 模型预测结果

化学值/(mg/kg)	0.21	0.5	1	1.89	4.18	5.77
预测值/(mg/kg)	0.18	0.4142	1.218	2.0642	4.2602	5.8373
RMSEP	0.127					

本节将 5.2 节中关于 ATR - FTIR 光谱技术结合 PLS 法建立农药残留量检测模型研究的结论

和方法应用于农产品果蔬（萝卜）痕量农药残留检测，实验的结果 $R=0.9965$、RMSECV = 0.168 表明，ATR－FTIR 光谱技术结合 PLS 法用于农产品果蔬（萝卜）农残检测是可行的。

5.3.3 基于 FTIR 和 BP 神经网络的萝卜农残检测方法研究

本节以 ATR－FTIR 光谱技术为基础，进行 ATR－FTIR 光谱技术的 BP 神经网络检测农产品蔬菜（萝卜）痕量农药残留量的模型研究。

1. 样本制备

同 5.3.2 节。

2. 光谱采集

同 5.3.1 节。

3. 模型建立与结果分析

将波段分为 10 个等间隔子区域，按照从 10 个子区域开始计算优化效果，并连续去除子区域，直到平均预测误差不能再改善的原理选择最佳预处理方法：SNV 法，特征波范围选为 4106.1～4497.6cm^{-1}、1379～2939.3cm^{-1}。

建立模型使用 MATLAB 7.7 神经网络工具箱中 SCG 反向传播算法训练函数（trainscg），以校正集为训练样本对网络进行训练，以 MSE 为性能函数，隐含层选为 4 个神经元，建模时对 BP 神经网络以 0.01 为训练误差训练 3000 次。

模型对预测样本的预测结果见表 5-12。

表 5-12　ATR－FTIR 光谱法 BP 神经网络模型预测结果

化学值/(mg/kg)	0.21	0.5	1	1.89	4.18	5.77
预测值/(mg/kg)	0.1988	0.6106	0.9113	2.0309	4.3170	5.6806
RMSEP	0.106					

模型校正结果如图 5-16 所示，回归方程为 $Y=T+0.0067$。校正结果显示，相关系数 $R=0.9988$、RMSECV = 0.100。

本节基于 ATR－FTIR 光谱技术以实验研究了萝卜中痕量毒死蜱残留量的 BP 人工神经网络法，实验得到的 BP 神经网络法的相关系数 $R=0.9988$ 以及 RMSECV = 0.100 充分证明了在 5.2 节中关于人工神经网络法在 ATR－FTIR 光谱技术检测痕量农药残留研究结果的可行性，ATR－FTIR 光谱技术结合 BP 神经网络法可用于农产品果蔬（萝卜）痕量农药残留检测。

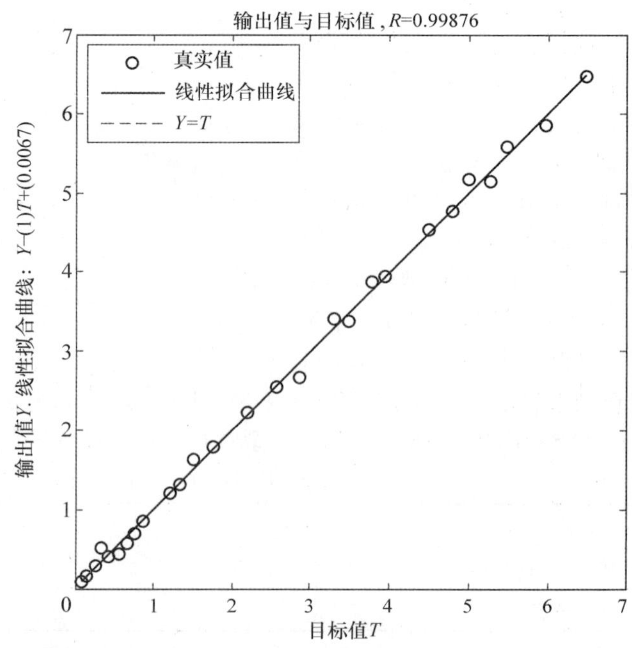

图 5-16　ATR－FTIR 光谱法 BP 神经网络模型校正结果

5.4 小结

ATR - FTIR 光谱法无需对样本进行任何处理直接检测的优越性，使得试验过程比以往的气相色谱等方法周期短且更加便捷，适合要求无损、快速现场检测的农药残留检测。

在 5.2.1 节中，通过研究微量有机磷农药毒死蜱溶液和有机硫农药炔螨特溶液的 ATR - FTIR 光谱数据，建立了微量农药溶液检测的模型，为了探索减少水对 ATR - FTIR 光谱农药残留检测的影响的建模方法，在本章的后续章中，分别使用了 BP 神经网络和 PLS 法建模理论对农药溶液定量分析进行了检测方法的进一步探讨。

通过主成分数分析和不同预处理方法优化后，分别为微量毒死蜱和微量炔螨特溶液建立了最优模型——主成分数为 1 减去一条趋势线 PLS 模型，ATR - FTIR 光谱技术结合 PLS 法可用于微量农药溶液含量的检测，为日后进一步的试验和研究提供了方法上的依据。

在本章的后半部分，根据前面所做的工作，分别将峰高峰面积法、BP 神经网络法和 PLS 法用于萝卜痕量农药残留检测的研究中，以实验结果证明了 ATR - FTIR 光谱技术以各种方法建立的模型的稳健性，ATR - FTIR 光谱技术可用于瓜果蔬菜等农作物产品痕量农药残留量的初步检测。

尽管在试验中各模型都取得了良好的试验效果，但是 ATR - FTIR 光谱技术在检测中需要样本紧贴晶体，一旦样本和晶体之间有空隙，将严重影响检测结果的正确性，并且，晶体的保养也需小心谨慎，一旦晶体在使用和清洗过程中出现了划痕和刮伤，也将对检测结果造成严重影响。

参考文献

[1] Coury C, Dillner A M. A Method to Quantify Organic Functional Groups and Inorganic Compounds in Ambient Aerosols Using attenuated total reflectance FTIR spectroscopy and multivariate chemometrictechniques [J]. Atmospheric Environment, 2008, 42 (23): 5923 - 5932.

[2] 任雪松，陈勇. 红外光谱衰减全反射法（ATR）的原理及其在纺织品定性上的应用［J］. SCIENCE & TECHNOLOGY INFORMATION, 2010 (33): 58 - 65.

[3] 贾春利，黄卫宁，Hoseney R C. ATR - FTIR 在谷物及食品（面团）体系研究中的应用［J］. 食品科学，2009, 30 (09): 277 - 280.

[4] 徐琳，王乃岩. ATR/FTIR 技术和红外透射法用于蔬菜中农药含量测定的比较研究［J］. 红外技术，2008, 30 (12): 702 - 705.

[5] 徐琳，王乃岩，宋东明. ATR - FTIR 快速检验蔬菜表面残留氯氰菊酯［J］. 光谱实验室，2003, 20 (6): 888 - 890.

第6章　基于SERS光谱技术的农药残留检测方法研究

6.1　简介

近年来表面增强拉曼散射（SERS）光谱技术的发展得到了极大的关注。1974年，Fleisichmann发现，当吡啶吸附在银电极上时，其拉曼散射强度有异常的增强，增强倍数达$10^4 \sim 10^6$。后来相继发现吡啶吸附在金、铜等电极上有相似的增强效应，同时也发现很多含氮化合物也有增强拉曼信号的作用，这种现象称为SERS效应。

为了得到SERS信号，必须要制备活性基底，并且SERS活性与表面纳米结构的粒子尺寸、形状和排列密切相关。金属表面存在一定宏观或微观的粗糙度，才能显示出SERS效应。目前使用的活性基底有金属电极活性基底、金属溶胶活性基底和针尖增强拉曼活性基底等。其中应用较广泛便是金、银溶胶，效果更好但成本也较高的还有金箔片等。

近年来已有很多研究报道应用SERS技术进行农残、食品安全等方面的检测，且取得了较好的实验结果。但是目前无论是从化学还是物理角度都还不能对SERS现象作完整解释，因此应用SERS技术进行检测时还有很多不确定的因素，将SERS技术真正实用化还有很多问题值得进一步探索。

本章重点研究了在SERS检测中不同表面增强剂的效果比较，探讨了QuEChERS前处理对SERS检测结果的影响，并将SERS技术应用于苹果单一种类农药残留和多农药残留的定性、定量检测研究，探讨SERS光谱技术应用于农残检测的可行性。

6.2　SERS光谱技术中不同表面增强剂效果的研究

不同增强基底材料的性质对SERS光谱的效果有很大影响，常用的拉曼表面增强剂多为贵金属金（Au）或银（Ag）溶胶，但由于目前无论是从化学还是物理角度都还不能对SERS现象作完整解释，所以不同表面增强剂的适用对象也没有确切定论。基于此，本节对两种常用的表面增强剂，即金（Au）、银（Ag）溶胶的性能效果进行了实验研究。

6.2.1　基于金、银基底的SERS光谱分析

将1mg/mL的马拉硫磷标准溶液用乙腈稀释配制为0.01mg/kg、0.05mg/kg、0.1mg/kg、0.25mg/kg、0.5mg/kg系列的标准溶液。将苹果用去离子水洗净晾干后粉碎，并取其汁液为背景，配制马拉硫磷质量分数在0.1～3.1mg/kg的梯度9个样本作为预测样本，该质量分数范围分布在国标最大残留量2mg/kg附近，具有实际意义。每个样本提取两个平行样本，为提高预测数据的准确性，保证待测样本质量分数包含在标准模型范围内，马拉硫磷质量分数较高的样本根据其实际值进行适当稀释后再进行测量。

从图6-1可以看出，对于成分比较纯净的标准溶液，金溶胶和银溶胶增强效果都较好，但基于金溶胶的SERS光谱尾部漂移较明显；对于从苹果汁中提取的待测样本，基于金溶胶的表面增强在1100～1600cm^{-1}、400～900cm^{-1}两个波段处产生明显的干扰峰，且尾部漂移也较为明显。

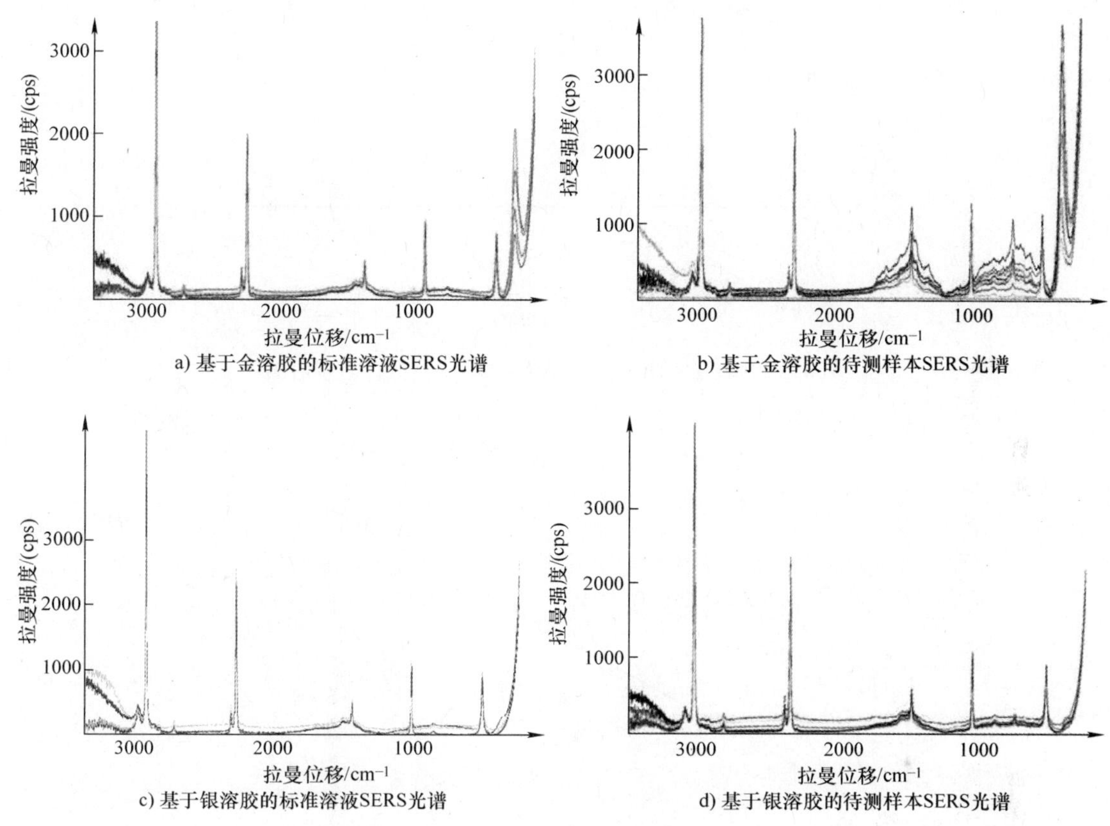

图 6-1　基于银和金溶胶的 SERS 光谱

6.2.2　基于金、银基底的 SERS 光谱建模分析

将 6.2.1 节中基于金溶胶的标准溶液的 SERS 光谱采用 MLR 方法建立马拉硫磷的标准模型，结果如图 6-2 所示。

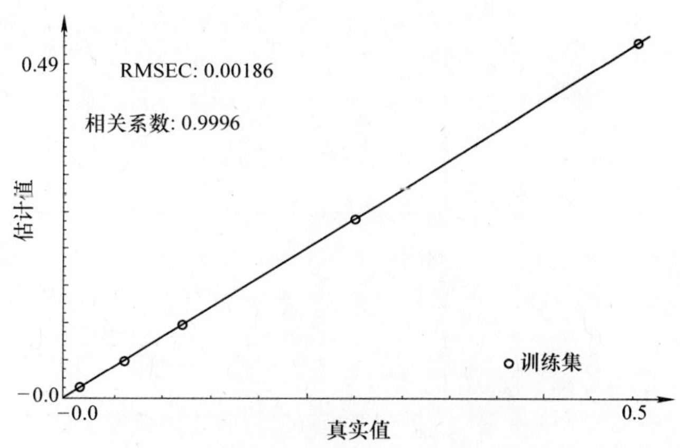

图 6-2　基于金溶胶的马拉硫磷标准溶液曲线

从图 6-2 可以看到，马拉硫磷标准模型的线性关系较好，相关系数为 0.9996，RMSEC 为 0.00186。其真实值 - 拟合值残差图如图 6-3 所示，结果表明真实值与拟合值的差异较小，最大不超过 0.003mg/kg，精度很高。

同样，将基于银溶胶的标准溶液的 SERS 光谱采用 MLR 方法建立马拉硫磷的标准模型，模型如图 6-4 所示。

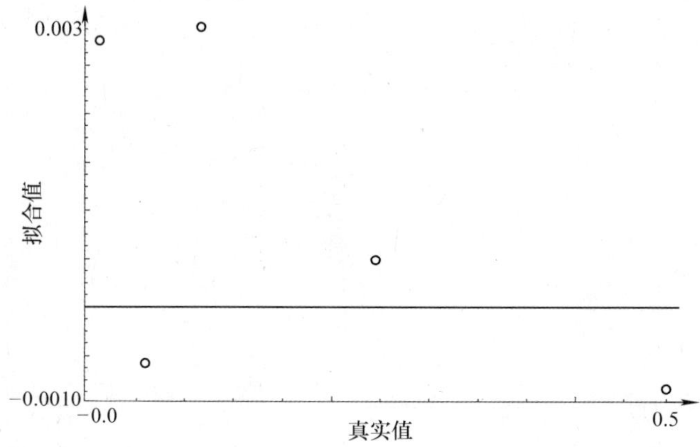

图 6-3　基于金溶胶的标准曲线真实值 - 拟合值差值图

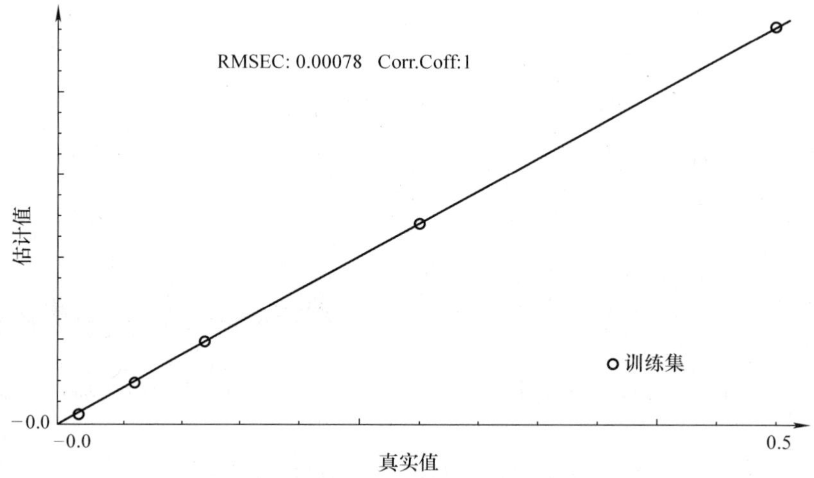

图 6-4　基于银溶胶的马拉硫磷标准溶液曲线

从图 6-5 可以看到，基于银溶胶的马拉硫磷标准模型的线性关系及真实值与拟合值的差异也均较理想，相关系数（R^2）为 1，RMSEC 为 0.00078，最大残差不超过 0.0012。

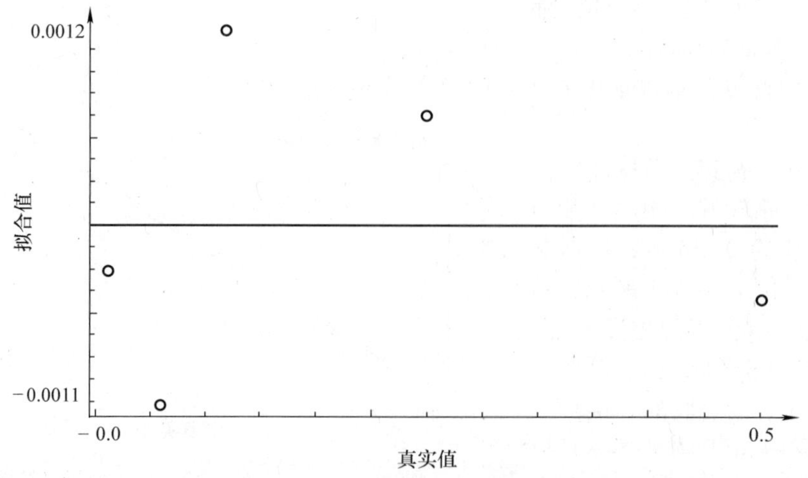

图 6-5　基于银溶胶的标准曲线真实值 - 拟合值差值图

采用上面建立的两种数学模型分别对处理好的预测样本进行检验，结果见表6-1、表6-2。

表6-1　样本预测结果（金溶胶）

真实值/（mg/kg）	0.1	0.21	0.36	0.55	0.78	1.05	1.36	2	2.50
预测值/（mg/kg）	0.22	0.33	0.51	0.4	1.01	0.79	1.48	1.68	2.81
RMSEP	0.213								

表6-2　样本预测结果（银溶胶）

真实值/（mg/kg）	0.1	0.21	0.36	0.55	0.78	1.05	1.36	2	2.50
预测值/（mg/kg）	0.16	0.43	0.56	0.68	0.65	0.88	1.47	1.85	2.44
RMSEP	0.146								

以上结果表明，无论是金溶胶还是银溶胶作表面增强剂，标准模型的建模统计及拟合效果都较好。但与金溶胶相比，银溶胶作为表面增强剂的效果更好，可将实际样本的RMSEP提高31.5%，更适用于苹果中的农药残留的定量检测。

6.3　SERS光谱技术中QuEChERS样本前处理的研究

样品前处理是检测过程中最繁琐耗时的一步，其主要目的是消除可能杂质带来的干扰，将分析物进行浓缩或转变成其他更适合检测或分离的形式，在操作过程中极有可能加大检测误差造成检测结果的不准确。实际生活中，农产品中微量或痕量的农药残留多种多样，正常情况下由于农药残留含量较低，更难以将各种杂质干扰消除，如何将待测样本中所含的μ级待测分析物尽量完全且不带杂质地提取出来对SERS光谱分析尤其重要。然而过去的20年里，样品前处理技术的发展与仪器分析技术的快速发展相比较为滞后，所以研究便捷、选择性高且又绿色无污染的样本预处理方法是非常必要的。

QuEChERS（Quick，Easy，Cheap，Effective，Rugged and Safe）技术是一种经欧洲标准委员会（CEN）和美国分析化学师协会（AOAC）评估承认的快速、准确、有效的农药残留样品前处理方法。QuEChERS方法可快速将目标组分从样本中提取出来，有效减少背景物质的干扰，在各领域中都有着较为广泛的应用。

本节将以苹果农药残留为检测对象，采用QuEChERS技术对样品进行前处理，提取苹果中所含的农药残留，结合SERS光谱对经过前处理后的样本进行扫描及分析。

6.3.1　无样本前处理的SERS分析及建模

将市购有机苹果用去离子水洗净晾干后粉碎，并取其汁液为背景，在苹果汁中加入不同质量分数的农药二嗪农，具体浓度见表6-3。

表6-3　苹果汁中二嗪农样品溶液浓度配制表

样品编号	浓度/(mg/kg)	样品编号	浓度/(mg/kg)	样品编号	浓度/(mg/kg)
1	0.02	9	0.7	17	2.02
2	0.04	10	0.83	18	2.23
3	0.08	11	0.97	19	2.46
4	0.13	12	1.12	20	2.68
5	0.2	13	1.28	21	2.87
6	0.28	14	1.45	22	3.14
7	0.47	15	1.63	23	3.29
8	0.58	16	1.82		

配制样本后按照直接采集含二嗪农与不含二嗪农的苹果汁样本的光谱，光谱对比图如图 6-6 所示：

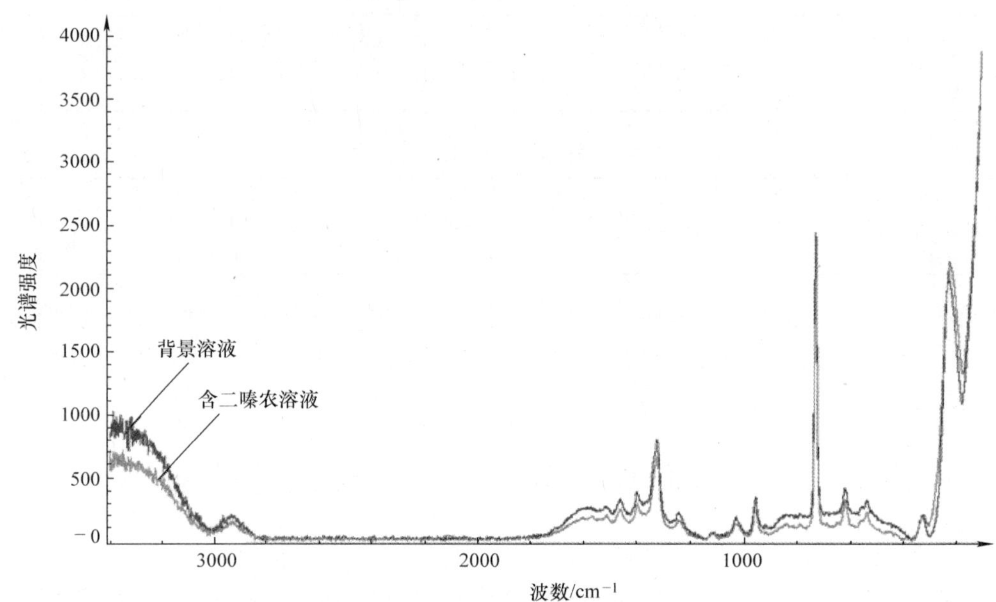

图 6-6　无样本前处理下样本 SERS 对比图

可以看到，由于样本背景变复杂，含有农药二嗪农的样本与不含二嗪农的样本光谱并无明显差异，且含有二嗪农的样本光谱中也无法观测到二嗪农的 SERS 光谱特征峰。为进一步确认其是否检测到有效信息，使用所采集的样本光谱结合 PLS 法直接建模结果如图 6-7 所示。

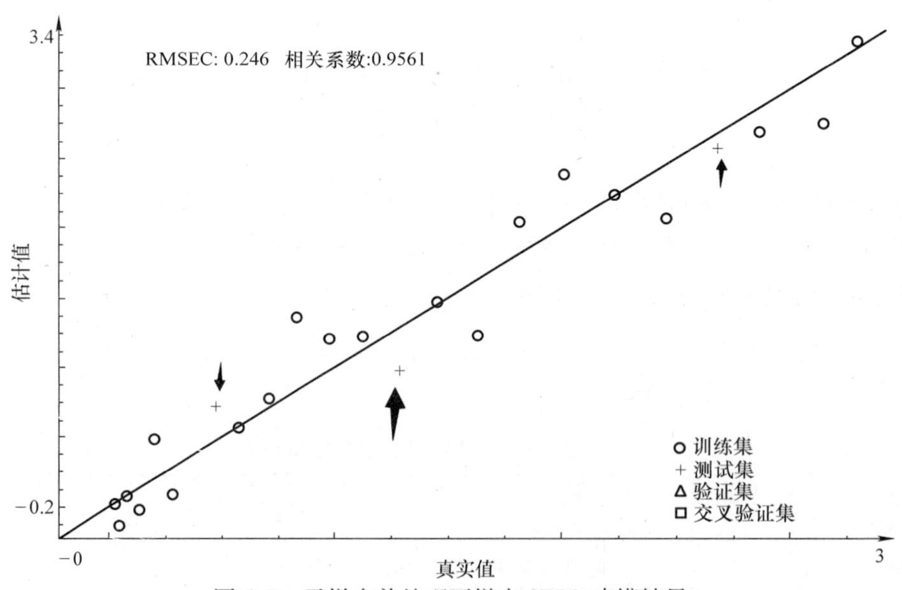

图 6-7　无样本前处理下样本 SERS 建模结果

可以看到，模型的相关系数为 0.9561，RMSEC 为 0.246，表明无样本前处理的情况下 SERS 光谱还是检测到了农药二嗪农的梯度信息，但图 6-7 中箭头所指“+”表示的检验集样本真值和预测值还有一定差异。

6.3.2 基于 QuEChERS 的样本前处理的 SERS 分析及建模

为了进一步优化模型，提高检测准确度，采用优化的 QuEChERS 前处理技术对样品进行前处理，具体样本前处理步骤如下：取 10mL 配制好的待测样本加入 10mL 乙腈后充分振荡，再加入 200mg 无水 $MgSO_4$ 和 5gNaCl 后充分振荡 1min，打开盖子放气，然后以 3000r/m 离心 5min，取 1mL 上层清液于装有 0.05g C18 和 0.05gPSA 的离心管中，充分振荡 30s，静置 1min，取上层清液过 0.22μm 微孔滤膜后匀浆提取后待测。

再扫描经过样本前处理后的样本光谱，光谱对比图如图 6-8 所示。

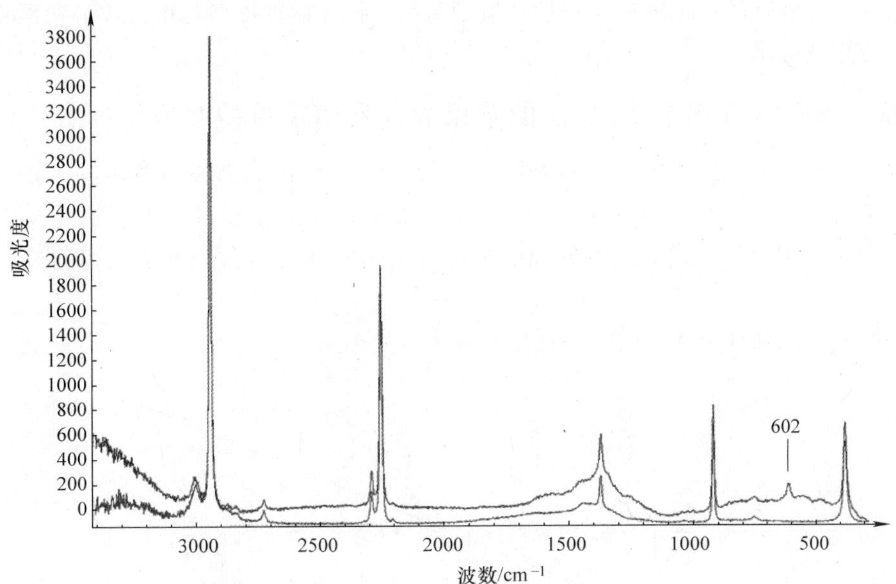

图 6-8 样本前处理后样本 SERS 对比图

经过样本前处理后的含有二嗪农的样本 SERS 光谱在 $602cm^{-1}$ 处的特征峰显著地体现了出来，PLS 方法建模结果如图 6-9 所示。

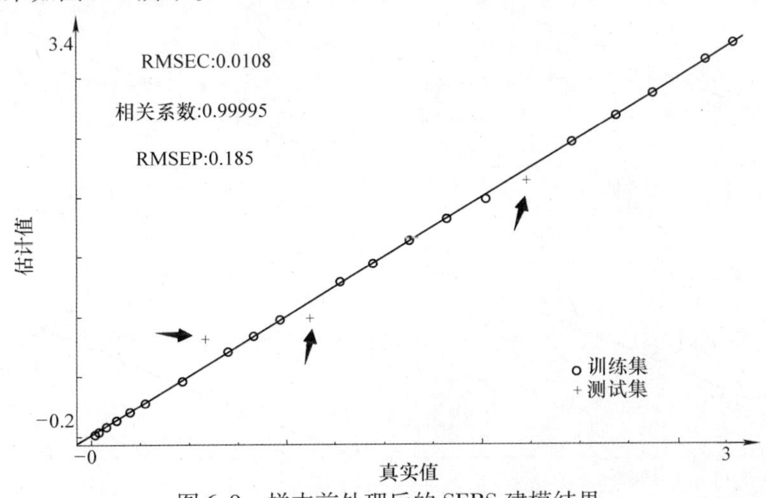

图 6-9 样本前处理后的 SERS 建模结果

可以看到，经过样本前处理的样本所采集的光谱可以不仅直接观察到部分二嗪农特征峰，建模效果也明显优于无前处理的样本光谱所建模型，相关系数提高至 0. 99995，RMSEC 为 0. 0108，RMSEP 为 0. 185。

6. 4 基于 SERS 光谱技术的苹果农药残留定量检测方法研究

上述研究表明，对样本进行前处理后再进行建模可有效提高苹果汁中二嗪农检测精度，虽然与传统样本前处理方法相比，QuEChERS 技术较为简单环保，但离无损检测仍有一定距离，因此本节研究对未经前处理的样本模型从化学计量学角度进行优化，提高其拟合效果和预测精度，以期满足实际应用的需求。

6. 4. 1 基于 SERS 光谱和 PLS 法的苹果农药残留定量检测方法研究

针对未经样本前处理的苹果汁中 SERS 光谱，采用 3 类常用的预处理方法：导数法（一阶和二阶导数）、平滑法（Savitzky - Golay 滤波、Norris Derivative 滤波）以及多点基线校正法（分段校正、样条校正）组合的方式对波段处光谱图进行优化处理后结合 PLS 法进行建模，结果如图 6-10 所示。

基于不同光谱预处理下模型的具体评价参数见表 6-4。

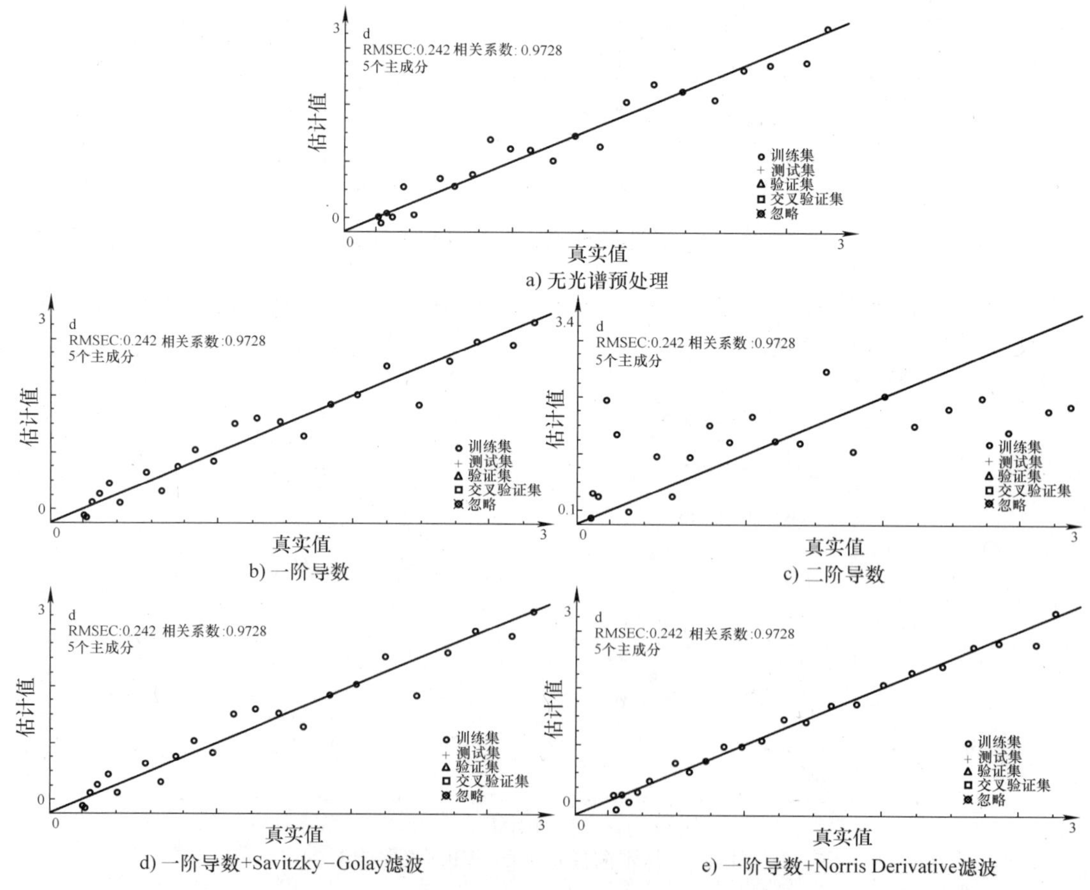

图 6-10 不同光谱预处理方法下的 PLS 模型

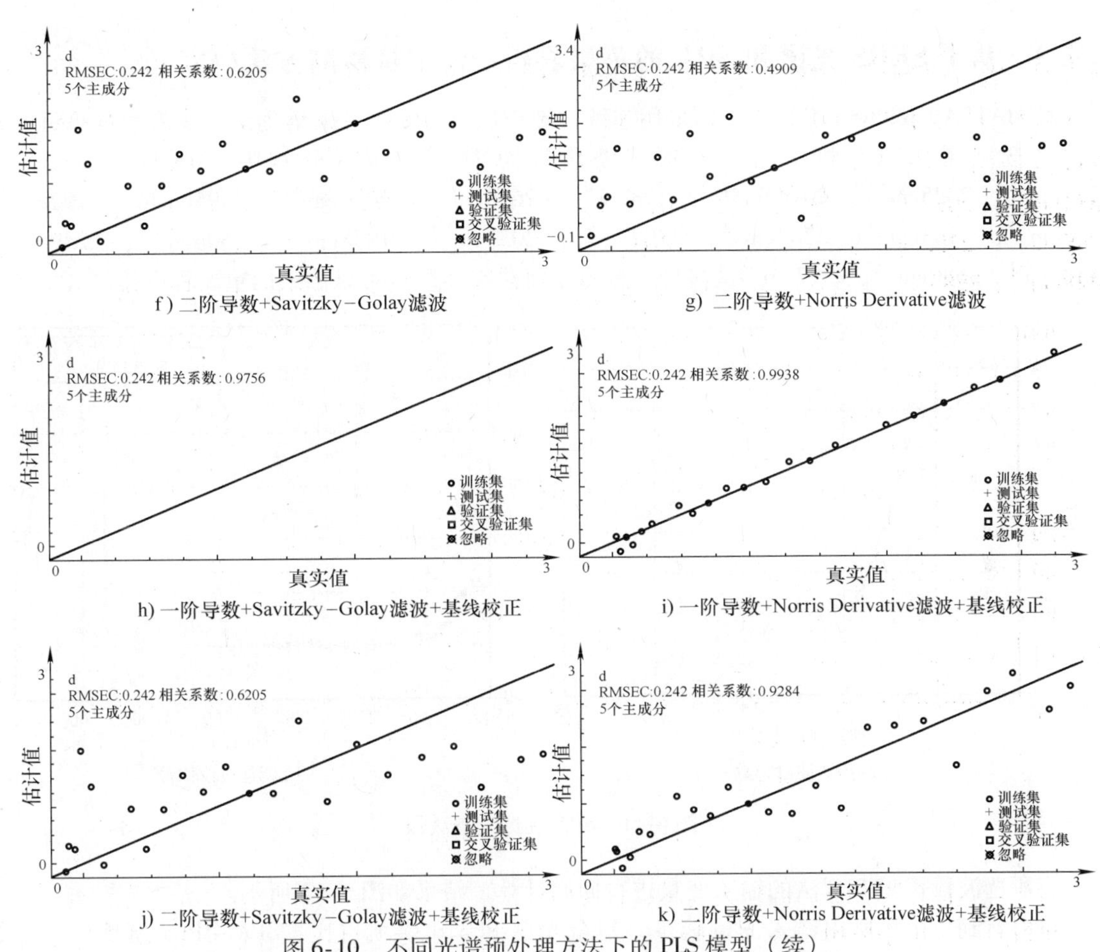

f) 二阶导数+Savitzky−Golay滤波　g) 二阶导数+Norris Derivative滤波

h) 一阶导数+Savitzky−Golay滤波+基线校正　i) 一阶导数+Norris Derivative滤波+基线校正

j) 二阶导数+Savitzky−Golay滤波+基线校正　k) 二阶导数+Norris Derivative滤波+基线校正

图 6-10　不同光谱预处理方法下的 PLS 模型（续）

表 6-4　不同光谱预处理方法下的 PLS 建模及预测结果

光谱预处理方法	主成分数	校正集标准差 RMSEC	相关系数
无光谱预处理	5	0. 242	0. 9728
一阶导数	7	0. 234	0. 9745
二阶导数	3	0. 819	0. 6205
一阶导数 + Savitzky – Golay 滤波	7	0. 234	0. 9745
一阶导数 + Norris Derivative 滤波	10	0. 131	0. 9595
二阶导数 + Savitzky – Golay 滤波	3	0. 819	0. 6205
二阶导数 + NorrisDerivative 滤波	1	0. 910	0. 4909
一阶导数 + Savitzky – Golay 滤波 + 基线校正	7	0. 229	0. 9756
一阶导数 + NorrisDerivative 滤波 + 基线校正	10	0. 116	0. 9938
二阶导数 + Savitzky – Golay 滤波 + 基线校正	3	0. 819	0. 6205
二阶导数 + NorrisDerivative 滤波 + 基线校正	4	0. 388	0. 9294

可以看到，不同光谱预处理方法对 PLS 模型的影响很大，结果表明二阶导数会对模型拟合结果起到反作用，而一阶导数和 Norris Derivative 滤波处理可显著提高光谱建模效果，其中基线校正 + 一阶导数 + Norris Derivative 滤波的方法结果最佳，可作为 SERS 光谱技术检测农药二嗪农的最优光谱处理方法。

6.4.2 基于 SERS 光谱和 SPA 的苹果农药残留定量检测方法研究

在 MATLAB R2008b 工具箱中，采用连续投影算法（SPA）对采集到的二嗪农表面增强光谱波段挑选结果如图 6-11 所示，所挑选波段数为 21 个，位置分别为 2315cm^{-1}、332cm^{-1}、2584cm^{-1}、2025cm^{-1}、2074cm^{-1}、2198cm^{-1}、2635cm^{-1}、2047cm^{-1}、2595cm^{-1}、2192cm^{-1}、2986cm^{-1}、2393cm^{-1}、2262cm^{-1}、2207cm^{-1}、2033cm^{-1}、1958cm^{-1}、2504cm^{-1}、2249cm^{-1}、2448cm^{-1}、2580cm^{-1}、2597cm^{-1}波段处，按每个波段在连续投影算法中的重要程度排序。

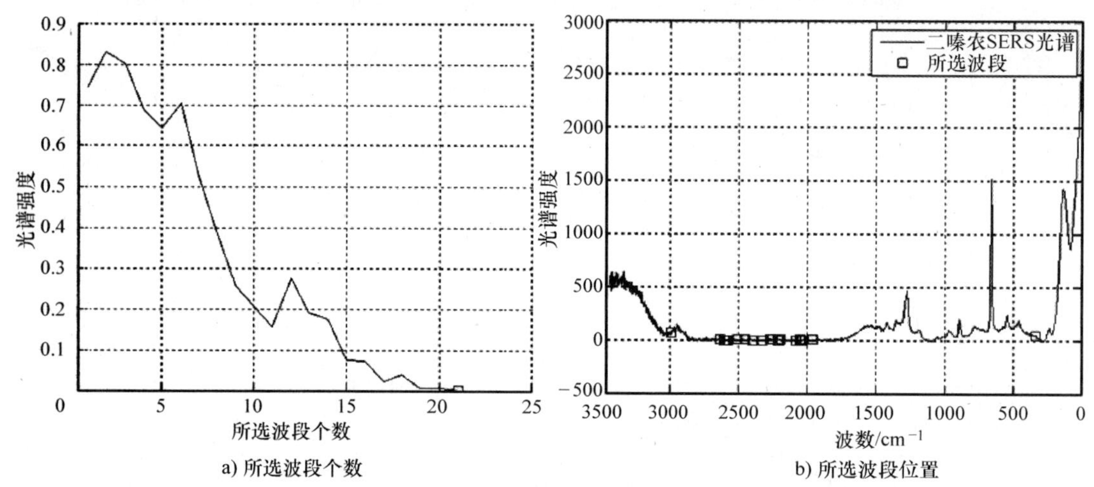

a) 所选波段个数　　b) 所选波段位置

图 6-11　SPA 挑选光谱波段

将所选波段作为 PLS 法的输入变量进行回归计算，结果如图 6-12 所示。

可以看到，由于所用输入变量较少，与全光谱 PLS 建模项目比，SPA－PLS 模型评价参数（相关系数为 0.92125）相对较低，但仍然保持着良好的线性关系，说明 SPA 算法所提取的特征波段能够表示大多数样本的光谱信息，可以应用于 SERS 光谱定量分析时降低模型复杂度的波段挑选。

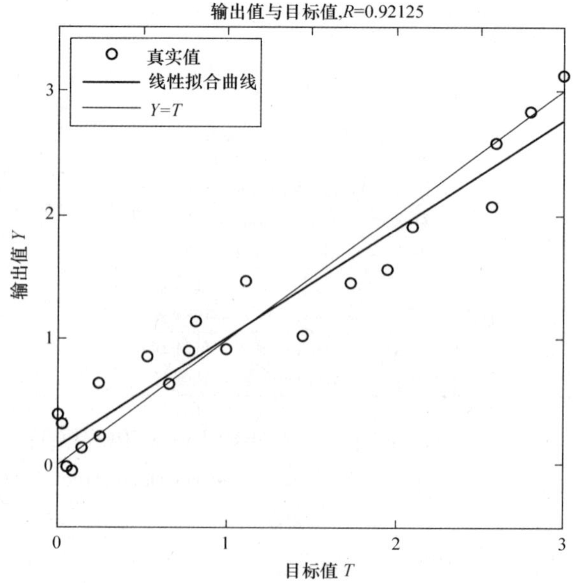

图 6-12　SERS 光谱的 SPA－PLS 模型

6.4.3 基于 SERS 光谱和 BP 人工神经网络的苹果农药残留定量检测方法研究

虽然线性算法是目前分析光谱数据的主流方法，且 PLS、主成分回归（PCR）和多元线性回归（MLR）等线性分析算法在本研究中都取得了不错的效果，但在实际过程中，下列 3 个因素可能会引入非线性因素：

1）光谱测量过程中外界环境和仪器参数的改变会使光谱强度与组分含量间的线性关系发生偏离；

2）组分含量较高时分子间作用力会改变

分子的振动结构，从而使拉曼光谱发生非线性变化；

3）混合溶液中不同组分分子之间会相互作用，导致混合溶液中组分的光谱形态较之其纯净物光谱发生明显变化。

针对上述情况则可能需选用非线性方法来反映其关系，建立回归模型。本研究尝试使用非线性算法 BP 神经网络算法进行建模及预测，也得到了不错的效果，如图6-13 所示，模型相关系数高达0.99997，检验集预测效果也较好。

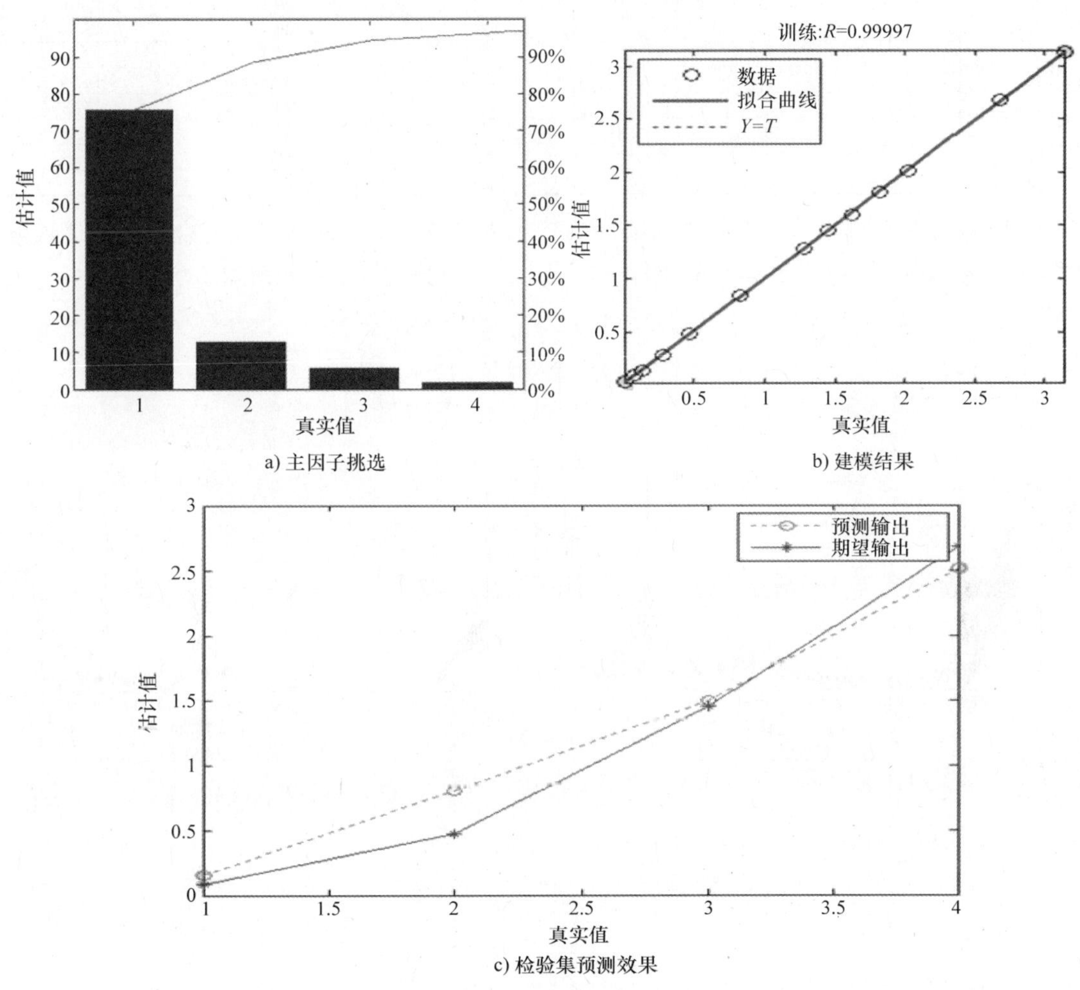

图6-13　基于 SERS 光谱的非线性模型

6.5　基于 SERS 光谱技术的苹果多农药残留的定性及定量分析

6.5.1　样本制备及数据采集

将市购有机苹果用去离子水洗净晾干后粉碎，并取其汁液为背景，配制马拉硫磷（国标最大残留量为2mg/kg）质量分数在0.1～15.3mg/kg 的梯度样本35 个作为预测样本，配制二嗪农（国标最大残留量为0.2mg/kg）质量分数在0.02～3.29mg/kg 的样本23 个，配制两种农药混合样本23个，质量分数范围分布都在国标最大残留量附近，具有实际意义。二嗪农样本溶液具体浓度同表6-3保持一致，马拉硫磷样本溶液具体浓度见表6-5。

表6-5　马拉硫磷样本溶液浓度配制表

样品编号	浓度/(mg/kg)	样品编号	浓度/(mg/kg)	样品编号	浓度/(mg/kg)
1	0.1	13	1.36	25	8.8
2	0.15	14	1.43	26	9.9
3	0.21	15	1.61	27	10.9
4	0.28	16	1.8	28	11.8
5	0.36	17	2	29	12.6
6	0.45	18	2.5	30	13.3
7	0.55	19	3.1	31	13.9
8	0.66	20	3.8	32	14.4
9	0.78	21	4.6	33	14.8
10	0.91	22	5.5	34	15.1
11	1.05	23	6.5	35	15.3
12	1.2	24	7.6		

分别取配制好的样本200μL分别与银（Ag）纳米溶胶按1∶1的体积比混合均匀后注入液体池中，在室温及光照环境相对恒定的条件下采集光谱待分析。采集的光谱如图6-14所示。

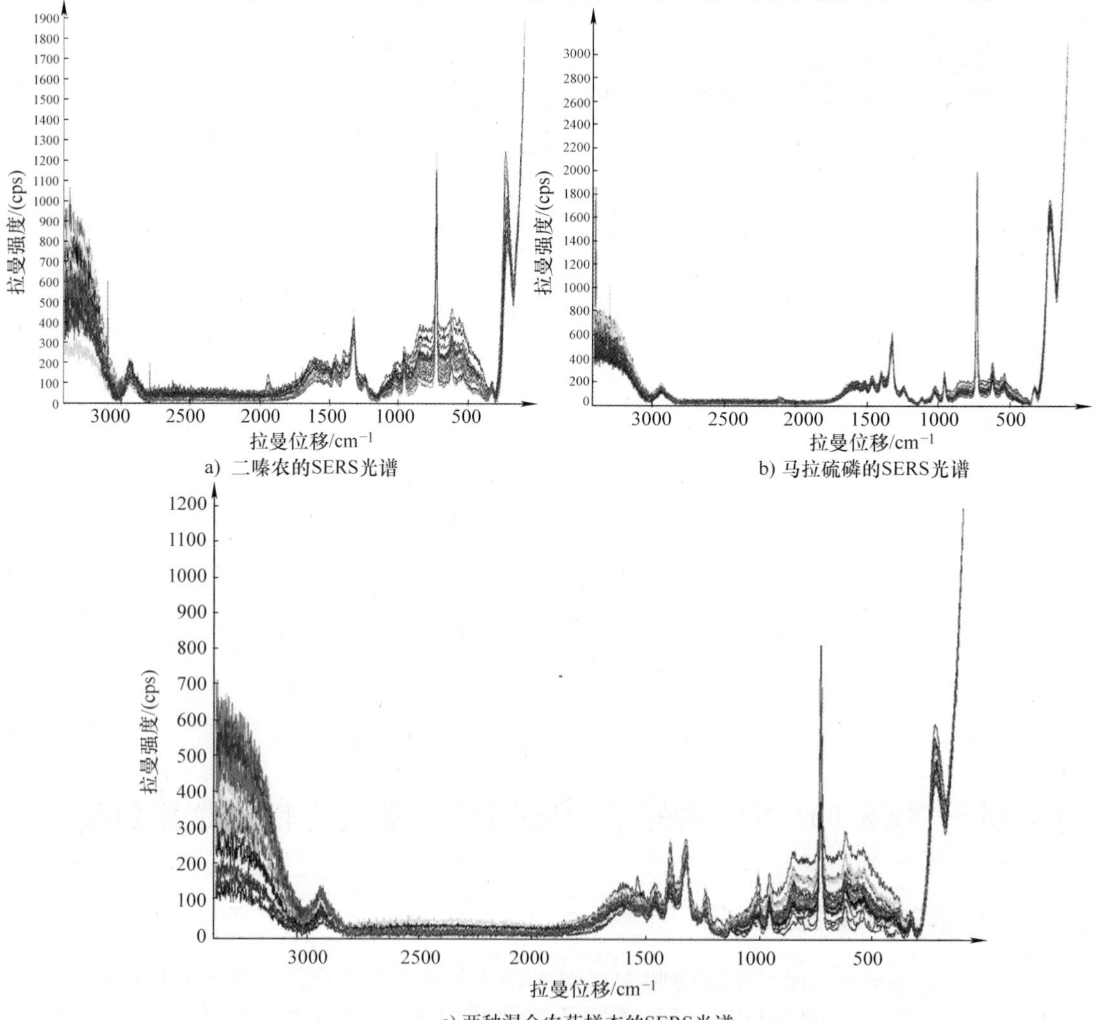

图6-14　3组样本的SERS光谱

6.5.2 基于判别分析的不同农药定性分析

判别分析属于有监督模式的识别方式，其本质就是对样本进行分类，目前已在很多科学领域广泛应用。该方法首先采集具有代表性的样品光谱，用化学计量法从光谱中提取有用信息，并根据不同类别样本的信息构造判别准则，建立判别模型，用模型对未知样本进行分类。建模时使用的样本称为训练集，建模的过程也称为学习。常用的判别方法有距离判别分析、贝叶斯判别分析、SIMCA 方法和人工神经网络判别法等。在食品安全监管领域可以用定性分析方法判断食品中是否含有害物质。

（1）距离判别法

距离判别法，顾名思义，是通过计算距离远近来判断类别，一般采用马氏距离和欧氏距离，将距离近的样本归为一类。

马氏距离（Mahalanobis distance）是一种用协方差矩阵描述不同维之间关联性的基于样本分布的距离，它可以计算两类未知样品之间的相似程度。马氏距离不受量纲的影响，其计算结果与原始数据的测量单位无关，并且它还可以排除变量之间相关性的干扰。若用 $\boldsymbol{\mu}$ 和 $\boldsymbol{\Sigma}$ 分别表示向量 $\boldsymbol{d}$ 的均值和协方差矩阵，则 $\boldsymbol{d}$ 的马氏距离为

$$\boldsymbol{d} = \sqrt{(\boldsymbol{x}-\boldsymbol{\mu})'\boldsymbol{\Sigma}^{-1}(\boldsymbol{x}-\boldsymbol{\mu})} \tag{6-1}$$

欧氏距离（Euclid Distance）是由古希腊数学家欧几里得发明的一种简单而又运用广泛的距离测度。在二维和三维空间中欧氏距离表示两点间的直线距离，而在 n 维空间中，欧氏距离则表示两点间的真实距离。在 n 维空间中，每个点都有一个坐标，设有两个点 a（a_1，a_2，…，a_n）、b（b_1，b_2，…，b_n），则 a、b 两点之间的距离为

$$d(a,b) = \sqrt{\sum_{1}^{n}(a_i + b_i)^2}(i = 1,2,\cdots n) \tag{6-2}$$

二维空间的距离计算公式是 n 维空间的特殊情况。

（2）贝叶斯判别

贝叶斯判别假设已知样本先验概率，即对研究对象的初始认知，然后用新的样本对先验概率分布进行修正以得到后验概率分布，最后使用后验概率分布来进行各种统计推断。

（3）SIMCA 方法

SIMCA 方法是一种基于主成分分析和类模型的有监督的模式识别分析方法，该方法利用先验分类知识，通过 F 检验来设置分类的置信区间，某一类含有相同特征的样本在特征空间内会聚集在一起，不同特征的样本将会聚集在不同的空间区域，使用因子分析法对每一个聚集区域分别建立类模型。建好模型之后再计算检验集中各个样本到每个类模型的 SIMCA 距离，由此判断该样本属于哪类，或同时属于哪几个类，或将其归为新类。

对 6.5.1 节中所采集的光谱采用一阶导数 + Norris Derivative 滤波进行预处理后分别采用判别分析方法建立定型模型，并随机每种农药各挑选 3 个样本（箭头所指）对模型进行测试，结果如图 6-15 所示。

6.5.3 基于距离匹配的不同农药定性分析

光谱距离表示两张光谱图之间的相似性，光谱图距离大则代表光谱图之间的差异性大。距离匹配中共有 7 种方法可以计算新创建的类与其他类或其他谱图之间距离。

假设类 a 和类 b 聚类为一个新类 r。D（a，i）表示 a 与类（光谱）i 之间的距离，D（b，i）

表示 b 和光谱 i 之间的新距离。

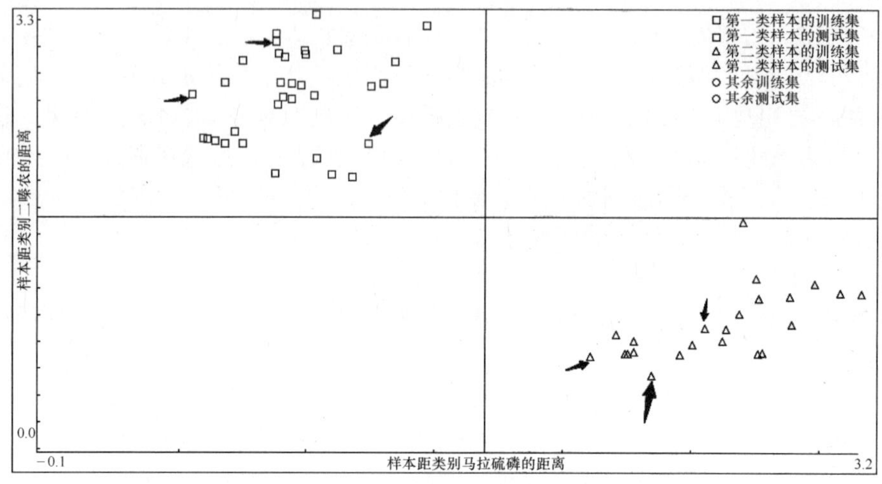

a) 二嗪农与马拉硫磷判别分析结果

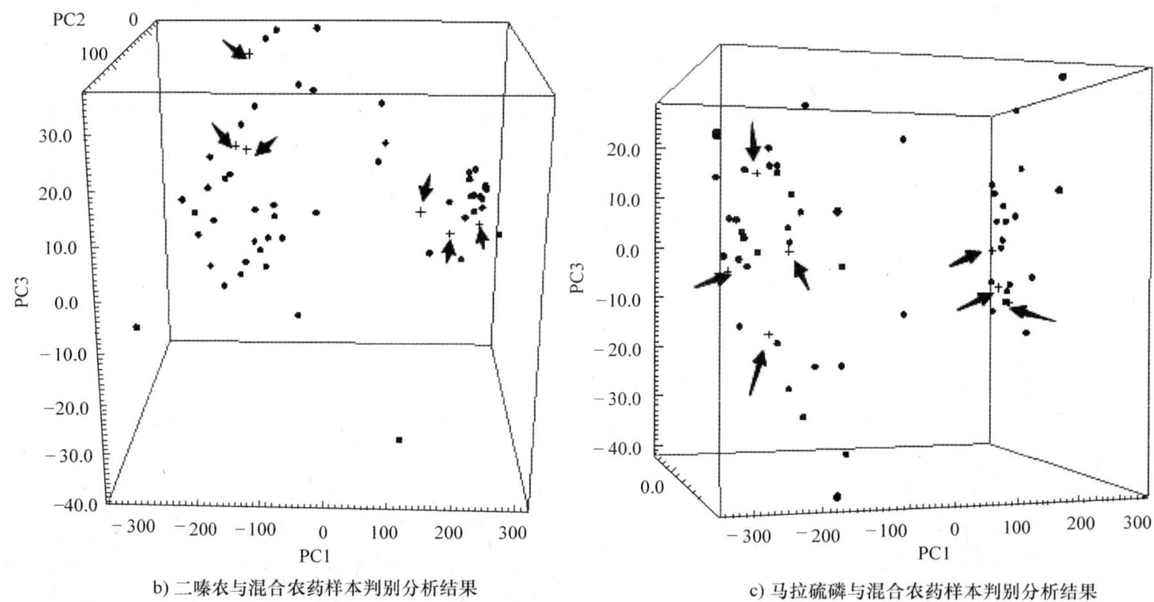

b) 二嗪农与混合农药样本判别分析结果

c) 马拉硫磷与混合农药样本判别分析结果

图 6-15 基于判别分析的定性建模及测试结果

1. 最长距离法

使用两个距离中较大的值作为新类 r 和类（光谱）i 的距离 D（r, i）：

$$D(r,i) = \max[D(a,i),D(b,i)] \tag{6-3}$$

此方法适合在建立规模较小的类时使用。

2. 最短距离法

与最长距离法相反，取两个距离中较小的值作为新距离：

$$D(r,i) = \min[D(r,i),D(r,i)] \tag{6-4}$$

此方法适合建立规模较大的类。

3. 平均距离法

求 $D(a, i)$ 和 $D(b, i)$ 的算术平均值作为新距离：

$$D(r,i)=\frac{D(a,i)+D(b,i)}{2} \tag{6-5}$$

4. 加权平均距离法

此法由平均距离法演变而来，设类 a 中所含谱图数目为 $n(a)$，类 b 中所含谱图数目为 $n(b)$。新类（光谱）r 与目标 i 的距离计算公式为

$$D(r,i)=\frac{n(a)D(a,i)+n(b)D(b,i)}{n(a)+n(b)} \tag{6-6}$$

5. 重心法

新距离计算方法如下：

$$D=\frac{n(a)D(a,i)+n(b)D(b,i)}{n}+\frac{n(b)+n(b)D(b,a)}{n^2} \tag{6-7}$$

式中，n 为全部参考光谱图的数量。

6. 中间距离法

新距离计算公式如下：

$$D(r,i)=\frac{D(a,i)+D(b,i)}{2}-\frac{D(a,b)}{4} \tag{6-8}$$

7. Ward 算法

与上述 6 种方法不同，Ward 算法不是把最相似的两个组聚在一起的思想，而是试图找到最均匀的组，最小化异质因子 H 的增加量。所以，Ward 算法主要考虑异质因子 H 是否增加，而非目标间的光谱距离。$H(r, i)$ 具体计算公式如下：

$$H(r,i)=D(r,i)=\frac{[n(a)+n(i)]D(a,i)+[n(b)+n(i)]D(b,i)}{n+n(i)} \tag{6-9}$$

式中，$n(i)$ 是目标 i 中聚类光谱图的数量。

距离匹配中最常用的距离计算方法是平均距离法和 Ward 算法。

同样对图 6-15 中所采集的光谱采用一阶倒数 + Norris Derivative 滤波进行预处理后采用距离匹配方法建立定型模型，并随机每种农药各挑选若干个样本（箭头所指）对模型进行测试，如图 6-16 所示。

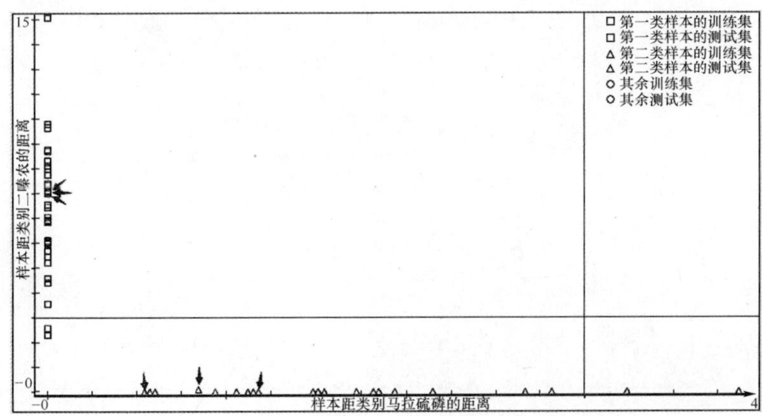

a) 二嗪农与马拉硫磷距离匹配结果

图 6-16　距离匹配定性建模及测试结果

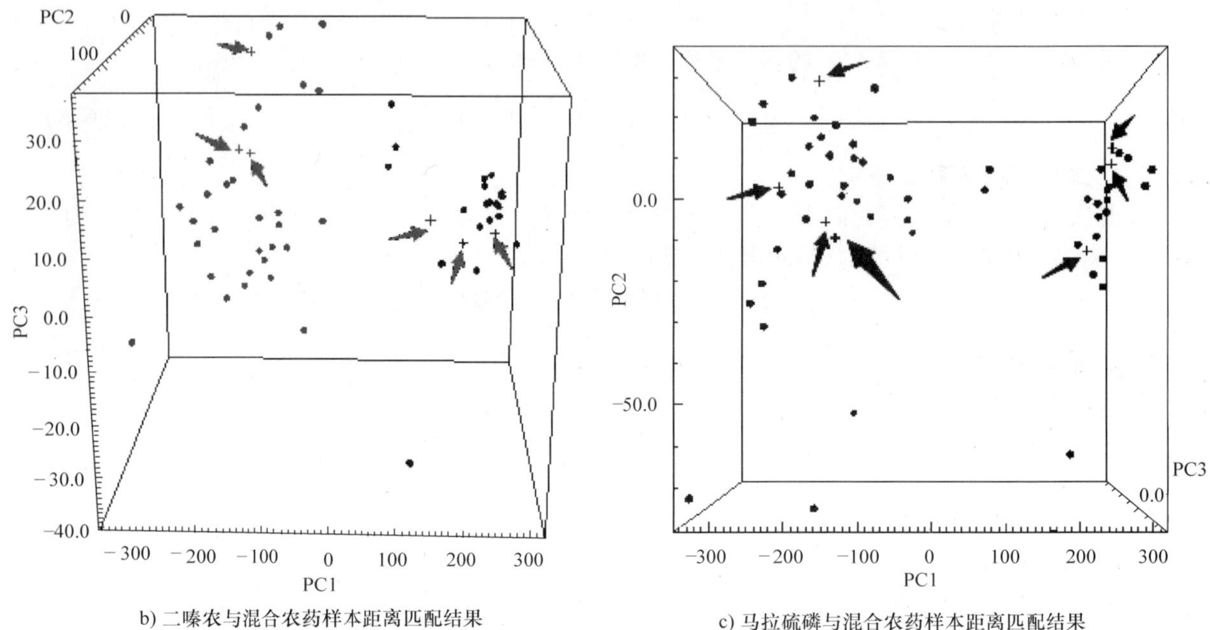

b) 二嗪农与混合农药样本距离匹配结果

c) 马拉硫磷与混合农药样本距离匹配结果

图 6-16 距离匹配定性建模及测试结果（续）

可以看到，两种方法的测试样本均被准确无误地分到各自的类属性当中，定性鉴别准确率为 100%，多次随机更换测试样本，都能得到相同结论。

6.5.4 多农药残留定量分析

同样对图 6-16 中采集的光谱采用一阶倒数 + Norris Derivative 滤波进行预处理后采用 PLS 法分别建立两种农药的定量分析模型，并各挑选 3 个样本作为测试集来检验所建模型的预测效果。

基于 PLS 法的两种农药的定量分析模型拟合效果都较好，其中如图 6-17 所示：马拉硫磷定量模型的相关系数为 0.99999，RMSEC 为 0.0208，校正样本的拟合值与真实值的最大残差为 0.059mg/kg。

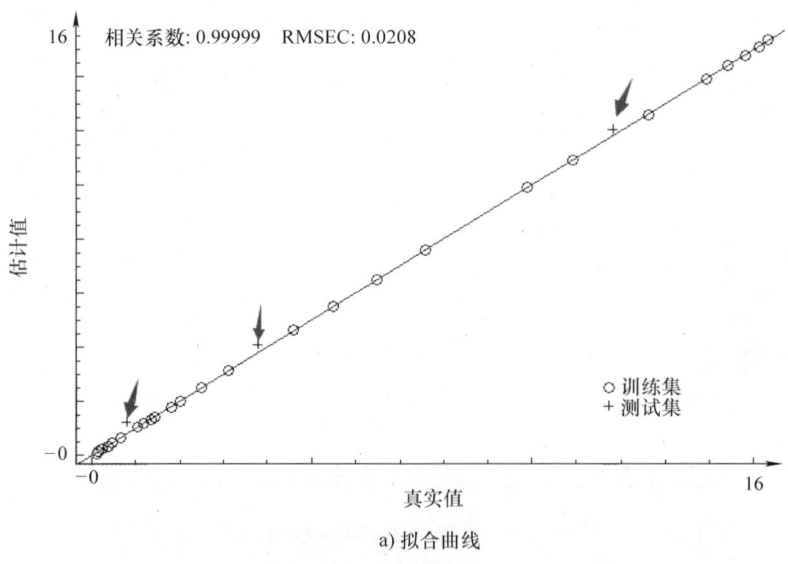

a) 拟合曲线

图 6-17 马拉硫磷 PLS 法拟合曲线及残差图

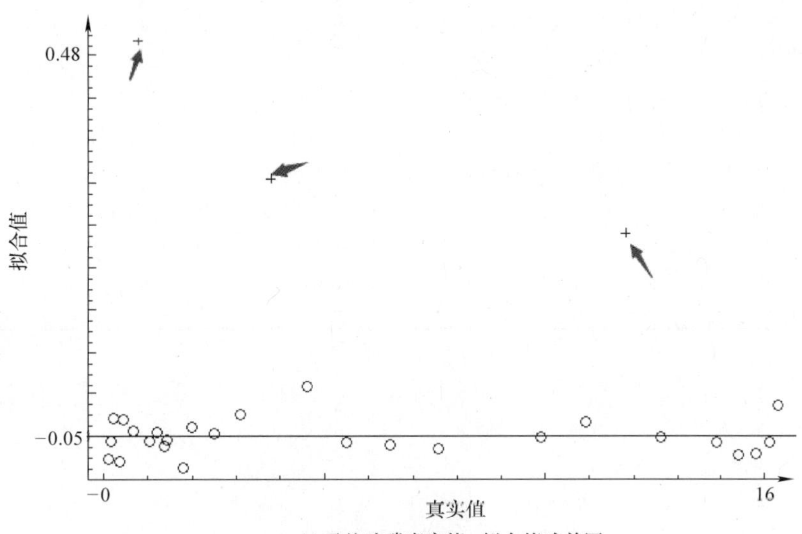

b) 马拉硫磷真实值−拟合值残差图

图 6-17　马拉硫磷 PLS 法拟合曲线及残差图（续）

而测试样本（图 6-17 中箭头所指）的预测效果相对于校正样本的拟合效果要差，具体结果见表 6-6。

表 6-6　马拉硫磷测试样本预测结果

真实值/(mg/kg)	0.78	3.80	11.80
预测值/(mg/kg)	1.24	4.10	12.04
残差百分比（%）	58.9	7.9	2

可以看到，3 个测试样本的真实值与预测值的偏差分别为 0.46mg/kg、0.3mg/kg、0.24mg/kg，浓度越高的样本预测效果越好。

二嗪农定量模型的相关系数为 0.99995，RMSEC 为 0.0108，校正样本的拟合值与真实值的最大残差为 0.03mg/kg，如图 6-18 所示。

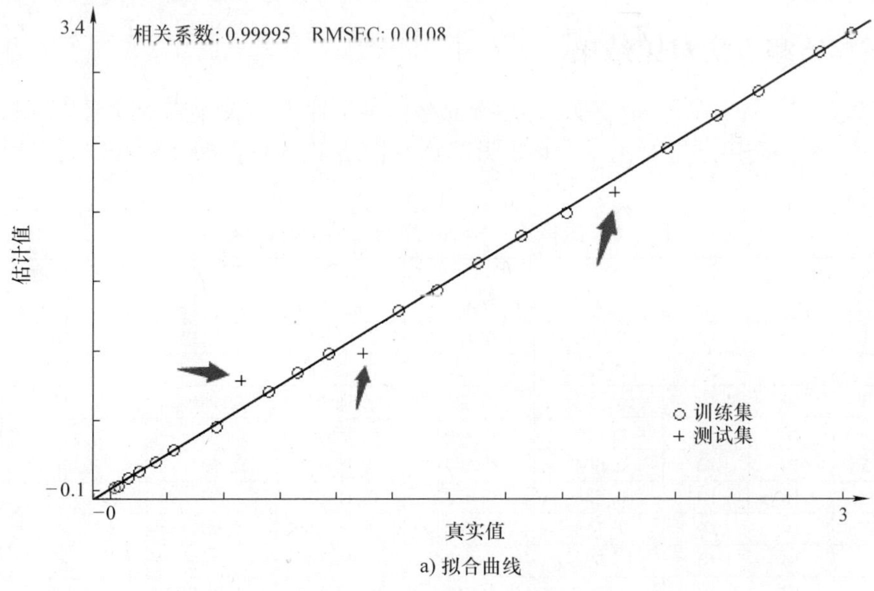

a) 拟合曲线

图 6-18　二嗪农 PLS 法拟合曲线及残差图

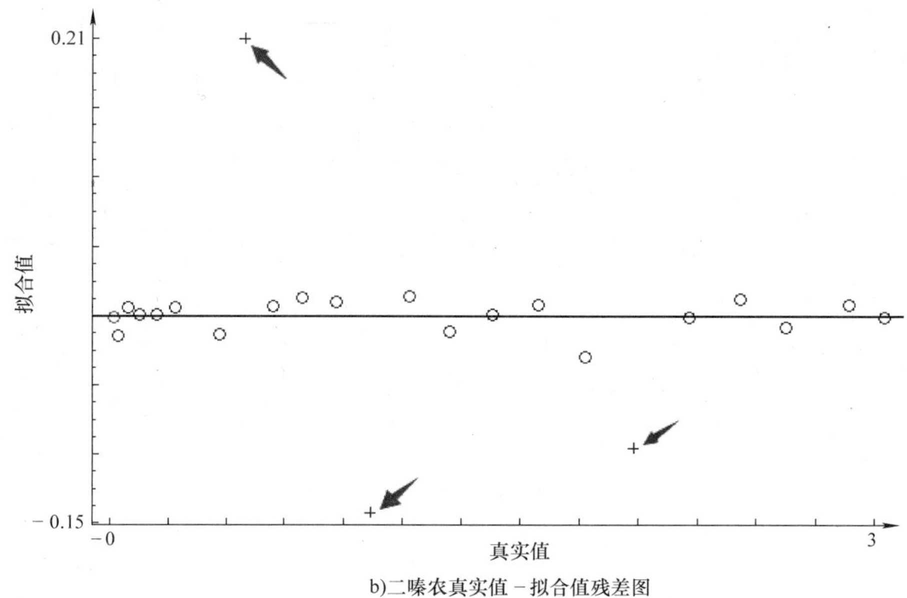

b)二嗪农真实值－拟合值残差图

图 6-18　二嗪农 PLS 法拟合曲线及残差图（续）

同样，测试样本（图 6-18 中箭头所指）的预测效果相对于校正样本的拟合效果要差，具体结果见表 6-7。

表 6-7　二嗪农测试样本预测结果

真实值/(mg/kg)	0.58	1.12	2.23
预测值/(mg/kg)	0.78	0.98	2.13
残差百分比（%）	34.5	−12.5	−4.5

与马拉硫磷的定量模型相比，二嗪农的整体预测效果更好，3 个测试样本的真实值与预测值的偏差分别为 0.2mg/kg、−0.14mg/kg、−0.1mg/kg，但也存在高浓度样本预测精准但低浓度样本预测稍差的现象。

6.5.5　国标检测方法对比结果

为检验研究结果的准确性和可信度，挑选部分样本送往中国农业科学院采用国标方法检测，与 SERS 光谱法检测结果进行对比。表 6-8 为部分对比结果，可以看出 SERS 光谱法检测结果具有较高的可信度。

表 6-8　国标法－SERS 光谱法检测对比结果

样本号	样本编号	取样量/mL	加乙腈/mL	检测浓度/(mg/L)	样本中浓度/(mg/L)	样本结果/(mg/kg)	平均值/(mg/kg)	拉曼检测结果/(mg/kg)	配制浓度/(mg/kg)
1−1	1	10	10	0.131	0.131	0.12608	0.1232	0.16	0.1
1−2	—	10	10	0.125	0.125	0.12031	—	—	—
2−1	3	10	10	0.38	0.38	0.36574	0.4119	0.43	0.21
2−2	—	10	10	0.476	0.476	0.45813	—	—	—
3−1	5	10	10	0.604	0.604	0.58133	0.5977	0.56	0.36
3−2	—	10	10	0.638	0.638	0.61405	—	—	—
4−1	7	10	10	1.163	1.163	1.11935	1.0852	0.68	0.55
4−2	—	10	10	1.092	1.092	1.05101	—	—	—
5−1	11	10	10	1.351	1.351	1.30029	1.2984	0.88	1.05

（续）

样本号	样本编号	取样量/mL	加乙腈/mL	检测浓度/(mg/L)	样本中浓度/(mg/L)	样本结果/(mg/kg)	平均值/(mg/kg)	拉曼检测结果/(mg/kg)	配制浓度/(mg/kg)
6-1	—	10	10	1.347	1.347	1.29644	—	—	—
6-2	13	10	10	1.833	1.833	1.7642	1.7902	1.47	1.36
7-1	—	10	10	1.887	1.887	1.81617	—	—	—
7-2	17	5	10	1.191	2.382	2.29259	2.2743	1.85	2
8-1	—	5	10	1.172	2.344	2.25602	—	—	—
8-2	19	5	10	1.322	2.644	2.54475	2.5756	2.44	3.1
	—	5	10	1.354	2.708	2.60635	—	—	—

6.6 小结

本章对日前实验中采集 SERS 光谱时常用的两种表面增强剂——金溶胶和银溶胶的检测效果进行了探索，结果发现不同表面增强剂会对检测精度产生影响，因此在使用 SERS 光谱进行农药残留分析研究时，要关注表面增强剂对实验过程的影响，选择合适的表面增强剂有助于优化实验结果。针对本书研究对象，银溶胶效果明显优于金溶胶，基于上述研究结果，在后续研究中都使用银溶胶作为表面增强剂。

本章配制了苹果汁中不同二嗪农浓度的样本，在重点研究 SERS 光谱检测效果的基础上，从样本前处理的角度来优化定量模型，提高检测的精度。在将 QuEChERS 样本前处理方法与 SERS 光谱检测进行有效结合后，基于 SERS 的光谱图信息特征信息显著丰富，建模结果及预测值精度也明显提高，说明 QuEChERS 前处理方法适用于提高 SERS 光谱检测效果。

本章首先从化学计量学角度来优化苹果汁中不同浓度二嗪农的定量分析模型，提高模型精度。研究表明，对 SERS 光谱进行噪声扣除、荧光修正等光谱预处理方法可以有效提高定量模型的效果，其中基线校正 + 一阶导数 + Norris Derivative 滤波的方法结果最佳，可作为 SERS 光谱技术检测农药二嗪农的最优光谱处理方法。而基于 SPA 法所挑选的光谱波段结合 PLS 建模尽管评价参数有所下降，但仍能够体现其在降低模型复杂度上的潜力。最后基于 BP 神经网络算法在主成分分析的基础上所建立的非线性定量模型训练效果较好，校正集及预测集拟合结果都较准确，有效地反映了待测参数与各化学成分之间隐含的非线性关系。

其次，本章配制了含有有机磷农药二嗪农、马拉硫磷和两种农药混合的 3 种苹果汁样本，然后以银溶胶做表面增强拉曼基底采集了 3 种样本的 SERS 光谱，并建立了 3 种样本两两之间的定性与定量模型。研究表明，基于判别分析和距离匹配的定性模型均可以完全准确地区分 3 种不同样本，正确率为 100%，适用于快速定性分析苹果中含有何种农药。而在同一定量模型中分析两种农药含量的结果表明：对两种农药的定量校正拟合效果都较好，校正集样本的拟合准确度与检验集样本的预测准确度相比稍差；二嗪农的检测效果要优于马拉硫磷，特别是对于低浓度的样本，残差百分比相对较低，所以所建多农药同时分析模型较适用于高浓度样本的快速无损检测。对于低浓度样本，应该从提高其预测精度的角度入手再进行后续研究。随后，将光谱检测方法结果与传统国标方法检测结果的对比，更证明了 SERS 光谱法检测农药残留的准确性。

参考文献

[1] 李晓婷，王纪华，朱大洲，等．果蔬农药残留快速检测方法研究进展［J］．农业工程学报，2011，27（增刊 2）：363－370.

[2] 薛龙，黎静，刘木华．基于高光谱成像技术的水果表面农药残留检测试验研究［J］．光学学报，2008，28（12）：2277－2280.

[3] 张倩．农药残留检测技术进展［J］．环境研究与监测，2010，21（4）：61－62.

[4] Coury C，D illner A M. A Method to Quantify Organic Functional Groups and Inorganic Compounds in Ambient Aerosols Using attenuated total reflectance FTIR spectroscopy and multivariate chemometric techniques［J］. Atmospheric Environment，2008，42（23）：5923－5932.

[5] 任雪松，陈勇．红外光谱衰减全反射法（ATR）的原理及其在纺织品定性上的应用［J］．SCIENCE & TECHNOLOGY INFORMATION，2010（33）：58－65.

[6] 贾春利，黄卫宁，Hoseney R C. ATR－FTIR 在谷物及食品（面团）体系研究中的应用［J］．食品科学，2009，30（09）：277－280.

[7] 徐琳，王乃岩．ATR/FTIR 技术和红外透射法用于蔬菜中农药含量测定的比较研究［J］．红外技术，2008，30（12）：702－705.

[8] 徐琳，王乃岩，宋东明．ATR－FTIR 快速检验蔬菜表面残留氯氰菊酯［J］．光谱实验室，2003，20（6）：888－890.

[9] 孙毅，杜振辉，尹新．近红外光谱气体在线分析中基线校正方法的研究［J］．光谱学与光谱分析，2008，28（10）：2282－2284.

[10] Chen Y，Guo Z，Wang X，et al. Sample preparation［J］. Journal of Chromatography A，2008，1184：191－219.

[11] Marcé R M，Fontanals N，Borrull F. New hydrophilic materials for solid－phase extraction［J］. Trac－trends in analytical chemistry，2005：394－406.

[12] Rossi D T，Zhang N Y，Automating solid－phase extraction：current aspects and future prospects［J］. Journal of Chromatography A，2000，885：97－113.

[13] Poole C F. New trends in solid－phase extraction［J］. TrAC Trends in Analytical Chemistry，2003，22（3）：362－373.

[14] 谢锋，孙海达，李占彬，等．QuEChERS－表面增强拉曼光谱联用快速测定豆类蔬菜中马拉硫磷残留［J］．食品科技，2014，（8）：286－290.

[15] 王连珠，周昱，陈泳．QuEChERS 样本前处理－液相色谱－串联质谱法测定蔬菜中 66 种有机磷农药残留量方法评估［J］．色谱，2012，30（2）：146－153.

[16] Okihashi M，Kitagawa Y，Akutsu K. Rapid method for the determination of 180 pesticide residues in foods by gas chromatography/mass spectrometry and flame photometric detection［J］. Journal of Pesticide Science，2005，30（4）：368－377.

[17] Mastovska K，Lehotay S J. Evaluation of common organic solvents for gas chromatographic analysis and stability of multiclass pesticide residues［J］. Journal of Chromatographic A，2004，10（40）：259－272.

[18] 季兴宏，浦绍瑞，付双钦．Ag/双晶 TiO_2 作为表面增强拉曼散射散射基底的性能研究［J］．涂料工业，2014，44（3）：14－18.

[19] 丁松园，吴德印，杨志林，等．表面增强拉曼散射散射增强机理的部分研究进展［J］．高等学校化学学报，2008，29（12）：2569－2581.

[20] 邹小波，赵杰文．农产品无损检测技术与数据分析［M］．北京：中国轻工业出版社，2007.

[21] 樊美公，姚建年，体振合．分子光化学与光功能材料科学［M］．北京：科学出版社，2009.

[22] Faraji H，MacLean W J. CCD noise removal in digital images［J］. Image Processing，IEEE Transactions on image processing，2006，15（9），2676－2685.

[23] Clupek M，Matejka P，Volka K. Noise reduction in Raman spectroscopy：Finite impulse response filtration versus Savitzky－Golay smoothing［J］. Journal of Raman Spectroscopy，2007，38（9）：1174－1179.

[24] Hu Y，Liang J K，Myerson A S，et al. Crystallization monitoring by Raman spectroscopy：simultaneous meas-

urement of desupersaturation profile an polymorphic form in flufenamic acid syslems [J]. Industrial A engineering chemistry research, 2005, 44 (5): 1233 - 1240.

[25] Soares S F, et al. A modification of the successive projections algorithm for spectroscopy variable selection in the presence of unknown interferents. [J]. Analytica Chimica Acta, 2011, 689 (1): 22 - 28.

[26] 王劼，秦琳琳，吴刚．连续投影算法在小麦高光谱定量分析中的应用[J]．电子技术，2011，38 (9)：13 - 15.

[27] 李津蓉．拉曼光谱的数学解析及其在定量分析中的应用[D]．杭州：浙江大学，2013.

[28] 王华芳，展海军．判别分析法在小麦新陈度判别中的应用[J]．粮油食品科技，2013，21 (5)：75 - 77.

第 7 章　二嗪农多类光谱敏感性研究比较分析

7.1　简介

基于紫外－可见光、近红外、ATR－FTIR 和 SERS 光谱 4 种光谱技术的农药残留检测研究都取得了一定效果，但从具体研究结果中也可看出，无论何种光谱检测都没有得到技术的统一，不仅不同光谱技术对不同农药检测的效果不同，同一光谱技术对不同农药的检测效果也参差不齐，针对具体农药，何种光谱检测技术为最优选择更无确切定论，因此本章针对二嗪农采用 4 种光谱技术一一对其进行初步检测分析，分析不同光谱对农药二嗪农的敏感性，以寻求最适宜二嗪农的光谱检测技术。

7.2　实验材料

二嗪农〔Diazinon，分子式：$C_{12}H_{21}N_2O_3PS$，分子量：304.16，化学名称：硫代磷酸 O，O－二乙基－O－（2－异丙基－4－甲基－6－嘧啶基）酯，CAS 号：333－41－5〕是一种有机磷农药，纯品是无色油状液体，难溶于水，与甲醇、丙酮、二甲苯可混溶。分子结构式如图 7-1 所示。

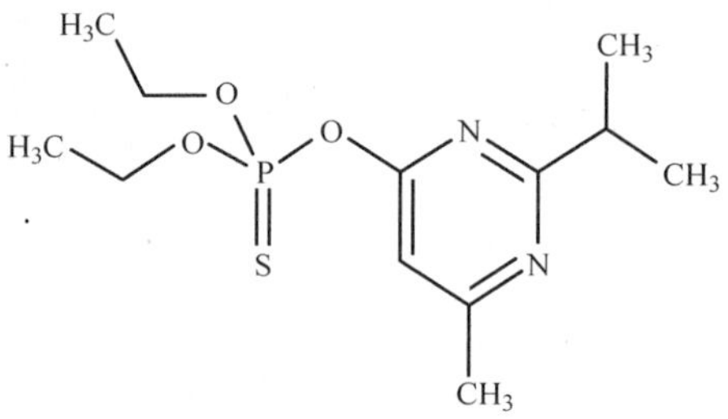

图 7-1　二嗪农分子结构式

本章中所有实验用农药二嗪农均采用甲醇中二嗪农标准物质溶液，购买自中国计量科学研究院标准物质所，标准值为 1.00mg/mL，相对标准不确定度（$k=2$）为 4%，低温下避光保存，使用前需在室温（20℃ ±3℃）中平衡。

7.3　二嗪农的 4 类光谱分析

7.3.1　二嗪农近红外光谱分析

由于近红外光谱建模所需样本量较大，所以实验按照表 7-1 配制甲醇溶液中不同二嗪农浓度样本 70 个，样本浓度范围为 0.1～5mg/kg。

在外界环境相对恒定的情况下按照附录 A 所述近红外光谱采集步骤采集所有样本的近红外光谱，采集到的含有二嗪农的甲醇和不含二嗪农的甲醇对比光谱如图 7-2 所示。

表 7-1　甲醇中二嗪农样品溶液浓度配制表

样品编号	浓度/(mg/kg)	样品编号	浓度/(mg/kg)	样品编号	浓度/(mg/kg)	样品编号	浓度/(mg/kg)	样品编号	浓度/(mg/kg)
1	0.1	15	0.58	29	1.77	43	2.91	57	4
2	0.14	16	0.64	30	1.89	44	2.95	58	4.08
3	0.17	17	0.7	31	1.94	45	3	59	4.2
4	0.20	18	0.77	32	2.06	46	3.06	60	4.34
5	0.25	19	0.85	33	2.17	47	3.13	61	4.4
6	0.27	20	0.9	34	2.29	48	3.2	62	4.48
7	0.3	21	0.97	35	2.41	49	3.28	63	4.52
8	0.35	22	1.06	36	2.52	50	3.37	64	4.61
9	0.38	23	1.12	37	2.6	51	3.48	65	4.74
10	0.41	24	1.22	38	2.7	52	3.56	66	4.77
11	0.45	25	1.33	39	2.77	53	3.63	67	4.82
12	0.47	36	1.42	40	2.81	54	3.71	68	4.87
13	0.5	27	1.51	41	2.86	55	3.8	69	4.91
14	0.53	28	1.63	42	2.88	56	3.9	70	5

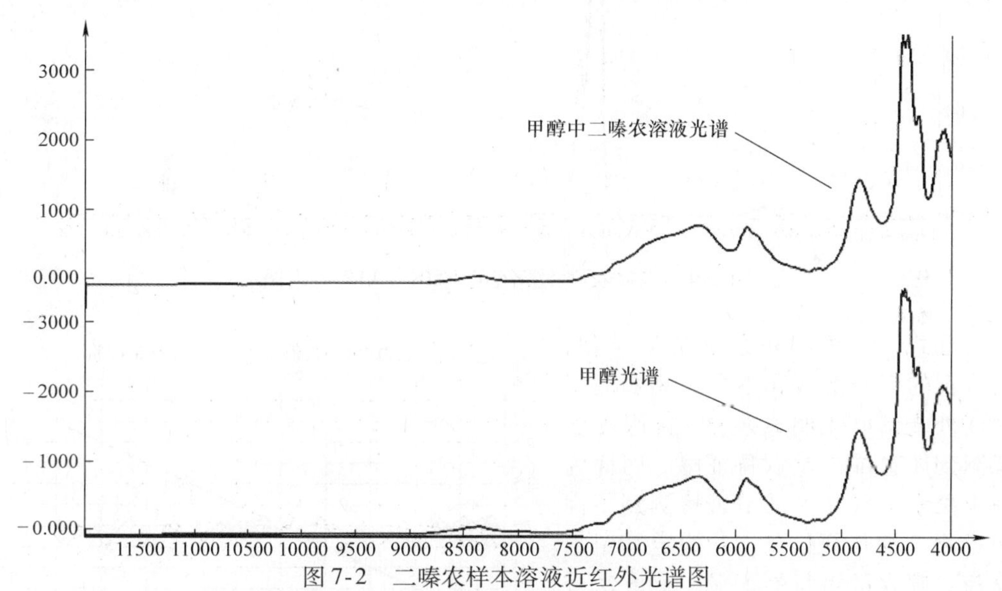

图 7-2　二嗪农样本溶液近红外光谱图

可以看到，含有二嗪农的甲醇溶液和不含二嗪农的甲醇的近红外光谱并无明显差异，肉眼无法直接观测到明显的二嗪农特征峰。但近红外光谱中也可能会包含了肉眼无法直接观察到，但实际却存在的农药二嗪农的特征信息，为了验证这一点，进一步探索近红外光谱是否检测到特征信息，并确定其定量检测农药二嗪农的可行性，采用 PLS 法分别对所采集样本光谱进行初步定量建模分析，结果如图 7-3 所示。

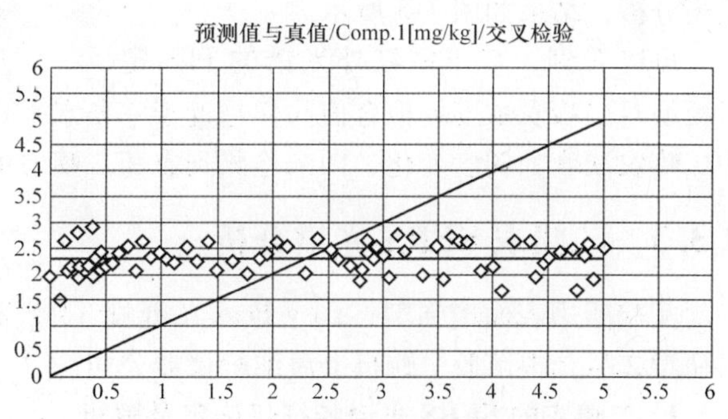

图 7-3　基于近红外光谱法的建模结果

可以看到，不同浓度二嗪农溶液的近红外光谱未能成功建立定量模型，模型中对二嗪农浓度的拟合值趋近于一条水平直线，说明近红外光谱未能检测到甲醇溶液中二嗪农浓度的梯度变化，即未探测到农药二嗪农的特征信息。

7.3.2 二嗪农中红外光谱分析

使用表 7-1 中所配制的实验样本，在室温相对恒定的环境中，按照附录 B 所述中红外光谱采集步骤采集所有样本的中红外光谱，采集到的含有二嗪农的甲醇和不含二嗪农的甲醇中红外光对比光谱如图 7-4 所示。

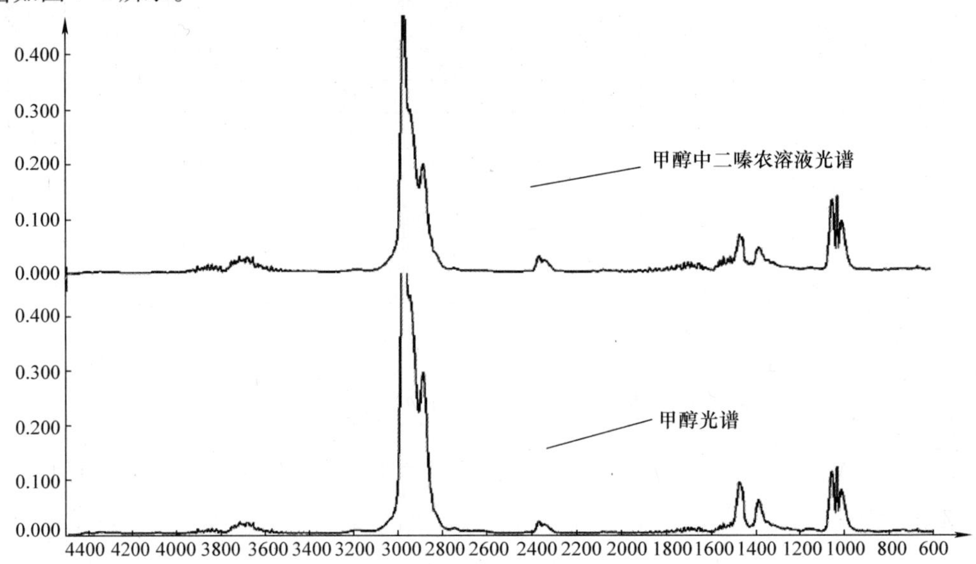

图 7-4 二嗪农样本溶液的 FTIR－ATR 光谱图

可以看到，同近红外光谱结果类似，含有二嗪农的甲醇溶液和不含二嗪农的甲醇的中红外光谱叶无明显差异，肉眼无法直接观测到明显的二嗪农特征峰。同样为了进一步探索中红外光谱是否检测到了肉眼无法观测到的特征信息，并确定其定量检测农药二嗪农的可行性，采用 PLS 法分别对所采集样本中红外光谱进行初步定量建模分析，结果如图 7-5 所示。

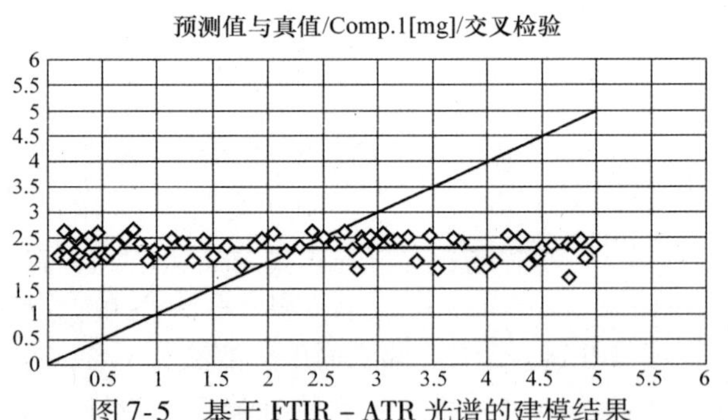

图 7-5 基于 FTIR－ATR 光谱的建模结果

可以看到，基于中红外光谱的 PLS 定量模型对二嗪农浓度的拟合值同样趋近于一条水平直线，表明中红外光谱也未能检测到甲醇溶液中二嗪农浓度的梯度变化，即未检测到农药二嗪农的特征信息。

7.3.3 二嗪农 SERS 光谱分析

实验所用表面增强剂：Easy Peak（舒峰 TM）科研型 1 号，金溶胶；Easy Peak（舒峰 TM）科研型 2 号，银溶胶。购自上海纳腾仪器公司。

1. 二嗪农的 SERS 光谱特征峰确定及解析

实验按照附录 C 中 SERS 光谱采集步骤分别采集了甲醇的拉曼光谱和甲醇中二嗪农标准溶液

光谱，如图 7-6 所示。

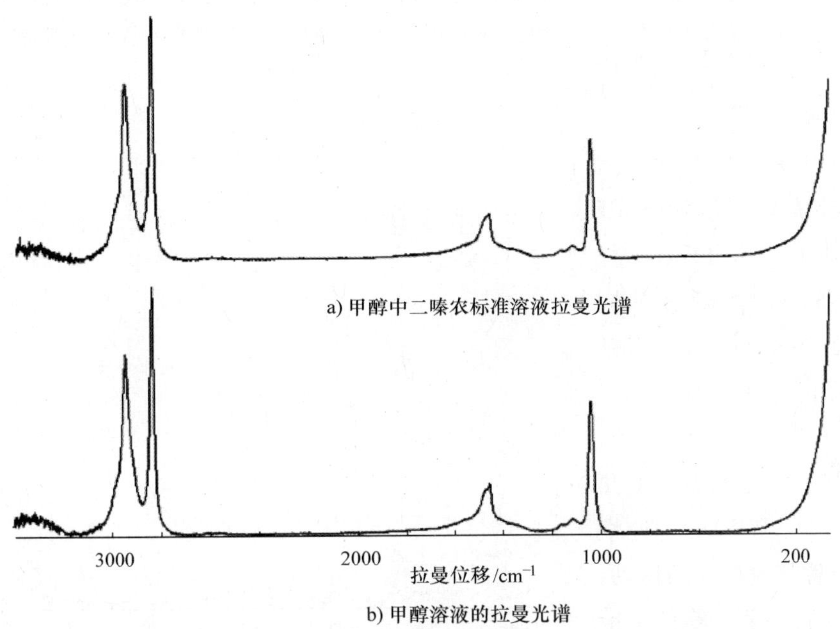

b) 甲醇溶液的拉曼光谱

图 7-6　甲醇中二嗪农标准溶液拉曼光谱和甲醇溶液的拉曼光谱

可以看到，由于甲醇中二嗪农标准溶液中二嗪农的浓度（1mg/mL）过低，肉眼并不能直接观察出其拉曼光谱与甲醇拉曼光谱的区别。将甲醇及甲醇中二嗪农标准溶液分别与表面增强剂按体积比 1∶1 混合后，分别采集甲醇的 SERS 光谱和甲醇中二嗪农标准溶液 SERS 光谱，如图 7-7 所示。可以看到与甲醇溶液 SERS 光谱相比，甲醇中二嗪农标准溶液 SERS 光谱含有二嗪农的混合溶液的拉曼光谱在 400～1400cm^{-1}波段间出现了明显特征峰。具体位置为 430cm^{-1}、561cm^{-1}、

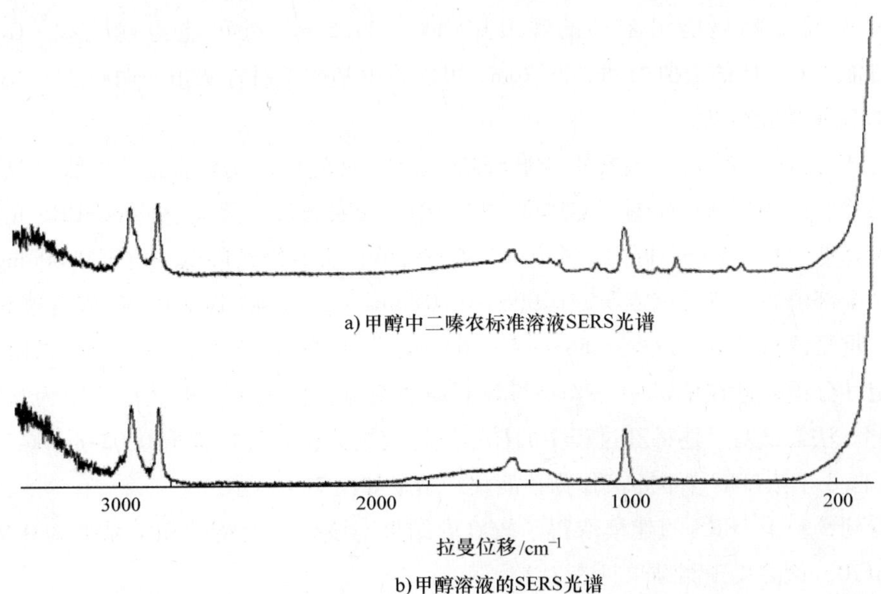

b) 甲醇溶液的SERS光谱

图 7-7　甲醇与二嗪农 SERS 光谱对比图

602cm^{-1}、816cm^{-1}、893cm^{-1}、1125cm^{-1}、1275cm^{-1}、1309cm^{-1}、1372cm^{-1}处出现了明显的特征峰，重复实验并多次采集光谱后特征峰波段有少许相对位移，这是由于液体的流动会致使激光聚焦焦距产生稍许变化，同时采集过程中激光照射会提高液体温度加剧分子不断碰撞从而影响了光谱的采集，造成拉曼位移的偏移，这是不可避免现象，则上述特征峰位可视为农药二嗪农可能的SERS光谱特征峰。

图7-8中甲醇溶液SERS光谱与甲醇中二嗪农标准溶液SERS光谱在1019cm^{-1}、1471cm^{-1}、2841cm^{-1}、2950cm^{-1}4处有共同的特征峰，在3000cm^{-1}以后有杂乱无规律的峰位。其中1019cm^{-1}处为甲基的平面摇摆振动，1471cm^{-1}处为甲基的不对称变角振动，2841cm^{-1}、2950cm^{-1}分别为甲基的反对称与对称伸缩振动，而3000cm^{-1}以后的杂乱峰位可能为羟基的振动，其拉曼特征较弱。

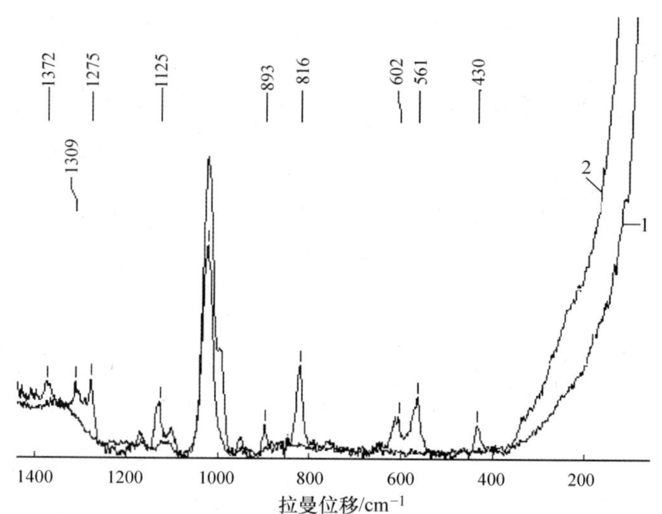

图7-8　二嗪农表面增强拉曼特征峰位图

1—甲醇SERS光谱

2—甲醇中二嗪农标准溶液SERS光谱

对于二嗪农，如图7-8所示，首先可以看到由于含量较少，其所有特征峰相对于甲醇特征峰都较弱。其中，430cm^{-1}可能为P－C振动产生，561cm^{-1}处特征峰为苯环振动产生，频率位于600～700cm^{-1}中的602cm^{-1}特征峰为P＝S伸缩振动，816cm^{-1}处特征峰可能为P－O－C对称伸缩；893cm^{-1}处特征峰可能为苯环的呼吸振动峰；1125cm^{-1}处可能为直链C－C伸缩振动；1275cm^{-1}可能为C－H的弯曲振动；1372cm^{-1}可能为甲基的不对称变角振动峰。

2. 初步定量建模分析

根据上述分析得到农药二嗪农的可能SERS光谱特征峰后，使用农药残留级甲醇试剂逐步稀释甲醇中二嗪农标准溶液，配制不同浓度的甲醇中二嗪农溶液并采集它们的SERS光谱。分析表明，当浓度降低到0.0185mg/kg后，430cm^{-1}处特征峰消失，继续降低浓度至0.006mg/kg以下时所有特征峰全部消失，然后重点研究0.006～0.0185mg/kg浓度的甲醇中二嗪农溶液SERS光谱特征峰，多次重复试验后，可以确定561cm^{-1}、602cm^{-1}、816cm^{-1}3处的特征峰可以用于农药二嗪农的直观定性分析，且在甲醇中二嗪农与表面增强剂体积比为1∶1时，检测限为0.006mg/mL。然后使用PLS法尝试对上述稀释过程中的样本进行定量分析，随机选取0.024mg/kg、0.20mg/kg及0.25mg/kg 3个浓度的样本溶液作为预测集，结果如图7-9所示。

可以看到，基于SERS的建模取得了较好的结果，该校正模型的相关系数为0.99926，RMSEC为0.0120，预测集预测结果见表7-2。

表 7-2　SERS 光谱法模型预测结果

化学值/(mg/kg)	0.024	0.20	0.25
预测值/(mg/kg)	0.028	0.272	0.26
RMSEP	0.0419		

7.3.4　二嗪农紫外光谱法检测

将有机磷农药二嗪农甲醇中的标准溶液用农药残留级甲醇稀释成不同质量分数梯度的农药溶液 38 个，作为此次实验样本，样本浓度范围为 0.2 ~ 25mg/kg，具体二嗪农浓度见表 7-3。随机选取 6 个样本作为检验集，其余 32 个样本作为校正集。

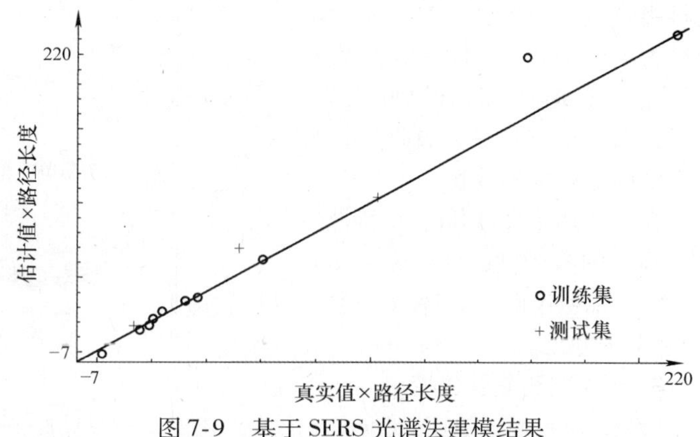

图 7-9　基于 SERS 光谱法建模结果

表 7-3　甲醇中二嗪农样本溶液浓度配制表

样本编号	浓度/(mg/kg)	样本编号	浓度/(mg/kg)	样本编号	浓度/(mg/kg)	样本编号	浓度/(mg/kg)
1	0.2	11	2.4	21	7	31	14
2	0.4	12	2.6	22	7.5	32	16
3	0.6	13	3	23	8	33	17
4	0.8	14	3.3	24	8.5	34	18
5	1	15	3.6	25	9	35	19
6	1.2	16	4	36	9.5	36	20
7	1.4	17	4.4	27	10	37	21
8	1.6	18	5	28	11	38	25
9	1.8	19	6	29	12	—	—
10	2	20	6.5	30	13	—	—

1. 紫外光谱的采集及二嗪农特征峰分析

在紫外 - 可见光分光光度计样本池插入两个空白样本进行校零，不含二嗪农的空白光谱如图 7-10 所示。

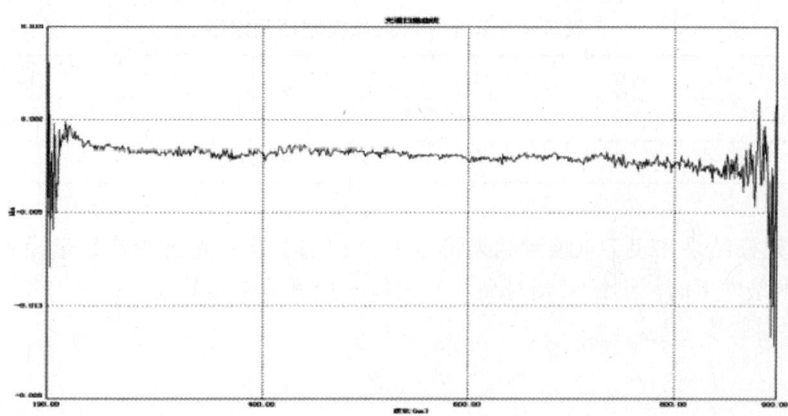

图 7-10　背景溶液光谱图

然后取样本溶液 4mL，在 190～900nm 的波长下全光谱扫描 38 个样本，部分光谱如图 7-11 所示。

在波长 210nm 和 250nm 处出现明显吸收峰，经验证，210nm 为甲醇最大吸收波长，250nm 为二嗪农的最大吸收波长，符合已知文献，所以选取 250nm 处最大吸收波长为本次实验适宜分析波长。

在 0h、1h 和 2h 时间点分别测量某一样本的吸光度，吸光度 RSD = 0.82%，证明甲醇中二嗪农样本溶液在 2h 内稳定。

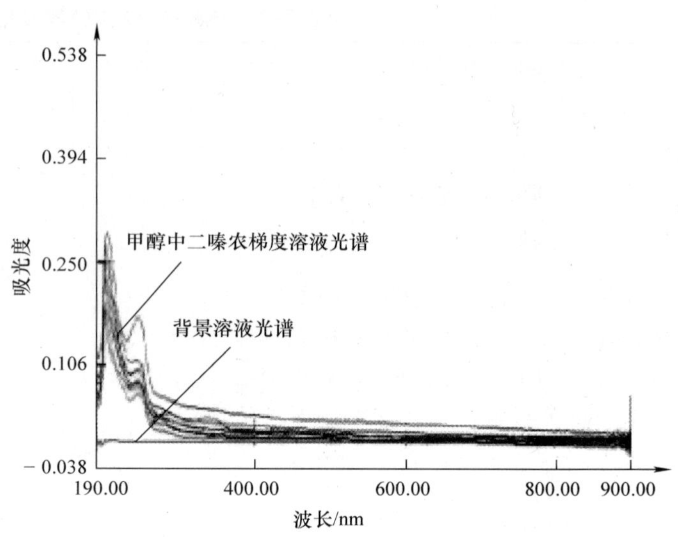

图 7-11　二嗪农样本溶液紫外光全光谱图

2. 吸光度测量及建模

参数设置：光谱带宽 2.0nm；响应时间 0.2s；幻灯波长 359.90nm。

先插入两个空白样本进行校零。继而采用单波长法，分别测量 32 个校正集样本在 250nm 的适宜分析波长处的吸光度，每个样本测量 5 次，最后取 5 次测量的平均值作为该样本的吸光度。

然后用所得 32 个样本溶液的吸光度建立基于最小二乘（LS）法的数学模型，模型校正系数为 0.9806，模型内部交叉验证结果如图 7-12 所示。

使用此模型对 6 个预测样本进行预测的结果见表 7-4，模型预测能力的优劣使用 RMSEP 来评价。

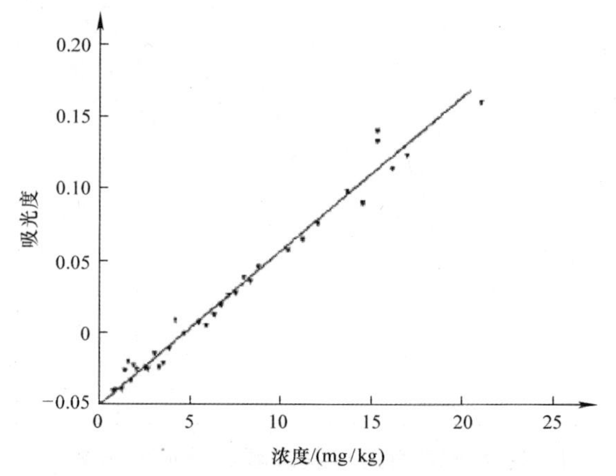

图 7-12　二嗪农溶液紫外－可见光建模结果

表 7-4　紫外－可见光模型预测结果

化学值/(mg/kg)	0.6	2	4	6	12	16
预测值/(mg/kg)	0.61	2.24	4.21	5.9	11.56	15.45
RMSEP	0.349					

从图 7-12 建模结果和表 7-4 预测结果可以看出，基于紫外光谱所建数学模型总体预测结果较好，但低浓度条件下的预测结果相对高浓度条件下预测结果偏差较大。

7.4　小结

本章首先介绍了课题研究过程中所使用的实验材料及仪器，而后对近红外光谱、中红外光谱、SERS 光谱及紫外 - 可见光光谱对于农药二嗪农检测的敏感性及准确性进行了研究。实验证明含有二嗪农的甲醇溶液和不含二嗪农的甲醇的近红外光谱和中红外光谱无明显差异，肉眼无法直接观测到明显的二嗪农特征峰，而建模结果也表明近红外及中红外光谱未能检测到微量农药二嗪农的特征信息，不适用于农药二嗪农的微量检测。基于紫外 - 可见光及 SERS 光谱的微量二嗪农定量分析模型都取得了较好的建模结果，但 SERS 光谱中二嗪农的特征信号较之其在紫外光谱中更为丰富，且 SERS 光谱法模型的预测结果要远远优于紫外光谱法模型的预测结果，两种模型的 RMSEP 分别为 0. 0419 和 0. 349，相差一个数量级，且 SERS 光谱法模型在低浓度预测上有较高的准确度，这与以往文献资料所述 4 种光谱的灵敏度也是相符合的。对二嗪农的 SERS 光谱深入研究发现，农药二嗪农在 430cm^{-1}、561cm^{-1}、602cm^{-1}、816cm^{-1}、893cm^{-1}、1125cm^{-1}、1275cm^{-1}、1309cm^{-1}、1372cm^{-1}处有明显的表面增强拉曼特征峰，其中 561cm^{-1}、602cm^{-1}、816cm^{-1} 3 处的特征峰可以用于农药二嗪农的定性分析，检测限为 0. 006mg/mL。基于上述研究，本章后面对基于 SERS 散射光谱的苹果中农药残留进行了重点研究。

参 考 文 献

[1] Lagana A, D'Ascenzo G, Fago G, et al. Determination of organophosphorus pesticides and metabolites in crops by solid – phase extraction followed by liquid chromatography /diode array detection [J] . Chromatographia, 1997, 46 (5 –6): 256 –264.

[2] Kim H J, Lee C J, Karim M R, et al. Surface – enhanced Raman spectroscopy of Omethoate adsorbed on silver surface [J] . Spectrochim Acta, Part A: Molecular and Biomolecular Spectroscopy, 2011, 78 (1): 179 –184.

[3] 陶家友，徐代升，梅孝安，等. 苯的激光拉曼光谱检测研究 [J] . 应用光学，2010，31 (2): 273 –276.

[4] Skoulika S G, Georgiou C A, Polissiou M G. FT – Raman spectroscopy – analytical tool for routine analysis of diazinon pesticide formulations [J] . Talanta, 2000, 51 (3): 599 –604.

[5] Vongsvivut J, Robertson E G, McNaughton D. Surface – enhanced Raman spectroscopic analysis of fonofos pesticide adsorbed on silver and gold nanoparticles [J] . J Raman Spectrosc, 2010, 41 (10): 1137 –1148.

[6] 刘涛. 水果表面农药残留快速检测方法及模型研究 [D] . 南昌：华东交通大学，2011.

第 8 章　多光谱技术在食用植物油安全品质检测中的应用研究

8.1　简介

食用植物油是人们膳食结构中不可缺少的组成部分，其质量优劣对人体健康有着重要的影响。我国是世界上植物油消费量最大的国家，如何保证食用油的安全和营养是当前我国食用油市场面临的重要问题。

近年来，劣质的食用油的安全隐患问题引起了人们广泛的重视。长期使用劣质食用油，如地沟油、掺假油等，大量的毒害物质在体内积累，会引起人们身体不适，甚至致癌，同时也使人们的经济利益受到很大的损失。植物油因其种类不同、营养价值不同而价格差异很大。一些生产经营者为了获取暴利，在高价植物油中掺入廉价的植物油。如在芝麻油中掺入菜油、棉籽油、大豆油、葵花油；在菜油中掺入棕榈油、棉籽油。也有不法厂商惯用价廉、量大的植物油脂，如棕榈油、菜油等掺兑至优质油品中，降低生产成本，从中牟取暴利。甚至还有的厂家将国家禁用的有毒物掺入食品之中，或将过期变质油品掺入合格油中以次充好。例如，在食用油中掺入有毒的、非食用的矿物油、桐油、大麻油等。掺伪植物油不仅影响卫生品质和营养成分，而且危害消费者的健康。

目前传统常用的检测食用油品质的方法集中在色谱法、光谱法、介电常数检测法、酶联免疫吸附法和核磁共振法等。其中分子光谱检测技术以其快速、无损、多指标的技术特点在食用油品质检测领域中的应用研究得到了迅猛的发展，主要可以归纳为以下方面：采用光谱检测技术对食用油的常规指标（如酸价、过氧化值、脂肪酸等）的检测；对不同种类食用油中的脂肪酸含量或比例进行检测，建立标准模型应用于食用油品质的快速检测；判别掺杂使假，通过特征物质或者脂肪酸含量的检测判断食用油真伪，以规范食用油市场；样本前处理问题以及化学计量学分析方法选择的研究，优化食用油定性和定量模型等。

本书的第 8 章和第 9 章重点讨论应用近红外、中红外和拉曼光谱技术检测食用油安全品质和营养品质的可行性和实用性，比较分析近红外、中红外和拉曼光谱法在食用油品质检测中的技术特点，探索应用化学计量学方法有效解析光谱信息提升模型质量的方法，研究多光谱技术融合应用的方法等。

8.2　基于近红外光谱技术的食用油安全品质检测方法研究

8.2.1　基于聚类分析的食用油种类鉴别方法研究

1. 聚类分析原理介绍

在对众多样本进行模式识别时，人们通常事先并不知道样品内在的分类。其中无监督模式识别方法在未知训练集样本的类别的情况下，同样可以对样本进行分类识别。聚类分析法便是无监督模式识别法的代表，其应用十分广泛。分析流程如图 8-1 所示。

在多维空间中，相似的样本彼此距离应小些，反之，不相似的样本彼此间的距离会相对较大。也即常说的“物以类聚”，有效地将同类与异类分开，合理地按样本独有的特性来进行合理的分类。

这里的样本相似表示样本间的亲疏程度，通常用相似系数和距离来表征，将每一个样本看成 n 个变量的一个点，在这样的空间中计算样本间的亲疏程度。相似系数用夹角的余弦值或相关系数表示。

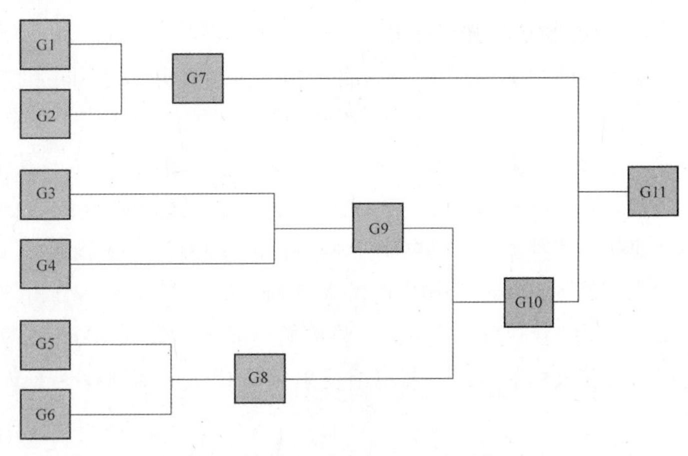

图 8-1　聚类分析流程

注：G1～G6 代表 6 个不同的样本类，把距离最近的两个类聚成新类（如 G1 和 G2 合成新类 G7），再在新类中寻找距离最近的合成另一个新类（如 G8 和 G9 合成新类 G10）。

夹角余弦如式（8-1）所示：

$$\cos\alpha_{ij} = \frac{\sum_{k=1}^{n} x_{ik}x_{jk}}{\sqrt{\left(\sum_{k=1}^{n} x_{ik}^2\right)\left(\sum_{k=1}^{n} x_{jk}^2\right)}} \tag{8-1}$$

式中，x_{ik}是第 i 个样本的第 k 个特征变量。

相似系数如式（8-2）所示：

$$r_{ij} = \frac{\sum_{k=1}^{n}(x_{ik} - \bar{x}_i)(x_{jk} - \bar{x}_j)}{\sqrt{\sum_{k=1}^{n}(x_{ik} - \bar{x}_i)^2 \sum_{k=1}^{n}(x_{jk} - \bar{x}_j)^2}} \tag{8-2}$$

式中，$\bar{x}_i$ 是第 i 个样本所有特征变量的均值；$\bar{x}_j$ 是第 j 个样本所有特征变量的均值。

距离则多用欧式距离和马氏距离来表示。

根据类间距离的不同定义方式，系统聚类法可分为最短距离法、最长距离法、中间距离法、重心法和方差平方和法。

最短距离法：两个不同类中最短距离的两个样本间的距离定义为两类之间的距离，其计算如式（8-3）所示：

$$D_{\gamma i} = \min\{D_{pi}, D_{qi}\}, (i \neq p, q) \tag{8-3}$$

最长距离法：两个不同类中最长距离的两个样本间的距离定义为两类之间的距离，其计算如式（8-4）所示：

$$D_{\gamma i} = \max\{D_{pi}, D_{qi}\}, (i \neq p, q) \tag{8-4}$$

中间距离法：类与类间的距离采取折中的方法，既不选取两类中距离最近的两个样本，也不选取两类中距离最远的两个样本的距离。

重心法：每类在物理意义上都会存在重心，两类的重心间的距离作为类间的相似性。

方差平方和法：也称为 Ward 法，该法认定准确的分类应满足类内方差尽可能小，而类间方差尽可能大，其计算如式（8-5）所示：

$$D_{\gamma i} = \frac{(n_p + n_i) \times D_{pi}^2 + (n_i + n_q) \times D_{qi}^2 - n_i \times D_{pq}^2}{n_p + n_q + n_i} \tag{8-5}$$

式中，γ 是类 p 和类 q 聚成的新类；D_{pi}是类 p 和类 i 的光谱距离；D_{qi}是类 q 和类 i 的光谱距离；$D_{\gamma i}$是类 γ 和类 i 的光谱距离；n_p 是类 p 中聚类光谱的数量；n_q 是类 q 中聚类光谱的数量；n_i 是类 i 中聚类光谱的数量。

2. 样品制备与光谱采集

本实验收集17个食用植物油样本（在超市购买的不同品牌不同批次样本），其中纯花生油（福临门、鲁花、龙大等品牌）4个、纯大豆油（福临门等品牌）4个、纯橄榄油（多力等品牌）9个。将其编号，分为校正集和预测集样品。1～15号为校正集样本，其中hs01～hs04为纯花生油，dd01～dd04为纯大豆油，gl01～gl09为纯橄榄油。另外收集5个不同的植物油样品，即纯花生油（hs00）、纯橄榄油（gl00）、纯大豆油（dd00）、纯菜籽油（cz00）、纯棕榈油（zl00）作为预测集样本。

采用德国Bruker公司生产的VERTEX70近红外光谱分析仪对原始样本进行全谱测定。检测器为Bruker公司的专利数字检测器。将原始样品分别装入50mm的实验用白色塑料瓶内，采集光谱时，将光纤探头探入样本内部，采用透反射采样模式，对4000～12500^{-1}谱区扫描，分辨率为8cm^{-1}，扫描32次。

22个食用油样本未经任何化学处理，将光纤探头伸入装有样本的小瓶中，逐一扫描样本，每次测量前均用石油醚清洗探头，避免样本间交叉污染。测得的样品近红外光谱如图8-2所示。

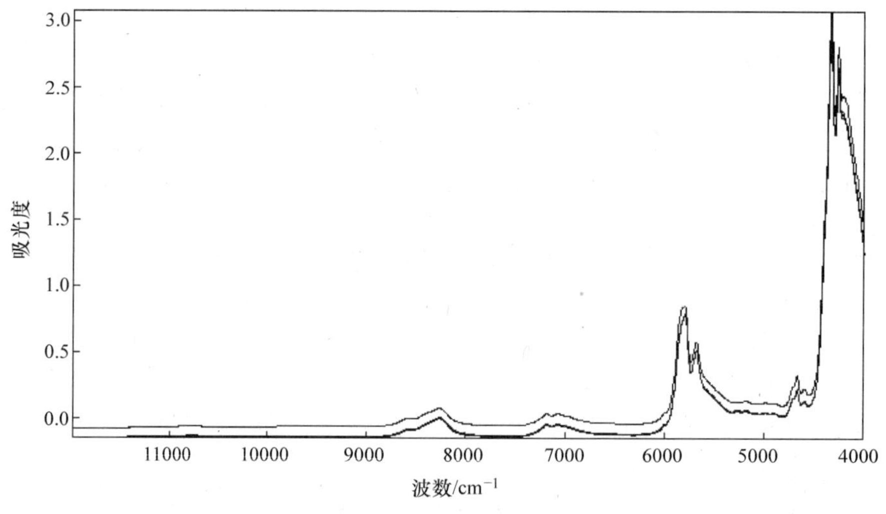

图8-2　样品近红外光谱图

由图8-2可以看出，食用油谱图的峰形、峰位有一定的差别，利用化学计量学的方法对光谱进行预处理，采用系统聚类的算法进行鉴别，可以突出样本之间化学组成含量上的微小差别，从而达到分类的目的。

3. 模型建立与测试

（1）模型建立

17个食用油样本采集光谱图后，经过SNV的预处理方法，去除干扰信号，光谱范围选择为4000～9000cm^{-1}。使用OPUS6.5光谱分析软件进行聚类分析，样本间的距离采用欧氏距离法，类间距采用Ward算法。

从图8-3分析可得，样本集可以准确地分为3类，即花生油、大豆油和橄榄油，识别率达到了100%。

（2）模型校验

为考察聚类分析模型的预测能力，使用预测集样本纯花生油（hs00）、纯橄榄油（gl00）、纯大豆油（dd00）、纯菜籽油（cz00）和纯棕榈油（zl00）对该模型进行预测，验证模型的预测准确率。预测结果如图8-4所示。

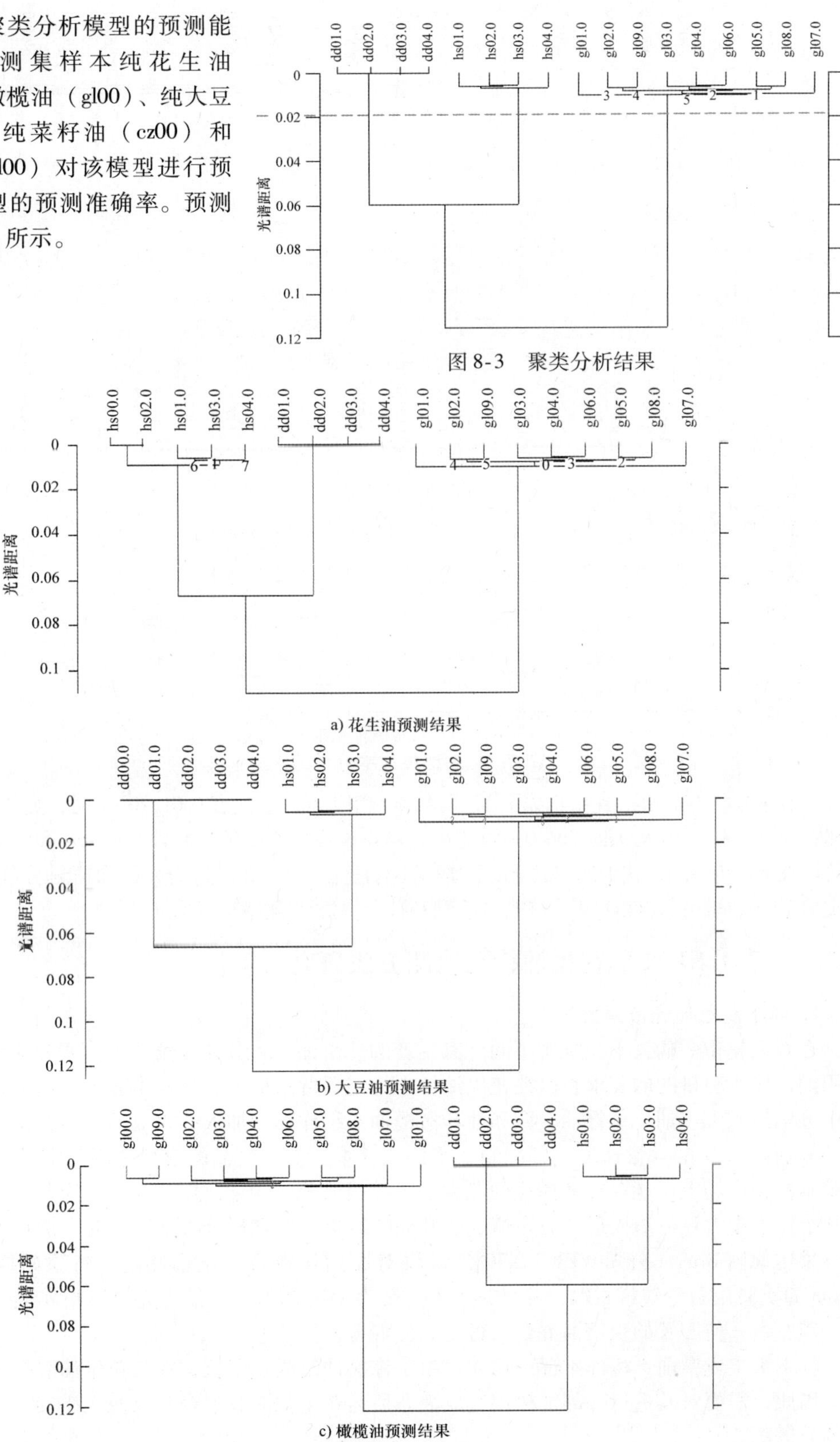

图8-3　聚类分析结果

a) 花生油预测结果

b) 大豆油预测结果

c) 橄榄油预测结果

图8-4　预测集样本分析结果图

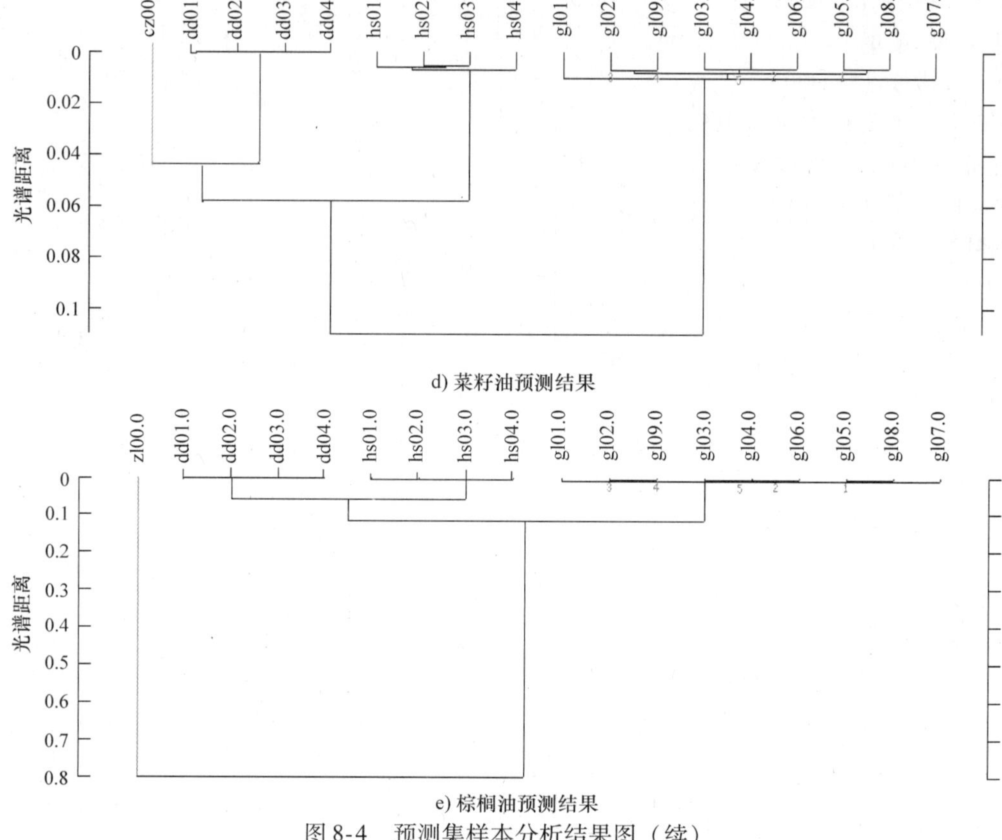

d) 菜籽油预测结果

e) 棕榈油预测结果

图 8-4　预测集样本分析结果图（续）

从预测集样本的预测结果可以得出，当聚类模型类间距确定在 0.01～0.04 时，纯花生油（hs00）、纯橄榄油（gl00）、纯大豆油（dd00）均能被正确识别和归类，纯菜籽油（cz00）和纯棕榈油（zl00）则可以被确认为不属于花生油、大豆油和橄榄油的任意一种，因此综合建模和预测两者的结果，可将聚类模型的类间距确定在 0.01～0.04，则模型的识别率和预测率均可达 100%。

8.2.2　基于 SVM 的花生油掺伪检测方法研究

1. 样本制备与光谱采集

在各大超市中购买不同批次不同厂家生产的花生油、大豆油、菜籽油、调和油和橄榄油 5 种食用油，按实验目的的要求，以纯花生油样本为主要背景成分，将样本分为 4 组配置，即纯花生油中分别掺入大豆油、菜籽油、调和油和橄榄油 4 组样本。加入的大豆油、菜籽油、调和油和橄榄油分别以 10% 的含量递增，各配制 9 个掺假样本。掺入油品的含量范围为 10%～90%，该范围基本覆盖市场上可能存在的掺假的花生油中掺假成分的含量。图 8-5 所示为花生油掺入大豆油的 9 个样本中大豆油掺入量的分布情况。其他 3 组掺入的含量分布情况与此方法相同。

采用德国 Bruker 公司 VERTEX70 光谱仪对原始样本进行全谱测定。将原始样本分别装入 50mm 的实验用白色塑料瓶内，并且放置于温度为 18～20℃ 的近红外光谱分析实验室中，静置样本一周左右，使配置的食用油混合物得以充分混合。

样本采集光谱前，将样本逐一摇动。由于棕榈油凝固点很低，在与花生油混合时出现分层现象。因此，需要对其进行外部加热使其成液态后与花生油充分混合，以便光谱扫描，从而得到准确的光谱图。

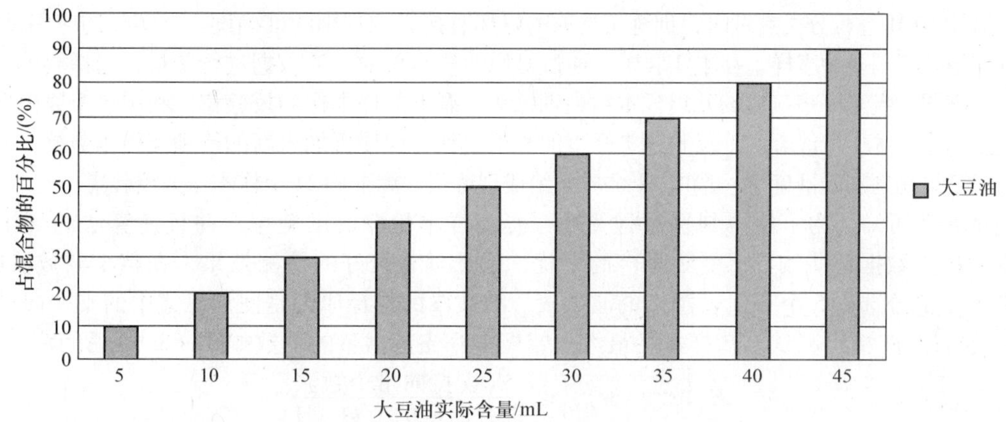

图 8-5　花生油样本中掺入的大豆油含量

将光纤探头探入样本内部，采用透反射采样模式，对 4000 ~ 12500cm^{-1}谱区扫描，分辨率为 8cm^{-1}，扫描 32 次。食用油全部样本未经任何化学处理，将光纤探头伸入装有样本的小瓶中，逐一扫描样本，每次测量前均用石油醚清洗探头，避免样本间交叉污染。

本次实验的具体流程如图 8-6 所示。

本次实验，配制 41 个样本组成原始样本集，其中包括 36 个掺杂花生油样本和 5 个不同种类的纯花生油样本。原始样本的近红外光谱扫描图如图 8-7 所示。

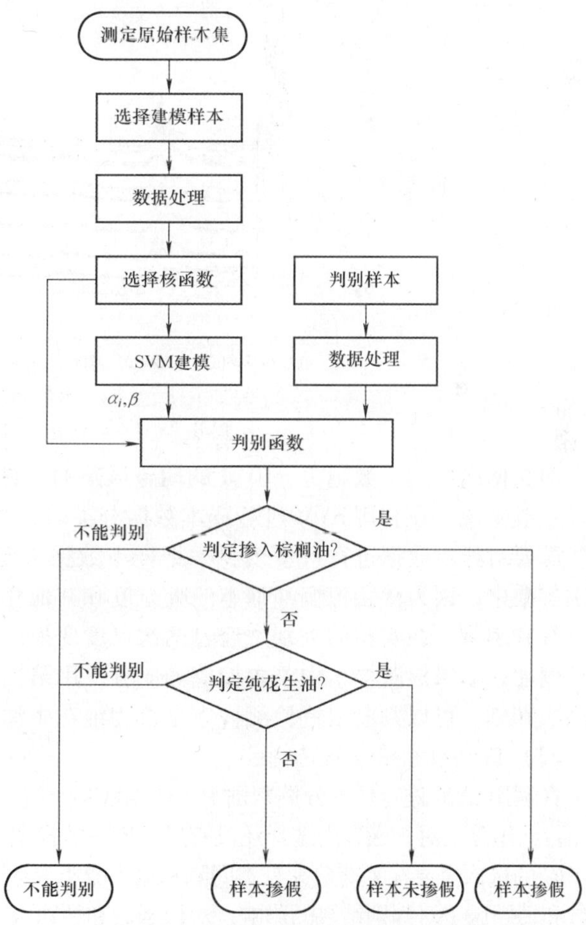

图 8-6　判别花生油样本是否掺假流程

图 8-7 中实线曲线表示在纯花生油中掺杂棕榈油样本的光谱图，点线曲线表示掺杂调和油样本的光谱图，虚线曲线表示纯花生油样本的光谱图，掺杂菜籽油样本的光谱图和掺杂大豆油样本的光谱图已被其他线覆盖。图 8-7 显示掺杂棕榈油的纯花生油样本，其吸光度特性较其他样本有明显差异。分析以上数据可以发现，在判断纯花生油样本是否掺假的实验中，原始样本的数据质量较好，使得有可能通过样本的光谱特性检测出花生油样本是否掺假其他食用油。在实验中，为了提高预测准确度和鲁棒性，先判别预测样本中是否掺杂棕榈油。如果检测到样本中含有棕榈油，则说明该预测样本肯定是非纯花生油；如果检测预测样本中不含油棕榈油成分，则需继续判断样本是否是纯花生油。

2. SVM 模型训练

（1）选择训练集波段和数据处理

在利用 SVM 进行分类判别时，训练集选取的好坏直接影响判别的准确度。在实际的应用过程中，选择训练集的原则多种多样。在本实验中，通过对原始样本集的光谱数据进行分析，选择要分类的两类样本光谱图中吸光度最接近的几组样本组成训练集，剩下的样本作为校验集。利用这个原则选择训练集，使训练样本尽可能真实地反映这类样本的光谱特性，即使再加入新的待预测样本数据，同样可以最大限度提高判别的准确率。选取 17 个样本组成训练集，剩下的 24 个样本作为校验集。

由图 8-7 可知，为了使得判别过程简单、提高样本检测的准确率，并且使算法的鲁棒性较好，即使样本数据某些波数上受到噪声的干扰，依然具有较好的检测效果，在整个波数段的高、中和低 3 个部分选取 5 个有代表意义的波数段。波数段的选择原则是使训练集中的支持向量个数少。因为 Vapnik 指出测试未知样本的最大出错概率和支持向量的个数如式（8-6）所示：

$$E(\Pr(\text{error})) \leqslant \frac{E(\text{支持向量个数})}{\text{训练向量的个数}-1} \tag{8-6}$$

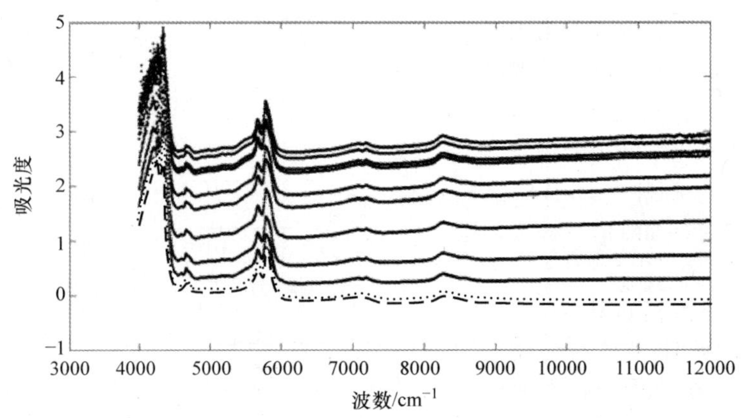

图 8-7　样本的近红外光谱扫描图

即支持向量的个数越少，SVM 的期望风险的上界越小，其泛化能力则越强。

一般来说，在利用 SVM 进行样本数据分类时，为了最大限度提高支持向量的训练和预测能力，需要对样本数据进行尺度变换，把样本数据 x 变换到［-1，1］或者［0，1］范围内。在本次实验中，因为掺杂棕榈油样本的吸光度和其他样本有着明显差别，利用统一的尺度变化在判别上具有困难。在实验的判别中经过两次尺度变换：第一次尺度变换用来判别预测样本中是否掺杂棕榈油；如果检测样本中不含棕榈油成分，用第二次尺度变化来判断样本是否是纯花生油。经过两次判别，可以判断出待检测样本是否为纯花生油样本。

（2）核函数和核参数选择

在利用 SVM 进行样本分类判别中，核函数 ker（x^{T}，x）和惩罚因子 C 的选择对判别的结果影响较大，目前国际上对核函数的选择还没有形成统一的模式，只有凭借经验和实验的对比进行寻优。惩罚因子 C 的选取需要在平衡最大分类间隔和最小分类误差中。在本次实验中，通过分析了不同种类的核函数和惩罚因子对判别结果的影响，对核函数和惩罚因子在 SVM 中有了一个直观的了解。

通过选取适当的核函数 ker（x^{T}，x）和惩罚因子 C，即可求解优化问题。利用 SVM 对训练集样本进行训练学习，求解可得拉格朗日乘子和偏置项，再利用分类判别函数，即可对待测样本进行分类。在本次实验中，在 MATLAB 6.5 仿真环境下，采用 SVM 工具包来实现对样本数据的训练和预测，其中 SVM 工具包可见 http：//see. xidian. edu. cn/faculty/chzheng/bishe/index. htm。以选取高斯径向基函数（RBF）作为核函数，并且取 $\sigma=1$；选择惩罚因子 $C=2000$ 为例，对训练集样本进行训练学习的过程如图 8-8 和图 8-9 所示。

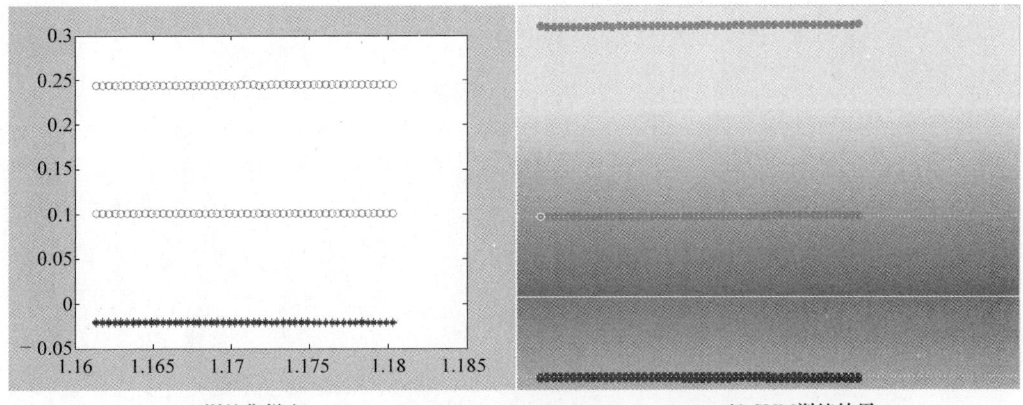

a) 训练集样本　　b) SVM训练结果

图 8-8　判断棕榈油的 SVM 训练分析（支持向量数 =2）

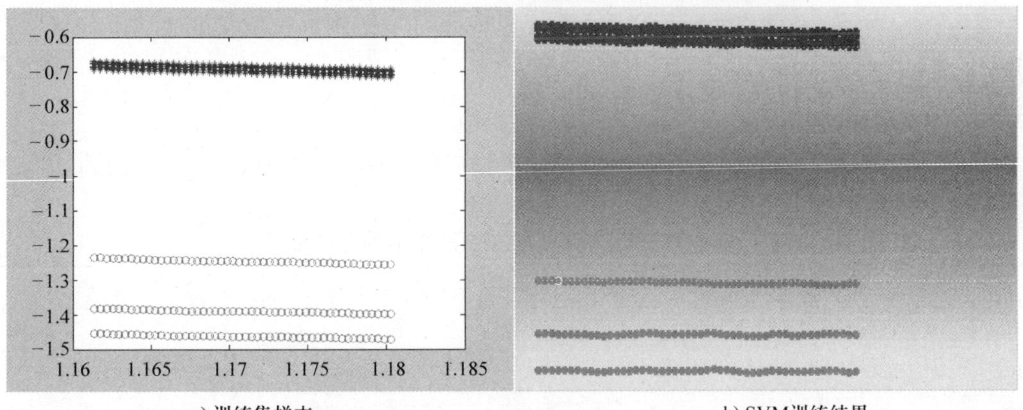

a) 训练集样本　　b) SVM训练结果

图 8-9　判断纯花生油的 SVM 训练分析（支持向量数 =2）

其中图 8-8b 和图 8-9b 中直线即使分类决策函数 $f(x)=0$，虚线即使分类决策函数 $f(x)=\pm 1$。在这个过程中，可以求得样本判别函数的拉格朗日乘子 α 和偏置项 b。

（3）预测样本的标记

利用上述计算得到的拉格朗日乘子 α 和偏置项 b，通过分类决策函数 $f(x)=\sum_{i\in S}\alpha_i y_i K(x_i,x)+b$，即可对预测样本进行分类判别。为了提高判别的准确率，利用式（8-7）对预测样本 x 的进行分类：

$$\begin{cases} f(x) > 1 \Rightarrow \text{类别 1} \\ f(x) < -1 \Rightarrow \text{类别 2} \\ -1 \leqslant f(x) \leqslant 1 \Rightarrow \text{不可判别} \end{cases} \tag{8-7}$$

给定某个待测样本，利用分类判别函数对预测样本进行分类，其分类过程如图 8-10 所示。

在 SVM 工具包中，设置程序使分类函数 $f(x)>1$ 的样本点用“x”表示；分类函数 $f(x)<1$ 的样本点用“·”表示；分类函数 $-1\leqslant f(x)\leqslant 1$ 的样本点用“。”表示，即可根据分类结果图判别出预测样本的分类结果，当然也可以根据判别函数的值来对预测样本进行分类。因为预测样本中数据较多，可能出现判别结果不一致的情形。规定如果对预测样本中各点的判断准确率在 85% 以上则可以判定该预测样本属于某一类。在分类结果中，图 8-10a 表示分类判别函数 $f(x)>1$，对应图 8-8 中对训练集样本的设置，可以判断该样本中不含有棕榈油；然后进行下一步判断，图 8-10b 表示预测样本点的判别函数 $f(x)<1$，对应图 8-9 中对训练集集样本的设置，可以判断该预测样本为纯花生油。

a) 判别样本是否为含有棕榈油　　b) 判断样本是否为纯花生油

图 8-10　预测样本的分类结果图

3. SVM 模型测试

利用 SVM，根据之前的步骤对原始样本集进行判别。选取不同的核函数和惩罚因子 C，可以得到表 8-1 ~ 表 8-3 的判别结果。

表 8-1　基于 SVM 的花生油掺伪判别结果

惩罚因子 C	线性核函数		多项式核函数（$p=1$）		RBF（$\sigma=1$）	
	支持向量数	预测率	支持向量数	预测率	支持向量数	预测率
10	264	37.5%（9/24）	274	100%（24/24）	269	100%（24/24）
50	70	100%（24/24）	74	100%（24/24）	70	100%（24/24）
100	41	100%（24/24）	44	100%（24/24）	41	100%（24/24）
500	23	100%（24/24）	23	100%（24/24）	23	100%（24/24）
1000	22	100%（24/24）	23	100%（24/24）	22	100%（24/24）
2000	22	100%（24/24）	23	100%（24/24）	22	100%（24/24）
5000	22	100%（24/24）	23	100%（24/24）	22	100%（24/24）

表 8-2　多项式核函数的 SVM 分类结果（$C=100$）

p	支持向量数	预测率
1	44	100%（24/24）
2	25	100%（24/24）
3	23	100%（24/24）
4	22	100%（24/24）
5	22	100%（24/24）

表 8-3　高斯径向基核函数（RBF）的 SVM 分类结果（$C=100$）

σ	支持向量数	预测率
0.5	25	100%（24/24）
1	41	100%（24/24）

（续）

σ	支持向量数	预测率
2	119	100%（24/24）
3	239	100%（24/24）
4	395	100%（24/24）
5	518	95.8%（23/24）

由实验结果可以看出，利用 SVM 对花生油的掺假进行判别是可行的，实验中几乎能够完全对预测样本进行判别。表 8-1 显示了惩罚因子 C 对判别结果的影响，随着惩罚因子 C 的值变大，表示不容忍判别错误的程度变大，支持向量的个数越来越小，这也说明对未知样本的判别错误概率变小。但是当支持向量大到一定程度，则其对判别结果的影响越来越小。表 8-2 显示多项式核函数中 p 对判别结果的影响，随着多项式次数 p 的变大，SVM 的个数变小，则表示对未知样本判别的准确度的上界变小。表 8-3 显示高斯径向基核函数中参数 σ 对判别结果的影响，随着 σ 的变大，支持向量的个数变大，则表示对未知样本判别的准确率的上界变小，判别出错的概率变大。

8.3 基于 ATR－FTIR 光谱技术的食用油安全品质检测方法研究

8.3.1 基于 ELM 的芝麻油掺伪检测方法研究

1. 极限学习机（Extreme Learning Machine，ELM）**介绍**

ELM 算法是由新加坡南洋理工大学的黄广斌教授在 2004 年提出的一种单隐层前馈网络训练方法，该算法具有很强的学习能力并广泛应用于众多领域。传统的人工神经网络算法如 BP、RBF 等在设置网络相关训练参数时一般经人为操作而无法确定最优隐层节点数，训练时间长而且易得到局部最优解，而 ELM 算法可以较好地解决上述问题，是一种学习训练速度快、泛化能力较强、能够获得全局最优解的训练算法。

ELM 算法在设置输入层跟隐层之间的权重连接值和隐层节点阈值时是随机生成的，并且在训练过程中无需调节输入层跟隐层间的权重连接值和隐层节点的阈值，只要人为设定隐层节点的数量便可以得到最优的唯一解。ELM 算法不仅适用于回归、拟合问题，同样也可以适用于分类、模式识别等领域问题，随着一些改进算法不断被提出，ELM 算法的性能也随之提高，应用范围越来越广，计算结果也越来越好。

ELM 算法如下：

给定 N 个不同的样本 $(x_j, t_j) \in R^n \times R^m$，$g(x)$ 代表激活函数，$\widetilde{N}$ 表示隐层节点数量，数学模型式（8-8）表示单隐层前馈神经网络：

$$\sum_{i=1}^{\widetilde{N}} \beta_i g_i(x_j) = \sum_{i=1}^{\widetilde{N}} \beta_i g_i(\omega_i x_j + b_i) \tag{8-8}$$

式中，ω_i、b_i 表示随机生成的隐层各节点的参数；β_i 是连接隐层第 i 个节点的权重值；$j = 1, 2, \cdots, N$。

当网络的实际输出跟期望输出相等时，则有式（8-9），简写成式（8-10）：

$$\sum_{i=1}^{\widetilde{N}} \beta_i g_i(\omega_i x_j + b_i) = t_j \tag{8-9}$$

$$H\boldsymbol{\beta} = T \tag{8-10}$$

式中，隐层输出矩阵 $\boldsymbol{H} = \begin{pmatrix} g(\omega_1 x_1 + b_1) & \cdots & g(\omega_{\tilde{N}} x_1 + b_{\tilde{N}}) \\ \vdots & \ddots & \vdots \\ g(\omega_1 x_N + b_1) & \cdots & g(\omega_{\tilde{N}} x_N + b_{\tilde{N}}) \end{pmatrix}_{N\times\tilde{N}}$，矩阵的行表示此行对应的训练样本对隐层全部节点的输出，列表示全部训练样本与对应此列的隐层节点的输出；$\boldsymbol{\beta} = \begin{pmatrix} \beta_1^T \\ \vdots \\ \beta_{\tilde{N}}^T \end{pmatrix}_{\tilde{N}\times m}$；$\boldsymbol{T} = \begin{pmatrix} t_1^T \\ \vdots \\ t_N^T \end{pmatrix}_{N\times m}$。

ELM 算法依照如下步骤来实现：

1）确定隐层节点的个数，输入层跟隐层之间的权重连接值 ω 和隐层节点阈值 b 均为随机设定。

2）从 S 型函数、正弦函数、不可微函数等函数中选择一个作为隐层节点的激活函数来计算隐层输出矩阵 $\boldsymbol{H}$。

3）计算输出层权值 $\boldsymbol{\beta} = \boldsymbol{H}^+ \boldsymbol{T}$，其中 $\boldsymbol{H}^+$ 为隐层输出矩阵 $\boldsymbol{H}$ 的 Moore – Penrose 广义逆。

2. 样本制备与光谱采集

为模拟掺伪芝麻油，本实验的样本均为实验室配制的样本，各种类的食用油均采购自北京市各大超市，均为正品保质的食用油。前期的分析调研结果表明，参与芝麻油掺伪的食用油多为价格相对廉价的大豆油和菜籽油，因此选购了不同品牌、不同批次的芝麻油 3 种［分别为金龙鱼 100% 纯芝麻油（一级压榨）400mL、古币 100% 纯芝麻香油（一级压榨）245mL、鲁花芝麻香油（一级压榨）350mL］、大豆油 3 种（金龙鱼精纯一级大豆油 1.8L、福临门一级豆油 1.8L、九三非转基因大豆油 1.8L）、菜籽油 3 种（金龙鱼外婆乡小榨菜籽油 900mL、盈成双低菜籽油 1.8L、鲁花压榨特香菜籽油 2L）进行芝麻油的掺伪样本配制。

为了增加定性模型的可靠性，掺伪样本按每 50mL 芝麻油中掺入体积比为 50%、45%、40%、35%、30%、25%、20%、15%、10%、5% 的 10 个梯度进行配制，共计 $3 \times 3 \times 2 \times 10 = 180$ 个掺伪样本，其中 90 个为芝麻油掺入大豆油的掺伪样本，另外 90 个为芝麻油掺入菜籽油的掺伪样本。配制好的芝麻油掺伪样本与纯芝麻油样本 40 个共计 220 个样本进行定性建模分析。

对配制好的芝麻油掺伪样本采集其近红外和中红外光谱，样本无需任何化学试剂处理，直接采用德国 Bruker 公司 VERTEX 70 傅里叶红外光谱仪进行近红外和中红外光谱采集。样本光谱如图 8-11 和图 8-12 所示。

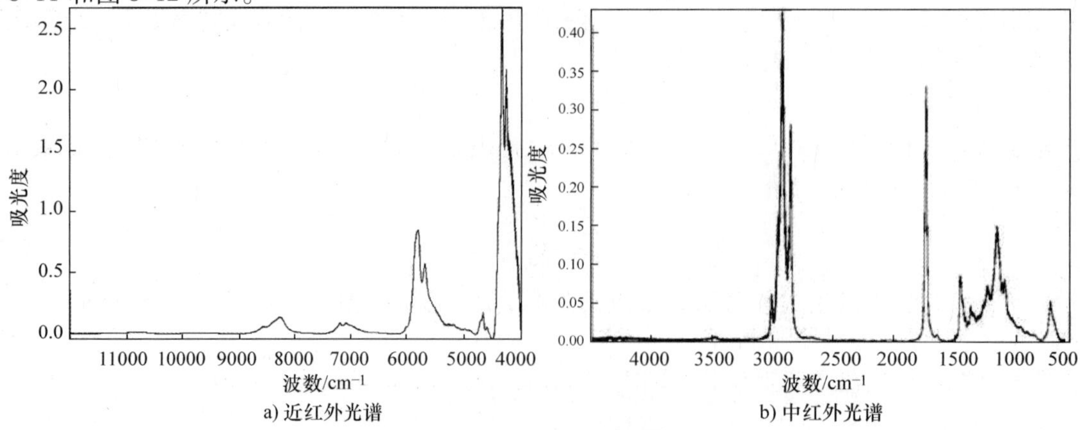

图 8-11　芝麻油掺入大豆油的光谱图

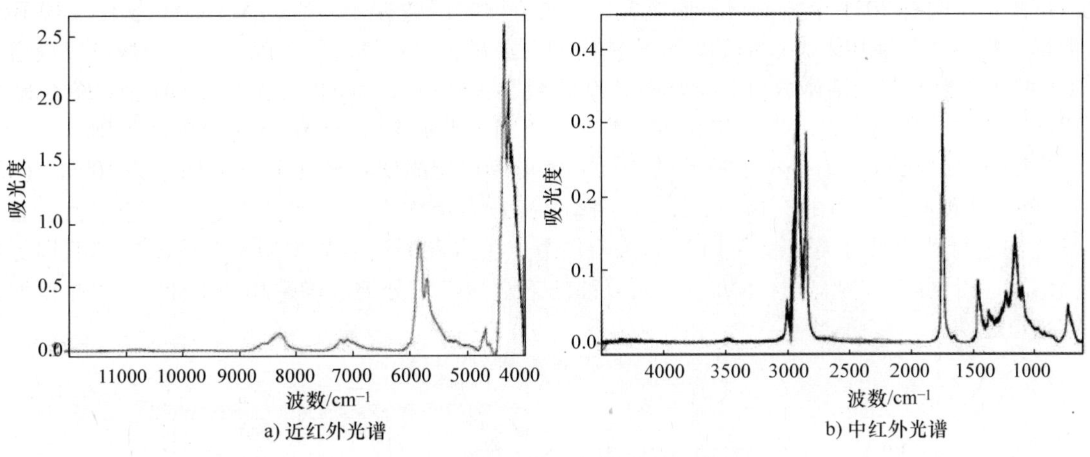

图 8-12　芝麻油掺入菜籽油的光谱图

3. 模型建立与测试

（1）芝麻油掺入大豆油的定性建模分析

选取芝麻油掺入大豆油的 90 个掺伪样本与从古船采样获得的 40 个纯芝麻油样本进行中红外光的定性建模分析。

在芝麻油中掺入大豆油不会明显改变芝麻油成分，因此掺入大豆油的芝麻油与大豆油、纯芝麻油的主成分大致相同。对比图 8-13 所示大豆油、芝麻油掺入大豆油和纯芝麻油的中红外光谱图，发现它们的中红外光谱图的吸收峰位置基本相同，在 $600 \sim 3200cm^{-1}$ 范围内有明显的吸收峰，分别在 $3011cm^{-1}$、$2926cm^{-1}$、$2857cm^{-1}$、$1747cm^{-1}$、$1467cm^{-1}$、$1378cm^{-1}$、$1240cm^{-1}$、$1161cm^{-1}$、$1100cm^{-1}$、$720cm^{-1}$ 附近出现相似的中红外光谱吸收峰，无法直观地区别 3 条光谱有何明显差异，因此需要结合模式识别算法进行定性分析来区别芝麻油中是否掺伪。

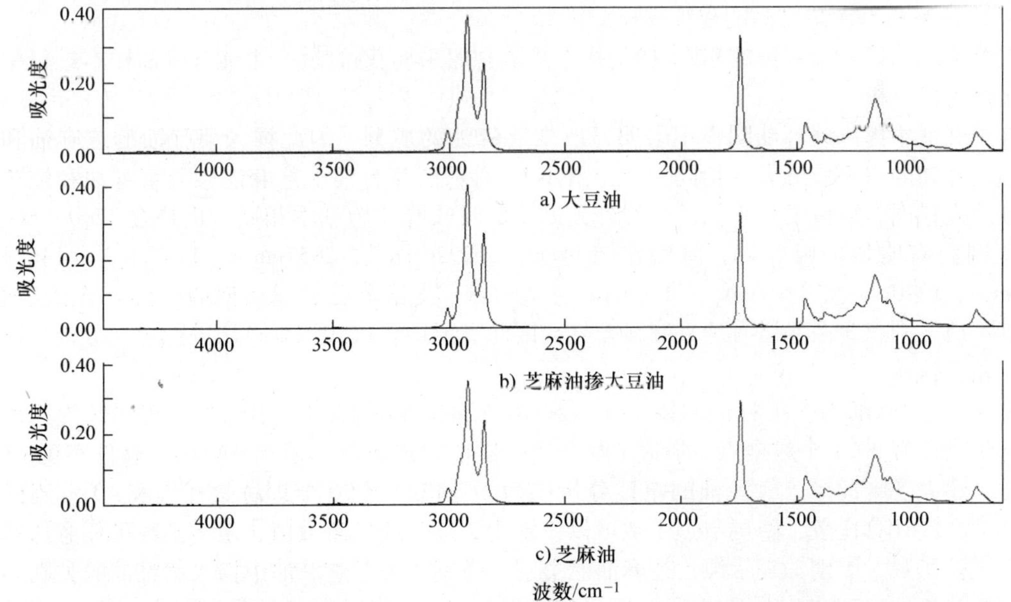

图 8-13　基于中红外光谱的大豆油、芝麻油掺入大豆油和纯芝麻油光谱图

将 90 个芝麻油掺入大豆油的掺伪样本和 40 个纯芝麻油样本的中红外光谱图转为光谱数据

表，每张光谱图有2021个数据点，形成130个实验样本的数据表。通过MATLAB软件实现ELM分类算法建立芝麻油掺入大豆油的定性分析模型，经过多次计算比较，隐层节点个数可以设定为2以上的任意数值，激活函数可任意选择S型函数、正弦函数。随机分配90个训练集样本和40个测试集样本，类别1表示纯正芝麻油的类别，类别2表示芝麻油中掺入大豆油的类别。

建模分析结果训练集分类准确率为100%（90/90），测试集预测分类准确率为100%（40/40）。测试集预测结果如图8-14所示，其中圆圈符号表示样本的真实类别，星形符号表示通过ELM算法进行预测的分类。改变ELM算法隐层节点个数和激活函数类型不会改变模型的训练和预测结果，得到纯正芝麻油样本和掺入大豆油的芝麻油样本分类准确率均为100%，预测模型具有较高稳定性。

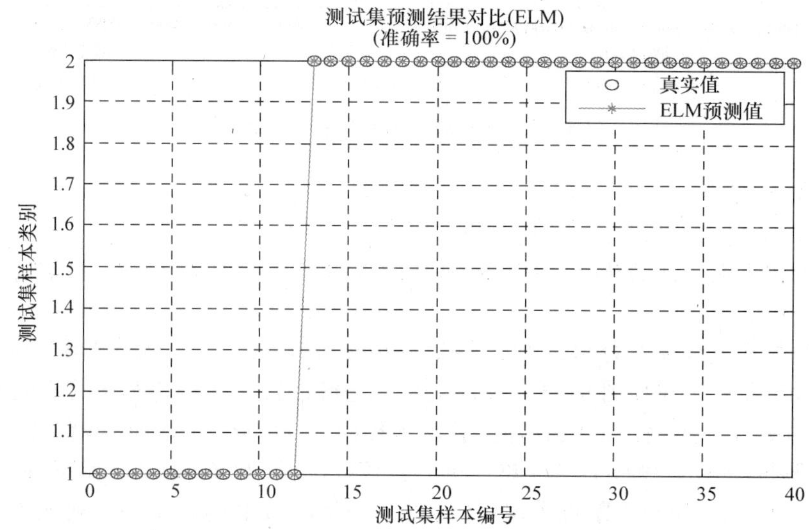

图8-14　基于中红外光谱的芝麻油掺入大豆油和纯芝麻油的预测分类结果

（2）芝麻油掺入菜籽油的定性建模分析

选取芝麻油掺入菜籽油的90个掺伪样本与从古船采样获得的40个纯芝麻油样本进行中红外光的定性建模分析。

在芝麻油中掺入菜籽油同样不会明显改变芝麻油的成分，因此掺入菜籽油的芝麻油和菜籽油、纯芝麻油的主要成分大致相同。对比图8-15所示的菜籽油、芝麻油掺入菜籽油和纯芝麻油的中红外光谱图，可以发现它们的中红外光谱图的吸收峰位置基本相同，也是在3200~600cm^{-1}波长范围内有明显的吸收峰，分别在3011cm^{-1}、2926cm^{-1}、2857cm^{-1}、1747cm^{-1}、1467cm^{-1}、1378cm^{-1}、1240cm^{-1}、1161cm^{-1}、1100cm^{-1}、720cm^{-1}波长附近出现相似的中红外光谱吸收峰，无法直观地区别出3条光谱有什么明显差异，因此需要结合模式识别算法进行定性分析来区别芝麻油中是否掺伪。

将90个芝麻油掺入菜籽油的掺伪样本和40个纯芝麻油样本的中红外光谱图转为光谱数据表，每张光谱有2021个数据点，形成130个实验样本的数据表。通过MATLAB软件实现ELM分类算法，建立芝麻油掺入大豆油的定性分析模型。随机分配90个训练集样本和40个测试集样本，经过多次计算比较，隐层节点个数可以设定为2以上的任意数值，激活函数可任意选择S型函数、正弦函数，类别1表示纯正芝麻油的类别，类别2表示芝麻油中掺入菜籽油的类别。

建模分析结果训练集分类准确率为100%（90/90），测试集预测分类准确率为100%（40/40）。测试集预测结果如图8-16所示，其中圆圈符号表示样本的真实类别，星形符号表示通过ELM算法进行预测的分类。改变ELM算法隐层节点个数和激活函数类型都不会改变模型的训练

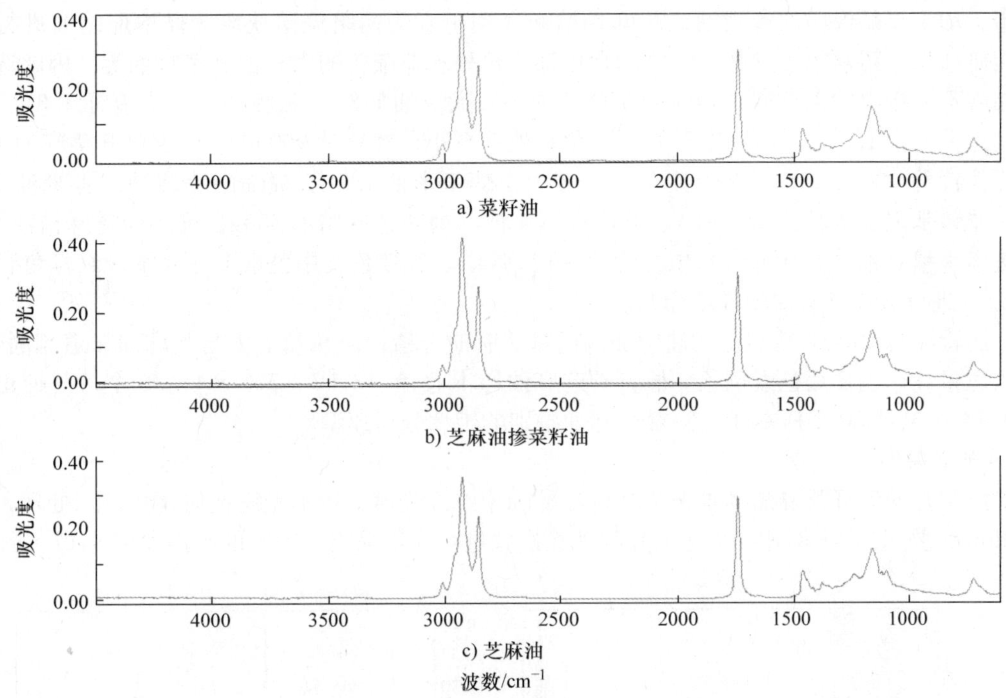

图 8-15　基于中红外光谱的菜籽油、芝麻油掺入菜籽油和纯芝麻油光谱图

和预测结果，得到的纯正芝麻油样本和掺入菜籽油的芝麻油样本分类全部正确，预测结果准确率均为 100%，预测模型具有较高稳定性。

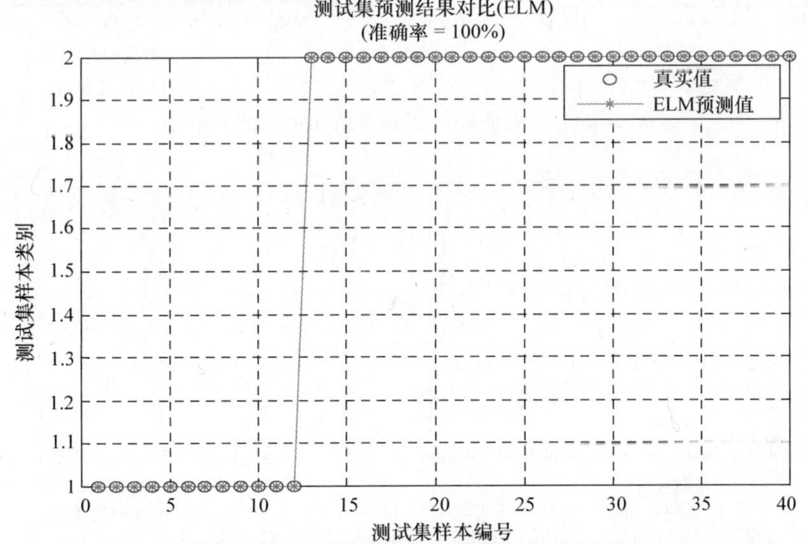

图 8-16　基于中红外光谱的芝麻油掺入菜籽油和纯芝麻油的预测分类结果

8.3.2　基于 ELM 的芝麻油制假检测方法研究

1. 样本制备

为模拟假冒芝麻油，本实验的样本均为实验室配制的样本，各种类的食用油采购自北京市各

大超市，均为正品保质的食用油；芝麻香精和食用色素为网络渠道获取。样本配制前进行了调研，调研结果表明常用于芝麻油造假的食用油为价格相对廉价的大豆油和菜籽油等，因此选购了不同品牌不同批次的大豆油 3 种（金龙鱼精纯一级大豆油 1.8L、福临门一级大豆油 1.8L、九三非转基因大豆油 1.8L）、菜籽油 3 种（金龙鱼外婆乡小榨菜籽油 900mL、盈成双低菜籽油 1.8L、鲁花压榨特香菜籽油 2L）、玉米油 3 种（多力甾醇玉米油 1.8L、福临门非转基因玉米油 1.8L、金龙鱼非转基因玉米胚芽油 1.8L）、芝麻香精 4 种［尚味芝麻精油 500g、唯美佳芝麻精油 500g、蜀荣芝麻香精（油体）500g、永乐芝麻油香精 500g］、红棕色食用色素 1 种（雷檬红棕色食用色素 500g）进行假冒芝麻油的样本配制。

用滴管在每 150mL 基础食用油中加入适量芝麻油香精，使其闻上去与芝麻油味道相同为止，并加入适量红棕色食用色素调色。假冒的芝麻油样本共计（3 + 3 + 3）× 4 = 36 个，与纯正芝麻油样本 24 个共计 60 个样本建立假冒芝麻油鉴别的定性分析模型。

2. 光谱采集

对配制好的假冒芝麻油样本采集其近红外和中红外光谱，样本无需任何化学试剂处理，直接采用 Bruker 公司的 VERTEX 70 傅里叶红外光谱仪进行光谱采集，得到的光谱如图 8-17 ~ 图 8-19 所示。

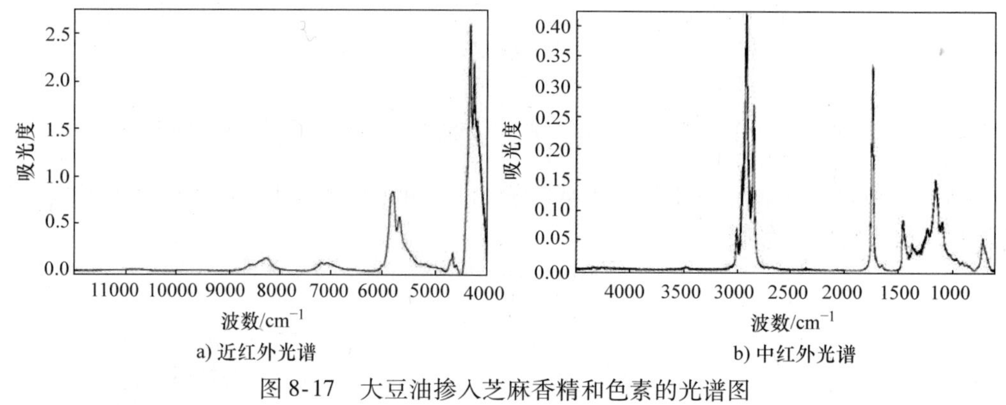

a) 近红外光谱　b) 中红外光谱

图 8-17　大豆油掺入芝麻香精和色素的光谱图

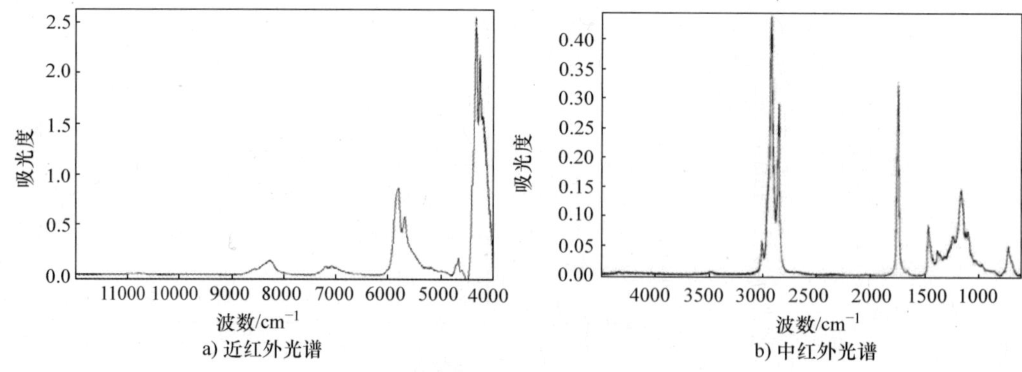

a) 近红外光谱　b) 中红外光谱

图 8-18　菜籽油掺入芝麻香精和色素的光谱图

3. 模型建立与测试

由于掺入了芝麻香精和色素，使得假冒的芝麻香油与纯芝麻油之间有了成分的差别，因此采集到的中红外光谱数据也有一定的区别。但是由于假冒芝麻油的底油是其他种类的食用油且掺入的芝麻香精和色素量非常少，因此与纯芝麻油的成分区别并不大，中红外光谱的吸收峰出峰点基

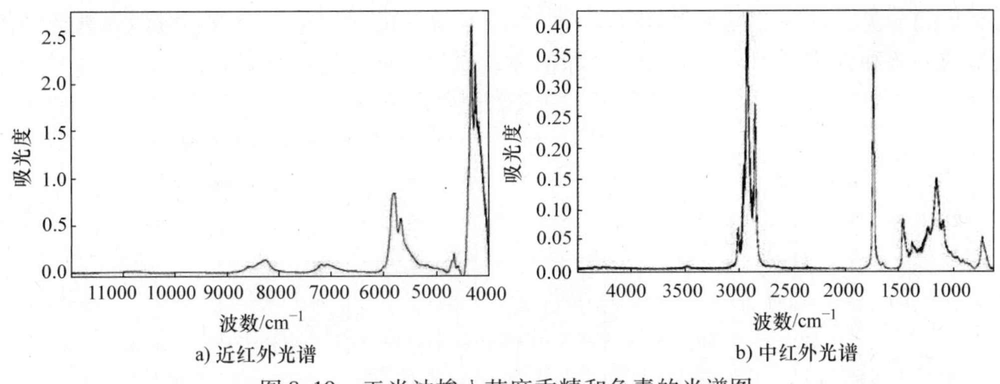

图 8-19　玉米油掺入芝麻香精和色素的光谱图

本相同，整体上对比掺入芝麻香精和色素的假冒芝麻油的中红外光谱和纯芝麻油的中红外光谱图，无法直观地区别出 4 条光谱有什么明显差异。将光谱波长范围 2800～3000cm^{-1}的光谱图进行局部放大，如图 8-20 所示，可以看到 4 条光谱曲线在吸收峰处细微的不同之处，因此可以结合模式识别算法进行定性分析来区别是否为假冒的芝麻油。

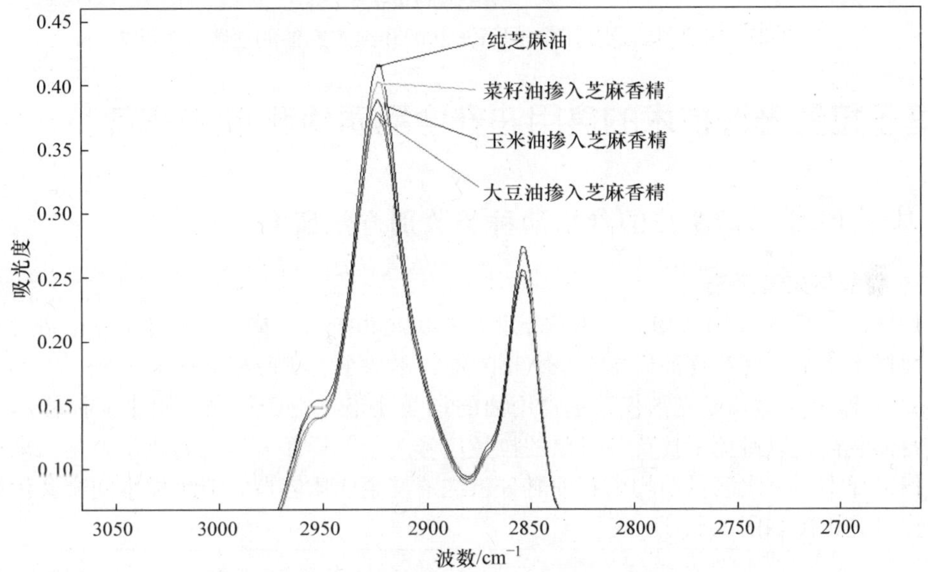

图 8-20　4 类样本的中红外光谱局部放大图

将 12 个大豆油掺入芝麻香精和色素的掺伪样本、12 个菜籽油掺入芝麻香精和色素的掺伪样本、12 个玉米油掺入芝麻香精和色素的掺伪样本以及 24 个纯芝麻油样本的中红外光谱图转为光谱数据表，每张光谱有 2021 个数据点，形成 60 个实验样本的数据表。通过 MATLAB 软件实现 ELM 分类算法，建立假冒芝麻油的定性分析模型，经过多次计算比较，隐层节点个数可以设定为 2 以上的任意数值，激活函数可任意选择 S 型函数、正弦函数。随机分配 40 个训练集样本和 20 个测试集样本，类别 1 表示纯正芝麻油的类别，类别 2 表示掺入芝麻香精和色素的假冒芝麻油样本的类别。

建模分析结果训练集分类准确率为 100% (40/40)，测试集预测分类准确率为 100% (20/20)。测试集预测结果如图 8-21 所示，其中圆圈符号表示样本的真实类别，星形符号表示通过 ELM 算法进行预测的分类。结果表明掺入芝麻香精和色素的假冒芝麻油样本和纯正的芝麻油样本都能够正确分类，预测准确率为100%。改变 ELM 算法的隐层节点个数和激活函数类型都不会改变模型的训练和预测结果，分类结果全部正确，预测模型稳定性较高。

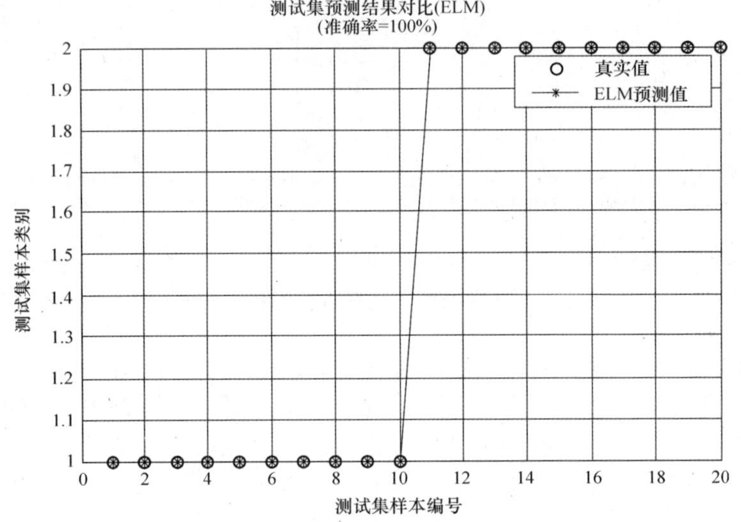

图 8-21　基于中红外光谱的假冒芝麻油和纯芝麻油的预测分类结果

8.4　基于拉曼光谱技术的食用油安全品质检测方法研究

8.4.1　基于 PLS – LDA 法的食用油种类鉴别方法研究

1. 样本制备与光谱采集

食用油样品：23 个食用植物油样本购于北京物美超市，其中橄榄油样本 6 个、花生油样本 5 个、玉米油样本 4 个、葵花籽油样本 4 个、稻米油样本 2 个、亚麻籽油样本 2 个。

采用 DXR 激光显微拉曼光谱仪采集食用油的拉曼光谱。由于待测对象是液体样本，因此采用金属制容器装样，以避免干扰待测对象的拉曼信号。全部样品未经任何化学处理，采用移液枪逐一装样扫描样本。每次测量前均用石油醚分析纯清洗金属质容器，避免样本间交叉污染。食用油样本的拉曼光谱图如图 8-22 所示。

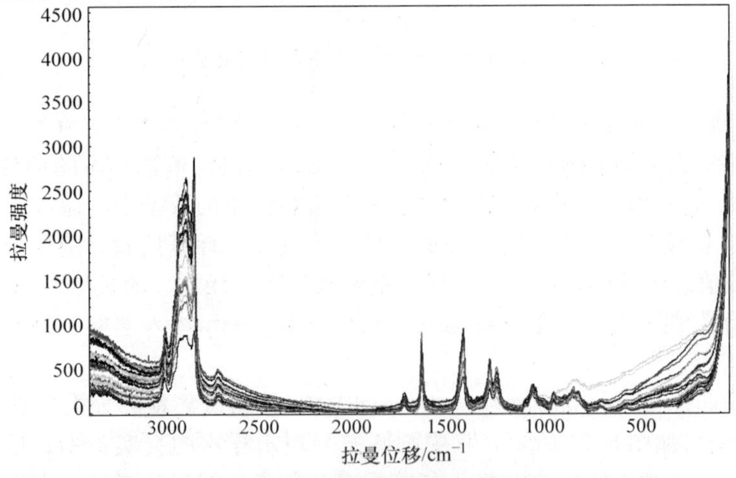

图 8-22　食用油拉曼光谱图

2. PLS－LDA 方法介绍

本实验采用 PLS－LDA 方法建立判别模型。PLS－LDA 方法的基本思路：首先利用 PLS 算法将矩阵 $\boldsymbol{X}$ 和 y 进行主成分分解，得到 $\boldsymbol{X}$ 矩阵的主成分 $\boldsymbol{T}$。然后利用 $\boldsymbol{T}$ 和各样本的 y 值作线性判别分析，最终导出判别函数。本实验中采用 PLS 算法进行主成分分解结合 Fisher 线性判别法进行分析[11]。在 Windows 7 操作系统和 MATLAB 7.6.0 的软件平台下，调用软件包 CARS_ PLSLDA V3.5 实现上述算法（下载地址：http：//code. google. com/p/cars2009/downloads）。

3. 模型建立与测试

（1）谱图预处理

食用植物油的拉曼光谱中位于 1650cm^{-1} 处特征峰的峰值直接反映了不饱和烯烃键（C＝C）的含量，而位于 1260cm^{-1} 处的特征峰则反映了不饱和烯烃键所在碳原子碳氢键（＝C－H）的含量，这两个特征峰均体现了食用油的不饱和程度。另外，从上图 8-22 中可以看到位于两端的光谱信号毛刺较多，噪声较大。因此本实验选取包含上述特征峰，且避开两端的光谱区域（1109～1784cm^{-1}）作为区别食用植物油品种的理论依据。

airPLS 可以用来对拉曼信号进行背景扣除，且无需用户的任何介入和初始信息（如峰值检测等）。该方法主要包括两个方面：惩罚最小二乘算法对信号的平滑和自适应迭代将惩罚过程转变成一个基线估计的惩罚最小二乘算法。其中参数 λ 可以用来调节拟合基线的平滑度和准确度之间的平衡。本实验采用 airPLS 对食用油拉曼光谱进行基线校正。当选取 $\lambda=10^5$ 时，如图 8-23 所示。

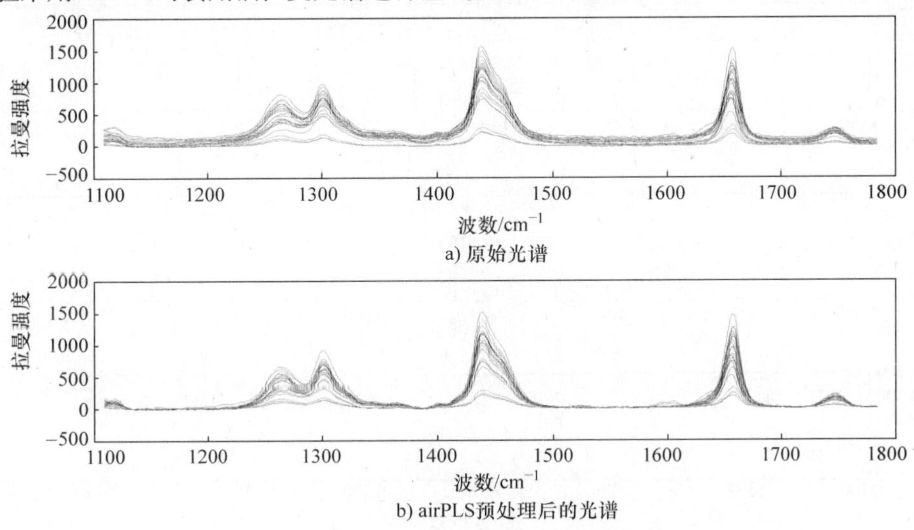

图 8-23　airPLS 光谱预处理

（2）基于 PLS－LDA 法的单一种类食用油的识别

考虑到本实验食用油样本集中一些种类的食用油样本个数较少，因此实验只选择 3 种食用油，橄榄油、花生油和玉米油分别进行单一种类识别。以橄榄油识别为例，若为真实橄榄油样本，则类别标记为 1，若非橄榄油样本，则类别标记为－1。在本实验样本集中，橄榄油真实样本有 6 个，假冒样本有 17 个。

根据文献，蒙特卡洛交叉校验得到的模型指标与 K 折交叉校验和留一法交叉校验相比，更接近于实际预测能力。采用蒙特卡洛交叉校验的模型指标来评价模型预测能力更有意义实际。因此本实验采用蒙特卡洛法进行抽样建模。

通常采用真实样本识别率，假冒样本识别率及总体识别率对模型识别的性能进行评价。设真实样本个数为 n_1，假冒样本个数为 n_2，样本总体个数则为 n_1+n_2；设被正确识别的真实样本个

数为 m_1，被正确识别的假冒样本个数为 m_2，则真实样本识别率为 m_1/n_1，假冒样本识别率为 m_2/n_2，总体识别率为 $(m_1+m_2)/(n_1+n_2)$。

本实验采用蒙特卡洛抽样方法随机抽样 1000 次，每次按 80% 的比例随机在样本集中抽样作为训练集，20% 作为测试集。根据每次抽样得到的训练集建立 PLS - LDA 识别模型，计算测试集样本的种类识别率。根据抽样比例，每次抽样，测试集样本 23 × 20% ≈ 5 个样本，因此 1000 次抽样得到测试集样本共有 5000 个。表 8-4 中的结果是 1000 次抽样得到的测试集的平均识别率。

表 8-4　基于 PLS - LDA 法的食用植物油定性识别结果

识别对象	λ	识别率		
		真实样本识别率	假冒样本识别率	总体识别率
橄榄油	105	100%	93.76%	95.36%
花生油	105	82.38%	66.63%	69.92%
玉米油	104	98.43%	65.91%	71.10%

一般情况下，变量筛选可以提高模型的预测精度和增强模型的解释性。鉴于表 8-4 中识别率不高，因此这里采用蒙特卡洛无信息变量消除（MCUVE）法挑选波长变量。本实验通过 MCUVE - PLSLDA 法变量筛选后的波长如图 8-24 所示。从图中可以看出 3 种植物油识别模型挑选的拉曼光谱在位于 $1650\mathrm{cm}^{-1}$ 附近处有重叠区域，而该处的特征峰的峰值直接反映了不饱和烯烃键（C = C）的含量，正是区别不同食用油种类的理论依据。

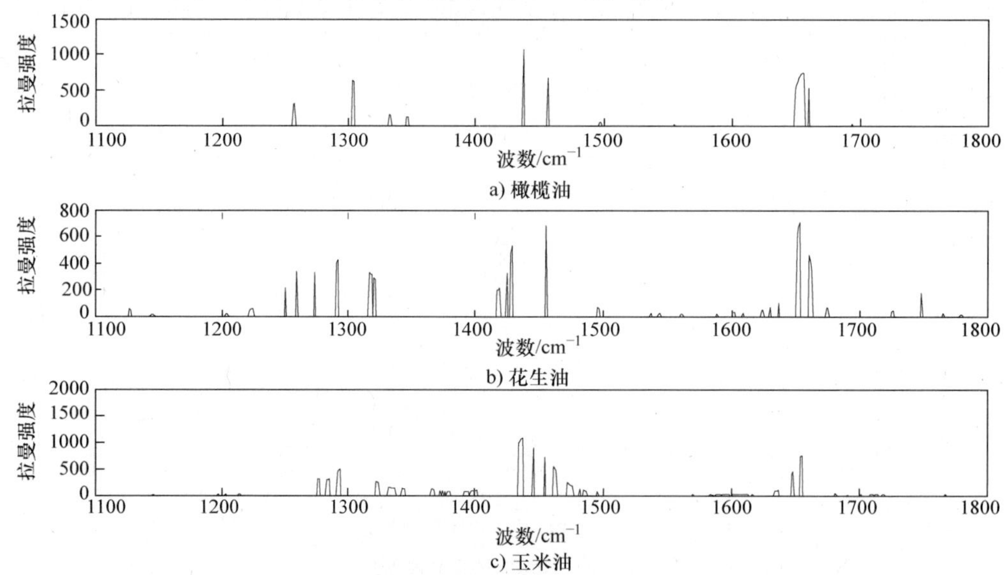

图 8-24　MCUVE - PLSLDA 法筛选的食用油光谱拉曼光谱波长变量

在 MCUVE - PLSLDA 法变量筛选后，重复蒙特卡洛交互检验，建立 PLS - LDA 识别模型，结果见表 8-5。表 8-5 中 3 种植物油的真实样本识别率、假冒样本识别率和总体识别率均高于变量筛选前的识别率。

表 8-5　基于 MCUVE - PLSLDA 法的食用植物油定性识别结果

识别对象	λ	识别率		
		真实样本识别率	假冒样本识别率	总体识别率
橄榄油	24	100%	98.86%	99.16%
花生油	58	100%	88.44%	91.04%
玉米油	119	100%	89.22%	91.16%

（3）基于 PLS－LDA 法的多种类食用油识别

根据上述实验结果，PLS－LDA 法可用于单一种类的食用油识别，即二元识别。若想将其用于多元识别，即多种类食用油的识别，可采用如图 8-25 所示流程。本实验随机选取了橄榄油样本、花生油样本、玉米油样本及亚麻籽油样本各一个，采用上述选取的波长变量建立的 PLS－LDA 法模型及图 8-25 所示多种类食用油的识别流程进行测试。4 个样本均得到了正确的分类。

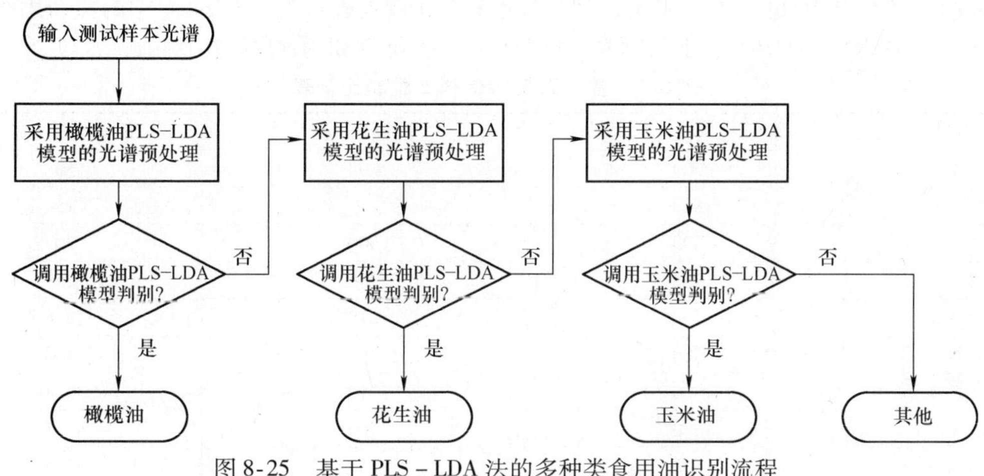

图 8-25　基于 PLS－LDA 法的多种类食用油识别流程

8.4.2　基于距离匹配法的食用植物油掺伪检测方法研究

1. 距离匹配法介绍

距离匹配法计算原理如下，首先按式（8-11）计算待测样本的新光谱。其中，x_i 为待预测的样本光谱；$\bar{x}_c$ 为已知类别样本集的中心光谱；x_{cstd}为已知类别样本集的准偏差光谱：

$$x_{inew} = \frac{x_i - \bar{x}_c}{x_{cstd}} \tag{8-11}$$

然后计算新光谱 x_{inew} 中超过距离匹配限值的波长点所占的百分比，即该待测样本与已知类别的匹配值。距离匹配方法的匹配值范围是 0～100，0 表示最匹配。若有多个类别，则根据匹配值大小确定待测样本所属的最终类别。本实验采用 TQ Analyst 通用光谱分析软件进行距离匹配识别，距离匹配限值设定为 5。

2. 样品制备

从超市购买不同品牌（金龙鱼、福临门、鲁花等）、不同种类（大豆油、玉米油、橄榄油、葵花籽油等）纯食用油样本 23 份，调和食用油样本 4 份（金鼎调和油、金龙鱼橄榄调和油、金龙鱼调和油和鲁花调和油）。

从农贸市场购买的散装油，常温下色泽、状态与普通大豆油无异，无明显气味。且该样本的拉曼光谱与上述购买的食用油光谱相似。采用冰箱冷藏 1～2h 后，出现明显的白色凝固状。出现上述现象是由于该散装油中可能掺杂了棕榈油，或是由于掺杂了动物油脂所导致的，因此通过冷冻法可简易判断为问题油。以问题油为掺伪原料，分别制备掺伪样本。试验设计分两步走：一是制备简单背景下掺伪样本识别的可行性；二是模拟真实的掺伪情况，在复杂背景下制备掺伪样本。

单一背景掺伪样本：以大豆油为背景制备样本 33 份，以玉米油为背景制备样本 32 份，共计 65 份掺伪样本。样本分布见表 8-6。

表 8-6　单一背景掺伪样本信息分布

掺伪成分	含量范围（%）	均值（%）	方差
问题油	5～97.4	51	0.30

复杂背景掺伪样本：以市售的金鼎调和油、金龙鱼橄榄调和油、金龙鱼调和油、鲁花调和油为背景各制备掺伪样本 10 份，共计 40 份。掺伪样本配置比例见表 8-7。与表 8-6 中的掺伪比例相比，复杂背景下的掺伪样本的掺伪量明显下降，这也更符合实际遇到的食用油掺伪情况。

表 8-7　复杂背景掺伪样本配制比例表

序号	食用油/μL	问题油/μL	掺伪比例（%）
1	900	100	10
2	850	150	15
3	800	200	20
4	750	250	25
5	700	270	27.8
6	650	300	31.6
7	600	350	36.8
8	550	400	42.1
9	500	450	47.4
10	450	500	52.6

3. 光谱采集

采用 Thermo－fisher 公司 DXR 激光显微拉曼光谱仪。光谱仪参数如下：780 nm 激光光源；奥林巴斯公司 BX51 研究级显微镜，10X 目镜聚焦；拉曼位移范围为 50～3300cm^{-1}。采用金属制容器装样。每次测量前均用石油醚分析纯清洗金属质容器，避免样品间交叉污染。

样本集由 23 个纯食用油真实样本和 65 个单一背景的掺伪样本构成。拉曼光谱图一般都存在噪声和基线漂移等问题，因此光谱预处理在拉曼光谱分析中通常是有效和必要的。导数处理既可以消除基线偏移，还可以起到一定的放大和分离重叠信息的作用，但需要注意的是，在对光谱数据作微分处理时，由于噪声信号也被放大，因此通常在微分之前需要对光谱数据作平滑处理。本实验采用 Norris Derivative 滤波平滑方法和一阶导净化谱图，并采用了样条校正法进一步进行了基线校正。结果如图 8-26 所示，与原始谱图相比，处理后的光谱图谱峰更为清晰尖锐，且出现了更多的特征峰信息。

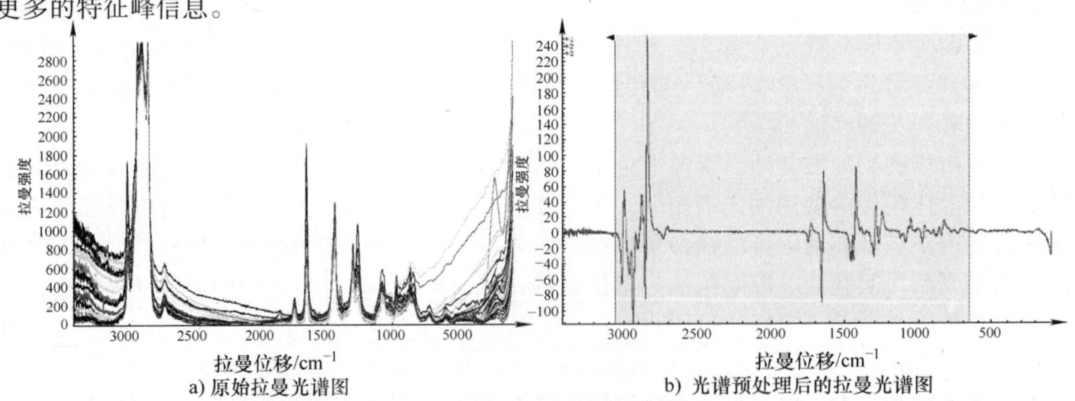

a) 原始拉曼光谱图　　b) 光谱预处理后的拉曼光谱图

图 8-26　光谱预处理

4. 简单掺伪背景下的模型建立与测试

（1）建模分析

按样本数3:1随机划分建模集和校验集。建模集样本有67个（其中包含51个掺伪样本和16个纯食用油样本）；校验集样本有21个（其中包含14个掺伪样本和7个纯食用油样本）。

将合格食用植物油样本设定为真样本，问题油掺杂样本设定为伪样本。采用距离匹配法验证建模集样本的归属，以待测样本与问题油样本集中心的距离匹配值为横坐标，待测样本与合格食用油样本集中心的距离匹配值为纵坐标构建待测样本的分布空间，如图8-27所示。其中，□代表了伪样本，△代表了真样本。只需比较每个样本的横坐标值（x）与纵坐标值（y）的大小即可判断出样本的归属，若 $x<y$，即伪样本，反之为真样本。从图8-27中可以看出，真伪样本的识别率均达到了100%。

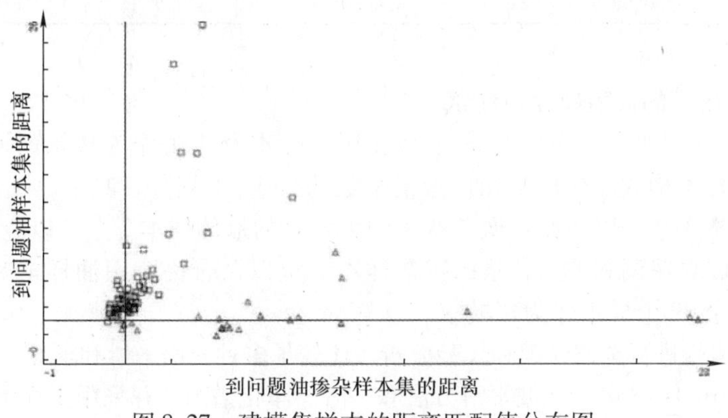

图8-27 建模集样本的距离匹配值分布图

（2）校验测试

校验集样本的预测结果见表8-8。其中1为掺伪样本，即伪样本，2为合格食用油样本，即真样本。真样本测试集中仅有一个样本被误判，真样本的识别率为85.7%。伪样本测试集中也仅有一个样本被误判，伪样本的识别率为94.1%，样木的总体识别率为91.7%。从试验结果看，采用拉曼光谱以及距离匹配法识别单一背景的掺伪样本具有较好的可行性。

表8-8 基于距离匹配法的掺伪定性识别结果

样本序号	距离匹配值		实际类别	预测类别
	纯食用油	问题油		
1	3.4915	2.8676	1	1
2	3.0426	2.4685	1	1
3	3.3534	3.4733	1	2
4	5.8127	2.7110	1	1
5	3.3810	2.2102	1	1
6	2.2093	1.6937	1	1
7	3.7263	2.0337	1	1
8	6.2561	3.4262	1	1
9	3.9088	3.4925	1	1
10	4.2013	2.0433	1	1
11	3.8989	2.0468	1	1
12	2.8705	1.8801	1	1
13	5.7229	3.2016	1	1

（续）

样本序号	距离匹配值		实际类别	预测类别
	纯食用油	问题油		
14	10.1035	5.3182	1	1
15	2.9385	4.1181	2	2
16	3.3874	6.4345	2	2
17	2.2841	2.3691	2	2
18	6.8875	6.0384	2	1
19	3.9465	5.2320	2	2
20	2.9532	3.2332	2	2
21	2.0598	4.6569	2	2

注：1 为掺伪样本，2 为纯食用油样本。

5. 复杂掺伪背景下的模型建立与测试

样本集由 27 个食用油真实样本（23 个纯食用油样本及 4 个作为背景的调和油样本）和 40 个复杂背景的掺伪样本构成。建模集和校验集个数约按 3 : 1 划分，其中，随机选择以金鼎调和油为背景的掺伪样本 3 个、以金龙鱼橄榄调和油为背景的掺伪样本 2 个、以金龙鱼调和油为背景的掺伪样本 3 个、以鲁花调和油为背景的掺伪样本 2 个以及合格食用油样本 8 个，共计 18 个样本作为校验集，剩余 49 个样本作为建模集。

参照上述分析步骤进行全谱建模和校验分析，比较了多种光谱平滑和求导（一阶和二阶）组合方法，最终确定 Norris Derivative 滤波平滑方法和一阶导净化谱图，并采用了样条校正法进一步进行了基线校正。在此基础上，采用全谱建模，伪样本识别率达到了 100%（10/10），而真样本中始终有两个样本被误判，真样本的识别率为 75%（2/8），样本的总体识别率为 88.9%（16/18）。

试验进一步尝试选取了多个含有特征峰的波段进行建模比较，最终确定了 726.44 ~ 1812.16cm^{-1}建模。建模和校验结果如图 8-28 所示。其中，□代表了伪样本，△代表了真样本。根据试验结果，蓝色所示建模集样本均能被正确识别，而紫色所示的校验集样本中，伪样本识别率达到了 100%（10/10），而真样本识别率中有一个样本被误判，则真样本的识别率为 87.5%

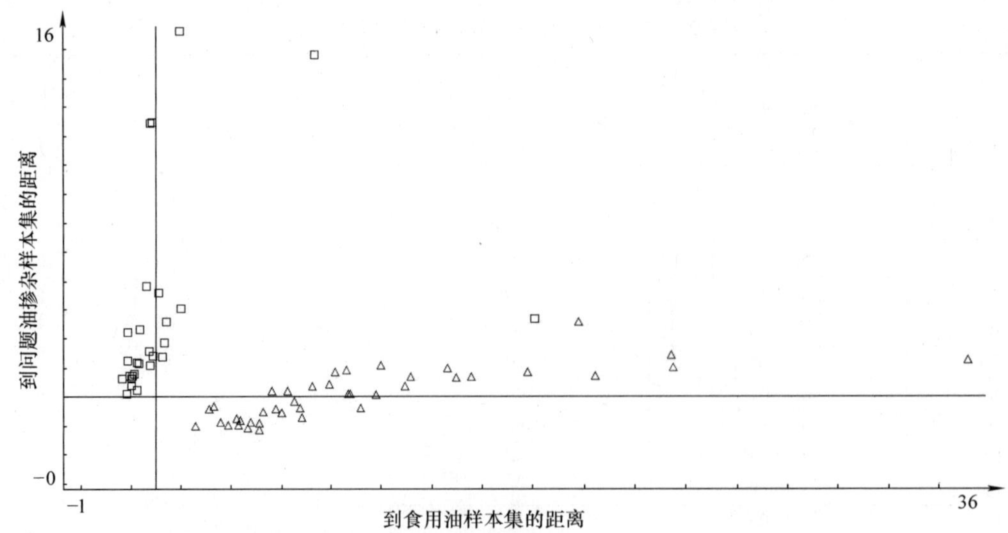

图 8-28　复杂背景掺伪情况下的样本距离匹配图

(7/8)。样本的总体识别率为94.4% (17/18)。

8.4.3 食用植物油中的外源性动物油脂检测方法研究

1. 简单背景植物油中掺杂单一动物油脂的识别

(1) 样本来源及配制方案

目前国家和研究机构对食用油中胆固醇的检测方法主要集中在色谱法、质谱法、色谱质谱联用等化学方法上，虽然以上化学方法检测精度较高，但是检测周期长、操作复杂等因素都严重限制了以上方法的普及推广。由于拉曼光谱的不稳定性（对环境依赖度较高）等原因，现在还没有文献进行食用油中胆固醇的拉曼检测，也无法得到胆固醇拉曼检测的国标限。郭涛等人利用高效液相色谱法做了通过检测胆固醇鉴别地沟油实验，得出该方法的检测限为0.05mg/g。刘薇等人用电导率法进行潲水油检测得知：猪油、猪板油和牛油中胆固醇含量分别为0.75mg/g、1.01mg/g和1.45mg/g。参考已有研究，配制本实验样本见表8-9。

表8-9 猪油和五湖豆油样本配制表

样本编号	估计浓度/(mg/kg)	估计胆固醇/mg	猪油/mL	豆油/mL
s1	3.50	0.88	2.03	0.25
s2	2.00	0.60	1.40	0.30
s3	0.25	0.11	0.26	0.45
s4	14.50	0.73	1.69	0.05
s5	0.20	0.10	0.23	0.50
s6	11.00	1.10	2.56	0.11
s7	1.00	0.35	0.82	0.35
s8	7.00	1.40	3.26	0.20
s9	0.50	0.20	0.47	0.40
s10	8.00	1.20	2.80	0.15

此外为了增加样本的多样性，又加入不同品牌不同批次的豆油作为背景油，每个样本平行配制2个样本，配制方案见表8-10。

表8-10 不同品牌豆油与猪油样本配制

样本编号	猪油:豆油(体积比)	样本编号	猪油:豆油(体积比)	样本编号	猪油:豆油(体积比)
Z1	1:10	Z2	1:20	Z3	1:30
Z4	1:40	Z5	1:50	Z6	1:60
Z7	1:70	Z8	1:80	Z9	1:90

(2) TQ距离匹配分析

纯食用油样本55份，动物油脂28份，共83份样本。其中24份样本用作校验集，59份样本用作建模集。算法采用距离匹配法，通过试验光谱范围采用全光谱时分类准确率最高，基线校正采用二阶导。样本分类结果如图8-29所示，从图中可以看出，TQ距离匹配分析结果较好，真伪样本分类准确率为100%。

(3) Libsvm建模分析

采用Libsvm建模总样本数、掺伪样品数、真样品数均与上述TQ中使用的相同，形成对照。

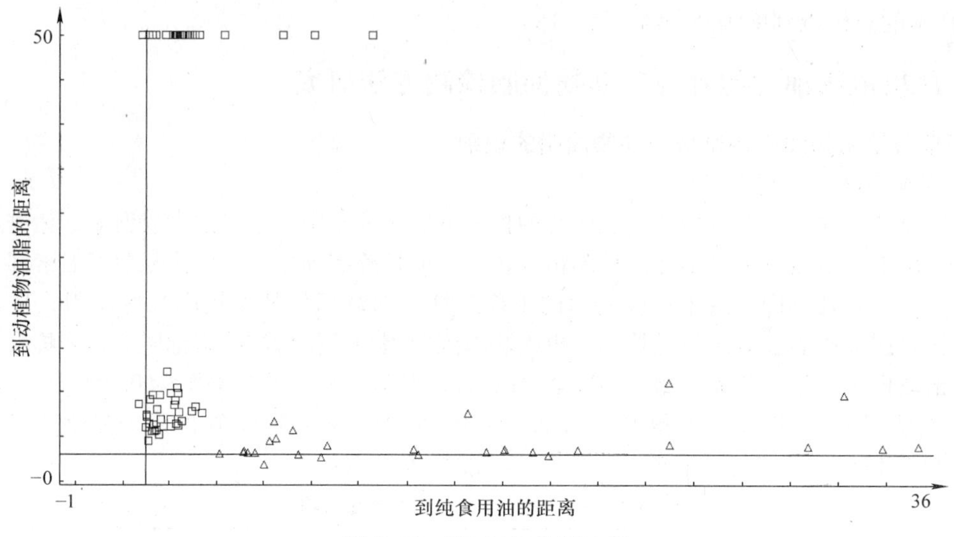

图 8-29 TQ 初步分析结果

核函数选用多项式核函数。建模集样本 61 个，预测集样本 22 个。分类准确率为 90.9%。真、伪样品各有一个不能正确识别。

（4）WEKA 贝叶斯分类器分析

在 WEKA 中使用朴素贝叶斯分类器需要将已经得到的数据进行离散化［虽然得到的光谱数据已经是离散化的点，但是贝叶斯分类器对数据有特殊要求，所有的数据要求可以形成一个有向无环图（DAG）］。一共有 83 个样本，使用 28 个样本用来作预测集，其余 55 个样本用作建模集。WEKA 数据要求将数据第一行添加为样本的属性值，这就要求数据规模不能过大，所以需要对光谱数据进行主成分分析。这样得到的数据是离散化的，故而在进行分类建模和预测时是针对不同的属性进行的。

进行主成分分析后取前 6 列作为光谱矩阵的主成分矩阵。这六个主成分列矩阵进行 WEKA 朴素贝叶斯分类器建模和预测时，人们发现样本属性 3 能够较好地进行样本分类，分类准确率为 71.4%，其余样本属性预测效果都仅是 50% 左右。

（5）3 种算法的比较

相比以上 3 种算法，距离匹配原理简单且分类效果较理想。

2. 复杂背景植物油中掺杂单一动物油脂的识别

（1）样本配制方案

第二部分实验样本配制浓度更低，且背景油采用不同种类和品牌的植物油，期望找出胆固醇拉曼光谱的检测限。每个样本平行配制 2 个，样本配制方案见表 8-11。

表 8-11 样本配制表

样本编号	猪油: 豆油（体积比）	样本编号	猪油: 豆油（体积比）	样本编号	猪油: 豆油（体积比）
Z10	1:100	Z11	1:110	Z12	1:120
Z13	1:130	Z14	1:140	Z15	1:150
Z16	1:160	Z17	1:170	Z18	1:180
A1	1:200	A2	1:300	A3	1:400
A4	1:500	A5	1:600	A6	1:700
A7	1:800	A8	1:900	A9	1:1000

（2）TQ 距离匹配分析

纯食用油样本共55份，猪油掺杂样本18份，共73份样本，其中24份样本作为校验集，49份样本作建模集。校验集中真假样本分别为17份和7份，建模集中真假样本分别为38份和11份。用TQ中的距离匹配原理得到的分析结果仍然是100%（采用二阶导去噪，全光谱建模），如图8-30所示。

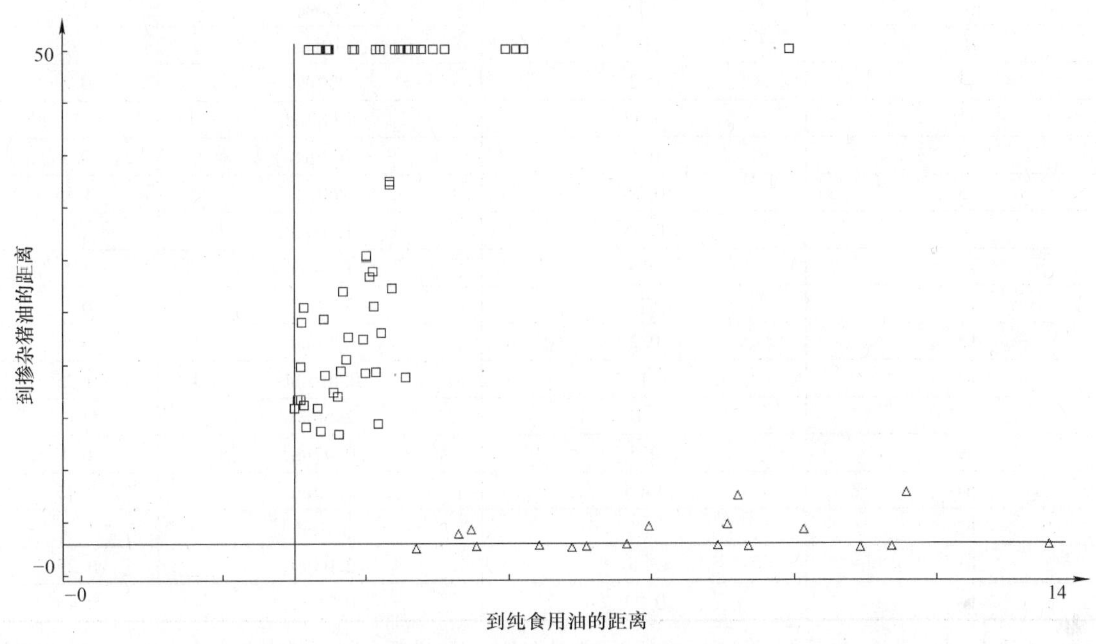

图8-30 TQ距离匹配法建模结果

（3）Libsvm 建模分析

核函数采用多项式时识别率为100%，采用高斯径向核函数时识别率为70.8%。共73份样本，其中49份样本用作建模，其余24份样本用作预测。识别效果与TQ相同。

（4）WEKA 贝叶斯分类器分析

这里共有73份样本，25份样品用作预测，48份用作建模，其中预测集中正确分类的有20个样本，不能正确分类的是5个。总体识别率能达到80%。

（5）3种算法的比较

通过以上3种算法对复杂背景油动物油脂掺杂样本分类的效果可以看出，距离匹配法和Libsvm识别效果最好，而贝叶斯分类器分类效果较差，只能识别80%的样本。

3. 简单背景植物油中掺杂多种类动物油脂的识别

（1）样本配制方案

本部分实验主要探索复杂动物油脂来源情况下，样本分类的效果。其中动物油脂分别采用超市购买的小肥羊火锅清汤底料（内蒙古小肥羊调味食品有限公司）、实验熬制的牛油、分析纯胆固醇（国药集团化学试剂有限公司生产）。背景油采用五湖大豆油，用上述3种识别方法进行鉴别。

实验烹制牛油样和小肥羊清汤火锅底料均为液体油样，其配制方案参照见表8-12。

表 8-12　牛油、火锅油、分析纯胆固醇样本配置方案

样品编号	估计胆固醇浓度/(mg/kg)	估计胆固醇含量	食用油含量/mL
g14	75	7.5mg	125
g19	190	19mg	125
g18	150	15mg	125
g20	240	24mg	125
g17	120	12mg	125
g16	100	10mg	125
s5	0.2	230μL	0.5
s1	0.45	1.082μL	1
s9	0.5	470μL	0.4
s3	0.25	260μL	0.45
s4	0.35	1.68μL	2
s2	0.4	1.44μL	1.5
h8	7	3.26mL	0.2
h5	0.2	0.23mL	0.5
h7	1	0.816mL	0.35
h6	11	2.56mL	0.11
h9	0.5	0.47mL	0.4
h4	14.5	1.69mL	0.05
h2	2	1.4mL	0.3
h1	3.5	2.03mL	0.25
h3	0.25	0.26mL	0.45

注：牛油试验样本配制，根据文献得知地沟油胆固醇含量为416mg/kg为标准进行配制。以上编号中g代表分析纯胆固醇配制方案；s代表牛油配制方案；h代表火锅清汤油配制方案。

（2）TQ距离匹配分析

TQ分析中共79个样本，胆固醇样本23个，纯食用油样本56个，用24个样本（16个纯油样，8个胆固醇样本）作预测集，55个样本（40个纯油样，15个胆固醇样本）作建模集。距离匹配法分类结果达到96%（只有一个纯油样不能正确识别）。具体分类效果如图8-31所示。

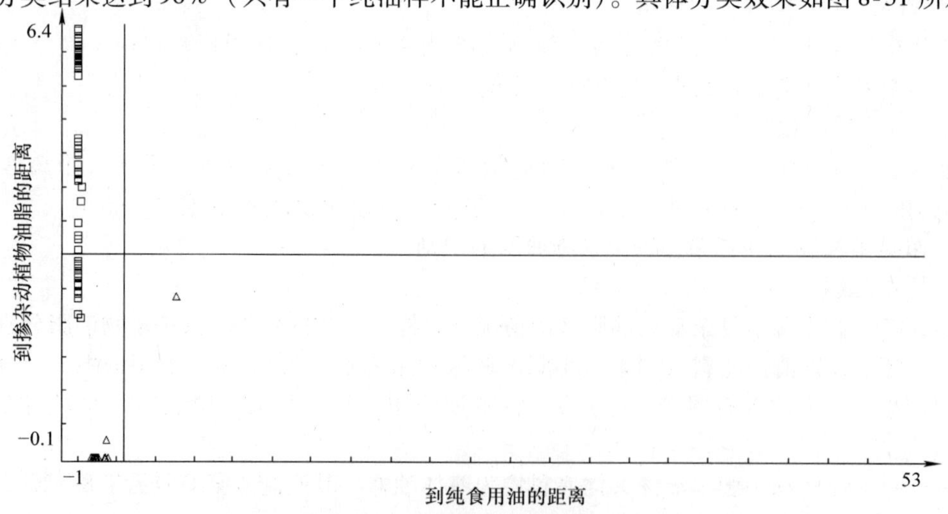

图 8-31　TQ距离匹配法分类效果

（3）Libsvm 建模分析

建模集和预测集的建立与 TQ 一样，和函数采用多项式核函数，分类结果也是只有一个纯样本不能正确识别。当和函数采用高斯径向核函数时识别率为 66%，但是样本配制用到的背景油纯样可以正确识别，采用 cg 参数巡游得到的识别效果是一样的。

（4）WEKA 贝叶斯分类器分析

采用贝叶斯分类的识别准确率为 66.7%（预测集为 27 个，18 个能准确识别，9 个不能准确识别）。

（5）3 种算法的比较

通过以上 3 种算法的比较，还是距离匹配法和 Libsvm 分类效果较好，贝叶斯分类效果样本前处理等还需要进行验证。

8.5　小结

本章重点研究了应用近红外光谱、中红外光谱和拉曼光谱技术分别对食用油的种类鉴别、花生油和芝麻油的掺伪、制伪，以及植物油中是否掺有劣质油脂和外源性动物油脂等进行了深入的探索，且取得了较好的实验结果。但是限于实验中所建立的掺伪判别模型所用的样本都是实验配制，对于实际样本的预测性能还有待进一步验证。

参考文献

[1] 李书国，李雪梅，陈辉．我国食用油质量安全现状、存在问题及对策研究［J］．粮食与油脂，2005，12：3－4.

[2] 孙通，许文丽，刘木华，等．地沟油鉴别的研究现状与展望［J］．食品工业科技，2012，24：418－422.

[3] 曹文明，孙禧华，陈凤香，等．“地沟油”鉴别技术研究展望［J］．中国油脂，2012，37（5）：1－2.

[4] 苏蕊，梁大鹏，李明，等．食用油品质的检测技术进展［J］．岩矿测试，2012，1：57－58.

[5] 崔晓举，蒋世云，张夏辉，等．地沟油检测技术研究进展［J］．化学分析计量，2013，22（3）：100－101.

[6] 颜晓航．薄层色谱法操作技术控制要点分析［J］．安徽医药，2015，16（9）：1271－1272.

[7] 黄军，熊华，熊小青，等．利用薄层色谱及柱色谱法对潲水油极性组分的研究［J］．食品科学，2008，29（12）：568－569.

[8] 吴定，路桂红．发酵大豆食品中染料木素含量的 ELISA 测定［J］．食品科学，2002，23（7）：119.

[9] Chalmers J M，Griffiths Peter R. Handbook of Vibrational Spectroscopy［J］. Wiley，2003：1－5.

[10] E G Tranter，J L Holmes，J C Lindon. Encyclopedia of Spectroscopy and Spectrometry［J］. Elseview Academic Press，2000：244－247.

[11] 杨序纲，吴琪琳．拉曼光谱的分析与应用［M］．北京：国防工业出版社，2008：25－27.

[12] 朱自莹，顾仁敖，陆天虹．拉曼光谱在化学中的应用［M］．沈阳：东北大学出版社，1998：220－221.

[13] 赵鹏．拉曼光谱原理［J］．时代教育，2014，9：198.

[14] 刘燕德，刘涛，孙旭东，等．拉曼光谱技术在食品质量安全检测中的应用［J］．光谱学与光谱分析，2010，30（11）：3007－3008.

[15] 周秀军，戴连奎，李晟．基于拉曼光谱的食用植物油快速鉴别［J］．光谱学与光谱分析，2012，32（7）：1830－1831.

[16] 褚小立．化学计量学方法与分子光谱分析技术［M］．北京：化学工业出版社，2011：311－313.

[17] 吴征铠．拉曼光谱的发现和最近的发展［J］．光谱学与光谱分析，1983，3（2）：65－67.

[18] 伍林，欧阳兆辉，曹淑超，等．拉曼光谱技术的应用及研究进展［J］．光散射学报，2005，17（2）：180－181.

[19] 孙璐，陈斌，高瑞昌，等．拉曼光谱技术在食品分析中的应用［J］．中国食品学报，2012，12（12）：113－114.

[20] 于世林．波谱分析法［M］．重庆：重庆大学出版社，1991：95－154.

[21] 任斌，田中群．表面增强拉曼光谱的研究进展［J］．综述与专论，2004（5）：1－13.

[22] 侯怀宇，尤静林，吴永全．碱金属碳酸盐的拉曼光谱研究［J］．光散射学报，2001，13（3）：162－166.

[23] 朱华东，罗勤，周理，等．激光拉曼光谱及其在天然气分析中的应用展望［J］．天然气工业，2013，33（11）：111－112.

[24] 贾丽华，王一，孙成林，等．液芯光纤共振拉曼光谱法检测水中生物分子研究［J］．光谱学与光谱分析，2009，29（10）：2686－2687.

[25] Nie S，Emory S R. Probing Single Molecules and Single Nanoparticles by Surface－Enhances Raman Scattering［J］. Science，1997，275：1102.

[26] Thomas G J. Raman spectroscopy of protein and nucleic acid assembles［J］. Anne Rew Biomol Struc，1999，15（28）：1.

[27] 许永建，罗荣辉，郭茂田．共聚焦显微拉曼光谱的研究和进展［J］．激光杂志，2007，28（2）：13.

[28] 林海波，徐晓轩，王斌，等．共焦显微拉曼光谱深度剖析法在笔迹鉴定中的应用［J］．光谱学与光谱分析，2005，25（1）：51－53.

[29] 张燕，张鹏翔，李茂材，等．显微拉曼光谱在宝石鉴定中的应用［J］．光散射学报，1999，11（1）：7－9.

[30] 刘燕德，万常澜，莱丽金．共焦显微拉曼光谱快速检测食用油掺假研究［J］．农机化研究，2012，（9）：199.

[31] P Vandenabeele，H G M Edwards，L Moens. A Decade of Raman Spectroscopy in Art and Archaeology［J］. Chemical Review，2007，107（3）：675－686.

[32] P Colomban. On－site Raman identification and dating of ancient glasses：A review of procedures and tools OriginalResearch Article［J］. Journal of Cultural Heritage，2008，9（1）：55－60.

[33] G D Smith，R J H Clark. Raman microscopy in archaeological science［J］. Journal of Archaeological Science，2004，31（8）：1137－1160.

[34] 李现常，张石定，崔亚量．拉曼光谱在考古学中的应用及进展［J］．科技信息，2009，（29）：30.

[35] 赵红霞，干福熹．拉曼光谱技术在中国古玉、古玉器鉴定和研究中的应用［J］．光谱学与光谱分析，2009，29（11）：2989－2990.

[36] Casadio T H，Douglas Janet G，Faber Katherine T. Anal Bioanal［J］. Chem，2007，387：791.

[37] 田高友．拉曼光谱技术在石油化工领域应用进展［J］．现代科学仪器，2009，（2）：130－134.

[38] J M Andrade，S Garrigues，M de la Guardia，et al. Non－destructive and clean prediction of aviation fuel characteristics through Fourier transform－Raman spectroscopy and multivariate calibration［J］. Analytica Chimica Acta，2003，482（1）：115－128.

[39] M S Ku，H Chung. Compositional analysis of naphtha by FT－Raman spectroscopy［J］. BullKorean Chem Soc，1999，20（2）：159－162.

[40] J Kim，J Han，Noh，et al. Feasibility of a wide area illumination scheme for reliable Raman measurement of petroleum product［J］. Appl Spectrosc，2007，61（7）：686－693.

[41] E F Philip，T W William，A Sacharia. Determination of octane numbers and Reid vapor pressure in commercial

gasoline using dispersive fiber - optic Raman spectroscopy [J]. Spectorchimica Acta Part A: Molecular and Biomolecular Spectroscopy, 1997, 53 (2): 199 - 206.

[42] J B Cooper, K L Wise, W T Welch, et al. Determination of Weight Percent Oxygen in Commerical Gasoline: A Comparison between FT - Raman, FT - IR, and Dispersive Near - IR Spectroscopies [J]. Applied Spectroscopy, 1996, 50 (7): 917 - 921.

[43] C J de Bakker, P M Fredericks. Determination of Petroleum by Fiber - Optic Fourier Transform Raman Spectrometry and Partial Least - Squares Analysis [J]. Applied Spectroscopy, 1995, 49 (12): 1766 - 1771.

[44] 孟耀勇，廖昱博．激光拉曼光谱技术在食品科学中的应用 [J]. 激光生物学报，2006，15 (4): 429 - 435.

[45] 陈健，肖凯军，林福兰．拉曼光谱在食品分析中的应用 [J]. 食品科学，2007，28 (12): 554 - 558.

[46] E C Lopez - Diez, G Bianchi, R Goodacre. Rapid quantitative assessment of the adulteration of virgin olive with hazelnut oils using Raman spectroscopy and chemometrics [J]. Journal of Agricultural and Food Chemistry, 2003, 51 (21): 6145 - 6150.

[47] M M Paradkar, J Irudayaraj. Discrimination and classification of beet and cane inverts in honey by FT - Raman spectroscopy [J]. Food Chemistry, 2002, 76 (2): 231 - 239.

[48] H Yang, J Irudayaraj. Comparison of near - infrared, Fourier transform - infrared, and Fourier transform - Raman methods for determining olive pomace oil adulteration in etra virgin Oliva oil [J]. JAOCS, 2001, 78 (9): 889 - 895.

[49] 吴静珠，石瑞杰，陈岩，等．基于 PLS - LDA 和拉曼光谱快速定性识别食用植物油 [J]. 食品工业科学，2014，35 (6): 55 - 56.

[50] 邓之银，张冰，董伟，等．拉曼光谱和 MLS - SVR 的食用油脂肪酸含量预测研究 [J]. 光谱学与光谱分析，2013，33 (11): 2997 - 3001.

[51] Zhang X, Qi X, Liu M Z F. Rapid Authentication of Olive Oil by Raman Spectroscopy Using Principal Component Analysis [J]. Analytical Letters, 2011, 44 (12): 2209 - 2220.

[52] 李浩，邓平建，杨冬燕，等．“地沟油”标准物质候选物研制 [J]. 中国公共卫生，2014，30 (3): 361 - 363.

[53] 刘晓毅．食用植物油中外源性物质检测技术研究进展 [J]. 油脂工程，2013，10: 51 - 54.

[54] 郭涛，杜蕾蕾，万辉，等．餐饮废油制备硬脂酸与油酸的研究 [J]. 食品科技，2009，34 (8): 109.

[55] 周艳华，李涛．地沟油快速检测研究 [J]. 现代食品，2011: 69 - 70.

[56] 于燕波，臧鹏，付元华，等．近红外光谱法快速测定植物油中脂肪酸含量 [J]. 光谱学与光谱分析，2008，28 (7): 1554.

[57] 刘波，杨建国，张雪梅．地沟油鉴别检测指标的研究进展 [J]. 职业与健康，2011，27 (10): 59 - 61.

[58] 严衍禄，陈斌，朱大洲，等．近红外光谱分析的原理、技术及应用 [M]. 北京：中国轻工业出版社，2013: 261.

[59] 史文青，薛雅琳，何东平，等．花生油香精挥发性成分的鉴别研究 [J]. 农业机械，2012，03: 44 - 47.

[60] 王鑫，贾洪锋，邓红，等．电子鼻在芝麻油及芝麻油香精识别中的应用 [J]. 中国调味品，2012，05: 39 - 43.

[61] 贾洪锋，邓红，梁爱华．电子鼻在芝麻油掺芝麻油香精识别中的应用 [J]. 中国粮油学报，2013，08: 83 - 86.

[62] 胡晓红，周金池．拉曼光谱的应用及其进展 [J]. 分析仪器，2011，06: 1 - 3.

[63] 周雅丹，张国治，范璐．拉曼光谱技术在油脂分析中的应用 [J]. 粮食科技与经济，2014，02: 36 - 38.

[64] 郑晓春，彭彦昆，李永玉，等. 拉曼光谱技术在农畜产品品质安全检测中的进展［J］. 食品安全质量检测学报，2014，03：665－673.

[65] 李靖，王春光，田海清. 光谱技术在农药残留检测中的应用与展望［J］. 农机化研究，2014，08：250.

[66] C Fan，Z Hu，L K Riley，G A Purdy，et al. Detecting Food－and Waterborne Viruses by Surface－Enhanced Raman Spectroscopy［J］. Journal of Food Science，2010，75，(5)：302－307.

[67] Y Cheng，Y Dong，J Wu，et al. Screening melamine adulterant in milk power with laser Raman spectrometry［J］. Journal of Food Composition and Analysis，2010，23 (2)：199－202.

[68] 杨淑莹，等. 模式识别与智能计算——Matlab 技术实现［M］. 北京：电子工业出版社，2013：126－127.

[69] 李晓宇，张新峰，沈兰荪. 支持向量机（SVM）的研究进展［J］. 测控技术，2006，06：7－8.

[70] 崔胤，郑文元，张斌，等. 胆固醇激光拉曼光谱的初步研究［J］. 兰州医学院学报，2009，(3)：98－101.

[71] 郝鹏飞，牟志春，徐琴，等. 气相色谱－质谱法测定食用油中的胆固醇［J］. 分析测试学报，2012，31 (12)：54－55.

[72] 张蕊，祖丽亚，樊铁，等. 测定胆固醇含量鉴别地沟油的研究［J］. 中国油脂，2006，31 (5)：65.

[73] 杨行峻，郑君里. 人工神经网络［M］. 北京：高等教育出版社，1992：254－278.

[74] 何敏，武德安，吴磊. 基于 MapReduce 的平均多项朴素贝叶斯文本分类［J］. 计算机应用研究，2016，33 (1)：115－116.

第9章　多光谱技术在食用油营养及理化品质检测中的应用研究

9.1　简介

食用植物油的主要成分是各类脂肪酸。脂肪酸可分为饱和脂肪酸、单不饱和脂肪酸和多不饱和脂肪酸，其主要功能就是提供热量。植物油还能提供人体无法合成但是人体必需的脂肪酸和各种脂溶性维生素，是饮食中不可缺少的营养物质。因此食用植物油品质与人类日常生活息息相关。

我国作为食用油消耗的第一大国，食用油的品质保证尤为重要，这与人民的身体健康、国家的食品安全以及食用油市场的正常秩序都息息相关，绝对不容忽视。目前国家针对食用油常规指标检测的国标方法为物理化学方法，通常操作时间长、样本需要前处理，同时容易造成试剂的浪费和污染，亟待改进。

采用光谱检测分析技术便可以较好地克服传统的物理、化学检测方法带来的不便之处。利用光谱检测分析技术，可以迅速地采集样本的光谱信息，待测样本只需微量且不需要任何前处理，检测时也不需要反应试剂，节约了大量的时间及样本；再结合化学计量学方法进行分析，利用计算机进行快速且高效的批量数据处理和建模分析，提高运算效率且结果可靠性高。因此，单一样本的完整检测过程耗时不到1min便可以得到可靠的检测结果，真正地实现了快速、便捷、高效、绿色无污染的食用油品质检测。通过光谱检测分析技术不但可以实现样本的成分含量分析，还可以实现样本的分子结构构成分析，检测范围十分广泛。

本章利用近红外、中红外和拉曼光谱技术并结合化学计量学方法对食用油的营养和理化指标进行有效定量分析。

9.2　基于近红外光谱技术的食用油脂肪酸检测方法研究

9.2.1　实验材料与光谱采集

实验总共收集了46个食用植物油样本，包括花生油、玉米油、葵花籽油、芝麻油、大豆油和橄榄油等，购买于北京的超市。

实验样本中的油酸、亚油酸、硬脂酸以及棕榈酸的实际含量均使用国标法测定，即采用气相色谱法测定，用来作为校正模型建立时油酸、亚油酸、硬脂酸和棕榈酸的真实含量。

使用德国布鲁克公司生产的VERTEX 70型红外光谱仪采集食用植物油样本的近红外光谱，采集光谱时使用液体光纤探头，光程为2mm。仪器参数设定如下：波数范围为4000～12500cm^{-1}，分辨率为16cm^{-1}，对每个样本重复扫描32次，采样点个数为1102。

46个食用植物油样本均未经化学处理，将液体光纤探头深入到装有样本的塑料瓶里。在进行扫描样本的过程中，每次扫描样本测量前必须使用石油醚清洗光纤探头，以避免样本之间产生交叉污染。

根据浓度残差法剔除 5 个异常样本后，样本集共有 41 个样本，采用 Kennard – Stone 法划分校正集样本 31 个，验证集样品 10 个。

9.2.2 基于窗口移动的 PLS 法介绍

1. 移动窗口 PLS（MWPLS）法

MWPLS 法的基本原理是沿波长变化的方向顺序滑动截取指定窗口宽度的区间，建立一系列的 PLS 模型，根据 RMSECV 选取最佳光谱区间，窗口宽度不同则所包含的光谱信息不同，因此窗口宽度决定了所建 PLS 模型性能，是采用 MWPLS 法的关键。该算法的最大优势在于：即使有干扰存在，所建模型依然非常稳定，其预测能力优于传统全光谱的 PLS 法。

2. 间隔 PLS（iPLS）法

iPLS 法将全光谱等分成 n 个子区间，然后分别在全光谱以及各个子区间内建立 PLS 回归模型，并利用交互验证分别计算出全波谱回归模型和各子区间回归模型的预测残差平方和（PRESS），以全波段回归模型的 PRESS 作为阈值，从各间隔中选取出 PRESS 值小于阈值的波段建模，以达到波段优选的目的。n 值不同，区间宽度不同，则子区间光谱信息不同，因此如何确定合适子区间数目是采用 iPLS 法的关键。该算法的缺点是只能选择单一子区间进行建模，没有考虑到可以使用多个子区间进行联合建模。

3. 向后间隔 PLS（BiPLS）法

BiPLS 法是将全光谱等分成 n 个子区间，依次剔除一个子区间，用剩下的 $n-1$ 个区间联合建模，共计可以计算得到 n 个 RMSECV 值。最小 RMSECV 值所对应的区间就是第一个排除的区间，以此类推，计算直到剩下最后一个区间。确定合适的子区间个数，n 值是采用 BiPLS 法的关键。对比于 iPLS 法，该方法可以弥补 iPLS 法利用单一子区间建模的缺陷。

4. 联合间隔 PLS（SiPLS）法

SiPLS 法是 iPLS 法的一个扩展，它是通过划分不同子区间个数 n 及子区间的任意组合来筛选相关系数最大且误差最小的一个组合区间。因此合适的子区间的个数和联合区间数是采用 SiPLS 法的关键。该方法可以弥补 iPLS 法利用单一区间建模的缺陷，但同时随着子区间个数的增加，运算次数会急剧增大，建模时间也会更长。

9.2.3 食用油油酸近红外光特征谱区筛选与模型优化方法研究

1. 基于 MWPLS 法的油酸近红外光模型优化

首先对 41 个食用油的原始光谱进行均值化处理，去除噪声。初始化窗口宽度为 11 个波长变量，窗口宽度增加的步长为 10 波长变量，依次建立了窗口宽度 11 ~ 481 多个 PLS 模型。其中在窗口宽度为 111 个光谱数据点时，如图 9-1 所示：横轴为波数点值，纵轴为 RMSECV 值，由 RESECV 随窗口位置变化的关系图可以计算得到最小的 RMSECV。波段选取结果如图 9-2 所示。对应的波数点范围是 4956 ~ 5805cm^{-1}。

对之前按 Kennard – Stone 法划分好的样本进行建模，iPLS 法建模结果如图 9-3 所示。所建模型的主成分数为 13 时，模型最佳，决定系数 R^2 为 0.9864，RMSECV 为 1.5533，RMSEP 为 1.1728。

2. 基于 iPLS 法的油酸近红外光模型优化

首先对 41 个食用油的原始光谱进行均值化处理，去除噪声。将原始光谱分成 2 ~ 50 个子区间，分别建模比较。其中将原始光谱分成 39 个区间，即窗口宽度大小为 28 个光谱数据点。图 9-4所示为各个子区间模型的 RMSECV 的比较图，横轴为波数点值，纵轴为 RMSECV 值，条

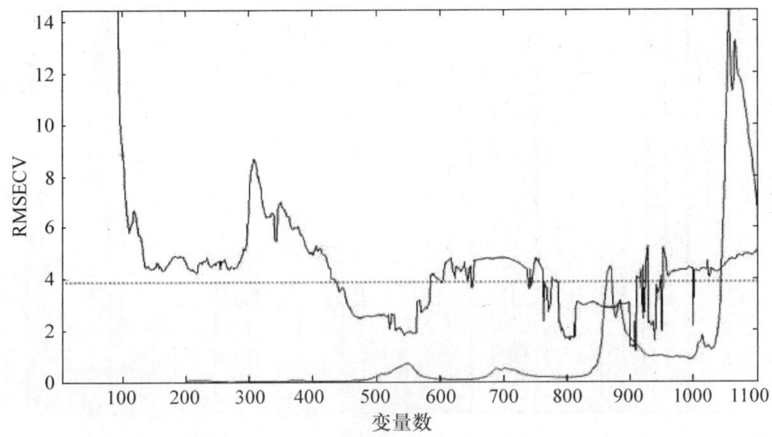

图 9-1　RMSECV 随窗口位置变化的关系图

形图高度代表单个子区间的 RMSECV 的值。由图 9-4 可知在第 27 个区间得到最小的 RMSECV。波段选取结果如图 9-5 所示。该区间对应的波数范围是 5702 ~ 5966cm^{-1}。

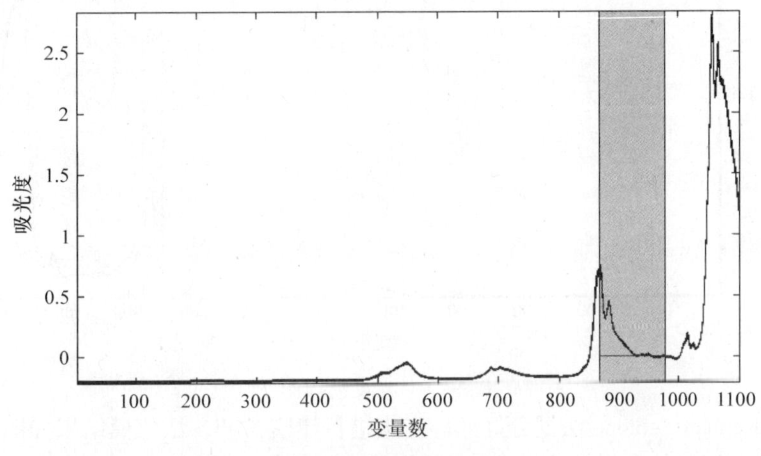

图 9-2　波段选择图

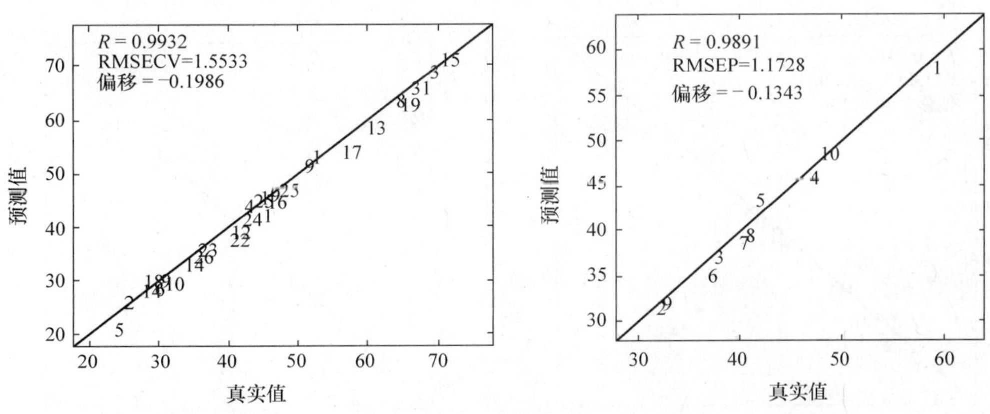

图 9-3　MWPLS 法油酸模型分析结果

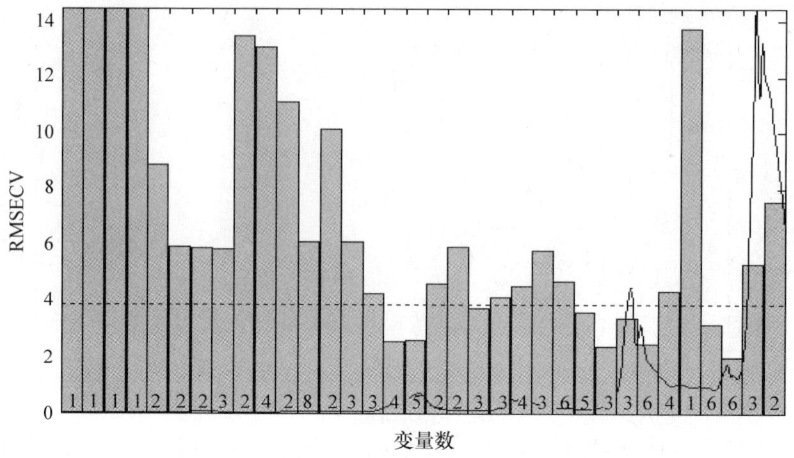

图 9-4　子区间模型的 RMSECV 的比较图

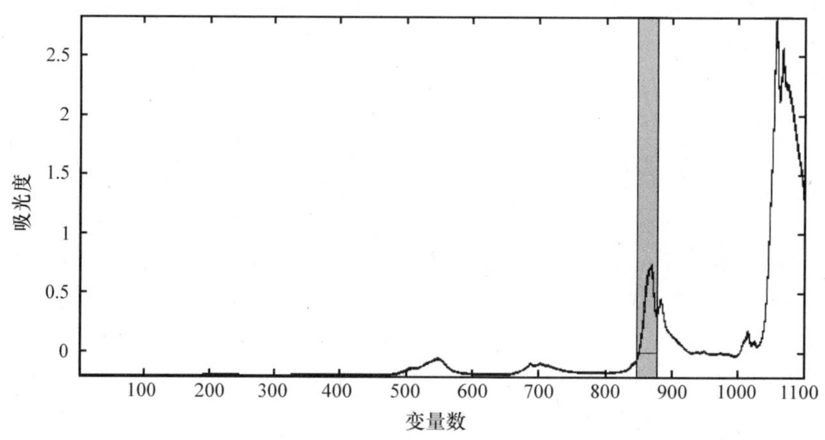

图 9-5　波段选择图

对上一节按 Kennard－Stone 法划分好的样本集进行建模，iPLS 法建模结果如图 9-6 所示。所建模型的主成分数为 11 时，模型最佳，决定系数 R^2 为 0.9826，RMSECV 为 1.7963，RMSEP 为 1.0482。

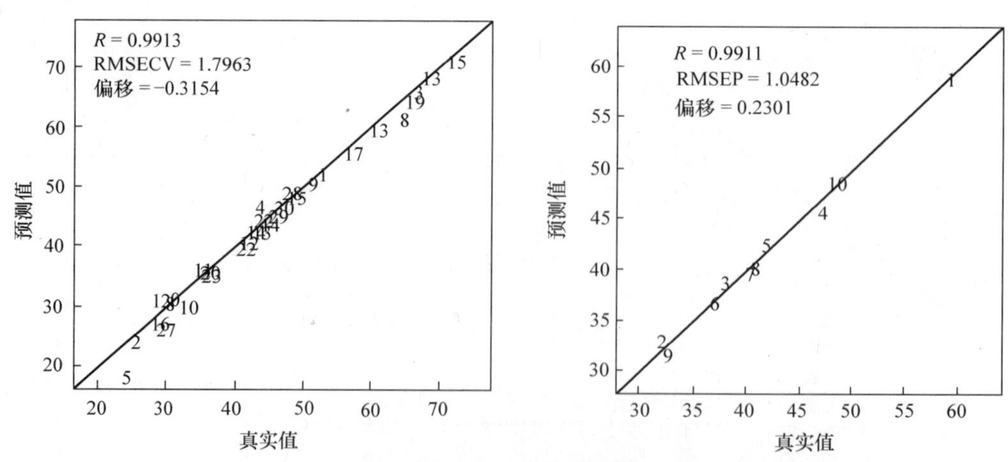

图 9-6　iPLS 法油酸模型分析结果

3. 基于 BiPLS 法的油酸近红外光模型优化

首先对 41 个食用油的原始光谱进行均值化处理，去除噪声。将原始光谱分成 2 ~ 55 个子区间，选择每个划分区间下的最佳联合子区间分别建模比较。因为算法的计算量会随着划分区间数与联合子区间数的增大而剧烈增加，所以选择的子区间数应小于 5。综合考虑 RMSECV 及 RMSEP 的值及联合子区间数，将原始光谱分成 40 个区间，3 个子区间联合（27、32、35），波段选取结果如图 9-7 所示，区间对应的波数范围为 5041 ~ 5241cm^{-1}、5666 ~ 5866cm^{-1}、6707 ~ 6907cm^{-1}。

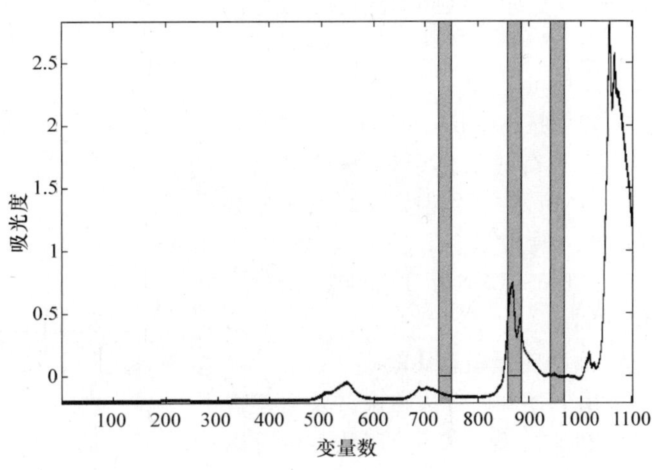

图 9-7　波段选择图

对之前按 Kennard – Stone 法划分好的样本集进行建模，BiPLS 法建模结果如图 9-8 所示。所建模型的主成分数为 12 时，模型最佳，决定系数 R^2 为 0.9894，RMSECV 为 1.3624，RMSEP 为 1.1466。

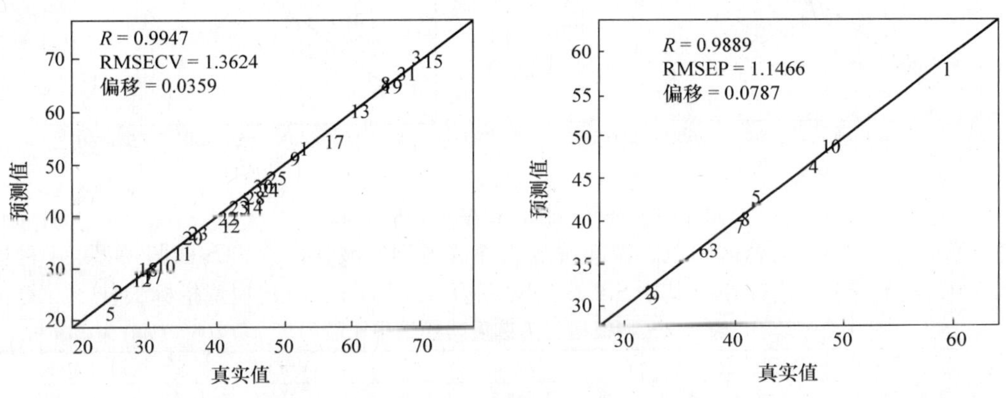

图 9-8　BiPLS 法油酸模型分析结果

4. 基于 SiPLS 法的油酸近红外光模型优化

SiPLS 法建立模型的精度由联合的子区间个数与划分区间决定，具体选择的划分区间数与联合子区间个数由试验得出。首先对 41 个食用油的原始光谱进行均值化处理，去除噪声。将原始光谱分成 4 ~ 50 个子区间，分别选择联合子区间个数为 2、3、4，进行联合建模得到相对应的最佳模型，见表 9-1。

表 9-1　基于 SiPLS 法的子区间组合建模

区间数	子区间个数	主成分数	R^2	RMSECV	RMSEP
24	2	11	0.9912	1.2400	1.1594
24	3	11	0.9944	1.2799	0.9957
20	4	13	0.9918	1.2002	0.7258

综合考虑 RMSECV 及 RMSEP 的值及联合子区间数，将原始光谱分成 25 个区间，4 个子区间

联合（10、12、17、22），波段选取结果如图9-9所示。区间对应的波数范围为5018～5349cm^{-1}、6715～7046cm^{-1}、8412～8743cm^{-1}、9422～9590cm^{-1}。

对之前按Kennard－Stone法划分好的样本集进行建模，SiPLS法建模结果如图9-10所示。所建模型的主成分数为11时，模型最佳，决定系数R^2为0.9918，RMSECV为1.2002，RMSEP为0.7258。

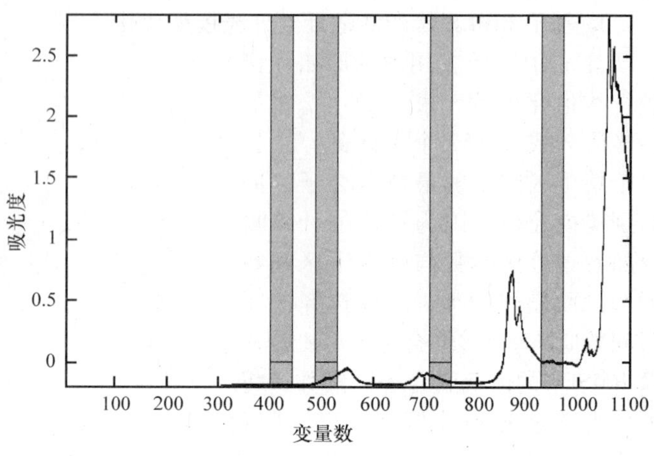

图9-9　波段选择图

5. 油酸定量模型比较

采用上述4种方法筛选波长后建立的最佳PLS模型见表9-2。从表中可以

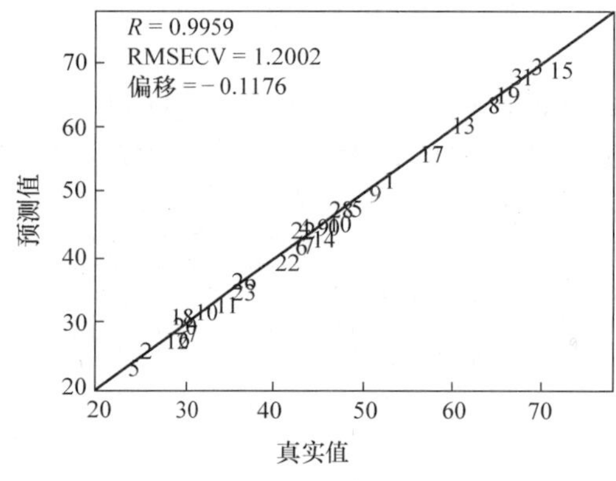

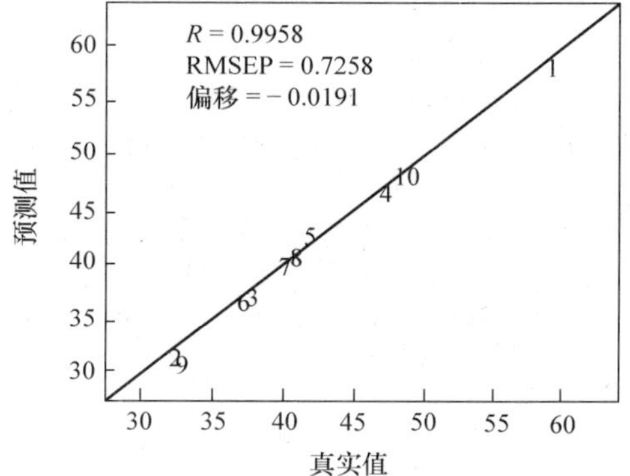

图9-10　SiPLS法油酸模型分析结果

得出通过对划分区间数、联合区间数、区间选取等筛选得到的波长建立PLS回归模型，4种模型预测精度均明显优于全光谱建模，其中SiPLS法（联合4个区间）所建模型指标最佳。

表9-2　特征谱区筛选后建模结果比较

筛选算法	主成分数	R^2	RMSECV	RMSEP
PLS（全光谱）	8	0.8511	5.1939	5.7470
MWPLS	13	0.9864	1.5533	1.1728
iPLS	11	0.9826	1.7963	1.0482
BiPLS	12	0.9894	1.3624	1.1466
SiPLS	13	0.9918	1.2002	0.7258

观察利用4种特征波长挑选方法优选的波数范围，4种方法建立的模型所对应波数范围的公共区域集中于5000～5500cm^{-1}，而羧酸中的C＝O的二级倍频正是在5260cm^{-1}处有主要吸收峰。预测结果较好的SiPLS和BiPLS优选的波数范围在8604～8921cm^{-1}也有公共区域，而烯烃化合物中的端亚甲基C－H伸缩振动的二级倍频（8897～8944cm^{-1}）正是在该区域有主要吸收峰。因此本书采用4种方法所挑选的特征波长与理论分析的特征峰相符。

9.2.4　食用油亚油酸近红外光特征谱区筛选与模型优化

1. 基于MWPLS法的亚油酸近红外光模型优化

首先对41个食用油的原始光谱进行均值化处理，去除噪声。初始化窗口宽度为11个波长变量，窗口宽度增加的步长为 10 波长变量，依次建立了窗口宽度为 11 ~ 481 的多个 PLS 模型。其中在窗口宽度为 121 个光谱数据点时，如图 9-11 所示：横轴为波数点值，纵轴为 RMSECV 的值，由 RESECV 随窗口位置变化的关系图可以计算得到最小的 RMSECV。波段选取结果如图 9-12 所示。对应的波数点范围是 4941 ~ 5874cm^{-1}。

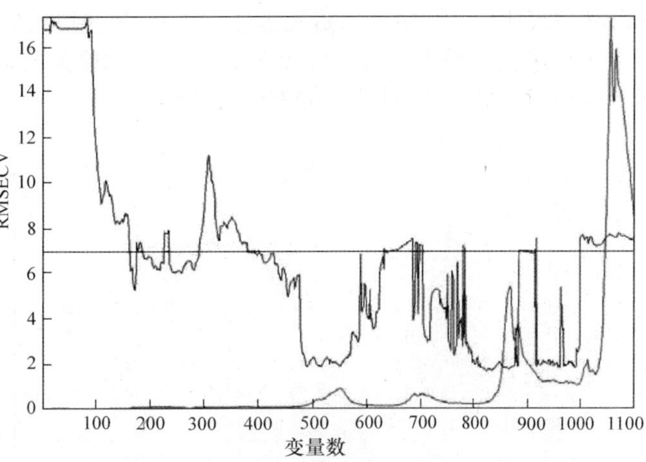

图 9-11　RMSECV 随窗口位置变化的关系图

对之前按 Kennard - Stone 法划分好的样本进行建模，MWPLS 法建模结果如图 9-13 所示。所建模型的主成分数为 13 时，模型最佳，决定系数 R^2 为 0.9860，RMSECV 为 1.8624，RMSEP 为 1.3585。

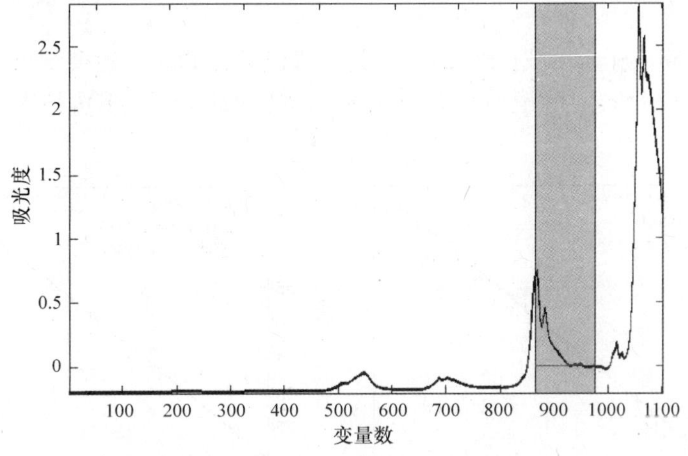

图 9-12　MWPLS 法波段选择图

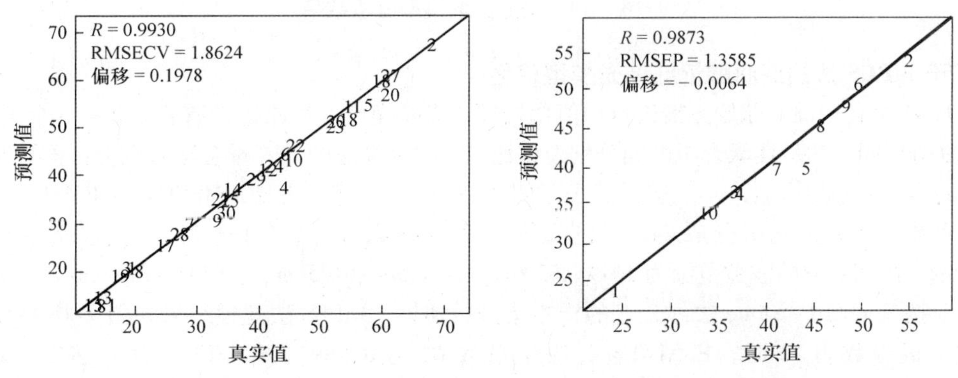

图 9-13　MWPLS 法亚油酸模型分析结果

2. 基于 iPLS 法的亚油酸近红外光模型优化

首先对 41 个食用油的原始光谱进行均值化处理，去除噪声。将原始光谱分成 2 ~ 50 个子区间分别建模比较。其中将原始光谱分成 24 个区间得到最佳模型，图 9-14 所示为各个子区间模型的 RMSECV 的比较图，由图可知在第 19 个区间得到最小的 RMSECV。波段选取结果如图 9-15 所示。该区间对应的波数范围是 5750 ~ 6105cm^{-1}。

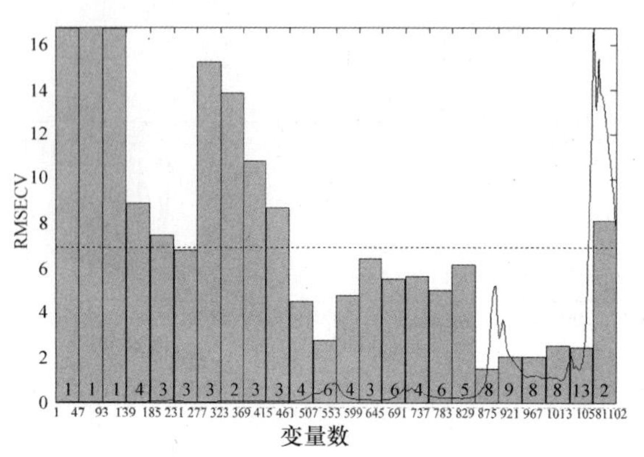

图 9-14　子区间模型的 RMSECV 的比较图

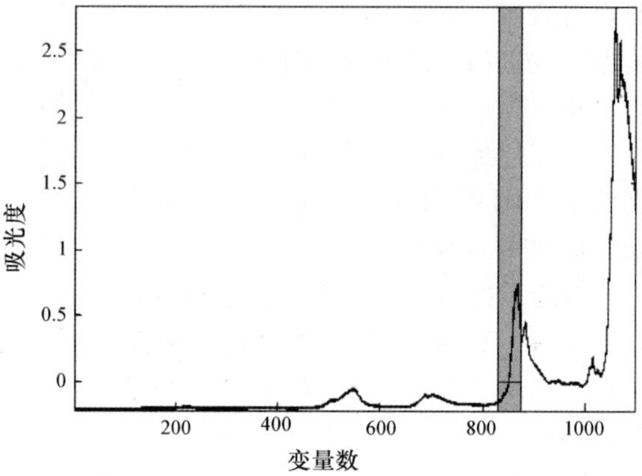

图 9-15　iPLS 法波段选择图

对之前按 Kennard – Stone 法划分好的样本集进行建模，iPLS 法建模结果如图 9-16 所示。所建模型的主成分数为 8 时，模型最佳，决定系数 R^2 为 0.9912，RMSECV 为 1.4873，RMSEP 为 1.7488。

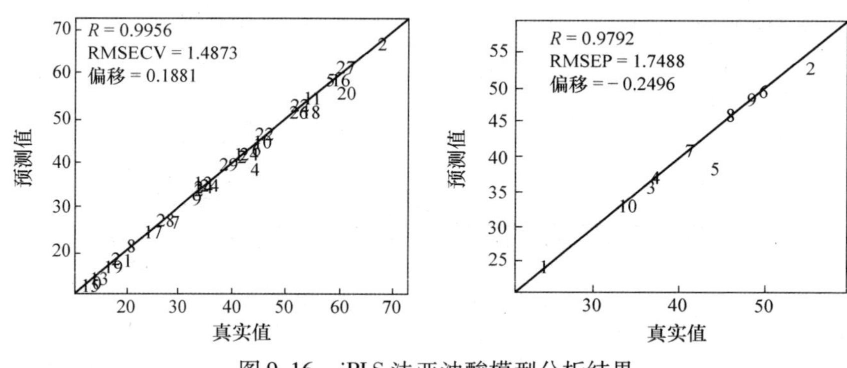

图 9-16　iPLS 法亚油酸模型分析结果

3. 基于 BiPLS 法的亚油酸近红外光模型优化

首先对 41 个食用油的原始光谱进行均值化处理，去除噪声。将原始光谱分成 2 ~ 55 个子区间，选择每个划分区间下的最佳联合子区间分别建模比较。因为算法的计算量会随着划分区间数与联合子区间数的增大而剧烈增加，所以选择的子区间数应小于 5。综合考虑 RMSECV 及 RMSEP 的值及联合子区间数，将原始光谱分成 24 个区间，3 个子区间联合（11、19、21），波段选取结果如图 9-17所示，区间对应的波数范围为 5049 ~ 5396cm^{-1}、5758 ~ 6105cm^{-1}、8597 ~ 8944cm^{-1}。

对之前按 Kennard – Stone 法划分好的样本集进行建模，BiPLS 法建模结果如图 9-18 所示。所建模型的主成分数为 13 时，模型最佳，决定系数 R^2 为 0.9894，RMSECV 为 1.7845，RMSEP 为 1.3877。

4. 基于 SiPLS 法的亚油酸近红外光模型优化

首先对 41 个食用油的原始光谱进行均值化处理，去除噪声。将原始光谱分成 4 ~ 50 个子区间，分别选择联合子区间个数为 2、3、4 进行联合建模，得到相对应的最佳模型，见表 9-3。

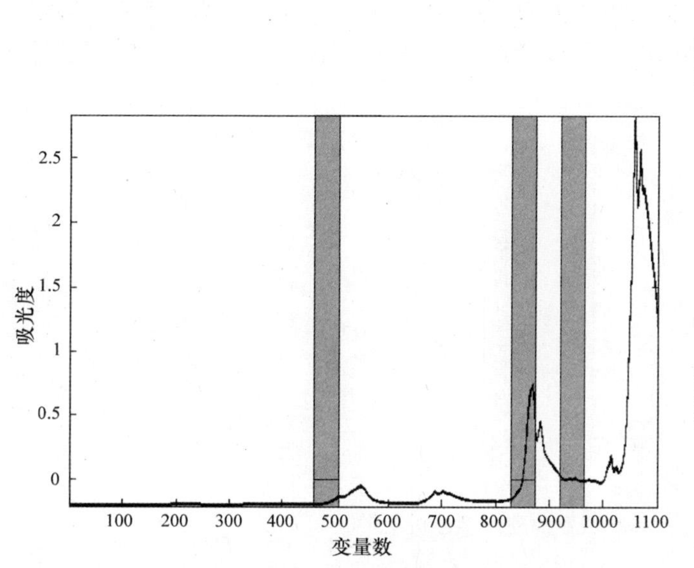

图 9-17 BiPLS 法波段选择图

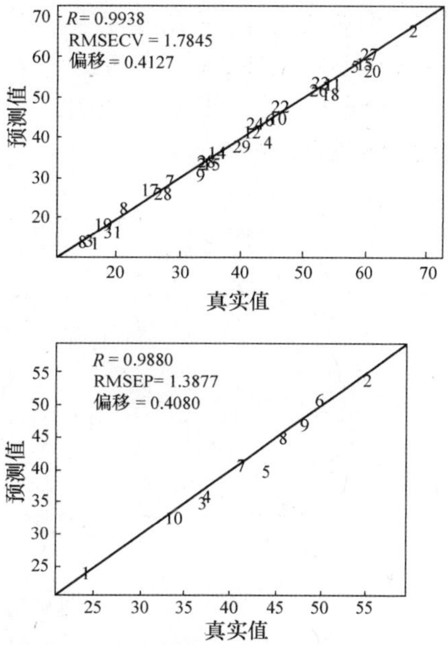

图 9-18 BiPLS 法亚油酸模型分析结果

表 9-3 基于 SiPLS 法的子区间组合建模

区间数	子区间个数	主成分数	R^2	RMSECV	RMSEP
32	2	10	0.9922	1.3781	1.5214
42	3	8	0.9924	1.3726	1.5980
30	4	10	0.9934	1.2665	1.2866

综合考虑 RMSECV 及 RMSEP 的值及联合子区间数，将原始光谱分成 30 个区间、4 个子区间联合（3、6、15、23），波段选取结果如图9-19所示。区间对应的波数范围为 5943 ~ 6213cm^{-1}、8349 ~ 8626cm^{-1}、10787 ~ 11065cm^{-1}、11643 ~ 11921cm^{-1}。建模结果如图 9-20 所示。

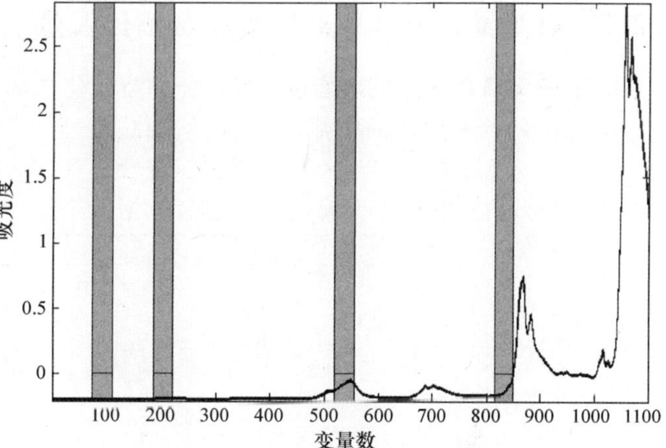

图 9-19 SiPLS 法波段选择图

5. 亚油酸定量模型比较

采用上述 4 种方法筛选波长后建立的最佳 PLS 模型见表 9-4。从表中可以得出通过对划分区间数、联合区间数、区间选取等筛选得到的波长建立 PLS 回归模型，4 种模型预测精度均明显优于全光谱建模，其中 SiPLS 法（联合 4 个区间）所建模型指标最佳。

观察利用 4 种特征波长挑选方法优选的波数范围，4 种方法建立的模型所对应波数范围的公共区域集中于 5900 ~ 6200cm^{-1}，而乙烯基的端亚甲基 C－H 伸缩振动的一级倍频吸收峰在 6120cm^{-1}附近。预测结果较好的 SiPLS 法和 BiPLS 法优选的波数范围在 8594 ~ 8626cm^{-1}也有公共区域，而烯烃化合物中的端亚甲基 C－H 伸缩振动的二级倍频（8897～8944cm^{-1}）正是在该区域有主要吸收峰。预测效果最好的 SiPLS 第 4 波段为 11643～11921cm^{-1}，烯烃化合物中的端亚甲基 C－H 伸缩振动的三级倍频出现在 11390cm^{-1}附近。因此本章采用 4 种方法所挑选的特征波长与理论分析的特征峰相符。

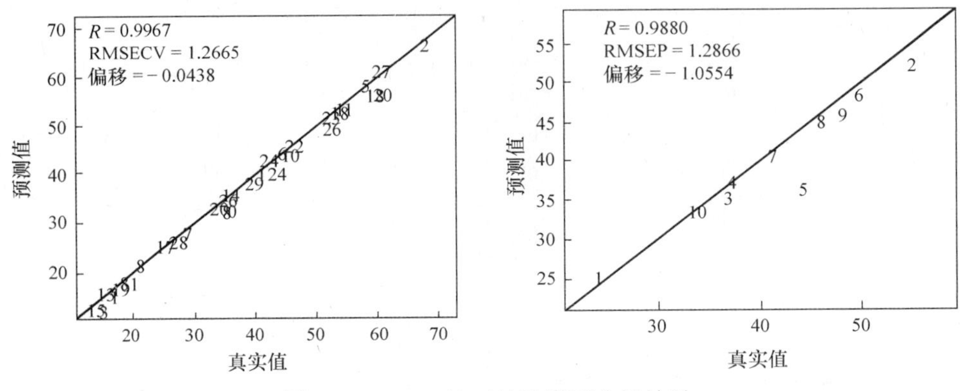

图 9-20　SiPLS 法亚油酸模型分析结果

表 9-4　特征谱区筛选后建模结果比较

筛选算法	主成分数	R^2	RMSECV	RMSEP
PLS（全光谱）	8	0.8511	5.1939	5.7470
MWPLS	13	0.9860	1.8624	1.3585
iPLS	8	0.9912	1.4873	1.7488
BiPLS	13	0.9894	1.7485	1.3877
SiPLS	10	0.9934	1.2665	1.2866

9.2.5　食用油硬脂酸近红外光特征谱区筛选与模型优化

1. 基于 MWPLS 法的硬脂酸近红外光模型优化

首先对 41 个食用油的原始光谱进行均值化处理，去除噪声。初始化窗口宽度为 11 个波长变量，窗口宽度增加的步长为 10 波长变量，依次建立了窗口宽度 11～481 的多个 PLS 模型。其中在窗口宽度为 115 个光谱数据点时，如图 9-21 所示：横轴为波数点值，纵轴为 RMSECV 的值，

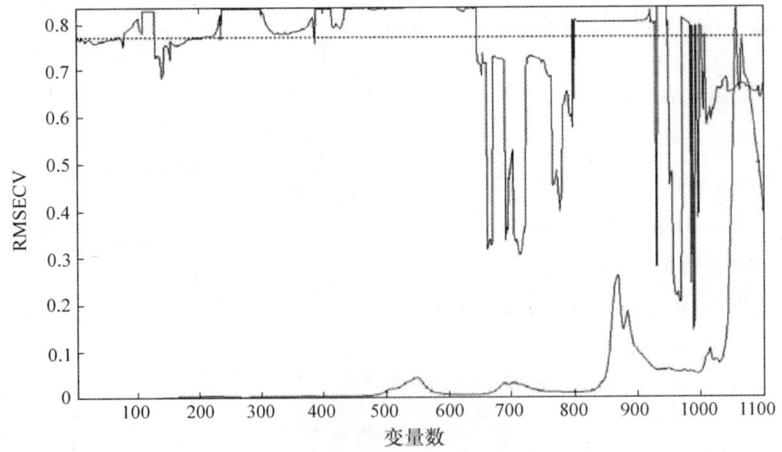

图 9-21　RMSECV 随窗口位置变化的关系图

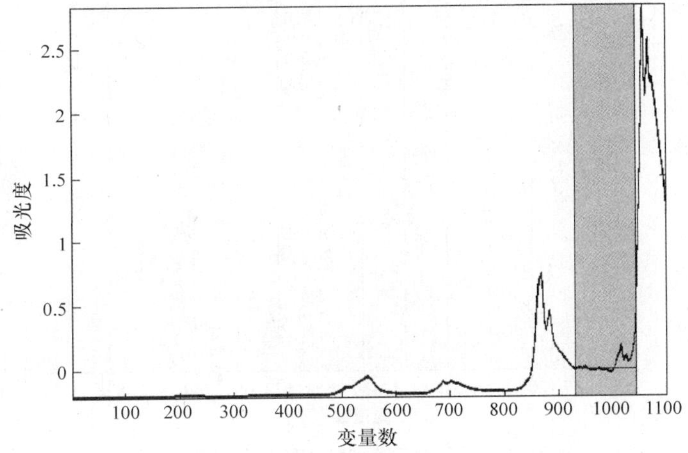

图 9-22　MWPLS 法波段选择图

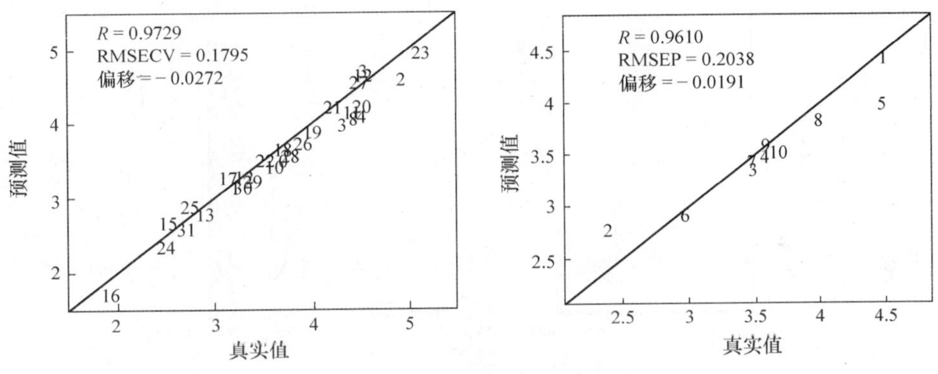

图 9-23　MWPLS 法硬脂酸模型分析结果

由 RESECV 随窗口位置变化的关系图可以计算得到最小的 RMSECV。波段选取结果如图 9-22 所示。对应的波数点范围是 4447 ~ 5326cm^{-1}。

对之前按 Kennard – Stone 法划分好的样本集进行建模，MWPLS 法建模结果如图 9-23 所示。所建模型的主成分数为 12 时，模型最佳，决定系数 R^2 为 0. 9465，RMSECV 为 0. 1795，RMSEP 为 0. 2038。

2. 基于 iPLS 法的硬脂酸近红外光模型优化

首先对 41 个食用油的原始光谱进行均值化处理，去除噪声。将原始光谱分成 2 ~ 50 个子区间分别建模比较。其中将原始光谱分成 16 个区间得到最佳模型，图 9-24 所示为各个子区间模型的 RMSECV 的比较图。由图可知在第 15 个区间得到最小的 RMSECV。波段选取结果如图 9-25 所示。该区间对应的波数范围是 4517 ~ 5041cm^{-1}。

对之前按 Kennard – Stone 法划分好的样本集进行建模，iPLS 法建模结果如图 9-26 所示。所建模型的主成分数为 11 时，模型最佳，决定系数 R^2 为 0. 9248，RMSECV 为 0. 2107，RMSEP 为 0. 2175。

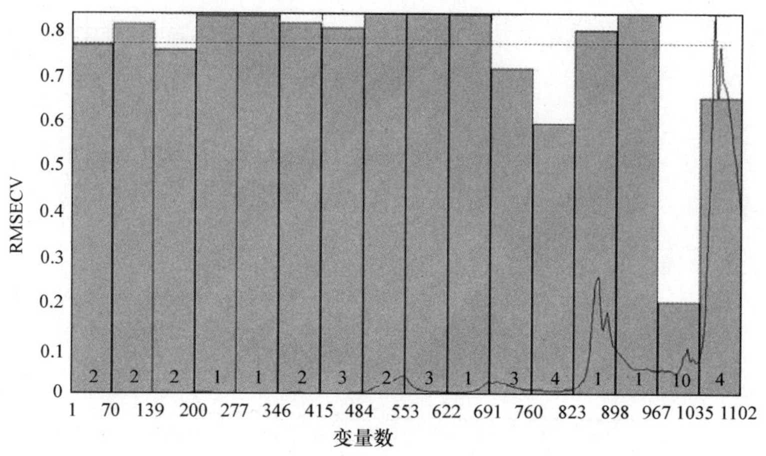

图 9-24　子区间模型的 RMSECV 的比较图

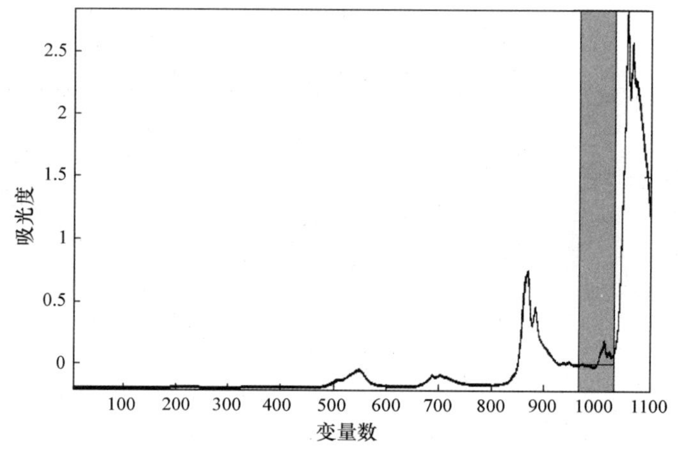

图 9-25　iPLS 法波段选择图

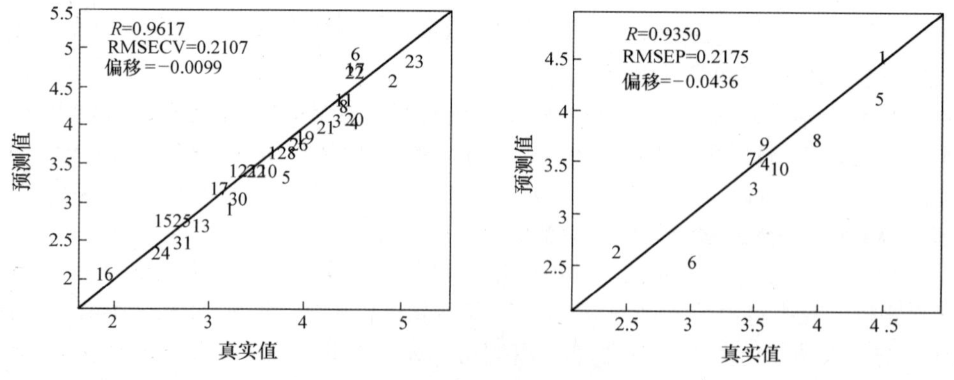

图 9-26　iPLS 法硬脂酸模型分析结果

3. 基于 BiPLS 法的硬脂酸近红外光模型优化

首先对 41 个食用油的原始光谱进行均值化处理，去除噪声。将原始光谱分成 2 ~ 55 个子区间，选择每个划分区间下的最佳联合子区间分别建模比较。因为算法的计算量会随着划分区间数与联合子区间数的增大而剧烈增加，所以选择的子区间数应小于 5。综合考虑 RMSECV 及 RMSEP 的值及联合子区间数，将原始光谱分成 35 个区间，6 个子区间联合（15、20、22、23、32、33），波段选取结果如图 9-27 所示，区间对应的波数范围为 4478 ~ 4709cm^{-1}、4709 ~ 4941cm^{-1}、6869 ~ 7100cm^{-1}、7100 ~ 7332cm^{-1}、7586 ~ 7818cm^{-1}、8797 ~ 9029cm^{-1}。

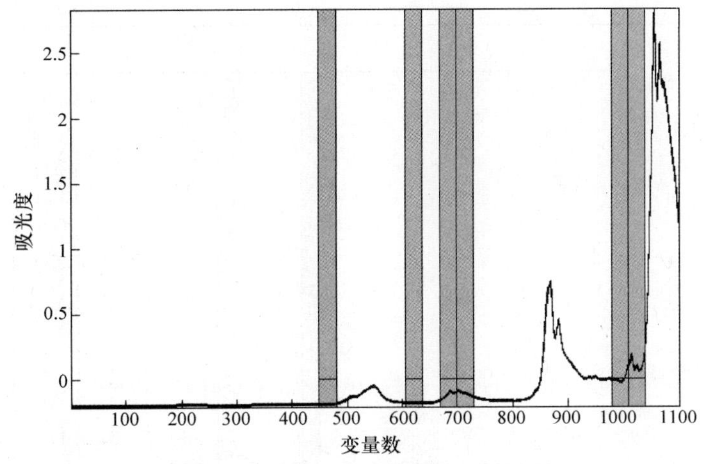

图 9-27　BiPLS 法波段选择图

对之前按 Kennard – Stone 法划分好的样本集进行建模，BiPLS 法建模结果如图 9-28 所示。所建模型的主成分数为 13 时，模型最佳，决定系数 R^2 为 0.9455，RMSECV 为 0.1793，RMSEP 为 0.1816。

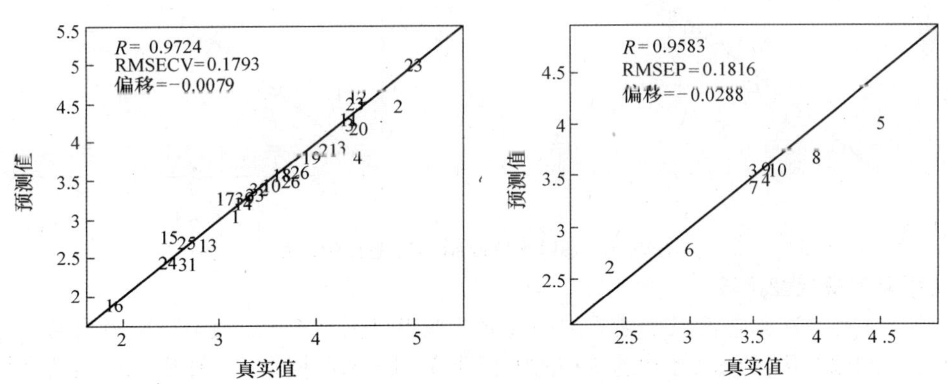

图 9-28　BiPLS 法硬脂酸模型分析结果

4. 基于 SiPLS 法的硬脂酸近红外光模型优化

首先对 41 个食用油的原始光谱进行均值化处理，去除噪声。将原始光谱分成 4 ~ 50 个子区间，分别选择联合子区间（个数为 2、3、4）进行联合建模得到相对应的最佳模型，见表 9-5。

综合考虑 RMSECV 及 RMSEP 的值及联合子区间数，将原始光谱分成 35 个区间，4 个子区间联合（3、6、15、23），波段选取结果如图 9-29 所示，区间对应的波数范围为 4478 ~ 4709cm^{-1}、4709 ~ 4941cm^{-1}、6869 ~ 7100cm^{-1}、8065 ~ 8296cm^{-1}。建模结果如图 9-30 所示。

表 9-5 基于 SiPLS 法的子区间组合建模

筛选算法	主成分数	R^2	RMSECV	RMSEP
PLS（全光谱）	8	0.8511	5.1939	5.7470
MWPLS	13	0.9860	1.8624	1.3585
iPLS	8	0.9912	1.4873	1.7488
BiPLS	13	0.9894	1.7485	1.3877
SiPLS	10	0.9934	1.2665	1.2866

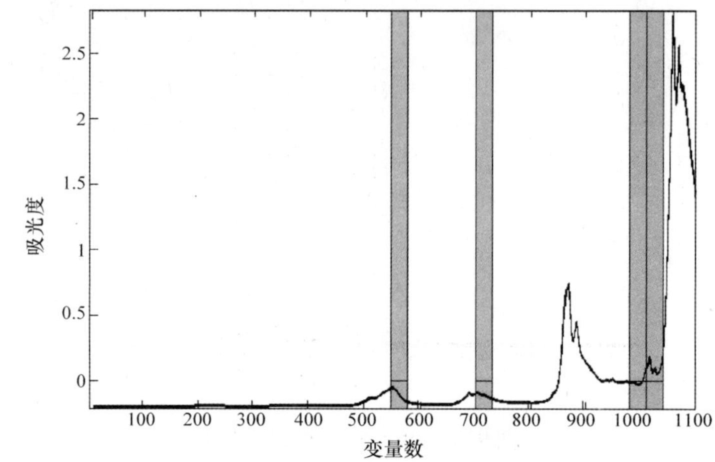

图 9-29 SiPLS 法波段选择图

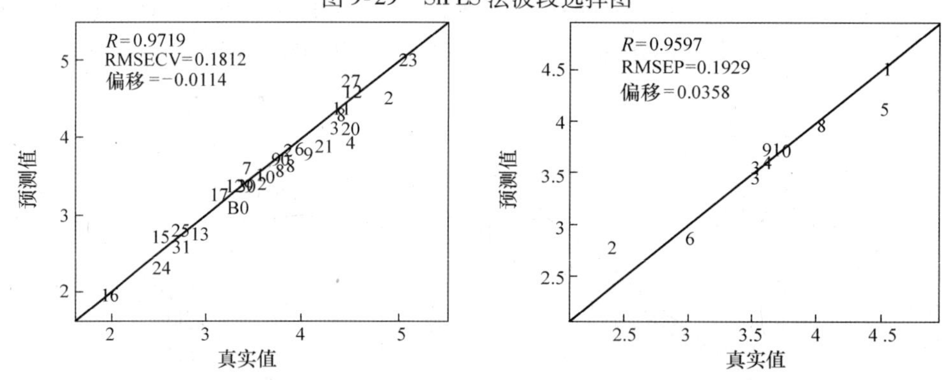

图 9-30 SiPLS 法硬脂酸模型分析结果

5. 硬脂酸定量模型比较

采用上述 4 种方法筛选波长后建立的最佳 PLS 模型见表 9-6。从表中可以得出通过对划分区间数、联合区间数、区间选取等筛选得到的波长建立 PLS 回归模型，4 种模型预测精度均明显优于全光谱建模。其中 SiPLS（联合 6 个区间）所建模型指标最佳。决定系数 R^2 为 0.9455，RMSECV 为 0.1793，RMSEP 为 0.1818。

表 9-6 特征谱区筛选后建模结果比较

筛选算法	主成分数	R^2	RMSECV	RMSEP
PLS（全光谱）	4	0.3196	0.6647	0.4867
MWPLS	13	0.9465	0.1795	0.2038
iPLS	11	0.9248	0.2107	0.2175
BiPLS	13	0.9455	0.1793	0.1818
SiPLS	13	0.9446	0.1812	0.1912

观察利用4种特征波长挑选方法优选的波数范围，4种方法建立的模型所对应波数范围的公共区域集中于4400～5000cm^{-1}，而烷烃类化合物的甲基C－H的第一合频区域位于4500～4545cm^{-1}，并且烷烃的甲基－CH_3在4395cm^{-1}附近有强吸收峰。预测结果较好的SiPLS和BiPLS优选的波数范围在6869～7100cm^{-1}也有公共区域，而羧酸－OH伸缩振动的一级倍频吸收出现在6920cm^{-1}附近。因此本章采用4种方法所挑选的特征波长与理论分析的特征峰相符。

9.2.6 食用油棕榈酸近红外光特征谱区筛选与模型优化

1. 基于MWPLS法的棕榈酸近红外光模型优化

首先对41个食用油的原始光谱进行均值化处理，去除噪声。初始化窗口宽度为11个波长变量，窗口宽度增加的步长为10波长变量，依次建立了窗口宽度11～481的多个PLS模型。其中在窗口宽度为121个光谱数据点时，如图9-31所示：横轴为波数点值，纵轴为RMSECV的值，由RESECV随窗口位置变化的关系图可以计算得到最小的RMSECV。波段选取结果如图9-32所示。对应的波数点范围是5288～6213cm^{-1}。

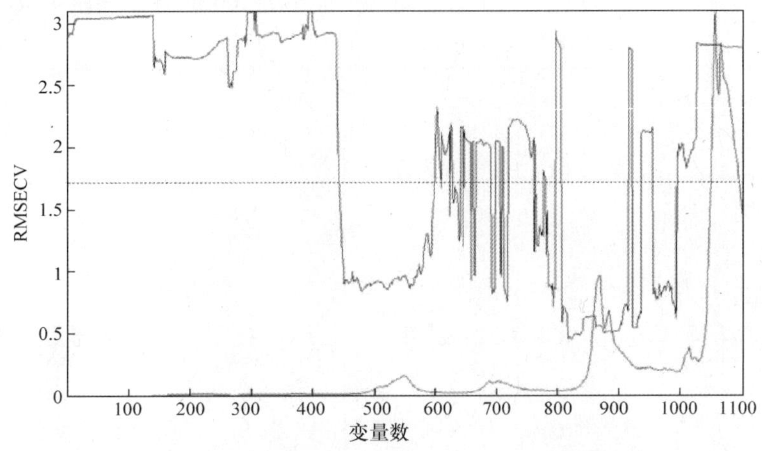

图9-31 RMSECV随窗口位置变化的关系图

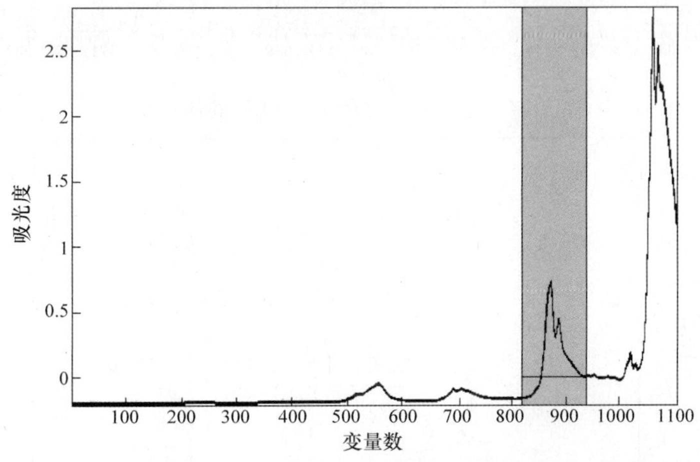

图9-32 MWPLS法波段选择图

对之前按Kennard－Stone法划分好的样本进行建模，MWPLS法建模结果如图9-33所示。所建模型的主成分数为12时，模型最佳，决定系数R^2为0.9514，RMSECV为0.6206，RMSEP为0.4668。

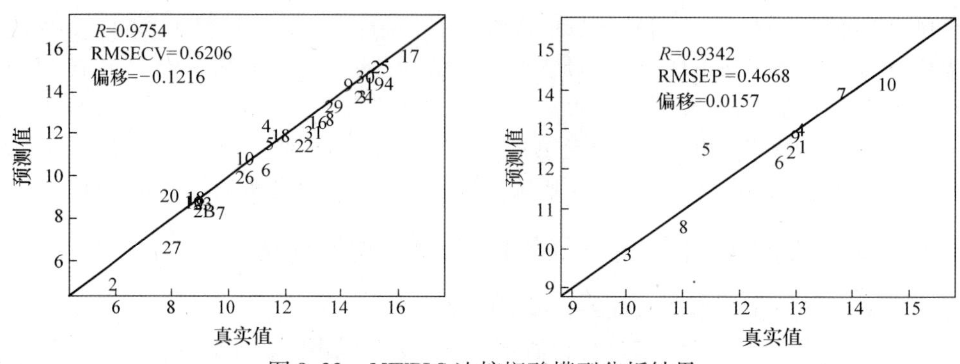

图 9-33　MWPLS 法棕榈酸模型分析结果

2. 基于 iPLS 法的棕榈酸近红外光模型优化

首先对 41 个食用油的原始光谱进行均值化处理，去除噪声。将原始光谱分成 2 ~ 50 个子区间分别建模比较。其中将原始光谱分成 19 个区间得到最佳模型，图 9-34 所示为各个子区间模型的 RMSECV 的比较图。由图可知在第 15 个区间得到最小的 RMSECV。波段选取结果如图 9-35 所示。该区间对应的波数范围是 5789 ~ 6229cm^{-1}。

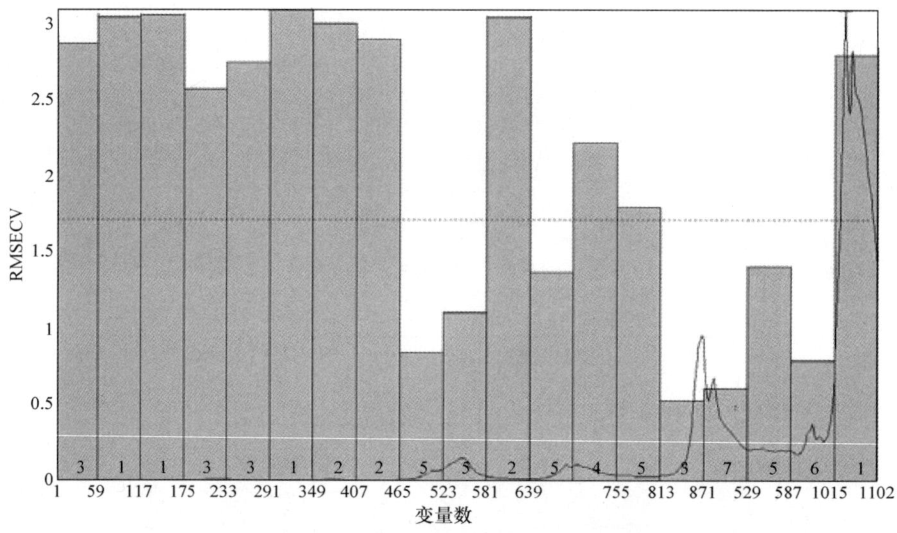

图 9-34　子区间模型的 RMSECV 的比较图

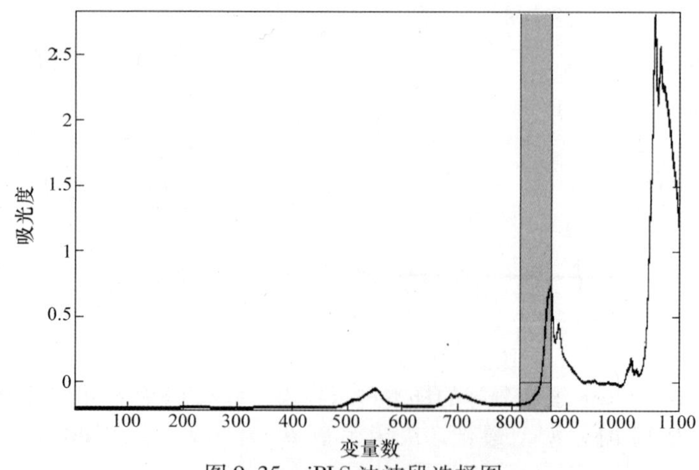

图 9-35　iPLS 法波段选择图

对之前按 Kennard – Stone 法划分好的样本集进行建模，iPLS 法建模结果如图 9-36 所示。所建模型的主成分数为 11 时，模型最佳，决定系数 R^2 为 0.9432，RMSECV 为 0.6679，RMSEP 为 0.4437。

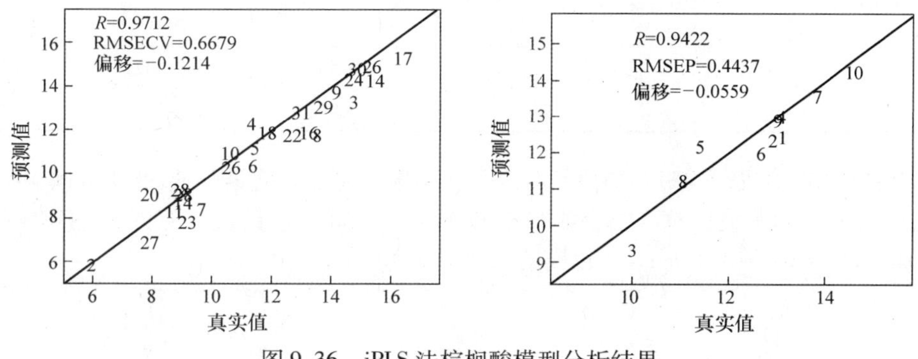

图 9-36　iPLS 法棕榈酸模型分析结果

3. 基于 BiPLS 法的棕榈酸近红外光模型优化

首先对 41 个食用油的原始光谱进行均值化处理，去除噪声。将原始光谱分成 2 ~ 55 个子区间，选择每个划分区间下的最佳联合子区间分别建模比较。因为算法的计算量会随着划分区间数与联合子区间数的增大而剧烈增加，所以选择的子区间数应小于 5。综合考虑 RMSECV 及 RMSEP 的值及联合子区间数，将原始光谱分成 28 个区间，4 个子区间联合（14、16、22、23），波段选取结果如图 9-37 所示，区间对应的波数范围为 5504 ~ 5797cm^{-1}、5804 ~ 6090cm^{-1}、7610 ~ 7902cm^{-1}、8211 ~ 8504cm^{-1}。

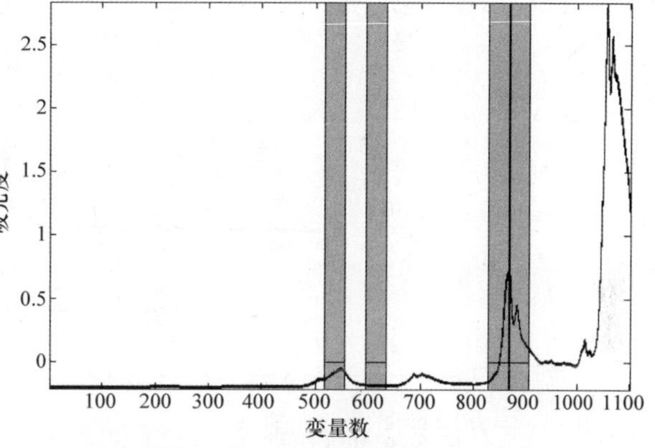

图 9-37　BiPLS 法波段选择图

对之前按 Kennard – Stone 法划分好的样本集进行建模，BiPLS 法建模结果如图 9-38 所示。所建模型的主成分数为 10 时，模型最佳，决定系数 R^2 为 0.9628，RMSECV 为 0.5351，RMSEP 为 0.4441。

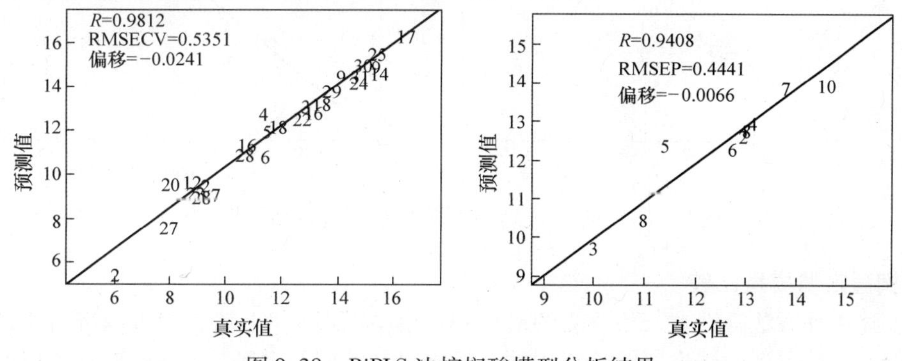

图 9-38　BiPLS 法棕榈酸模型分析结果

4. 基于 SiPLS 法的棕榈酸近红外光模型优化

首先对 41 个食用油的原始光谱进行均值化处理，去除噪声。将原始光谱分成 4 ~ 50 个子区间，分别选择联合子区间个数为2、3、4，进行联合建模得到相对应的最佳模型，见表9-7。

表9-7 基于SiPLS法的子区间组合建模

区间数	子区间个数	主成分数	R^2	RMSECV	RMSEP
28	2	10	0.9708	0.4699	0.3791
29	3	9	0.9753	0.4322	0.4166
21	4	13	0.9604	0.5480	0.4602

综合考虑RMSECV及RMSEP的值及联合子区间数，将原始光谱分成35个区间，4个子区间联合（3、6、15、23），波段选取结果如图9-39所示。区间对应的波数范围为4478~4709cm^{-1}、5673~5904cm^{-1}、8302~8541cm^{-1}。建模结果如图9-40所示。

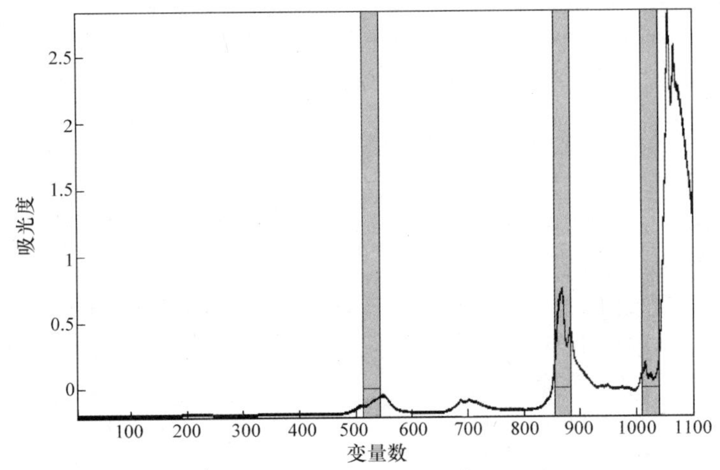

图9-39 SiPLS法波段选择图

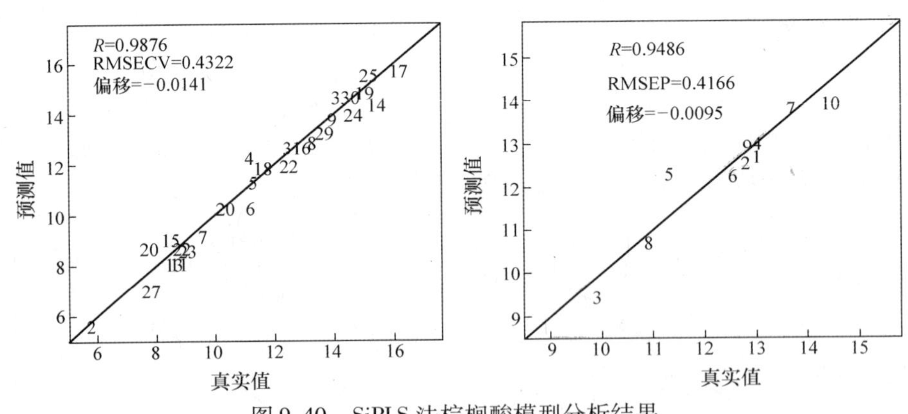

图9-40 SiPLS法棕榈酸模型分析结果

5. 棕榈酸定量模型比较

采用上述4种方法筛选波长后建立的最佳PLS模型见表9-8。从表中可以得出通过对划分区间数、联合区间数、区间选取等筛选得到的波长建立PLS回归模型，4种模型预测精度均明显优于全光谱建模。其中SiPLS（联合4个区间）所建模型指标最佳。决定系数R^2为0.9446，RMSECV为0.1812，RMSEP为0.1912。

表 9-8　特征谱区筛选后建模结果比较

筛选算法	主成分数	R^2	RMSECV	RMSEP
PLS（全光谱）	6	0.6140	1.7203	1.4073
MWPLS	13	0.9514	0.6206	0.4668
iPLS	11	0.9432	0.6679	0.4437
BiPLS	13	0.9628	0.5351	0.4441
SiPLS（3 个）	9	0.9753	0.4322	0.4166

观察利用 4 种特征波长挑选方法优选的波数范围，4 种方法建立的模型所对应波数范围的公共区域集中于 5500 ~ 6100cm^{-1}，而线性烷烃化合物的次甲基 C – H 的有两个主要吸收峰，在 5680cm^{-1}和 5800cm^{-1}处。其中 5680cm^{-1}处的吸收峰为亚甲基 C – H 反对称或者对称伸缩振动的一级倍频谱带，5800cm^{-1}处的吸收峰为合频谱带。预测结果较好的 SiPLS 法和 BiPLS 法优选的波数范围在 8302 ~ 8504cm^{-1}也有公共区域，而链烷烃化合物中的端甲基 C – H 伸缩振动的二级倍频（8365 ~ 8400cm^{-1}）是在该区域有主要吸收峰。本实验采用 4 种方法所挑选的特征波长与理论分析的特征峰相符。

9.3　基于拉曼光谱技术的食用油脂肪酸检测方法研究

9.3.1　实验材料与光谱采集

实验材料同 9.2.1 节。

使用美国赛默飞世尔科技公司的激光显微拉曼光谱仪采集拉曼光谱。光谱仪参数如下：780nm 激光光源，激光功率为 18mW；奥林巴斯 BX51 研究级显微镜，10X 目镜聚焦；拉曼位移范围为 50 ~ 3300cm^{-1}。采用金属质容器装样。全部样本未经任何化学处理，采用移液枪逐一装样（装样量统一为 500μL）扫描样本。每次测量前必须使用石油醚清洗金属质容器，以避免样本之间产生交叉污染。

9.3.2　拉曼特征谱区筛选

拉曼光谱展现的是物质分子的振动或转动信息，对于物质的化学基团，拉曼光谱具有更加清晰和尖锐的特征谱峰。谱峰的位置和强弱以及形状可以精确地反映出有关物质的结构以及变化信息。通过这些特征与已知物质的拉曼光谱进行比对，可进行被测物质的组分分析，利用拉曼特征峰的强度与被检测物的分子浓度成正比的关系进行被测物中组分的定量分析。通过对脂肪酸分子结构中所包含的化学基团产生的拉曼位移确定特征谱区（拉曼特征峰附近的区域），即从光谱特征峰产生机理来选定建模谱区。

9.3.3　食用油油酸拉曼特征谱区筛选及模型优化

1. 油酸拉曼光谱特征峰解析

油酸（Oleic acid）是一种单不饱和脂肪酸，又称十八烯酸，化学式为 $C_{17}H_{33}COOH$，结构式为 $CH_3(CH_2)_7CH=CH(CH_2)_7COOH$。油酸的分子结构式如图 9-41 所示，包含一个 C = C、C = O 以及多个 C – C、C – H 键等。

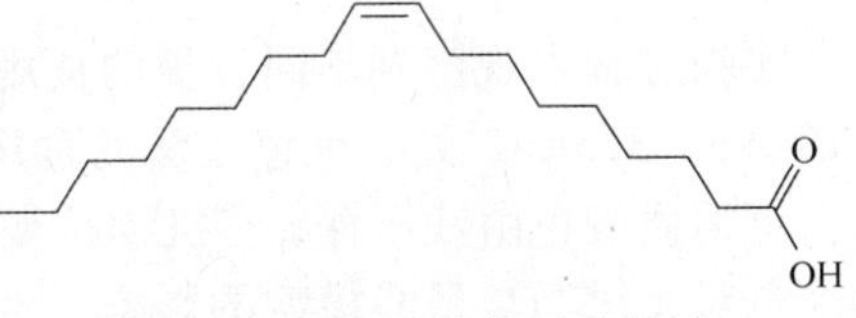

图 9-41　油酸的分子结构式

分子结构中不同键对应了不同拉曼位移信息。本书选定的油酸拉曼谱区是通过文献检索结合实测光谱确定的，总结归纳见表9-9。其中谱区2与谱区8根据实测光谱有了较为明显的偏移。其他谱区基本在确定的范围内。

表9-9　油酸的特征拉曼位移及选定谱区

键	拉曼位移	选定谱区/cm^{-1}	选定谱区编号
长的碳氢链，烯键上的 = C – H	3000cm^{-1}左右	3001 ~ 3002	1
甲基（$-CH_3$）的反对称伸缩振动	2870cm^{-1}附近	2910 ~ 2930	2
次甲基（$-CH_2$）对称伸缩振动	2850cm^{-1}和1440cm^{-1}附近	2841 ~ 2871	3
		1402 ~ 1421	7
羰基化合物的 C = O	1600 ~ 1900cm^{-1}有中等强度的谱带	1757 ~ 1758	4
		1706 ~ 1725	5
烯烃的 C = C	1650cm^{-1}附近出现强或很强的特征谱带（C = C 与 C = O 作用时，该谱带向低频位移 30 ~ 50cm^{-1}）	1608 ~ 1624	6
C – C = O	850cm^{-1}附近出现强谱带	890 ~ 979	8

2. 样本预处理

根据预测浓度残差法剔除5个异常样本后，样本集共有41个样本，样本信息见表9-10。校正集样本的选取直接影响所建模型的适用性和准确性。充分考虑校正样本集的浓度代表性，采用含量梯度法以校正集和校验集样本比例为3∶1划分，校正集样本31个，校验集样本10个。

表9-10　样本集统计信息

样本集	样本个数	最小值（%）	最大值（%）	平均值（%）	标准偏差
校正集	31	22.7	70.7	43.59	12.53
校验集	10	27.5	66.1	41.92	12.18

3. 建模与校验

表9-9通过油酸分子结构中所包含的共价键产生的拉曼位移确定特征谱区，即从光谱特征峰产生机理来选定建模谱区。实验分别针对全光谱，表9-9中选定8个谱区进行建模分析。对选取的光谱区间进行标准化预处理后，采用PLS法建立定量模型，结果见表9-11。与全谱建模相比，根据光谱特征峰产生机理选取的谱区建模结果有了较为明显的改善。因此，合理的谱区挑选确实可以滤除掉大量与待测组分不相关的光谱信息，保留和突出有效的光谱信息，从而能有效地提高模型的预测性能。

表9-11　油酸建模结果列表

谱区	nF	R^2	RMSEC	RMSEP
全光谱	8	0.9732	2.02	5.15
1 ~ 8	13	0.9986	0.468	1.11
1 ~ 9	13	0.9978	0.585	0.791

实验过程中观察到不同种类的食用油颜色差异较为明显，对拉曼光谱有一定的影响。尤其在光谱295 ~ 325cm^{-1}处，颜色较深的食用油在此波段会有较为明显的峰。通过文献检索可知，随着待测物质颜色由浅至深，有机物拉曼谱峰强度呈有规律地变化[10]。因此为充分考虑到食用油的颜色对光谱乃至最终模型的影响，本实验中增加选取295 ~ 325cm^{-1}谱区，编号为“9”。将上述9个谱区联合建模，结果见表9-11。从结果列表中可以得出9个谱区联合建模效果最佳，决定系数R^2为0.9978，RMSEC为0.585，RMSEP为0.791。

采用1~9谱区联合建模与校验后得到的样本真实值和估计值的关系图如图9-42所示。9个谱区联合建模的预测效果明显优于8个谱区联合所建模型。因此从本实验的结果来看，采用拉曼光谱分析食用油时，需要注意颜色对光谱和模型的影响。

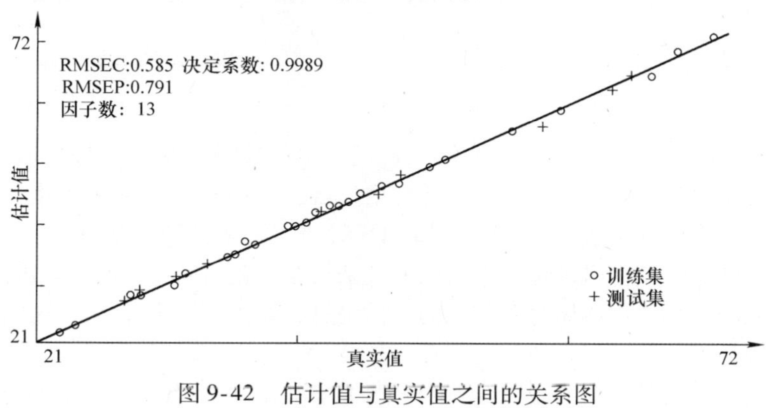

图9-42　估计值与真实值之间的关系图

9.3.4　食用油亚油酸拉曼特征谱区筛选及模型优化

1. 亚油酸拉曼光谱特征峰解析

亚油酸（Linoleic acid）是一种不饱和脂肪酸，又称十八碳二烯酸，含有18个碳原子和2个双键的不饱和脂肪酸，化学式为$C_{17}H_{31}COOH$，结构式为$CH_3(CH_2)_4CH=CHCH_2CH=CH(CH_2)_7COOH$。亚油酸的分子结构式如图9-43所示，包含了两个C=C、C=O以及多个C-C、C-H键等。

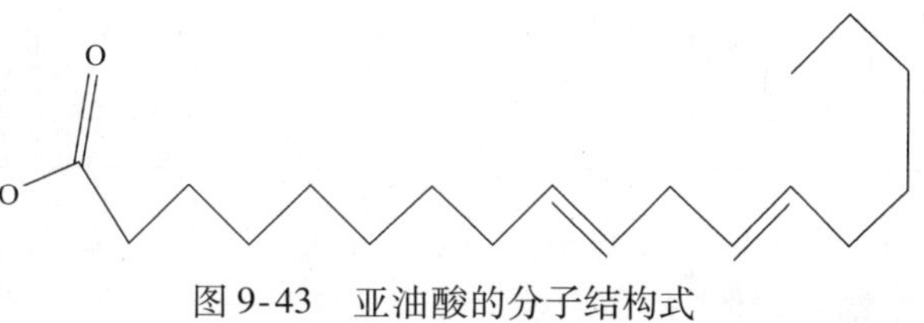

图9-43　亚油酸的分子结构式

分子结构中不同键对应了不同拉曼位移信息。本章选定的亚油酸拉曼谱区是通过文献检索结合实测光谱确定的，总结归纳见表9-12。拉曼谱区基本在确定的范围内。

表9-12　亚油酸的特征拉曼位移及选定谱区

键	拉曼位移	选定谱区/cm^{-1}	选定谱区编号
长的碳氢链，烯键上的=C-H	3000cm^{-1}左右	2989~3000	1
甲基（$-CH_3$）的反对称伸缩振动	2870cm^{-1}附近	2871~2877	2
次甲基（$-CH_2$）对称伸缩振动C=C与C=C	2850cm^{-1}附近	2835~2867	3
	1640cm^{-1}有强谱带	1654~1656	7
羰基化合物的C=O	1600~1900cm^{-1}有中等强度的谱带	1757~1758	4
		1705~1721	5
烯烃的C=C	1650cm^{-1}附近出现强或很强的特征谱带（C=C与C=O作用时，该谱带向低频位移30~50cm^{-1}）	1606~1619	6
C-C=O	850cm^{-1}附近出现强谱带	893~990	8

2. 样本预处理

根据预测浓度残差法剔除5个异常样本后，样本集共有41个样本，样本信息见表9-13。校正集样本的选取直接影响所建模型的适用性和准确性。充分考虑校正样本集的浓度代表性，采用含量梯度法以校正集和校验集样本比例为3∶1划分，校正集样本31个，校验集样本

10 个。

表 9-13 样本集统计信息

样本集	样本个数	最小值（%）	最大值（%）	平均值（%）	标准偏差
校正集	31	11.8	65.9	33.51	14.90
校验集	10	19.4	59.5	35.66	15.88

3. 建模与校验

表 9-12 通过亚油酸分子结构中所包含的共价键产生的拉曼位移确定特征谱区，即从光谱特征峰产生机理上来选定建模谱区。实验分别针对全光谱，表 9-12 中选定 8 个谱区进行建模分析。对选取的光谱区间进行标准化预处理后，采用 PLS 法建立定量模型，结果见表 9-14。与全谱建模相比，根据光谱特征峰产生机理选取的谱区建模结果有了较为明显的改善。因此，合理的谱区挑选确实可以滤除掉大量与待测组分不相关的光谱信息，保留和突出有效的光谱信息，从而能有效地提高模型的预测性能。

充分考虑到食用油的颜色对光谱乃至最终模型的影响，本实验中增加选取 320 ~ 324cm^{-1}谱区，编号为“9”。将上述 9 个谱区联合建模，结果见表 9-14。从结果列表中可以得知 9 个谱区联合建模效果最佳，决定系数 R^2 为 0.9948，RMSEC 为 1.04，RMSEP 为 0.956。

表 9-14 亚油酸建模结果列表

谱区	nF	R^2	RMSEC	RMSEP
全光谱	8	0.9370	3.66	7.15
1 ~ 8	13	0.9936	0.909	1.30
1 ~ 9	13	0.9948	1.04	0.956

采用 1 ~ 9 谱区联合建模与校验后得到的样本真实值和估计值的关系图如图 9-44 所示。9 个谱区联合建模的预测效果明显优于 8 个谱区联合所建模型。

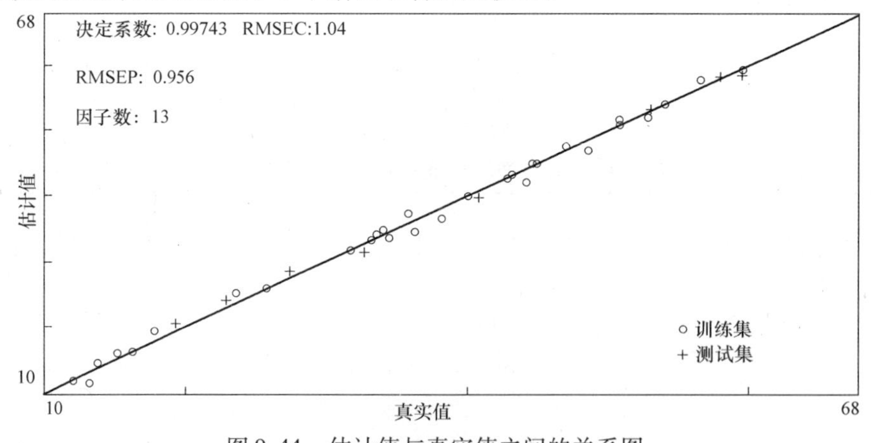

图 9-44 估计值与真实值之间的关系图

9.3.5 食用油硬脂酸拉曼特征谱区筛选及模型优化

1. 硬脂酸拉曼光谱特征峰解析

硬脂酸（Stearic acid）是一种饱和脂肪酸，又称十八烷酸，化学式为 $C_{18}H_{36}O_2$，结构式为 $CH_3(CH_2)_7CH=CH(CH_2)_7COOH$。硬脂酸的分子结构式如图 9-45 所示，包含了一个 C = O 以及多个 C - C、C - H 键等。

分子结构中不同键对应了不同的拉曼位移信息。选定的硬脂酸拉曼谱区是通过文献检索结合实测光谱确定的，总结归纳见表 9-15。其中谱区 2 根据实测光谱有了较为明显的偏移。其他谱区基本在确定的范围内。

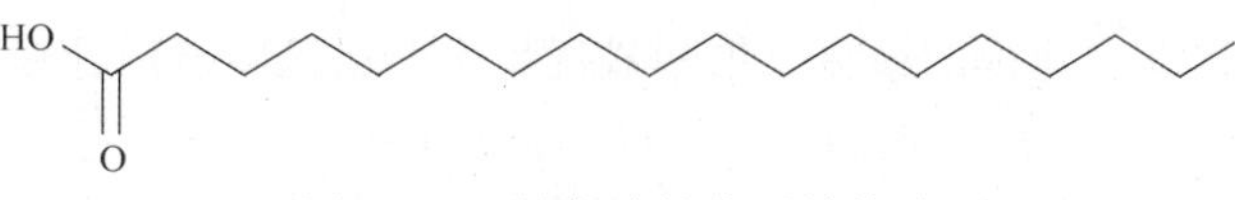

图 9-45　硬脂酸的分子结构式

表 9-15　硬脂酸的特征拉曼位移及选定谱区

键	拉曼位移	选定谱区/cm^{-1}	选定谱区编号
长的碳氢链，烯键上的 =C−H	3000cm^{-1}左右	2996～3001	1
甲基（$-CH_3$）的反对称伸缩振动	2870cm^{-1}附近	2916～2920	2
次甲基（$-CH_2$）对称伸缩振动	2850cm^{-1}和 1440cm^{-1}附近	2846～2852	3
		1404～1432	6
羰基化合物的 C=O	1600～1900cm^{-1}有中等强度的谱带	1699～1721	4
		1706～1725	5
C−C=O	850cm^{-1}附近出现强谱带	805～894	7

2. 样本预处理

根据预测浓度残差法剔除 5 个异常样本后，样品集共有 41 个样本，样本信息见表 9-16。校正集样本的选取直接影响所建模型的适用性和准确性。充分考虑校正样本集的浓度代表性，采用含量梯度法以校正集和校验集样本比例为 3∶1 划分，校正集样本 31 个，校验集样本 10 个。

表 9-16　样本集统计信息

样本集	样本个数	最小值（%）	最大值（%）	平均值（%）	标准偏差
校正集	31	1.8	5.0	3.65	0.790
校验集	10	2.4	4.3	3.36	0.740

3. 建模与校验

表 9-15 通过硬脂酸分子结构中所包含的共价键产生的拉曼位移确定特征谱区，即从光谱特征峰产生机理上来选定建模谱区。实验分别针对全光谱，表 9-16 中选定 7 个谱区进行建模分析。对选取的光谱区间进行标准化预处理后，采用 PLS 法建立定量模型，结果见表 9-17。与全谱建模相比，根据光谱特征峰产生机理选取的谱区建模结果有了较为明显的改善。因此，合理的谱区挑选确实可以滤除掉大量与待测组分不相关的光谱信息，保留和突出有效的光谱信息，从而能有效地提高模型的预测性能。

充分考虑到食用油的颜色对光谱乃至最终模型的影响，本实验中增加选取 321～328cm^{-1}谱区，编号为“8”。将上述 8 个谱区联合建模，结果见表 9-17。从结果列表中可以得出 8 个谱区联合建模效果最佳，决定系数 R^2 为 0.9607，RMSEC 为 0.154，RMSEP 为 0.223。

表 9-17　硬脂酸建模结果列表

谱区	nF	R^2	RMSEC	RMSEP
全光谱	8	0.9376	0.194	0.559
1～7	13	0.9400	0.166	0.356
1～8	13	0.9607	0.154	0.223

采用 1～8 谱区联合建模与校验后得到的样本真实值和预测值的关系图如图 9-46 所示。8 个

谱区联合建模的预测效果明显优于 7 个谱区联合所建模型。

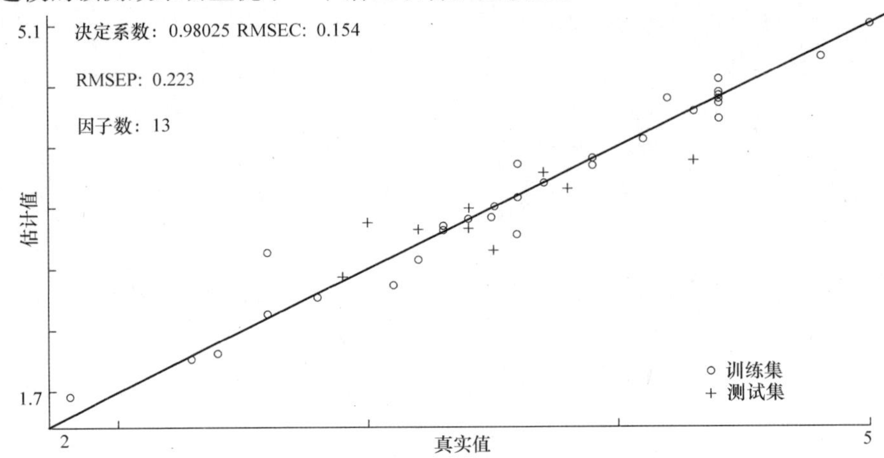

图 9-46　估计值与真实值之间的关系图

9.3.6　食用油棕榈酸拉曼特征谱区筛选及模型优化

1. 棕榈酸拉曼光谱特征峰解析

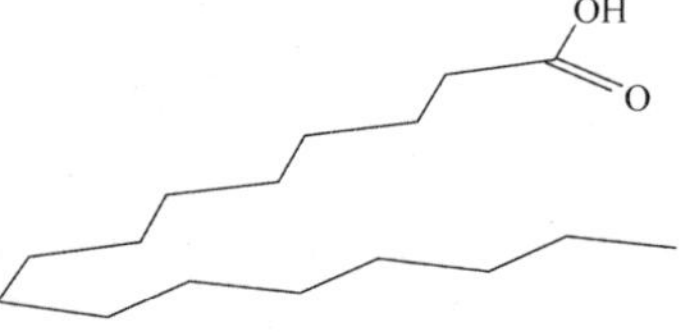

图 9-47　棕榈酸的分子结构式

棕榈酸（Palmitic acid）是一种饱和高级脂肪酸，又称软脂酸，化学式为 $C_{16}H_{32}O_2$，结构式为 $CH_3(CH_2)_{14}COOH$。棕榈酸的分子结构式如图 9-47 所示，包含一个 C = O 以及多个 C – C、C – H 键等。

分子结构中不同键对应了不同拉曼位移信息。选定的棕榈酸拉曼谱区是通过文献检索结合实测光谱确定的，总结归纳见表 9-18。根据实测光谱，其中谱区 2 根据实测光谱有了较为明显的偏移，挑选的谱区基本在确定的范围内。

表 9-18　棕榈酸的特征拉曼位移及选定谱区

键	拉曼位移	选定谱区/cm^{-1}	选定谱区编号
长的碳氢链，烯键上的 = C – H	3000cm^{-1}左右	3000 ~ 3002	1
甲基（ – CH_3）的反对称伸缩振动	2870cm^{-1}附近	2915 ~ 2919	2
次甲基（ – CH_2）对称伸缩振动	2850cm^{-1}和 1440cm^{-1}附近	2837 ~ 2878	3
		1411 ~ 1431	6
羰基化合物的 C = O	1600 ~ 1900cm^{-1}有中等强度的谱带	1699 ~ 1721	4
		1757 ~ 1759	5
C – C = O	850cm^{-1}附近出现强谱带	893 ~ 970	7

2. 样本预处理

根据预测浓度残差法剔除 5 个异常样本后，样本集共有 41 个样本，样本信息见表 9-19。校正集样本的选取直接影响所建模型的适用性和准确性。充分考虑校正样本集的浓度代表性，采用含量梯度法以校正集和校验集样本比例为 3∶1 划分，校正集样本 31 个，校验集样本 10 个。

3. 建模与校验

表 9-18 通过棕榈酸分子结构中所包含的共价键产生的拉曼位移确定特征谱区，即从光谱特征峰产生机理上来选定建模谱区。实验分别针对全光谱，表 9-18 中选定 7 个谱区进行建模分析。对选取的光谱区间进行标准化预处理后，采用 PLS 法建立定量模型，结果见表 9-20。与全谱建

模相比，根据光谱特征峰产生机理选取的谱区建模结果有了较为明显的改善。因此，合理的谱区挑选确实可以滤除掉大量与待测组分不相关的光谱信息，保留和突出有效的光谱信息，从而能有效地提高模型的预测性能。

表 9-19　样本集统计信息

样本集	样本个数	最小值（%）	最大值（%）	平均值（%）	标准偏差
校正集	31	5.6	16.0	11.55	2.410
校验集	10	7.43	14.8	11.17	2.557

充分考虑到食用油的颜色对光谱乃至最终模型的影响，本实验中增加选取 320 ~ 333cm^{-1}谱区，编号为“8”。将上述 8 个谱区联合建模，结果见表 9-20。从结果列表中可以得出 8 个谱区联合建模效果最佳，决定系数（R^2）为 0.9902，RMSEC 为 0.256，RMSEP 为 0.468。

表 9-20　棕榈酸建模结果列表

谱区	nF	R^2	RMSEC	RMSEP
全光谱	8	0.9057	0.795	1.800
1 ~ 7	13	0.9826	0.341	0.809
1 ~ 8	13	0.9902	0.256	0.468

采用 1 ~ 8 谱区联合建模与校验后得到的样本真实值和估计值的关系图如图 9-48 所示。8 个谱区联合建模的预测效果明显优于 7 个谱区联合所建模型。因此从本实验的结果来看，采用拉曼光谱分析食用油时，需要注意颜色对光谱和模型的影响。

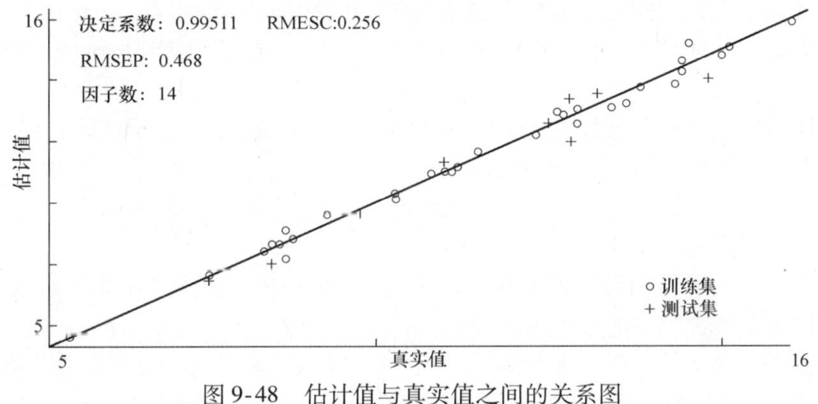

图 9-48　估计值与真实值之间的关系图

9.4　基于多光谱技术的芝麻油酸值检测方法研究

9.4.1　实验材料

实验样本：从北京古船油脂有限公司采集 45 个芝麻油样本，同时记录了经国标滴定法检测得到的酸值作为实验的基准值。

9.4.2　光谱采集

采集到的实验样本在采集光谱时不需要任何前处理，可以直接采集食用油的近红外光谱、中红外光谱和拉曼光谱数据。

实验仪器：Bruker 公司傅里叶红外光谱仪 VERTEX 70；Thermo DXR 激光共焦显微拉曼光谱

仪；BaySpec Angility 便携式拉曼光谱仪。

1. 近红外光谱的采集

食用油的近红外光谱采用德国 Bruker 公司的傅里叶红外光谱仪 VERTEX 70 进行采集，使用近红外光纤探头采集食用油的近红外光谱。测量近红外光谱之前需要对仪器进行参数设置，以保证光谱的质量和光谱信息的有效性。实验参数设置方法如下：

1）分辨率：在采集近红外光谱数据时相邻采样点之间相距一定数量的波数称为分辨率，扫描分辨率的大小会影响近红外光谱图，分辨率越高的光谱图的构成越细致且信息越丰富，但是采样时间也随之增长，因此需要综合考虑。为保证近红外光谱图包含足够的信息量并节省光谱采集时间，本实验设置为 $8cm^{-1}$。

2）扫描次数：扫描次数分为背景扫描次数和样本扫描次数，背景扫描次数是指测量空气背景时光谱仪扫描的平均次数，扫描样本光谱时需要扣除背景光谱使得样本光谱更准确，减少干扰谱。样本扫描次数的多少会影响近红外光谱图的准确性，扫描次数太多，不仅增加了测量时间，而且过长时间扫描同一样本过程中可能会破坏稳定性而造成光谱误差，但是扫描次数太少，会造成光谱精度不够，误差较大。综合考虑，为了保障标准差较小、信噪比较大的条件下，减少近红外光谱的采集时间，将样本扫描次数设置为 32，背景扫描次数也设置为 32。

3）光谱采集范围：光谱的采集是可以选择范围的，近红外光谱的范围为 $4000 \sim 14250cm^{-1}$，选择合适的光谱采集范围可以减少计算时间并消除干扰信号，提高计算效率和精度。但是为了使扫描得到的光谱获得最多的有效信息，往往在采集光谱信息时采用全光谱范围采集，使后期的分析计算可靠性更高。因此选择光谱采集范围为 $4000 \sim 12000cm^{-1}$。

4）其他设置：根据傅里叶红外光谱仪设计属性，光阑设置为 6mm、扫描速度设定为 10kHz。

在上述仪器设置条件下，近红外光谱仪采集到的食用油近红外光谱如图 9-49 所示。图中横坐标代表波数范围，单位为 cm^{-1}，纵坐标代表吸光度。从光谱图可知，食用油的近红外光谱主要在 $4000 \sim 9000cm^{-1}$ 产生较大的吸收峰，因此在这个波数范围内有较为丰富的信息。

2. 中红外光谱的采集

食用油的中红外光谱同样采用德国 Bruker 公司 VERTEX 70 傅里叶红外光谱仪进行采集，使用红外检测液体池采集食用油的中红外光谱。

光谱仪参数设置如下：分辨率为 $8cm^{-1}$；样本扫描次数为 32 次；背景扫描次数为 32 次；中红外光谱的采集范围为 $600 \sim 4500cm^{-1}$；光阑设置为 6mm；扫描速度为 10kHz。

在上述仪器设置条件下，中红外光谱仪采集到的食用油中红外光谱如图 9-50 所示。图中横

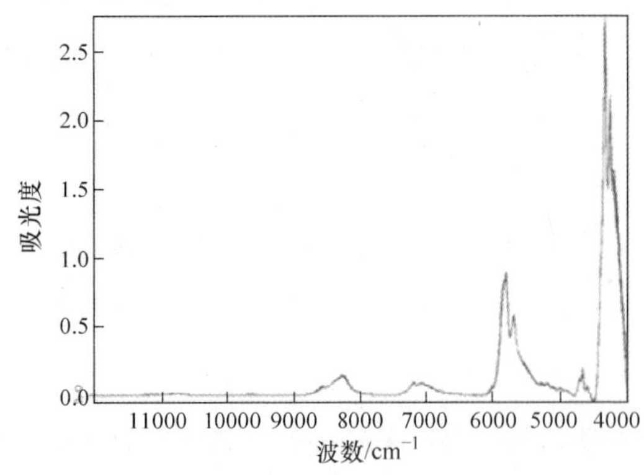

图 9-49 食用油的近红外光谱图

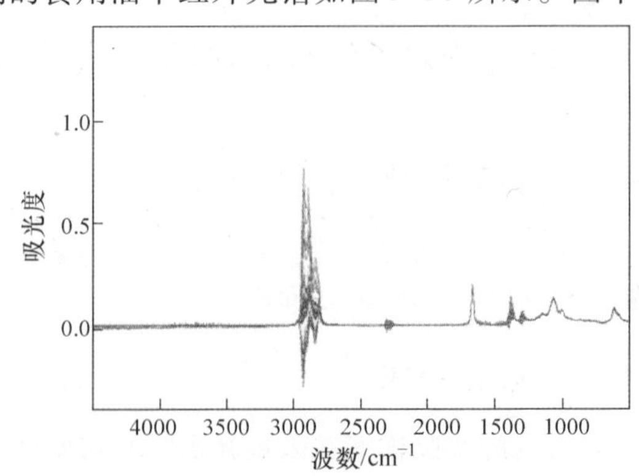

图 9-50 芝麻油的中红外光谱

坐标代表波数范围，单位为 cm^{-1}，纵坐标表示吸光度。从光谱图可知食用油的中红外光谱主要在 1000～3100cm^{-1}产生较大的吸收峰，因此在这个波数范围内有较为丰富的信息。

3. 拉曼光谱的采集

食用油的拉曼光谱采用美国 Thermo Fisher 公司的 DXR 激光共焦显微拉曼光谱仪进行采集，实验参数设置如下：激光波长为780nm；激光能量为20mW；光阑设置为50；光栅为400线/mm；光谱采集范围为 50～3400cm^{-1}；采集曝光时间为5s；荧光修正。

根据上述仪器设置条件下采集到的食用油拉曼光谱如图 9-51 所示。图中横坐标代表拉曼位移，单位为 cm^{-1}，纵坐标代表拉曼强度。从图中可以看出，食用油的拉曼光谱主要在 2700～3100cm^{-1}和 800～1800cm^{-1}产生较大的拉曼强度，因此在这个范围内有较为丰富的信息。

由于780nm 激光波长的仪器采集的芝麻油光谱具有很强的荧光效应，掩盖了芝麻油部分拉曼信号的特征，无法提取到大量的有用信息，影响建立的模型结果。增大拉曼光谱的激发波长可以改善拉曼光谱的荧光效应，因此本实验与中科院理化技术研究所合作，采用激光波长为 1064nm 的 BaySpec Angility 便携式拉曼光谱仪采集芝麻油样本的拉曼光谱，降低了芝麻油光谱的荧光效应，保证获取更多的有用信息。激发波长为 1064nm 的仪器采集到的芝麻油拉曼光谱如图 9-52 所示。

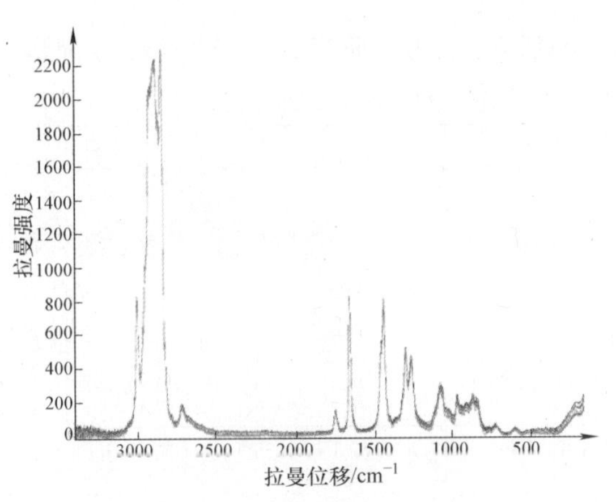

图 9-51　食用油的拉曼光谱
（激光波长为 780nm）

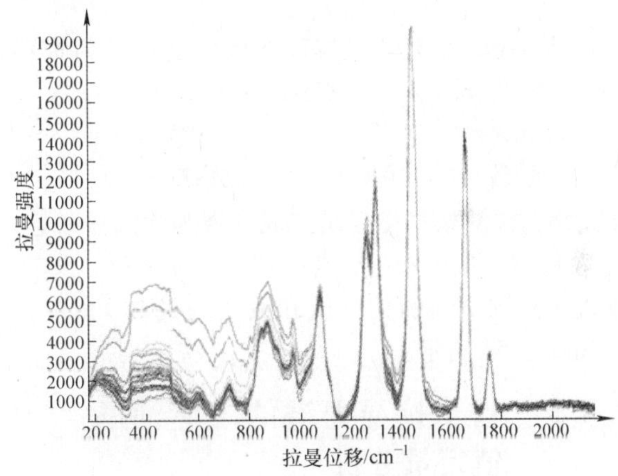

图 9-52　芝麻油的拉曼光谱
（激光波长为 1064nm）

图 9-52 中横坐标代表拉曼位移，单位为 cm^{-1}，纵坐标代表拉曼强度，仪器的测量光谱范围为180～2200cm^{-1}。从图 9-52 中可以看出，仍有部分荧光效应干扰信号存在，主要在 180～1000cm^{-1}，而芝麻油的拉曼光谱主要在 800～1800cm^{-1}产生较大的拉曼强度，因此在这个范围内有充分的光谱信息。

9.4.3　基于近红外光谱的芝麻油酸值定量分析

结合 PLS 法建立芝麻油的酸值定量分析模型，预处理方法为一阶导数 + 减去一条直线的方法，光谱范围选择 4597.7～6051.8cm^{-1}。校正模型的主成分数为 8，决定系数 R^2 为 0.9873，RMSECV 为 0.0302；预测模型结果是主成分数为 8，决定系数 R^2 为 0.9502，RMSEP 为 0.0497。校正集和测试集的估计值和真实值的相关图如图 9-53 所示。

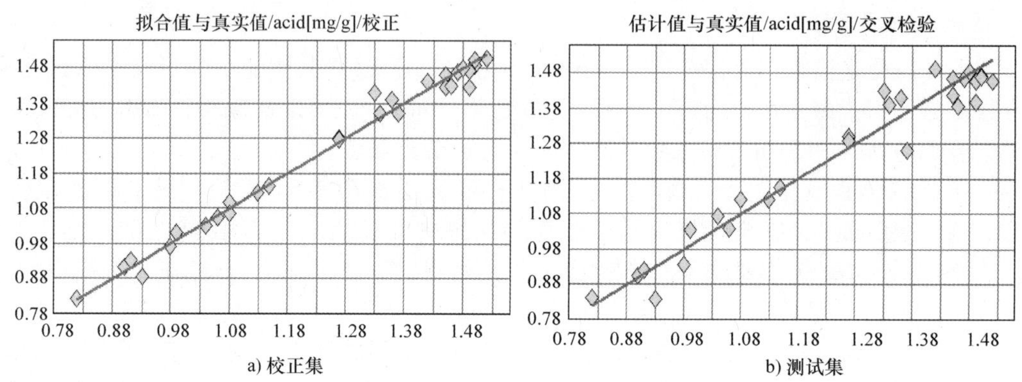

图 9-53　基于近红外光谱的芝麻油酸值模型结果图

9.4.4　基于中红外光谱的芝麻油酸值定量分析

结合 PLS 法建立芝麻油的酸值定量分析模型，预处理方法为一阶导数 + SNV 方法，光谱范围选择 2158.2 ~ 2939.3cm^{-1} 和 1379 ~ 1770.5cm^{-1}。校正模型的主成分数为 9，决定系数 R^2 为 0.9883，RMSECV 为 0.0358；预测模型结果是主成分数为 9，决定系数 R^2 为 0.9344，RMSEP 为 0.0693。校正集和测试集的估计值和真实值的相关图如图 9-54 所示。

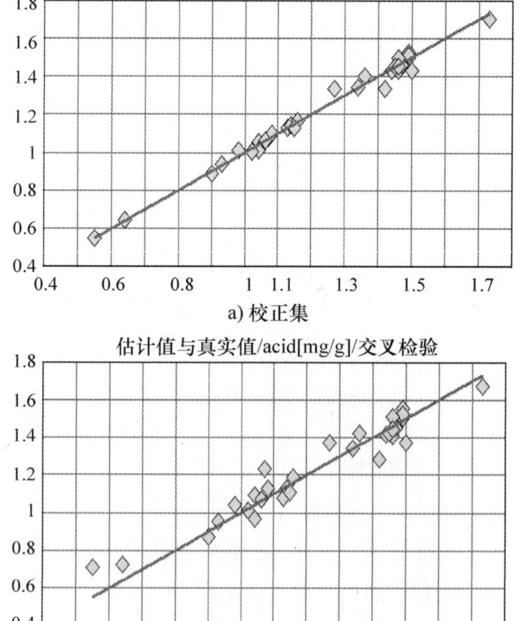

图 9-54　基于中红外光谱的芝麻油酸值模型结果图

9.4.5　基于拉曼光谱的芝麻油酸值定量分析

结合 PLS 法建立芝麻油的酸值定量分析模型，预处理方法为一阶导数 + Norris 导数 7 点平滑滤波的方法，光谱范围选择 1000 ~ 1800cm^{-1}。建立的校正模型结果如图 9-55 所示，圆形样本点为校正样本，十字形样本点代表测试样本，所有的样本均分布在拟合曲线附近，模型的主成分数为 6，决定系数 R^2 为 0.93723，RMSEC 为 0.0997。

样本的误差分布如图 9-56 所示，预测样本的 RMSEP 为 0.191，预测误差为 -0.4 ~ 0.3。

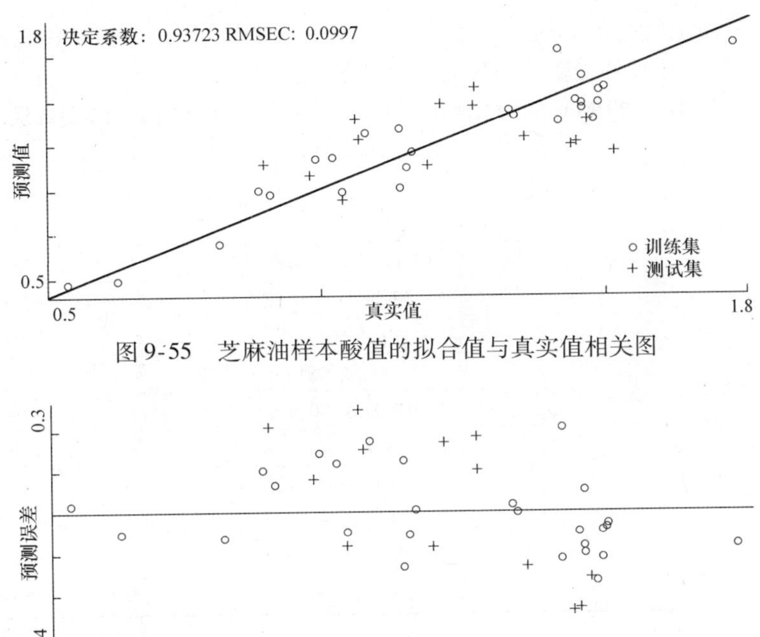

图 9-55　芝麻油样本酸值的拟合值与真实值相关图

图 9-56　芝麻油样本酸值的误差分布图

9.5　基于多光谱技术的食用油酸值和过氧化值检测方法研究

食用油酸值与过氧化值两项指标在检测过程中常用来衡量食用油的品质，本研究在 9.4 节单一种类食用油（芝麻油）的酸值光谱检测基础上，结合 PLS 法建立多种类食用油的酸值、过氧化值定量分析模型，并综合采用近红外、中红外和拉曼光谱方法建立的定量分析模型结果进行比较分析。

9.5.1　实验材料与光谱采集

实验样本：与北京古船油脂有限公司合作，共采集了食用油样本 351 个，包括 176 个大豆油样本，18 个花生油样本、16 个葵花籽油样本、29 个玉米油样本、10 个橄榄油样本、81 个芝麻油样本、21 个调和油样本，同时记录了经国标滴定法检测得到的酸值和过氧化值作为实验的基准值。

综合考虑，从总样本中选取 175 个指标值齐全且浓度范围合适的食用油样本进行酸值和过氧化值的定量预测分析，其中大豆油样本 85 个、花生油样本 10 个、葵花籽油样本 10 个、橄榄油样本 10 个、玉米油样本 15 个、芝麻油样本 45 个。

光谱采集同 9.4.2 节。

9.5.2　光谱模型比较分析

本研究分别将近红外、中红外和拉曼光谱与 PLS 法结合建立食用油的酸值、过氧化值定量分析模型。模型结果见表 9-21。结果表明，近红外光谱和拉曼光谱法建立的模型结果比中红外光谱法的模型预测结果要好。其中拉曼光谱（780nm）的酸值预测模型决定系数 R^2 达到了

0.99519，过氧化值模型的决定系数 R^2 为 0.9773，但是两个模型的 RMSEP 都没有近红外光谱法的精度好。综合比较，近红外光谱法的定量建模结果是最佳的。

表 9-21　采用 PLS 法建立食用油酸值、过氧化值指标的定量模型结果

光谱方法	酸值结果	过氧化值结果
近红外光谱	主成分数：10	主成分数：9
	R^2：0.9904	R^2：0.9637
	RMSECV：0.0187	RMSECV：0.142
	RMSEP：0.0127	RMSEP：0.114
中红外光谱	主成分数：10	主成分数：6
	R^2：0.9814	R^2：0.9337
	RMSECV：0.0263	RMSECV：0.192
	RMSEP：0.0221	RMSEP：0.179
拉曼光谱（780nm）	主成分数：10	主成分数：7
	R^2：0.99519	R^2：0.97730
	RMSECV：0.248	RMSECV：0.232
	RMSEP：0.0502	RMSEP：0.728

芝麻油拉曼光谱的荧光效应对采用 3 种光谱方法采集的芝麻油光谱进行了单独定量建模分析。比较 3 种光谱方法建立的酸值和过氧化值的模型结果，见表 9-22，同样得出采用近红外光谱法建立的酸值和过氧化值的定量分析模型的预测结果最佳，与其他食用油类别的建模分析结果一致。同时还发现，由于芝麻油参与建模的样本数量相对其他食用油的样本数量少，因此模型的结果没有其他种类食用油的模型预测结果好。这表明样本数量也会影响模型的可靠性，选取海量的具有特征性强的样本建立的定量模型质量会更高。

表 9-22　采用 PLS 法建立芝麻油酸值、过氧化值指标的定量模型结果

光谱方法	酸值结果	过氧化值结果
近红外光谱	主成分数：8	主成分数：6
	R^2：0.9502	R^2：0.9314
	RMSECV：0.0497	RMSECV：0.128
	RMSEP：0.0302	RMSEP：0.0994
中红外光谱	主成分数：9	主成分数：8
	R^2：0.9344	R^2：0.8337
	RMSECV：0.0693	RMSECV：0.165
	RMSEP：0.0358	RMSEP：0.349
拉曼光谱（1064nm）	主成分数：6	主成分数：5
	R^2：0.93727	R^2：0.93025
	RMSECV：0.0997	RMSECV：0.233
	RMSEP：0.191	RMSEP：0.346

综上所述，近红外光谱法、中红外光谱法和拉曼光谱法都可以应用于食用油酸值和过氧化值的定量检测分析中，但是近红外光谱法的模型预测结果最佳，中红外和拉曼光谱分析法的模型预测能力有待加强。

9.6 基于近红外-中红外光谱融合技术的食用油酸值和过氧化值的定量模型探索研究

9.6.1 实验材料与光谱采集

实验材料与光谱采集同9.5.1节。

9.6.2 近红外-中红外的光谱融合

近红外光谱的范围为4000~14250cm^{-1}，中红外的光谱范围为400~4000cm^{-1}，两个光谱范围刚好可以进行无缝衔接，因此采用将两种光谱直接连接的融合方法，组合成为一条光谱。本研究中食用油样本的近红外光谱采集范围为4000~12000cm^{-1}，中红外光谱采集范围为600~4500cm^{-1}，去掉中红外光谱中4000~4500cm^{-1}无用的信息部分，将两条光谱直接连接成范围为600~12000cm^{-1}的融合光谱。融合后的光谱如图9-57所示。

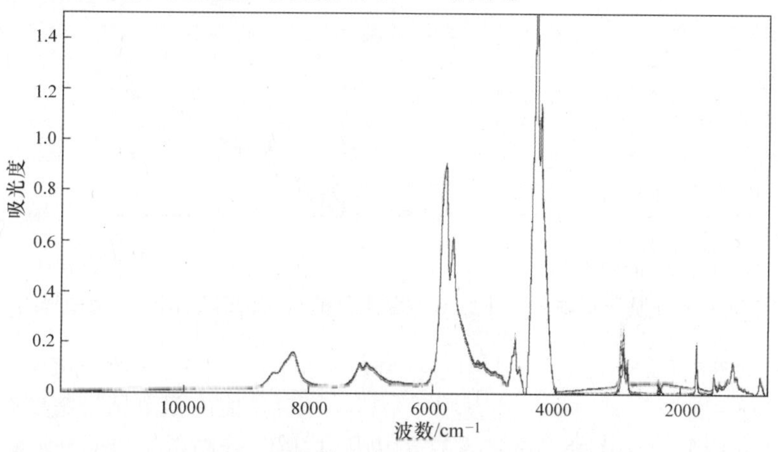

图9-57 食用油近红外-中红外光谱图

9.6.3 近红外-中红外融合光谱的酸值定量分析结果

融合光谱经最小—最大归一化的方法预处理后，采用PLS法建立食用油酸值指标的定量校正模型。建立的酸值模型如图9-58所示，校正模型的主成分数为9，决定系数R^2为0.9949，RMSECV为0.0151；测试样本交叉检验得到的预测结果模型的主成分数为9，决定系数R^2为0.9924，RMSEP为0.0175，预测结果精度较高。

9.6.4 近红外-中红外融合光谱的过氧化值定量分析结果

融合光谱经一阶导数+SNV方法进行预处理后，采用PLS法建立食用油酸值指标的定量校正模型。建立的酸值模型如图9-59所示，校正模型的主成分数为10，决定系数R^2为0.9979，RMSECV为0.0558；测试样本交叉检验得到的预测结果模型的主成分数为10，决定系数R^2为0.984，RMSEP为0.143，预测结果较好。

9.6.5 单一光谱与融合光谱方法的模型结果分析

采用单一的近红外或者中红外光谱方法与近红外-中红外融合光谱方法的食用油酸值、过氧

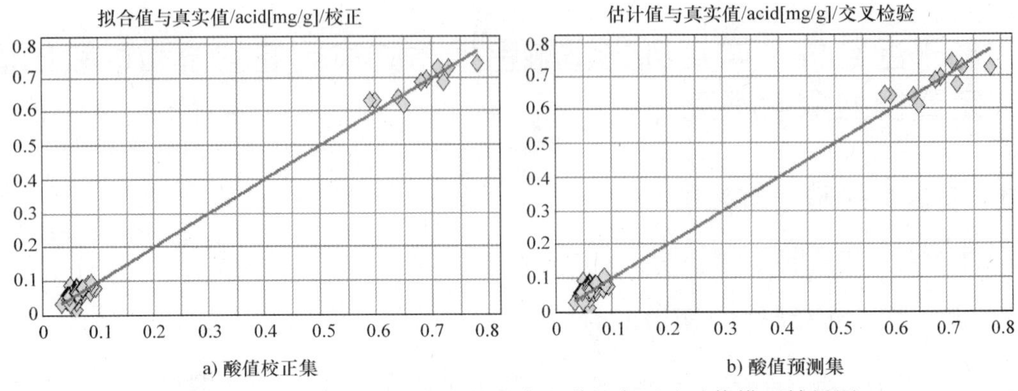

a) 酸值校正集　　b) 酸值预测集

图 9-58　基于近红外 - 中红外融合光谱的食用油酸值模型结果图

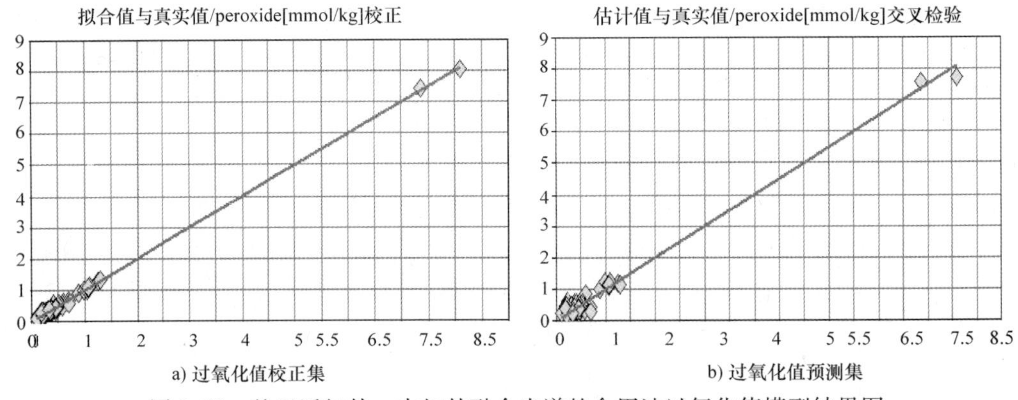

a) 过氧化值校正集　　b) 过氧化值预测集

图 9-59　基于近红外 - 中红外融合光谱的食用油过氧化值模型结果图

化值定量分析模型结果见表 9-23。从表中数据可以看出，近红外 - 中红外融合光谱方法的模型预测结果要优于单一的近红外或中红外方法，尤其是过氧化值的预测结果精度有了很大的提高，RMSEP 值从 0. 114 降低至 0. 0558，决定系数 R^2 也从 0. 9637 提高至 0. 984，预测结果明显得到改善，因此经过近红外 - 中红外融合后的光谱分析方法可以提高模型的预测精度，得到更为准确有效的定量预测模型。本研究结果表明，光谱融合分析方法进行食用油酸值和过氧化值的定量分析是可行的，并且有助于提高模型的预测精度，改善单一光谱技术的局限性，从而获得更优的预测分析结果。该方法值得继续深入研究和探讨。

表 9-23　近红外、中红外和近红外 - 中红外融合光谱方法的定量模型结果

光谱方法	酸值结果	过氧化值结果
近红外	主成分数：10	主成分数：9
	R^2：0. 9904	R^2：0. 9637
	RMSECV：0. 0187	RMSECV：0. 142
	RMSEP：0. 0127	RMSEP：0. 114
中红外	主成分数：10	主成分数：6
	R^2：0. 9814	R^2：0. 9337
	RMSECV：0. 0263	RMSECV：0. 192
	RMSEP：0. 0221	RMSEP：0. 179

（续）

光谱方法	酸值结果	过氧化值结果
近红外 - 中红外	主成分数：9	主成分数：10
	R^2：0.9924	R^2：0.984
	RMSECV：0.0175	RMSECV：0.143
	RMSEP：0.0151	RMSEP：0.0558

9.7 小结

在本章中分别采用了近红外、中红外和拉曼光谱法对食用油的脂肪酸、酸值和过氧化值进行定量分析检测。结果表明，3 种光谱方法都可以进行食用油上述指标的定量预测分析。本章还探索研究了近红外与中红外光谱的融合分析方法，结果表明采用近红外 - 中红外融合方法进行定量检测的模型结果优于单一方法的模型结果，多光谱融合的方法可以提高定量分析模型的精度。

参考文献

[1] 王瑞元. 2013 年中国食用油市场供需分析 [J]. 粮食与食品工业，2014，21 (3)：1 - 6.

[2] 金青哲，王兴国，厉秋岳. 直面油脂营养认识误区，大力发展“健康”食用油 [J]. 中国油脂，2007，32 (2)：12 - 16.

[3] 程正载，龚凯，罗灿，等. 食用油与人体健康 [J]. 化学教学，2014，11：030.

[4] 段文华，闫丽华. 食用油新标准将全方位规范市场行为 [J]. 大众标准化，2004 (9)：15 - 18.

[5] 项锦欣，张晓凤，付钰洁，芝麻油掺伪检测方法研究进展 [J]. 重庆工学院学报：自然科学版，2008，22 (2)：55 - 57，126.

[6] 韩宝丽. 芝麻油掺伪大豆油的显色检测方法研究 [D]. 郑州：河南工业大学，2011.

[7] 任小娜，毕艳兰，杨国龙，等. 散装芝麻油品质检测及掺伪分析 [J]. 中国粮油学报，2011，26 (11)：106 - 109.

[8] Park Y W，Chang P S，Lee J H. Application of triacylglycerol and fatty acid analyses to discriminate blended sesame oil with soybean oil [J]. Food Chemistry，2010，123 (2)：377 - 383.

[9] 马力辉，高永阳，张婷，等. 香油精电子鼻快速检测系统的设计 [J]. 现代食品科技，2013，29 (3)：644 - 646，562.

[10] Zheng H，Wang J. Electronic nose and data analysis for detection of maize oil adulteration in sesame oil [J]. Sensors and Actuators，2006，119 (2)：449 - 455.

[11] 皇甫志鹏，薛雅琳，刘元法，等. 甘三脂指纹图谱相似度在芝麻油掺混检测中的应用 [J]. 中国粮油学报，2013，28 (2)：117 - 122.

[12] 秦早，杨冉，高桂圆，等. 顶空固相微萃取结合气质联用分析芝麻油和芝麻香精的挥发性成分 [J]. 食品科学，2012，33 (24)：263 - 268.

[13] 邱会东，杨力强，王伶俐，等. 萃取分光光度法测定掺伪芝麻油纯度的研究 [J]. 中国调味品，2013，38 (1)：84 - 87.

[14] 索少增，刘翠玲，吴静珠，等. 微量农药溶液近红外光谱 PLS 模型的不同预处理方法对比研究 [J]. 食品工业科技，2010，11：330 - 337.

[15] 徐一茹，刘翠玲，孙晓荣，等. 基于近红外和中红外光谱技术的小麦粉品质检测及掺杂鉴别方法 [J]. 食品科学，2014，35 (12)：128 - 132.

[16] Lee H，Cho B K，Kim M S，et al. Prediction of crude protein and oil content of soybeans using Raman spec-

troscopy [J]. Sensors and Actuators B: Chemical, 2013, 185: 694 - 700.

[17] 徐广通，袁洪福，陆婉珍．现代近红外光谱技术及应用进展 [J]. 光谱学与光谱分析，2000，20 (2):134 - 142.

[18] 张菊华，朱向荣，李高阳，等．近红外光谱法结合化学计量学方法用于茶油真伪鉴别分析 [J]. 分析化学，2011，39 (5)：748 - 752.

[19] lnarejos - García A M, Gómez - Alonso S, Fregapane G, et al. Evaluation of minor components, sensory characteristics and quality of virgin olive oil by near infrared (NIR) spectroscopy [J]. Food Research International, 2013, 50 (1): 250 - 258.

[20] 吴静珠，刘翠玲，李慧，等．基于近红外光谱的纯花生油掺伪快速鉴别方法研究 [J]. 北京工商大学学报：自然科学版，2011，29 (1)：75 - 78.

[21] 张辉，吴迪，李想，等．近红外光谱快速检测食用油必需脂肪酸 [J]. 农业工程学报，2012，28 (7)：266 - 270.

[22] Luna A S, da Silva A P, Pinho J S A, et al. Rapid characterization of transgenic and non - transgenic soybean oils by chemometric methods using NIR spectroscopy [J]. Spectrochimica Acta Part A: Molecular and Biomolecular Spectroscopy, 2013, 100: 115 - 119.

[23] 张菊华，朱向荣，尚雪波，等．近红外光谱，中红外光谱，拉曼光谱无损检测技术在食用油脂分析中的研究进展 [J]. 食品工业科技，2010，31 (10)：421 - 425.

[24] Wang L, Lee F S C, Wang X, et al. Feasibility study of quantifying and discriminating soybean oil adulteration in camellia oils by attenuated total reflectance MIR and fiber optic diffuse reflectance NIR [J]. Food chemistry, 2006, 95 (3): 529 - 536.

[25] Baeten V, Fernúndez Pierna J A, Dardennne P, et al. Detection of the presence of hazelnut oil in olive oil by FT - Raman and FT - MIR spectroscopy [J]. Journal of agricultural and food chemistry, 2005, 53 (16): 6201 - 6206.

[26] Yang H, Irudayaraj J, Paradkar M M. Discriminant analysis of edible oils and fats by FTIR, FT - NIR and FT - Raman spectroscopy [J]. Food Chemistry, 2005, 93 (1): 25 - 32.

[27] Vincent Baeten, Juan Antonio Fernadez Pierna, Pierre Dardene. Detection of the Presence of Hazelnut Oil in Olive by FT - Raman and FT - MIR Spectroscopy [J]. Agricultural and Food Chemistry, 2005, 53: 6201 - 6206.

[28] Lai Y W, Kemsley E K, Wilson R H. Potential of Fourier transform infrared spectroscopy for the authentication of vegetable oils [J]. Journal of Agricultural and Food Chemistry, 1994, 42 (5): 1154 - 1159.

[29] Hong Yang, Joseph Irudayaraj, Manish M. Paradkar. Discriminant analysis of edible oils and fats by FTIR, FT - NIR and FT - Raman spectroscopy [J]. Food Chemistry, 2005, 93: 25 - 32.

[30] 姜承志．拉曼光谱数据处理与定性分析技术研究 [D]. 长春：中国科学院研究生院（长春光学精密机械与物理研究所），2014.

[31] Ellis G, Hendra P J, Hodges C M, et al. Routine analytical Fourier transform Raman spectroscopy [J]. Analyst, 1989, 114 (9): 1061 - 1066.

[32] Tay L L. Hulse J, Kennedy D, et al. Surface - Enhanced Raman and Resonant Rayleigh Scatterings From Adsorbate Saturated Nanoparticlest [J]. The Journal of Physical Chemistry C, 2010, 114 (16): 7356 - 7363.

[33] 刘燕德，万常斓，蔡丽金．共焦显微拉曼光谱法快速检测食用油掺假的研究 [J]. 农机化研究，2012 (9)：199 - 202.

[34] 周秀军，戴连奎，李晟．基于拉曼光谱的食用植物油快速鉴别 [J]. 光谱学与光谱分析，2012，32 (7)：1829 - 1833.

[35] 章颖强，董伟，张冰，等，基于拉曼光谱和最小二乘支持向量机的橄榄油掺伪检测方法研究 [J]. 光谱学与光谱分析，2012，32 (6)：1554 - 1558.

[36] Luo Jun, Liu Tao, Liu Yande. FT – NIR and Confocal Microscope Raman Spectroscopic Studies of Sesame Oil Adulteration [C]. IFIP Advances in Information and Communication Technology, 2012, 369: 24 – 31.

[37] 冯巍巍，付龙文，孙西艳，等．典型食用油的荧光光谱特性与拉曼光谱特性研究［J］．现代科学仪器，2012，3：57 – 59.

[38] 林涛，于海燕，应义斌．可见/近红外光谱技术在液态食品检测中的应用研究进展［J］．光谱学与光谱分析，2008，28（2）：285 – 290.

[39] Zuk M, Dymińska L, Kulma A, et al. IR and Raman studies of oil and seedcake extracts from natural and genetically modified flax seeds [J]. Spectrochimica Acta Part A: Molecular and Biomolecular Spectroscopy, 2011, 78 (3): 1080 – 1089.

[40] 熊智新．基于小波变换的化学谱图数据处理［D］．杭州：浙江大学，2004.

[41] 宋瑜，孙晓荣，刘翠玲，等．拉曼光谱和近红外光谱在小麦粉品质定量分析中的应用［J］．食品科学技术学报，2014，32（2）：24 – 27.

[42] Gaydou V, Kister J, Dupuy N. Evaluation of multiblock NIR/MIR PLS predictive models to detect adulteration of diesel/biodiesel blends by vegetal oil [J]. Chemometrics and Intelligent Laboratory Systems, 2011, 106 (2): 190 – 197.

[43] 刘玲玲，武彦文，张旭，等．傅里叶变换红外光谱结合模式识别法快速鉴别食用油的真伪［J］．化学学报，2012：995 – 1000.

[44] Luna A S, da Silva A P, Ferré J, et al. Classification of edible oils and modeling of their physico – chemical properties by chemometric methods using mid – IR spectroscopy [J]. Spectrochimica Acta Part A: Molecular and Biomolecular Spectroscopy, 2013, 100: 109 – 114.

[45] 杨佳，武彦文，李冰宁，等．近红外光谱结合化学计量学研究芝麻油的真伪与掺伪［J］．中国粮油学报，2014，29（3）：114 – 119.

[46] Galtier O, Abbas O, Le Dréau Y, et al. Comparison of PLS1 – DA, PLS2 – DA and SIMCA for classification by origin of crude petroleum oils by MIR and virgin olive oils by NIR for different spectral regions [J]. Vibrational Spectroscopy, 2011, 55 (1): 132 – 140.

[47] 窦颖，孙晓荣，刘翠玲，等．基于拉曼光谱技术的面粉品质快速检测［J］．食品科学，2014，35（22）：185 – 189.

[48] Huang, Guang – Bin, Qin – Yu Zhu, and Chee – Kheong Siew. Extreme learning machine: a new learning scheme of feedforward neural networks [C]. Proceedings of International Joint Conference on Neural Networks. Budapest, Hungary, 2004, 2: 985 – 990.

[49] Huang, Guang – Bin, Qin – Yu Zhu, et al. Extreme learning machine: theory and applications [J]. Neurocomputing, 2006, 70 (1): 489 – 501.

[50] 陆慧娟，张金伟，马小平，等．极限学习机集成在肿瘤分类中的应用［J］．数学的实践与认识，2012，24（17）：148 – 154.

[51] 李若诚，许文方，华英杰．基于近红外光谱和极限学习机的普洱茶中游离氨基酸总量检测［J］．长春工业大学学报：自然科学版，2012，33（3）：269 – 273.

[52] 尹刚，张英堂，李志宁，等．改进在线贯序极限学习机在模式识别中的应用［J］．计算机工程，2012，38（08）：164 – 166.

[53] Hirschfeld T, Chase B. FT – Raman spectroscopy: development and justification [J]. Applied spectroscopy, 1986, 40 (2): 133 – 137.

[54] 周雅丹，张国治，范璐．拉曼光谱技术在油脂分析中的应用［J］．粮食科技与经济，2014，39（2）：36 – 38.

[55] 褚小立，王艳斌，陆婉珍．近红外光谱定量校正模型的建立及应用［J］．理化检验：化学分册，2008，44（8）：796 – 800.

[56] 刘燕德. 水果糖度和酸度的近红外光谱无损检测研究 [D]. 杭州：浙江大学，2006.
[57] 刘珊珊. 基于近红外光谱的芝麻油掺假及掺假量检测方法研究 [D]. 洛阳：河南科技大学，2012.
[58] 陆婉珍. 近红外光谱仪器 [M]. 北京：化学工业出版社，2010：102.
[59] 颜辉. 植物油的亚油酸、亚麻酸红外光谱融合和模型优化方法的研究 [D]. 镇江：江苏大学，2010.
[60] 贾洪锋，邓红，梁爱华. 电子鼻在芝麻油掺芝麻油香精识别中的应用 [J]. 中国粮油学报，2013，28 (8)：83-86.
[61] 周玉娇，陈晓宁，唐秀清，等. 食用油与人体健康研究 [J]. 北京农业，2014，24：286.
[62] 丁轻针，刘玲玲，武彦文，等. 基于 FTIR 的芝麻油真伪鉴别和掺伪定量分析模型 [J]. 光谱学与光谱分析，2014，34 (10)：2690-2695.
[63] 邹文龙，蔡志坚，吴建宏. 拉曼光谱测量中的荧光抑制方法综述 [J]. 光学仪器，2010 (5)：89-94.
[64] Friedman J M，Hochstrasser R M. The use of fluorescence quenchers in resonance Raman spectroscopy [J]. Chemical Physics Letters，1975，33 (2)：225-227.

第 10 章　多光谱技术在小麦粉品质检测中的应用研究

10.1　简介

小麦是世界性三大重要粮食作物之一，全世界有 35% ~40% 的人以小麦作为主要的粮食。小麦富含蛋白质，被作为很多主食和副食的主要加工原料，它也是一种营养价值较高，比较容易储藏的国家重要商品粮食。世界上最主要的小麦生产国集中在亚洲、北美洲、欧洲，分别是中国、美国、印度、法国、澳大利亚、加拿大、俄罗斯。这 7 个国家的小麦播种面积占世界小麦总播种面积的 57.88%，小麦产量占世界小麦总产量的 60.7%。

我国是世界上最大的小麦生产和消费国，以 2012 年为例，我国小麦播种面积达到了 $2.44\times10^7hm^2$，单产为 $4816kg/hm^2$，总产量为 1.175 亿 t，小麦产量占世界小麦总产量的 17% ~19%。我国所产小麦几乎全部用于加工小麦粉以满足居民的日常饮食需求，除此之外还需每年进口几百万吨的小麦用于各种高档小麦粉的生产。小麦粉是我国居民日常生活中不可或缺的主食原料，也是加工部分食品的基础原料，具有其他粮食作物不可替代的优势。我国每年小麦产量大约为 1 亿 t，占全国粮食总产量的 23% 左右，小麦粉品质的好坏直接影响面制品的质量，也直接关系到人们的身体健康。在这个注重产品质量、食品安全和身体健康的社会里，人们更加注重小麦粉的品质，因此小麦粉厂的安全生产检验越来越受到人们的关注，小麦粉厂想要在市场中立于不败之地，必须提高产品质量。

本章通过研究近红外、中红外和拉曼光谱检测方法在小麦粉水分、灰分及面筋 3 项指标检测中的应用，希望利用实验分析结果验证近红外光谱检测方法在小麦粉品质检测领域的可行性，并通过对不同的光谱处理与建模方法进行研究分析和对比，旨在建立最优的小麦粉品质检测模型，研究与实际工厂生产的需求相结合具有现实应用意义。

10.2　小麦粉品质的常规检测方法介绍

目前小麦粉检测方法是以化学原理为主流的检测方法，以下为小麦粉检测中水分、灰分、面筋 3 种重要指标的国标检测方法：

1. 水分

小麦粉的水分是指在高温下烘干小麦粉，所损失的水分占试样的百分含量。小麦粉的水分直接影响产品的白度及存储情况，水分超过标准时，小麦粉不宜存放，很容易结块、生虫甚至霉变。所以，要根据不同的天气和季节条件来控制小麦粉的水分。

小麦粉测定水分的方法有两种：105℃恒温法和 130℃高温定时法。标准方法是 105℃恒温法。该方法操作复杂、所需的检测时间比较长，此外还有定温定时烘干法、快速水分检测仪检测法、隧道式烘箱法等。测水分所用的仪器用具主要有分析天平、电烘箱、干燥器、铝盒、快速水分检测仪等。

2. 灰分

小麦粉的灰分是指小麦粉经过高温灼烧后遗留下来的残渣，即各种矿物质元素的氧化物占小麦粉的百分比含量。它是衡量小麦粉纯度的重要指标，我国特一粉的灰分含量在 0.75% 以下，面包用粉的为 0.6% 以下，标准粉的为 1.2% 以下，饺子、面条用粉的为 0.55% 以下。

小麦粉的灰分含量可以通过间接的方法来衡量，如通过出粉率的高低、粉色深浅等。准确的方法是进行灰分测定，通常是将小麦粉放在指定高温的电炉中灼烧，燃烧后所剩下的灰烬的含量占样本量的百分比即灰分含量。其常用的检测方法是 550℃ 灼烧法和 850℃ 高温定时法。仪器用具有坩埚、干燥器、高温炉等。通过测定小麦粉灰分可鉴别小麦的加工精度，可以鉴别小麦品种，还可以反映小麦粉的营养价值，并可以进行掺假检验等。

3. 面筋

小麦粉的面筋是经过加水揉制成面团后，在水中揉洗，淀粉和麸皮微粒呈悬浮状态分离出来，水溶性和溶于稀 NaCl 溶液的蛋白质等物质被洗去，最后剩余的有弹性和黏弹性的不溶于水的胶状物质即成为面筋，用百分比表示（%）。小麦粉的面筋含有丰富的蛋白质，其主要由麦谷蛋白和麦胶蛋白组成，还含有少量的糖分、淀粉、脂肪和其他蛋白质。

10.3 基于近红外光谱技术的小麦粉品质检测方法研究

近红外光检测技术作为近些年发展起来的检测方法，在石化、医药、食品和农业方面的检测领域得到了卓有成效的广泛研究和使用，并且在某些领域得到了产业化应用。近些年的研究证明，近红外光检测技术是无损、无污染、快速、低成本的检测方法。这项技术的推广，被认为是 20 世纪末仅次于计算机推广的一次革命。这一方法可以解决传统小麦粉检测时间长、操作复杂等难题，所以利用近红外光检测技术测定小麦粉的品质指标的技术和方法逐渐得到应用和推广。不同的基团在近红外光区域的吸收强度和位置均不相同，此外，相邻基团的性质、基团的数量、氢键的存在也会影响谱峰的强度和位置。因此，与化学结构相关的某些性质就可以根据朗伯—比尔定律和近红外光谱图来确定，如确定成分浓度等。

彭玉魁等人用近红外光分析技术对 124 个小麦品种的营养成分含量进行了比较测试，结果表明用近红外光技术测得小麦样本的水分、粗纤维、粗蛋白、赖氨酸含量与常规分析法之间的相关系数较高，均达到了相近的水平。刘继明等人探讨了近红外光分析仪在小麦粉厂的重要应用，可以测定小麦及通用小麦粉水分、灰分、粒度含量等。Feng 等人通过对面包老化特性和货架寿命研究表明，利用近红外光交叉验证测定货架寿命数值比质构仪（Texture Profile Analyzer，TPA）测定值的效果更好。

Wesley 等人用近红外光漫反射技术对小麦粉的麦谷蛋白和纯溶蛋白进行了测定，结果获得了较高的相关系数和较低的误差，进一步深化了近红外光谱技术的应用。值得关注的是澳大利亚的 Black 和 Panozzo 利用可见光 - 近红外光漫反射技术测定小麦的水分、蛋白质、面团黄度、出粉率、吸水率、延展性、硬度、最大抗延阻力和峰值黏度 9 项指标，只有最大抗延阻力和延展性的相关程度较低，其他的各项指标与常规分析结果相比均达到了显著相关水平。

邓益锋和张志霞将近红外光方法与传统分析方法测定小麦粉中粗蛋白和粗灰分进行比较，统计结果表明，两者相关系数 R^2 分别为 0.986 和 0.991，相对误差均小于 5%，说明可以用近红外光谱分析技术进行小麦粉粗蛋白和粗灰分的测定。

为了使 DA7200 近红外仪在小麦品质分析、优质小麦选育和种质资源评价中广泛应用，高居荣研究利用国标化学法和 DA7200 近红外仪分别对 20 个小麦品种的面筋含量、吸水率、蛋白质含量、面团形成时间和稳定时间进行检测。结果表明，近红外光技术与国标法具有良好的重现性和相关性。

陈锋、何中虎等人利用近红外光的透射光谱对来自全国各地的 426 份小麦样本的水分、面筋、硬度、蛋白质等含量进行了测定，指出化学分析结果与光谱之间具有较好的相关性，如蛋白质、水分等指标校正集和预测集决定系数分别为 0.96、0.97 和 0.97、0.96，可知误差较低。这说明近红外光谱对蛋白质和水分的预测精度可以满足一般的分析要求。

从以上的研究可知，通过对小麦粉样本的近红外光谱分析，并结合定量分析模型的多元校正方法，可以建立相应的模型定量来预测小麦粉的有效成分。小麦粉的品质与它所含有的各种化学成分直接相关，如水、蛋白质等的含量及比例。由此可见，通过分析近红外光谱数据，并结合相应的化学计量学方法，可以建立小麦粉有效成分的定量分析模型。

10.3.1 实验材料与光谱采集

1. 实验材料

日常食用的小麦粉含水量区间主要为 13% ~16%，用其建立的检测模型在检验样本时对极端值样本的包容性较差，且准确度偏低。因此实验通过人为扩大校正样本范围的方法，研究样本范围对定量模型的影响，并选出适合测量小麦粉样本水分含量的校正区间，达到提高模型准确度的目的。

实验采用晾晒等方法降低样本含水量，并严格按照国标法测量样本水分真实值。实验共建立 5 个校正样本区间，分别为区间 1（主要为 13% ~16%）、区间 2（12% ~16%）、区间 3（11% ~16%）、区间 4（10% ~16%）以及区间 5（9% ~16%）。除区间 1 的样本为正常小麦粉样本外，其余区间均掺有实验室制作的宽范围样本。

2. 光谱采集

实验采用德国 Bruker 公司 Vertex 70 傅里叶红外光谱仪采集小麦粉样本的近红外光谱。

实验参数设置如下：分辨率为 8cm^{-1}；样本扫描次数为 32；背景扫描次数为 32；采集光谱范围为 4000 ~12000cm^{-1}；光阑设置为 6mm；扫描速度为 10kHz。

部分采集的小麦粉样本近红外光谱如图 10-1 所示。

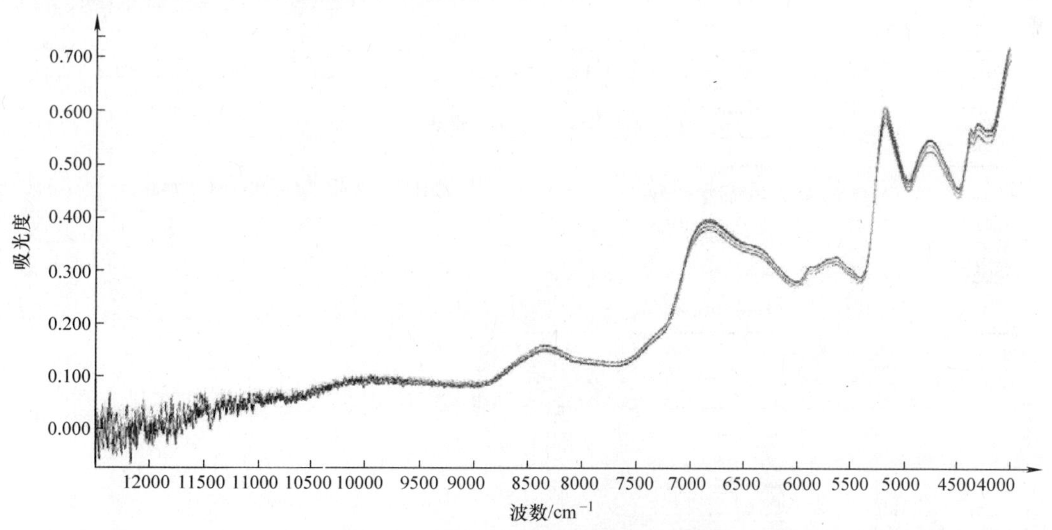

图 10-1 小麦粉样本的近红外光谱图

10.3.2 基于近红外光全光谱的小麦粉品质检测方法研究

1. 基于不同水分区间的小麦粉水分近红外光模型比较分析

分别建立 5 个水分校正样本区间的全谱 PLS 定量模型，并利用同一组检验集样本检验 5 个模型的预测准确度，5 个区间的定量模型结果如图 10-2 所示。

不同水分含量区间的全谱 PLS 定量模型结果见表 10-1。

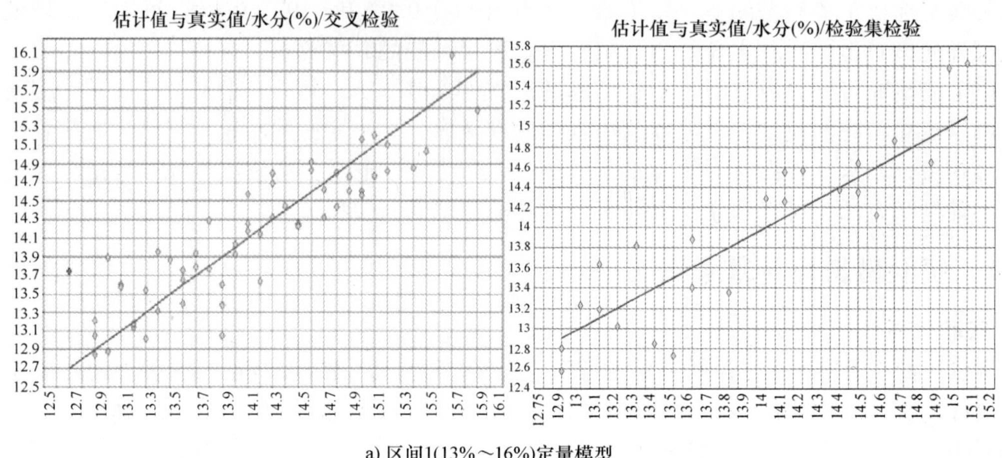

a) 区间1(13%～16%)定量模型

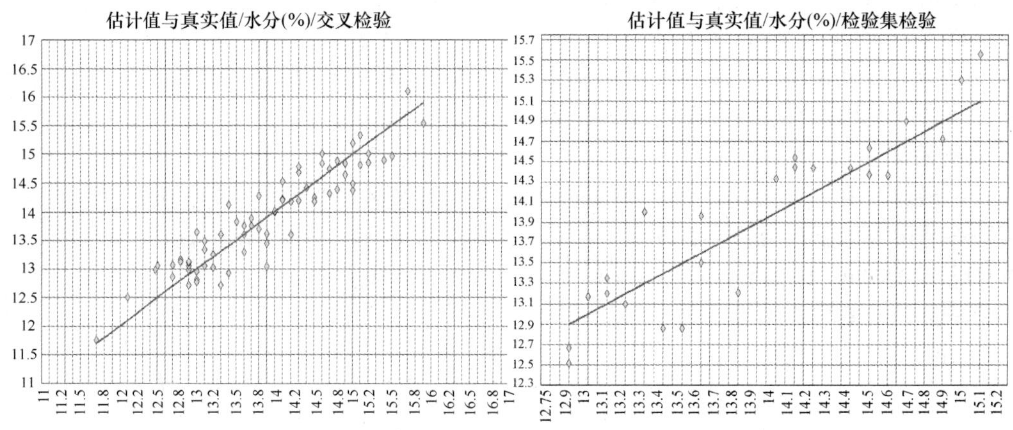

b) 区间2 (12%～16%)定量模型

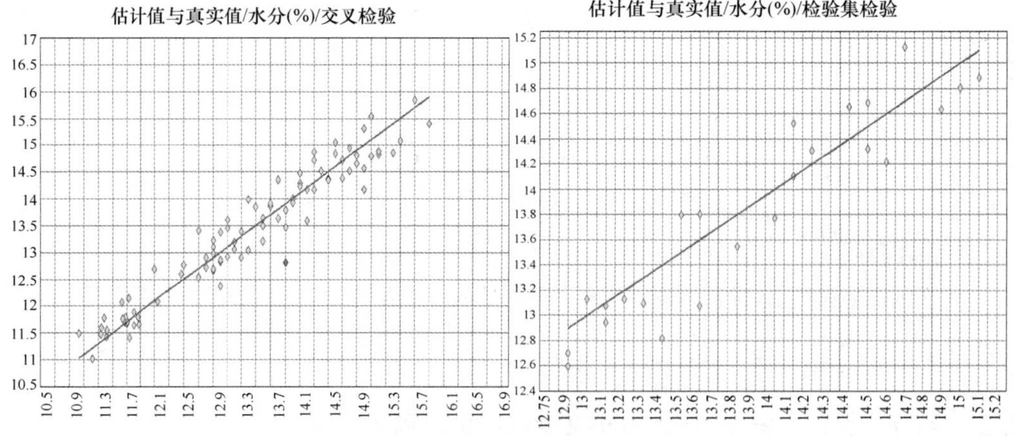

c) 区间3 (11%～16%)定量模型

图 10-2　不同水分含量区间定量模型

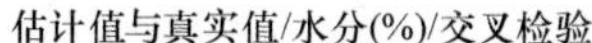

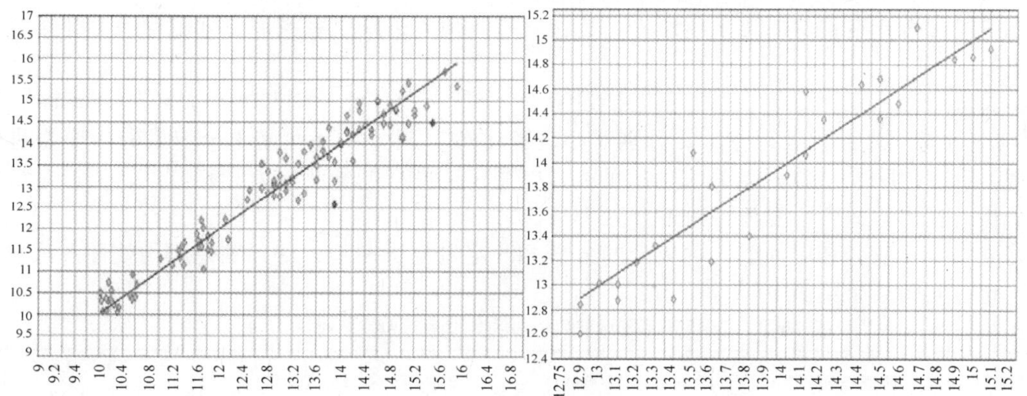

d) 区间4 (10%～16%)定量模型

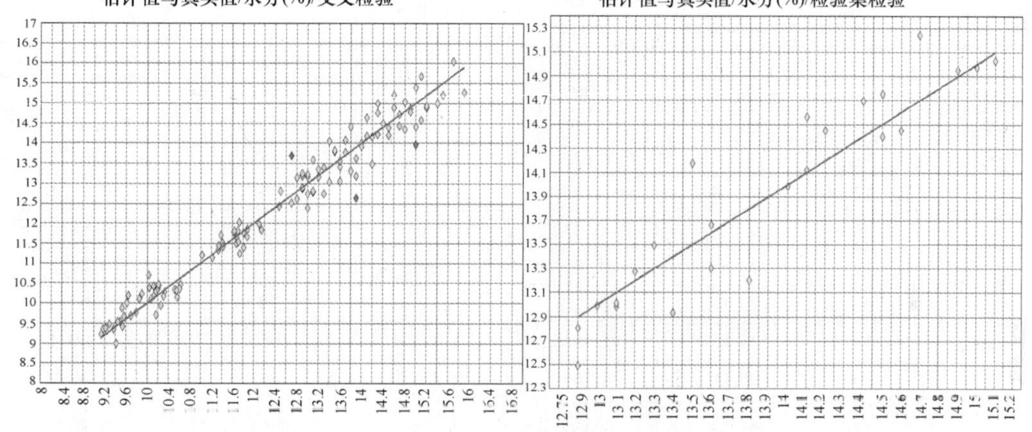

c) 区间5(9%～16%)定量模型

图 10-2　不同水分含量区间定量模型（续）

表 10-1　不同水分含量区间的定量模型结果对比

建模区间	相关系数 R^2	RMSECV	RMSEP	RPD
区间 1（主要 13% ~16%）	78.84	0.367	0.376	1.85
区间 2（12% ~16%）	86.01	0.346	0.35	1.99
区间 3（11% ~16%）	92.69	0.337	0.281	2.55
区间 4（10% ~16%）	95.52	0.344	0.27	2.57
区间 5（9% ~16%）	96.44	0.359	0.298	2.33

从定量模型结果的对比可以看出，随着校正模型样本含水量梯度区间逐渐增大，模型的各个指标均有所提升，当区间增加到 10% ~16% 时，RMSECV 小幅增加，其他指标还优于之前区间的模型，但当区间增加到 9% ~16% 时，RMSECV 和 RMSEP 均高于区间 3 和区间 4，表明模型准确度开始下降。

通过实验得出，校正集样本范围对模型的准确度有一定程度的影响。在合理区间拓宽样本范围可以有效地提升模型预测精度，并且由于包含了更广泛的样本，提高了模型对抗外界干扰因素的能力。结合模型各个指标参数，实验最终选取 10% ~16% 为水分定量模型的校正区间。

2. 基于不同光谱预处理的小麦粉水分模型比较分析

光谱除含有样本自身的化学信息外，还包含有其他无关信息和噪声，如电噪声、样本背景和杂散光等。

实验选用归一化、导数、标准正态变量变换（SNV）、多元散射校正（MSC）、Savitsky - Golay 平滑 5 种常用光谱预处理方法，分别对小麦粉水分、灰分和湿面筋 3 个定量分析模型进行光谱处理，旨在消除光谱数据无关信息和噪声，提高校正模型的预测能力和稳健性，通过对结果的对比分析，找出最适合小麦粉检测的预处理方法。

建立水分、灰分和湿面筋 3 种成分的全谱 PLS 定量分析模型，并分别使用预处理方法对光谱进行优化，实验结果见表 10-2。

表 10-2　采用不同预处理方法的定量模型结果对比（水分）

预处理方法	平滑点数	相关系数 R^2	RMSEC	RMSEP	RPD	RMSEP/RMSEC
无预处理	—	95.52	0.3758	0.268	2.59	0.713
归一化	—	95.29	0.3562	0.2547	2.71	0.715
一阶导数	17	91.06	0.486	0.415	1.7	0.8539
	25	93.44	0.417	0.315	2.2	0.7553
二阶导数	17	58.06	1.05	1.13	1.08	1.07
	25	74.8	0.816	0.74	1.11	0.9068
SNV	—	95.72	0.336	0.213	3.27	0.6339
MSC	—	95.6	0.341	0.214	3.25	0.6275
一阶导数 + SNV	17	91.67	0.469	0.364	2.05	0.7761
	25	93.01	0.43	0.293	2.41	0.6814
一阶导数 + MSC	17	92.55	0.444	0.352	2.11	0.7928
	25	92.98	0.431	0.298	2.35	0.6914
Savitsky - Golay 平滑	17	95.07	0.3643	0.3283	2.1060	0.9011
	25	95.06	0.3647	0.3282	2.1061	0.8999
Savitsky - Golay 平滑 + SNV	17	95.71	0.3397	0.2743	2.5202	0.8074
Savitsky - Golay 平滑 + MSC	17	95.67	0.3413	0.2635	2.6238	0.772

从表 10-2 中可以看出，导数以及导数结合 SNV、MSC 预处理方法并不理想，甚至低于无预处理情况下的预测结果，SNV 和 MSC 以及 Savitsky - Golay 平滑结合 SNV、MSC 预处理后的模型相关系数和 RMSEC 有小幅度的优化，且模型稳健性增高；归一化、Savitsky - Golay 平滑结果略低于无预处理情况，但相差不大，归一化稳健性优于无预处理情况。

3. 基于不同光谱预处理的小麦粉灰分模型比较分析

小麦粉灰分全谱 PLS 定量模型实验结果见表 10-3。

表 10-3　采用不同预处理方法的定量模型结果对比（灰分）

预处理方法	平滑点数	相关系数 R^2	RMSEC	RMSEP	RPD	RMSEP/RMSEC
无预处理	—	70.31	0.0775	0.0996	1.2352	1.2851
归一化	—	87.34	0.0506	0.0611	2.0114	0.8281
一阶导数	17	41	0.109	0.105	1.17	0.9633
	25	71.65	0.0753	0.0705	1.76	0.9362
二阶导数	17	16.12	0.13	0.126	0.979	0.9692
	25	13.99	0.131	0.111	1.11	0.8473

（续）

预处理方法	平滑点数	相关系数 R^2	RMSEC	RMSEP	RPD	RMSEP/RMSEC
SNV	—	81.73	0.0604	0.0636	2.35	1.053
MSC	—	81.75	0.0604	0.0637	2.35	1.055
一阶导数 + SNV	17	47.95	0.102	0.105	1.18	1.029
	25	70.49	0.0768	0.0802	1.55	1.044
一阶导数 + MSC	17	45.51	0.104	0.105	1.17	1.009
	25	69.54	0.078	0.0805	1.54	1.032
Savitsky – Golay 平滑	17	79.77	0.064	0.0684	1.802	1.06
	25	84.11	0.0567	0.0604	2.55	1.065
Savitsky – Golay 平滑 + SNV	17	87.78	0.0497	0.0562	2.84	1.13
Savitsky – Golay 平滑 + MSC	17	87.85	0.0496	0.0557	2.87	1.123

可以看出，采用归一化、SNV、MSC、Savitsky – Golay 平滑、Savitsky – Golay 平滑 + SNV 以及 Savitsky – Golay 平滑 + MSC 光谱预处理方法的灰分定量模型，预测准确度均有大幅提高，模型稳健度也随之提升，导数预处理方法不适合灰分定量模型，结果较差。

4. 基于不同光谱预处理的小麦粉湿面筋模型比较分析

湿面筋全谱 PLS 定量模型实验结果见表 10-4。

表 10-4　采用不同预处理方法的定量模型结果对比（湿面筋）

预处理方法	平滑点数	相关系数 R^2	RMSEC	RMSEP	RPD	RMSEP/RMSEC
无预处理	—	76.37	1.37	1.45	1.84	1.058
归一化	—	81.09	1.1373	1.2999	1.9841	1.142
一阶导数	17	58.32	1.68	1.52	1.55	0.9047
	25	74.81	1.31	1.25	2.1	0.9541
二阶导数	17	14.09	2.41	2.95	1.08	1.22
	25	10.82	2.46	2.33	1.06	0.9471
SNV	—	76.95	1.25	1.05	2.09	0.84
MSC	—	76.05	1.27	1.04	2.05	0.8188
一阶导数 + SNV	17	58.56	1.68	1.59	1.55	0.9464
	25	74.67	1.31	1.3	1.99	0.9923
一阶导数 + MSC	17	57.74	1.69	1.6	1.54	0.9467
	25	74.3	1.32	1.3	1.98	0.9848
Savitsky – Golay 平滑	17	80.65	1.1504	1.1725	2	1.0192
	25	87.98	0.9068	1.1246	2.01	1.139
Savitsky – Golay 平滑 + SNV	17	84.92	1.0157	1.2719	1.99	1.2522
Savitsky – Golay 平滑 + MSC	17	84.14	1.0416	1.2584	2.01	1.2

可以看出，采用 Savitsky – Golay 平滑、Savitsky – Golay 平滑 + SNV 和 Savitsky – Golay 平滑 + MSC 预处理方法建立的湿面筋定量模型准确度明显优于全谱无预处理的定量模型，但模型的稳

定性低，导数预处理方法效果较差，SNV 和 MSC 预处理方法提升了模型的稳定性，综合预处理方法归一化预处理法优化结果最好，模型的准确度与稳定性均得到了提高。

5. 小结

综上所述，采用适合的光谱预处理方法可以优化定量分析模型，但效果有限，模型的预测准确度达不到实际生产的水平，因此还需要借助其他优化方法提升模型的预测精度与稳健性，多种方法相结合的方式整体优化定量模型。

结合经预处理方法优化后模型的准确度与稳健性，实验最终选取归一化、SNV、MSC、Savitsky - Golay 平滑以及 Savitsky - Golay 平滑结合 SNV 和 MSC 共 6 种光谱预处理方法用于小麦粉品质检测模型的优化，以及后续优化方法的实验中。

10.3.3 基于遗传算法的小麦粉品质近红外光模型优化方法研究

光谱采用多元校正方法（如 PLS 法）分析时，传统观点认为校正方法具有较强的抗干扰能力，可以全光谱信息进行建模分析。但随着研究的不断深入和应用问题的复杂化，研究人员通过对样本光谱波长或波长区间按一定方法进行筛选，可能会得到结果更好的校正模型。波长的优化不仅减少了参与校正方法计算的波长点数，降低了数据运算时间，还提高了检测工作的效率。并且由于剔除了无用信息或非线性变量，校正模型的预测能力和稳健性会有一定程度的提高。

1. 基于遗传算法的波长优化方法介绍

遗传算法（Genetic Algorithms，GA）是 20 世纪 60 年代由美国密歇根大学的 John Holland 教授提出的，它来源于生物界中的自然选择和遗传机制，通过优胜劣汰的方式选择最优的结果。遗传算法主要利用选择（Selection）、交叉（Crossover）和变异（Mutation）等操作，经迭代过程挑选出可以优化目标函数值的变量，剔除较差的变量，来实现问题的优化。遗传算法具有以下特征：

1）具有自组织、自适应能力的全局搜索算法。

2）实际问题参数需通过一定方法编码转化为遗传空间的基因型串结构数据。

3）搜索结果优劣基于目标函数的评价信息，避免优化过程受制于数学运算。

4）具有隐含并行性。遗传算法的优化过程是种群并行搜索的过程。

5）算法基本思想简单，具有优化过程简单通用、稳健性强等优势。但在局部搜索方面欠佳，容易出现早熟现象。

遗传算法在很多问题上均有应用。如刘辉军等人利用遗传算法优化绿茶水分和氨基酸的近红外光分析模型，实验结果表明优化后模型稳健性增强，水分和氨基酸预测集方均根误差分别减小了 76.6% 和 82.1%。

屠振华等人将遗传算法结合 iPLS 法应用于苹果硬度检测模型中，不但降低了模型的复杂度，同时提高了模型的预测准确度。陈红艳等人通过遗传算法优化高光谱波长，建立潮土碱解氮定量分析模型同样取得了较好的实验结果。

遗传算法实现流程如图 10-3 所示。

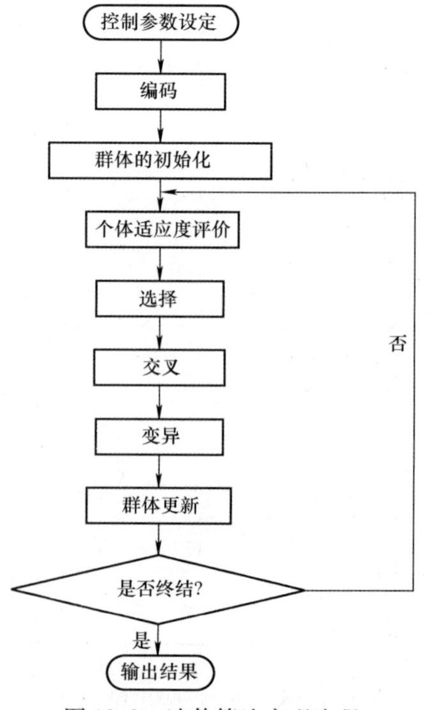

图 10-3　遗传算法实现流程

2. 基于 GA－PLS 法的小麦粉水分定量模型建立与分析

实验在建立基于遗传算法优化波长的小麦粉中水分含量 PLS 定量模型时，种群规模设定为 30，最大迭代次数设定为 150，提取特征波长数量为 60，适应度函数选择 RMSEP：

$$\text{RMSEP} = \sqrt{\frac{1}{n}\sum_{i=1}^{n}(D_if_i)^2} \qquad (10\text{-}1)$$

式中，$D_if_i = x_i - y_i$ 为第 i 个样本测定值 x_i 参比值 y_i 之差。

遗传算法适应度函数收敛结果如图 10-4 所示，遗传算法在迭代 150 次时适应度函数已经趋于平稳，特征波长数量随模型相关系数 R^2 和 RMSEC 的变化如图 10-5 所示，算法在特征波长数量为 60 时趋于平稳。

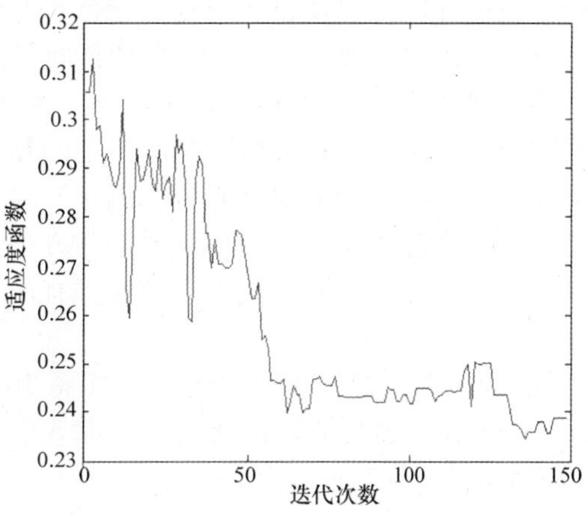

图 10-4　适应度函数随迭代次数收敛结果

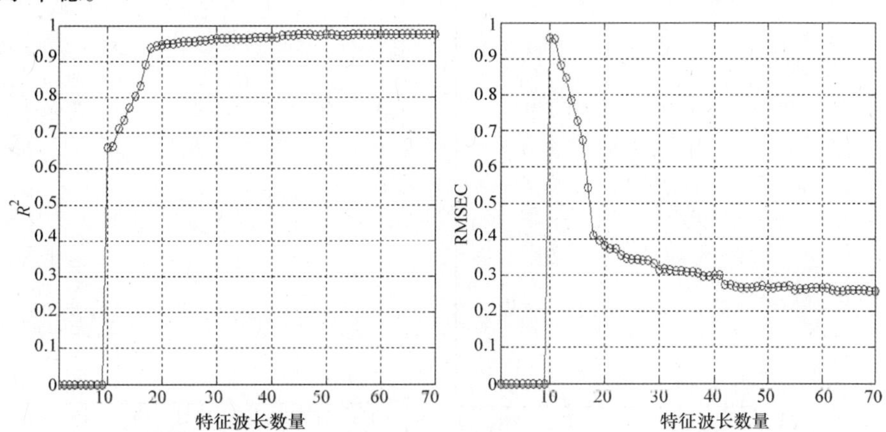

图 10-5　特征波长数量随模型相关系数 R^2 和 RMSEC 的变化

采用水分含量区间为 10%～16% 的校正样本建立全谱 PLS 定量分析模型，并结合光谱预处理以及遗传算法优化该模型，各方法优化结果见表 10-5。

表 10-5　光谱预处理结合遗传算法优化模型结果（水分）

优化方法	平滑点数	相关系数 R^2	RMSEC	RMSEP	RPD	RMSEP/RMSEC
无	—	95.52	0.3758	0.268	2.59	0.713
GA	—	97.11	0.2791	0.2597	2.6623	0.93
归一化＋GA	—	96.99	0.2849	0.2366	2.9222	0.83
SNV＋GA	—	97.19	0.2751	0.2319	2.9816	0.843
MSC＋GA	—	96.99	0.2848	0.2623	2.6360	0.92
Savitsky－Golay 平滑＋GA	17	96.02	0.3272	0.2492	2.6154	0.762
	25	96.04	0.3267	0.2618	2.6406	0.8
Savitsky－Golay 平滑＋SNV＋GA	17	96.89	0.2893	0.2631	2.6273	0.91
	25	96.93	0.2876	0.2676	2.5829	0.93
Savitsky－Golay 平滑＋MSC＋GA	17	95.87	0.3333	0.2705	2.5554	0.812
	25	95.97	0.3293	0.2765	2.4999	0.84
Savitsky－Golay 平滑＋归一化＋GA	17	97.29	0.2701	0.2548	2.7131	0.94
	25	95.67	0.3415	0.2332	2.9650	0.68

从实验结果得出，遗传算法筛选特征波长可以有效提升模型的预测准确度和稳健性，结合适合的光谱预处理方法后，模型的优化结果进一步得到提升。其中 SNV 和 Savitsky - Golay 平滑 + 归一化与遗传算法相结合后模型的预测准确度最好，并且 RPD 结果较好，属于可接受范围内，模型稳健性良好。其余预处理方法与遗传算法相结合优化模型预测准确度都有所提升，模型稳健性良好。

光谱经 SNV 法预处理后光谱图如图 10-6 所示。SNV 结合遗传算法优化的水分 PLS 定量分析模型如图 10-7 所示。

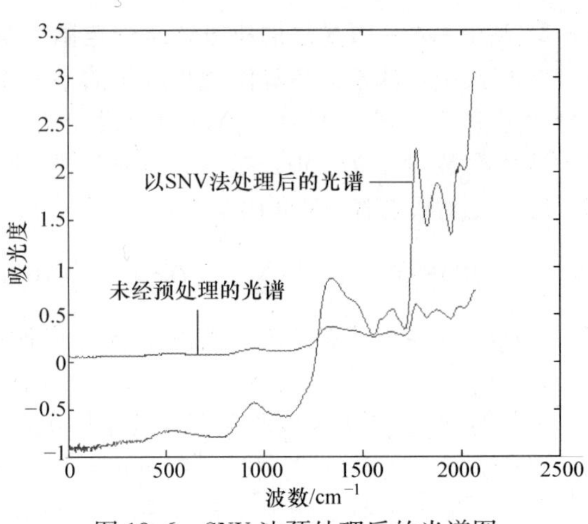

图 10-6　SNV 法预处理后的光谱图

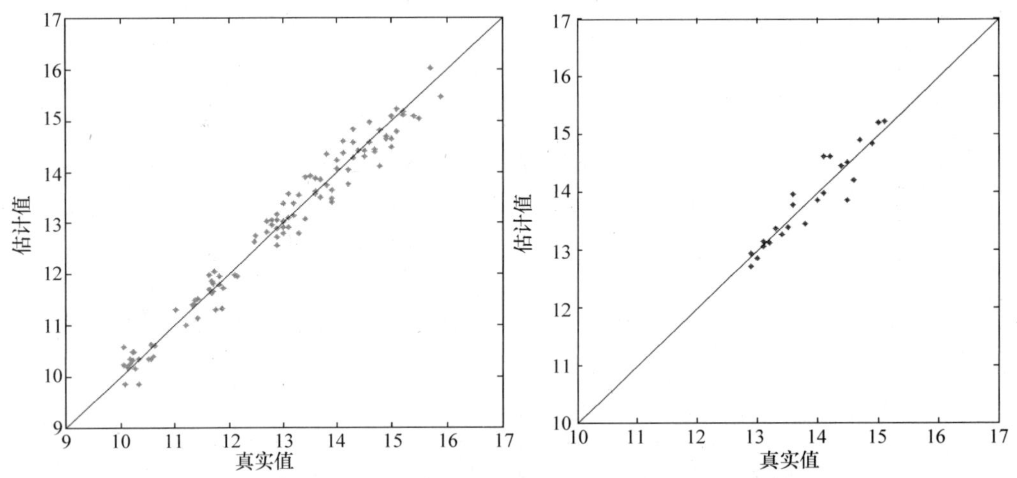

图 10-7　SNV + GA 的水分 PLS 定量模型

SNV 结合遗传算法优化模型的检验集样本真实值与估计值误差见表 10-6。

表 10-6　检验集样本真实值与估计值误差

预测样本	1	2	3	4	5	6	7	8
误差	0.029	−0.186	−0.151	0.046	−0.038	−0.078	0.058	−0.14
预测样本	9	10	11	12	13	14	15	16
误差	−0.122	0.356	0.168	−0.358	−0.141	0.508	−0.123	0.4192
预测样本	17	18	19	20	21	22	23	24
误差	0.051	−0.639	0.014	−0.403	0.198	−0.051	0.215	0.132

3. 基于 GA - PLS 法的小麦粉灰分定量模型建立与分析

建立关于灰分含量的全谱 PLS 定量校正模型，并对检验集样本进行预测。模型预测结果如图 10-8 所示。

灰分含量全谱 PLS 定量模型实验结果：相关系数 R^2 为 70.31，RMSEC 为 0.0775，RMSEP 为 0.0914，RPD 为 1.345，RMSEP/RMSEC 为 1.18。由结果看出，取全谱波数建立 PLS 定量模型，

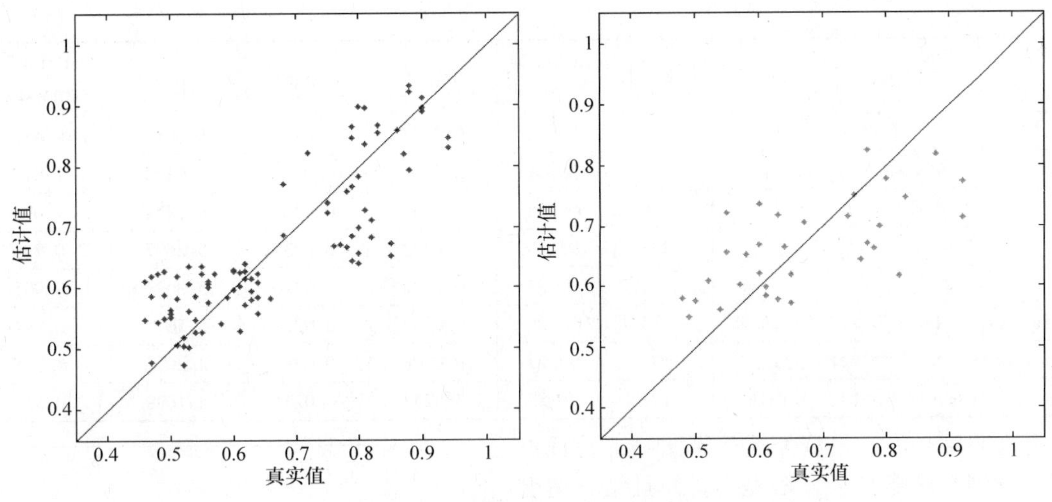

图 10-8　灰分的全谱 PLS 定量模型

实验结果预测准确度差，且模型稳健性不高。

实验在建立基于遗传算法优化波长的小麦粉中灰分含量 PLS 定量模型时，种群规模设定为 30，最大迭代次数设定为 150，提取特征波长数量为 80，适应度函数选择 RMSEP。

特征波长数量随模型相关系数 R^2 和 RMSEC 的变化如图 10-9 所示，算法在特征波长数量为 80 时趋于平稳。

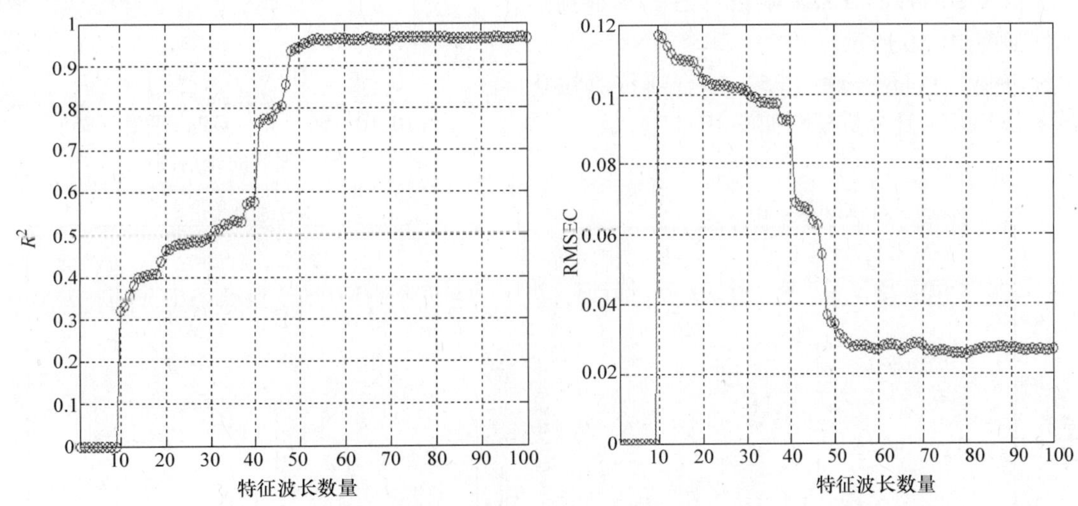

图 10-9　特征波长数量随模型相关系数 R^2 和 RMSEC 的变化

将灰分全谱 PLS 定量模型采用各光谱预处理方法以及遗传算法优化模型，各方法优化结果见表 10-7。

表 10-7　光谱预处理结合遗传算法优化模型结果（灰分）

优化方法	平滑点数	相关系数 R^2	RMSEC	RMSEP	RPD	RMSEP /RMSEC
无	—	70.31	0.0775	0.0996	1.2352	1.285
GA	—	97.14	0.0240	0.0204	6.0298	0.85

（续）

优化方法	平滑点数	相关系数 R^2	RMSEC	RMSEP	RPD	RMSEP /RMSEC
GA + 归一化	—	96.22	0.0277	0.0246	5.0011	0.888
SNV + GA	—	95.51	0.0301	0.0306	4.0122	1.017
MSC + GA	—	96.58	0.0263	0.0287	4.2874	1.091
Savitsky – Golay 平滑 + GA	17	95.79	0.0292	0.0233	5.2697	0.798
	25	97.33	0.0232	0.0210	5.8637	0.905
Savitsky – Golay 平滑 + SNV + GA	17	97.29	0.0234	0.0221	5.5670	0.944
Savitsky – Golay 平滑 + MSC + GA	17	97.87	0.0208	0.0286	4.2972	1.375
Savitsky – Golay 平滑 + 归一化 + GA	17	96.82	0.0253	0.0241	5.1099	0.953

从实验结果看，模型经遗传算法筛选特征波长后，预测准确度有了大幅提高，并且结合适合的光谱预处理方法后，模型得到了更完整的优化。根据模型的准确度与稳健性参数，Savitsky – Golay 平滑（25）点结合遗传算法优化模型结果最为理想，相关系数 R^2 为 97.33，RMSEC 为 0.0232，RMSEP 为 0.021，RPD 达到 5.8637，模型稳健性良好。

光谱经 Savitsky – Golay 平滑（25）预处理后光谱图如图 10-10 所示。

Savitsky – Golay 平滑（25）结合遗传算法优化的灰分 PLS 定量分析模型如图 10-11 所示。

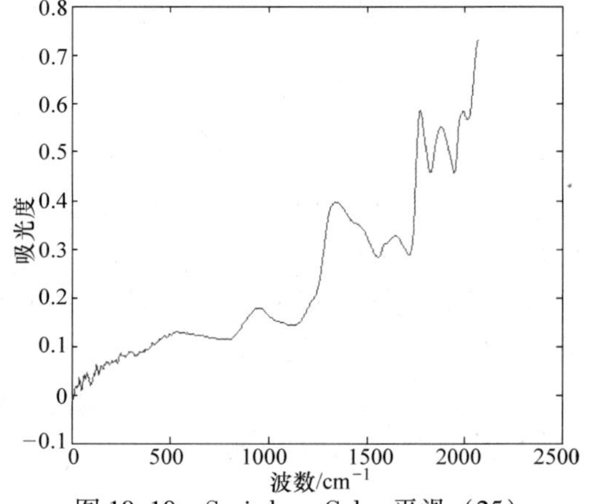

图 10-10 Savitsky – Golay 平滑（25）预处理后的光谱图

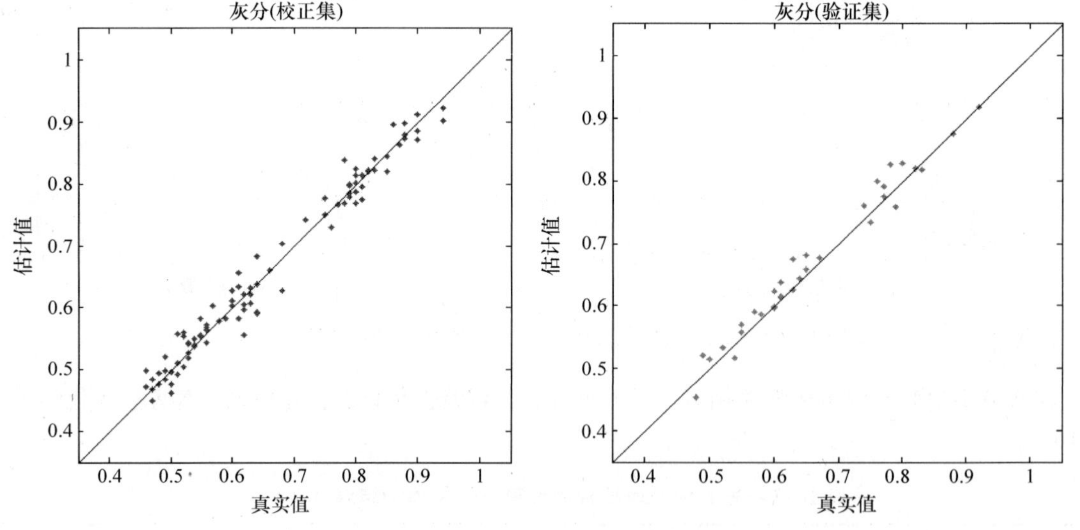

图 10-11 Savitsky – Golay 平滑（25）+ GA 的水分 PLS 定量模型

Savitsky – Golay 平滑（25）结合遗传算法优化模型的检验集样本真实值与估计值误差见表 10-8。

表 10-8　检验集样本真实值与估计值误差

预测样本	1	2	3	4	5	6	7	8	9
误差	-0.0269	0.0309	0.0146	0.0137	-0.0232	0.0074	0.021	0.0074	-0.0039
预测样本	10	11	12	13	14	15	16	17	18
误差	0.002	0.0279	0.0315	0.0078	0.0059	-0.0168	0.0386	0.0218	0.0467
预测样本	19	20	21	22	23	24	25	26	27
误差	-0.0324	0.021	0.023	0.0004	0.0046	-0.0043	0.0444	0.0042	0.0201
预测样本	28	29	30	31	32	33	34	—	—
误差	0.0057	0.0279	0.0009	-0.0132	-0.0046	-0.0023	-0.0025	—	—

4. 基于 GA-PLS 法的小麦粉湿面筋定量模型建立与分析

建立关于湿面筋含量的全谱 PLS 定量校正模型，并对检验集样本进行预测。模型预测结果如图 10-12 所示。

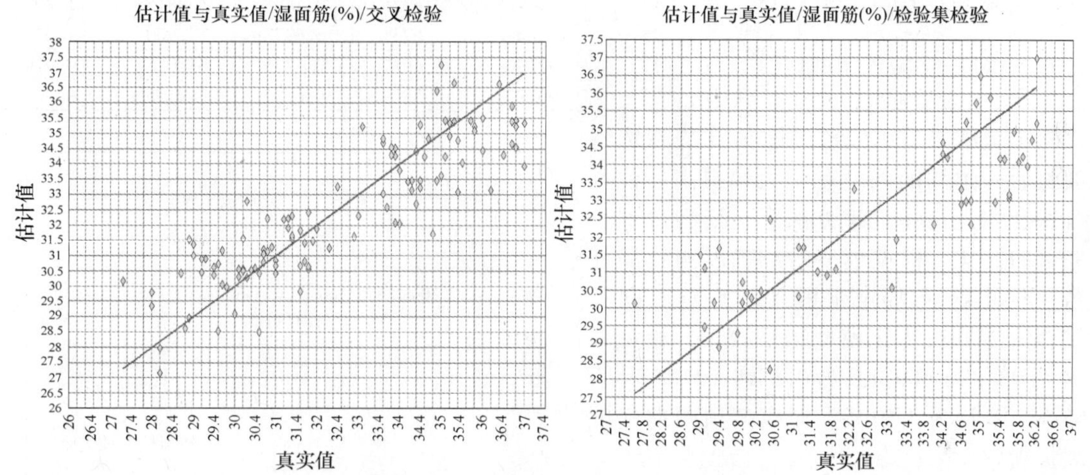

图 10-12　湿面筋全谱 PLS 定量模型

湿面筋含量的全谱 PLS 定量模型相关系数 R^2 为 76.37，RMSECV 为 1.27，RESEP 为 1.45，RPD 为 2.53，RMSEP/RMSECV 为 1.058。

实验在建立基于遗传算法优化波长的小麦粉中灰分含量 PLS 定量模型时，种群规模设定为 30，最大迭代次数设定为 150，提取特征波长数量为 80，适应度函数选择 RMSEP。

特征波长数量随模型相关系数 R^2和 RMSEC 的变化如图 10-13 所示，算法在特征波长数量为 80 时趋于平稳。

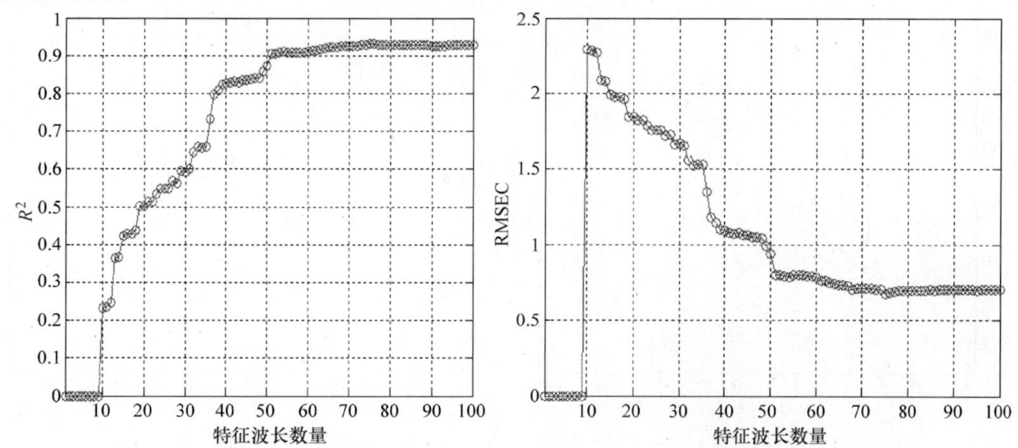

图 10-13　特征波长数量随模型相关系数 R^2和 RMSEC 的变化

将湿面筋全谱 PLS 定量模型采用各光谱预处理方法以及遗传算法优化模型，各方法优化结果见表 10-9。

表 10-9　光谱预处理结合遗传算法优化模型结果（湿面筋）

优化方法	平滑点数	相关系数 R^2	RMSEC	RMSEP	RPD	RMSEP/RMSEC
无	—	76.37	1.37	1.45	2.53	1.058
GA	—	92.38	0.7218	0.6535	3.9466	0.905
GA + 归一化	—	93.46	0.6688	0.6742	3.8252	1.008
SNV + GA	—	92.59	0.7119	0.6474	3.9840	0.909
MSC + GA	—	9280	0.7019	3.1219	0.8261	4.448
Savitsky – Golay 平滑 + GA	17	9292	0.6960	0.6930	3.7217	0.996
	25	9194	0.7425	0.7050	3.6583	0.949
Savitsky – Golay 平滑 + SNV + GA	17	9450	0.6135	0.7408	3.4815	1.201
	25	9338	0.6731	0.6878	3.7500	1.022
Savitsky – Golay 平滑 + 归一化 + GA	17	92.96	0.6941	0.6783	3.8025	0.977
	25	93.22	0.6809	0.6587	3.9155	0.967

从实验结果看，模型经遗传算法筛选特征波长后，预测准确度有了大幅提高，并且结合适合的光谱预处理方法后，模型得到了更完善的优化。根据模型的准确度与稳健性参数，Savitsky – Golay 平滑（25）点 + 归一化结合遗传算法优化模型结果较好，相关系数 R^2 为 93.22，RMSEC 为 0.6809，RMSEP 为 0.6587，RPD 为 3.9155。但模型预测准确度还需提高。

光谱经 Savitsky – Golay 平滑（25）+ 归一化预处理后光谱图如图 10-14 所示。

Savitsky – Golay 平滑（25）+ 归一化结合遗传算法优化的灰分 PLS 定量分析模型如图 10-15 所示。

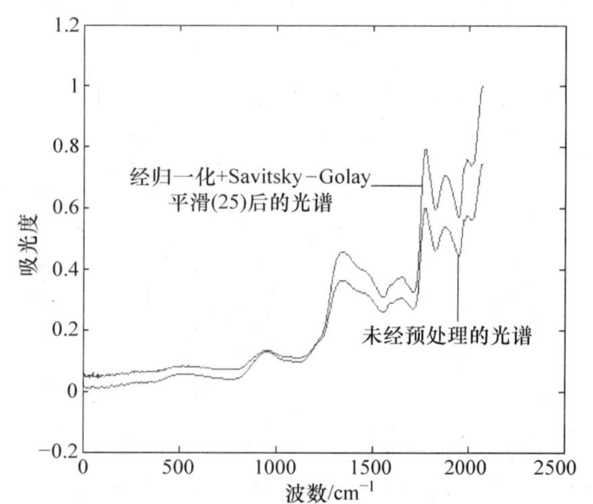

图 10-14　Savitsky – Golay 平滑（25）+ 归一化预处理后的光谱图

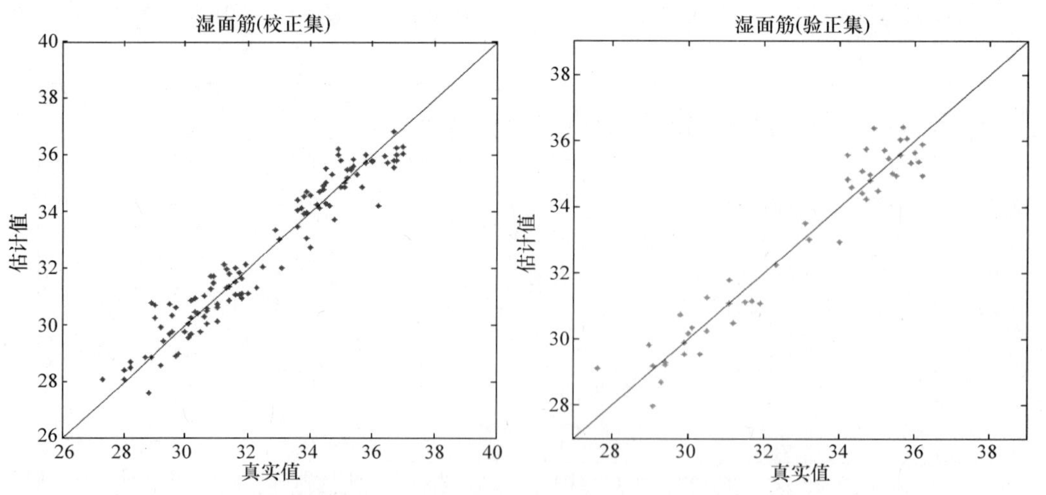

图 10-15　Savitsky – Golay 平滑（25）+ 归一化结合 GA 的水分 PLS 定量模型

Savitsky－Golay 平滑（25）＋归一化结合遗传算法优化模型的检验集样本真实值与估计值误差见表10-10。

表 10-10　检验集样本真实值与估计值误差

预测样本	1	2	3	4	5	6	7	8	9
误差	-0.098	-0.6105	-0.5355	0.7658	-0.3587	-0.7465	-0.0112	0.0038	0.1878
预测样本	10	11	12	13	14	15	16	17	18
误差	-0.3701	-0.3522	-0.7259	0.6483	-0.5742	-0.5142	0.9394	0.4328	-0.2683
预测样本	19	20	21	22	23	24	25	26	27
误差	0.2987	-0.0149	-0.1688	-0.3676	-0.7217	0.4923	0.691	0.4068	0.2399
预测样本	28	29	30	31	32	33	34	35	36
误差	0.1857	-0.5679	1.0705	-1.0547	1.5236	0.7234	-0.799	1.3818	0.8408
预测样本	37	38	39	40	41	42	43	44	45
误差	-0.3122	0.2778	1.4852	-0.0394	-1.2683	0.5307	-1.1431	0.097	-0.1871
预测样本	46	47	48	49	—	—	—	—	—
误差	-0.4653	-0.1757	0.1885	0.0121	—	—	—	—	—

10.3.4　基于模拟退火算法的小麦粉品质近红外光模型优化方法研究

模拟退火算法是 S. Kirkpatrick 等人在 1983 年提出的，其基本思想来源于金属的退火原理。将材料加热，材料能量变大，原子离开原始位置随机在其他位置移动，再冷却材料使其能量减少，如果冷却速度足够慢，系统会忽略局部稳定构造，最后在常温时达到全局稳定状态，即基态。模拟退火算法较其他优化算法有如下特点：

1）初始点选择的不依赖性，对于随机搜索算法这是十分重要的优势，避免了因初始点选择不当造成的优化失败。

2）以一定概率接受劣解，保证算法不陷入局部最优且增加了寻优灵活性。

3）隐含并行性，模拟退火算法采用并行策略，优化提高了收敛速度和解的质量。

4）善于搜索复杂区域。

模拟退火算法在很多优化问题上都有应用。石吉勇等人基于模拟退火算法优化食醋总酸含量近红外光谱模型，优选出 17 个总酸特征波数点，其预测集相关系数为 0.921 优于全光谱和 iPLS 法对应的预测效果。石吉勇等人还将模拟退火算法应用于检测草莓坚实度模型的波长优化，并结合了多种光谱预处理方法，实验结果表明模拟退火算法可以提高近红外模型预测草莓坚实度的准确度和稳健性。Roman M. Balabin 等人对比 16 种优化光谱区算法对生物柴油特征的提取结果，得出模拟退火算法是优化效果明显的算法之一。

1. 算法原理

近红外光谱的2074 个波数点相当于退火材料的 2074 个微观状态。选定目标函数 f 即材料的内能 E，确定优化问题的初始温度 T_0，随机选择一组波数作为模拟退火的初始解，由初始温度和初始解开始迭代。迭代过程如下：产生新的解，然后计算其目标函数差，如果新的目标函数优于前一解的目标函数，则算法接受并更新最优解。否则，由接受准则判断是否接受这个解，满足则进行当前解和目标函数的迭代，否则舍弃新解。随着迭代的过程，逐步衰减温度值 T。当温度为 T_x 时所经历的迭代过程为一个马尔科夫链，次数为马尔科夫链的长度 L_k。算法设置了记忆器，用于记忆当前迭代过程中遇到的最优解和最优目标函数值，防止问题具有多个极值时，算法难以保证最优解为整个搜索过程中曾经得到的最优解。最终，算法终止时得出的历史最优解，即优选的波数点。

（1）接受准则

接受准则保证了模拟退火算法在一定程度上吸收劣解，是实现全局搜索的关键因素。经试验表明，接受准则的具体形式对模拟退火算法没有实质性的影响，所以通常选用 Metropolis 准则作为接受准则函数。

由解 i 到解 j 的接受概率由以下函数确定：

$$P(t_k) = P(i \rightarrow j) = \begin{cases} 1 & f(i) \geq f(j) \\ \exp\dfrac{f(i) - f(j)}{t_k} & f(i) < f(j) \end{cases} \tag{10-2}$$

式中，$f(i)$、$f(j)$ 分别表示解 i、j 的目标函数；t_k 表示温度。

依据接受准则可以看出，目标函数越小越好。

（2）目标函数

目标函数的选择在一定程度上会影响实验结果，常用的目标函数主要是 RMSECV、RMSEP 以及相关系数 R^2。

（3）冷却进度表

冷却进度表是模拟退火算法控制进程的参数总称，包括初始温度 T_0、衰减因子 α、马尔科夫链长度 L_k 以及终止条件 S。理论上初始温度 T_0 遵循足够大原则才能保证算法能够进行大范围搜索，但实际情况需考虑 T_0 过大会降低模拟退火算法优化计算的时间。降温策略选择指数降温 $T_{k+1} = T_k\alpha$。衰减因子 α 越小所需的马尔科夫链越长，因此通常选取小衰减量来避免。终止条件 S 为温度降到一个接近 0 的数值。

2. 算法流程（见图 10-16）

3. 实验结果

（1）小麦粉中水分含量的 SAA－PLS 定量模型

采用水分浓度区间为 10%～16% 的校正样本建立全谱 PLS 定量分析模型，并结合光谱预处理以及模拟退火算法优化该模型，各方法优化结果见表10-11。

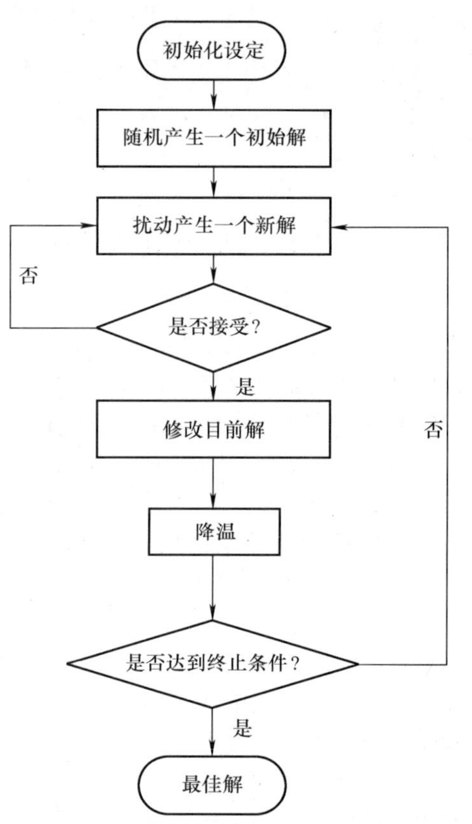

图 10-16　模拟退火算法流程

表 10-11　光谱预处理结合模拟退火算法优化模型结果（水分）

优化方法	平滑点数	相关系数 R^2	RMSEC	RMSEP	RPD	RMSEP/RMSEC
无	—	95.52	0.3758	0.268	2.59	0.713
SAA	—	96.98	0.2853	0.2047	3.3775	0.717
归一化＋SAA	—	97.42	0.2635	0.1952	3.5410	0.74
SNV＋SAA	—	98.03	0.2304	0.2193	3.1529	0.952
MSC＋SAA	—	96.40	0.3113	0.2335	2.9603	0.75
Savitsky－Golay 平滑＋SAA	17	97.31	0.2690	0.1992	3.4709	0.74
	25	97.07	0.2810	0.2263	3.0542	0.805
Savitsky－Golay 平滑＋SNV＋SAA	17	97.44	0.2626	0.2233	3.0960	0.85
Savitsky－Golay 平滑＋MSC＋SAA	17	96.72	0.2972	0.2702	2.5586	0.909
Savitsky－Golay 平滑＋归一化＋SAA	17	96.95	0.2867	0.2325	2.9737	0.81

从优化结果可以看出，模拟退火算法优化波长后，模型的预测准确度明显提高，说明结合相应算法优化波长是有效且必要的。除 MSC 和 Savitsky－Golay 平滑＋MSC 法结合模拟退火算法优

化效果一般外，其余预处理方法结合模拟退火算法效果均优于仅筛选波长优化定量模型的结果，其中综合对比各指标参数值，归一化光谱预处理方法结合模拟退火优化波长优化模型效果最好，模型相关系数 R^2 为 97.42，RMSECV 为 0.2635，RMSEP 为 0.1952，波数由 2074 个点筛选为 49 个点，定量分析模型校正集与检验集如图 10-17 所示：

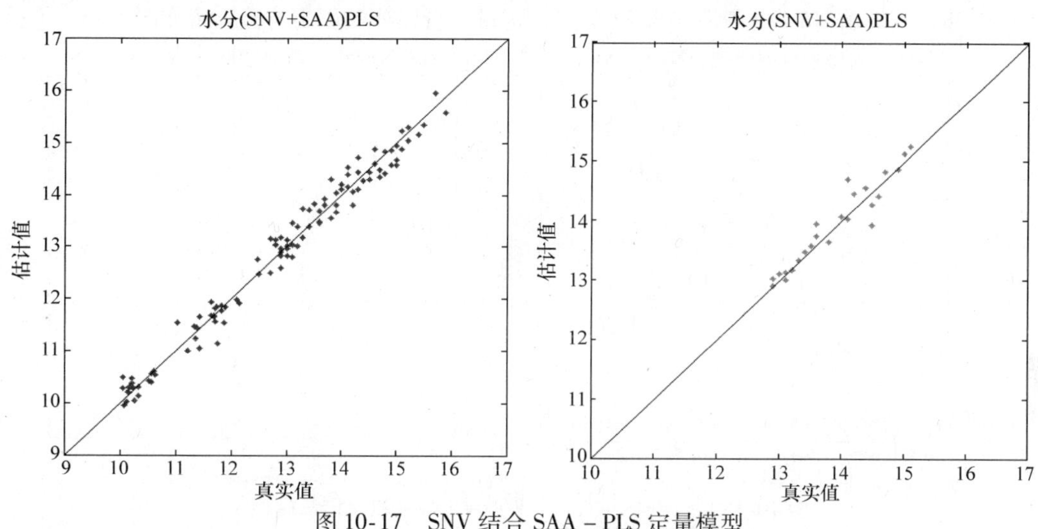

图 10-17　SNV 结合 SAA－PLS 定量模型

归一化结合模拟退火算法优化模型的检验集样本真实值与估计值误差见表 10-12。

表 10-12　检验集样本真实值与估计值误差

预测样本	1	2	3	4	5	6	7	8
误差	0.116	0.002	0.106	0.012	－0.097	－0.046	0.036	0.06
预测样本	9	10	11	12	13	14	15	16
误差	0.062	0.344	0.132	－0.175	0.066	0.596	－0.075	0.248
预测样本	17	18	19	20	21	22	23	24
误差	0.152	－0.582	－0.24	－0.19	0.112	－0.042	0.135	0.154

（2）小麦粉中灰分含量的 SAA－PLS 定量模型

将灰分全谱 PLS 定量模型采用各光谱预处理方法以及模拟退火算法优化模型，各方法优化结果见表 10-13。

表 10-13　光谱预处理结合模拟退火算法优化模型结果（灰分）

优化方法	平滑点数	相关系数 R^2	RMSECV	RMSEP	RPD	RMSEP/RMSEC
无	—	70.31	0.0775	0.0996	1.2352	1.246
SAA	—	98.11	0.0195	0.0136	7.2727	0.697
SAA＋归一化	—	98.33	0.0184	0.0167	7.7382	0.907
SNV＋SAA	—	97.89	0.0206	0.0135	6.8843	0.655
MSC＋SAA	—	97.66	0.0218	0.0255	6.5372	1.169
Savitsky－Golay 平滑＋SAA	17	97.59	0.0221	0.0122	6.4416	0.55
	25	98.09	0.0197	0.0154	7.2357	0.78
Savitsky－Golay 平滑＋SNV＋SAA	17	98.32	0.0184	0.0138	7.7152	0.75
Savitsky－Golay 平滑＋MSC＋SAA	17	98.30	0.0185	0.0199	7.6696	1.07
Savitsky－Golay 平滑＋归一化＋SAA	17	98.29	0.0186	0.0146	7.6472	0.78

从优化结果可以看出，光谱预处理集合模拟退火算法优化模型预测结果明显优于无任何处理

的 PLS 定量分析模型，归一化、Savitsky - Golay 平滑、Savitsky - Golay 平滑 + SNV、Savitsky - Golay 平滑 + MSC 以及 Savitsky - Golay 平滑 + 归一化预处理方法结合模拟退火算法结果较好，SNV 和 MSC 效果略差。综合考虑模型准确度与稳健性，Savitsky - Golay 平滑 + SNV 预处理结合模拟退火算法优化灰分含量 PLS 定量模型效果最好，模型相关系数 R^2 为 98.32，RMSECV 为 0.0184，RMSEP 为 0.0138，波数由 2074 个点筛选为 49 个点，定量分析模型校正集与检验集如图 10-18 所示。

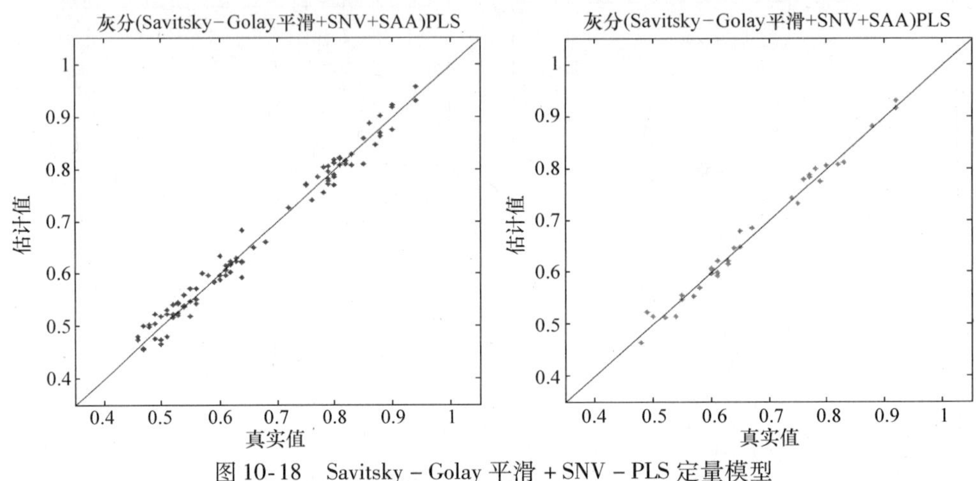

图 10-18　Savitsky - Golay 平滑 + SNV - PLS 定量模型

Savitsky - Golay 平滑 + SNV 结合模拟退火算法优化模型的检验集样本真实值与估计值误差见表 10-14。

表 10-14　检验集样本真实值与估计值误差

预测样本	1	2	3	4	5	6	7	8	9
误差	-0.0172	0.0323	0.0145	-0.0067	-0.0249	0.0058	-0.017	-0.0093	0.0054
预测样本	10	11	12	13	14	15	16	17	18
误差	-0.0121	0.0111	0.0289	-0.0012	0.0146	-0.0189	0.0192	0.0176	0.0187
预测样本	19	20	21	22	23	24	25	26	27
误差	-0.0146	-0.0015	-0.0032	0.0061	-0.0171	-0.0158	-0.0091	0.0067	0.0021
预测样本	28	29	30	31	32	33	34	—	—
误差	0.0126	0.0055	-0.0124	-0.0181	0.0008	0.0099	-0.0035	—	—

（3）小麦粉中湿面筋含量的 SAA - PLS 定量模型

将湿面筋全谱 PLS 定量模型采用各光谱预处理方法以及模拟退火算法优化模型，各方法优化结果见表 10-15。

表 10-15　光谱预处理结合模拟退火算法优化模型结果（湿面筋）

优化方法	平滑点数	相关系数 R^2	RMSECV	RMSEP	RPD	RMSEP/RMSEC
无	—	76.37	1.37	1.45	2.53	1.06
SAA	—	94.50	0.6136	0.5349	4.8217	0.87
SAA + 归一化	—	94.91	0.5898	0.5341	4.8287	0.905
SNV + SAA	—	95.37	0.5630	0.5444	4.7377	0.967
MSC + SAA	—	93.37	0.6734	0.7619	3.3851	1.13
Savitsky - Golay 平滑 + SAA	17	93.09	0.6873	0.5974	4.3171	0.869
	25	93.26	0.6788	0.5987	4.3082	0.882
Savitsky - Golay 平滑 + SNV + SAA	17	94.03	0.6393	0.6163	4.1845	0.964
Savitsky - Golay 平滑 + MSC + SAA	17	92.53	0.7150	0.7513	3.4330	1.05
Savitsky - Golay 平滑 + 归一化 + SAA	17	93.88	0.6468	0.6003	4.2965	0.928

从表 10-15 中可以看出，经模拟退火算法优化波数后，模型的预测准确度明显提升，其中结

合SNV预处理方法的优化模型实验结果最好，结合归一化预处理方法的优化模型次之，结合MSC、Savitsky－Golay平滑以及Savitsky－Golay平滑＋MSC效果最差。SNV结合模拟退火算法建立的湿面筋PLS定量模型相关系数 R^2 为95.37，RMSECV为0.563，RMSEP为0.5444，RPD为4.7377，波数由2074个点筛选为80个点，所建定量分析模型校正集与检验集如图10-19所示。

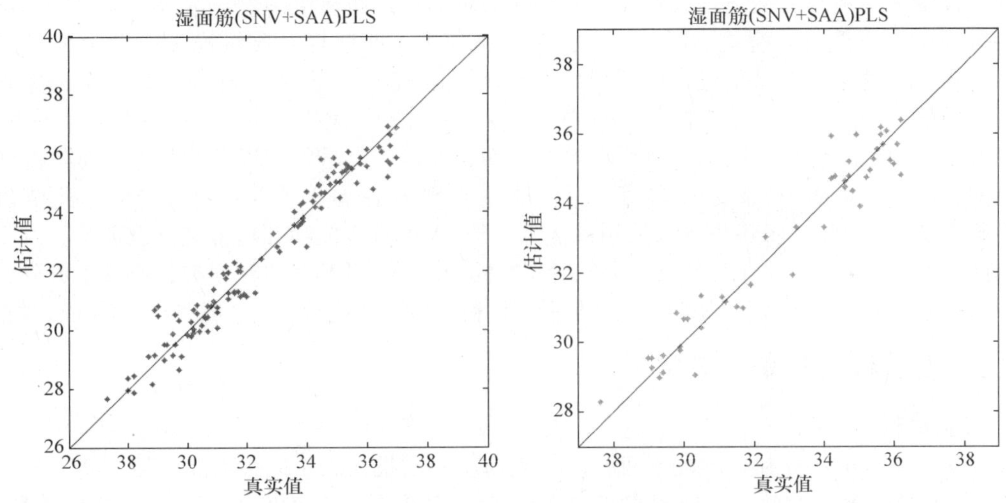

图10-19　SNV＋SAA湿面筋PLS定量模型

SNV结合模拟退火算法优化模型的检验集样本真实值与估计值误差见表10-16。

表10-16　检验集样本真实值与估计值误差

预测样本	1	2	3	4	5	6	7	8	9
误差	－0.2863	－0.3325	－0.713	0.8421	－0.1431	－1.2367	－0.0564	0.1972	0.6521
预测样本	10	11	12	13	14	15	16	17	18
误差	－0.4718	－0.8681	－0.0539	0.4849	－0.6759	－1.1164	1.04	0.5832	－0.0932
预测样本	19	20	21	22	23	24	25	26	27
误差	0.4663	0.3533	－0.1452	－0.133	－0.3987	0.0195	0.2066	－1.1797	0.5765
预测样本	28	29	30	31	32	33	34	35	36
误差	－0.3599	0.0392	0.4813	0.7098	0.6942	－0.0314	－0.2367	1.72	0.5277
预测样本	37	38	39	40	41	42	43	44	45
误差	0.2006	0.2723	1.0782	0.7201	－1.3987	－0.4481	0.1634	0.4323	0.0951
预测样本	46	47	48	49	—	—	—	—	—
误差	0.0624	0.2246	－0.4513	－0.4535	—	—	—	—	—

所有的优化模型RMSEP均没有达到国家针对近红外光谱检测小麦粉中粗蛋白RMSEP要低于3%的要求，主要原因在于使用小麦粉中湿面筋含量估计粗蛋白含量还是存在一定误差，导致模型准确度略低。

从小麦粉中水分、灰分以及湿面筋3个PLS定量模型来看，光谱预处理方法结合模拟退火筛选波长来优化PLS定量分析模型可行且预测效果明显优于原模型，预测精度也高于遗传算法优化定量模型，但模拟退火算法优化时间略长。由于优化方法使用MATLAB编程，方便嵌入各种光谱分析设备，只要调整相关参数便可优化光谱数据及模型，十分方便。

10.4　基于ATR－FTIR光谱的小麦粉种类鉴别方法研究

随着人们日常饮食的丰富，市场为满足消费者的需求，也相继推出许多不同用途以及品质的小麦粉商品。其中最为常见的有富强粉、麦芯粉、精制雪花粉以及面包粉等种类，价格参差不齐，甚至是相差几倍。由于消费者仅从小麦粉的外观很难辨别其种类，一些不法商贩和小作坊便将低价的小麦粉鱼目混珠充当高价小麦粉贩卖，以此谋得高额的差价，侵害消费者利益，类似新闻在全国各地均有报道。虽然监管部门积极打击此类现象，但是需要先对小麦粉成分进行检测再通过成分含量来鉴别其类别，方法繁琐，不适合随机抽查、快速鉴别。

SVM 是一种有监督的模式识别方法，在解决小样本、非线性及高维模式识别中表现出许多特有的优势。它的基本思想是将线性不可分的输入数据经核函数映射到一个更高维的特征空间中，通过求解一个线性约束的二次规划问题，找到一个能将输入数据线性分割的最大间隔分类面。SVM 自 20 世纪 90 年代提出之后，在模式识别、通信、信号处理以及控制等方面都得到了较为广泛的应用。在食品领域，谈爱玲等人运用改进的 SVM 法鉴别普通植物源与中草药植物源蜂蜜，准确率达 96.67%。张建华等人采用最优二叉树 SVM 对蜜柚叶部病害进行识别等。

因此，本节重点研究基于红外衰减全反射光谱的小麦粉品质检测方法研究，通过主成分分析与马氏距离剔除异常样本，结合 SVM 法快速鉴别富强粉、精制雪花粉、麦芯粉和面包粉 4 种类别。

10.4.1 实验材料与光谱采集

1. 实验材料

实验随机采集的小麦粉样本均来自古船小麦粉厂不同批次、不同种类的产品，其中包括富强粉（37 份）、麦芯粉（41 份）、精制雪花粉（32 份）以及面包粉（29 份）共计 139 份样本。

2. 光谱采集

实验仪器：德国 Bruker 公司 Vertex 70 傅里叶红外光谱仪，采用 ATR 附件采集小麦粉样本的中红外光谱。

实验参数设置如下：分辨率为 8cm^{-1}；样本扫描次数为 32；背景扫描次数为 32；采集光谱范围为 600 ~ 4500cm^{-1}；光阑设置为 6mm；扫描速度为 10kHz。

部分采集的小麦粉样本中红外光谱如图 10-20 所示。

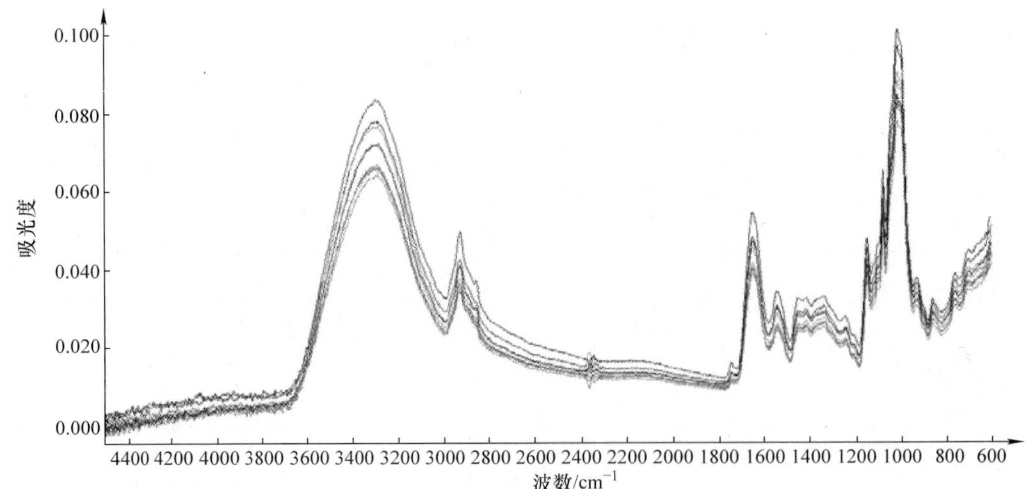

图 10-20　小麦粉样本的中红外光谱图

10.4.2 光谱预处理

实验采取气氛补偿及基线校正处理小麦粉中红外光谱采集过程中，空气里水分和二氧化碳对光谱的影响和环境中某些变化引起的光谱基线漂移等情况。最后通过均值中心化法增加小麦粉样本光谱之间的差异，以提高模型的稳健性与预测能力。图 10-21a 所示为小麦粉样本经气氛补偿和基线校正后的中红外光谱图，图 10-21b 所示为小麦粉样本中红外光谱均值中心化结果。

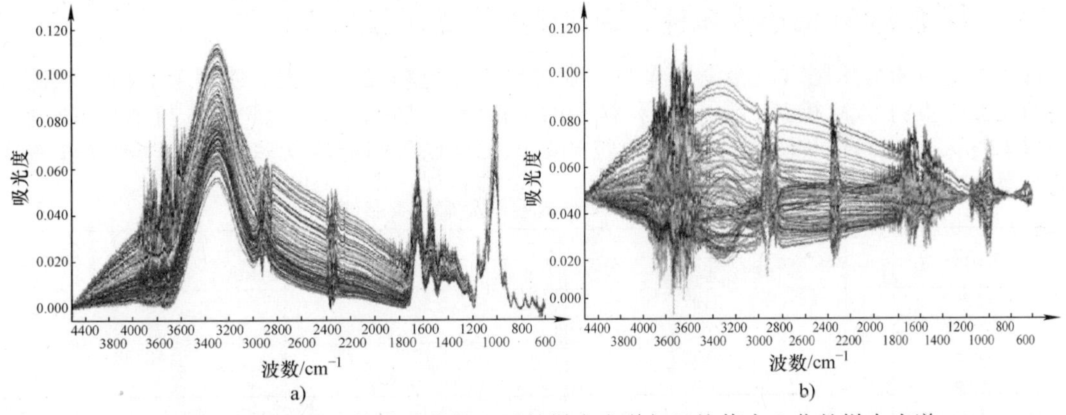

图 10-21　经气氛补偿和基线校正后的样本光谱与经均值中心化的样本光谱

10.4.3　异常样本剔除

由于样本特征较多，实验采取主成分分析结合马氏距离剔除异常样本。根据各类别样本到平均样本的马氏距离，阈值设为 2.5。图 10-22 所示为 4 个类别异常样本剔除结果。

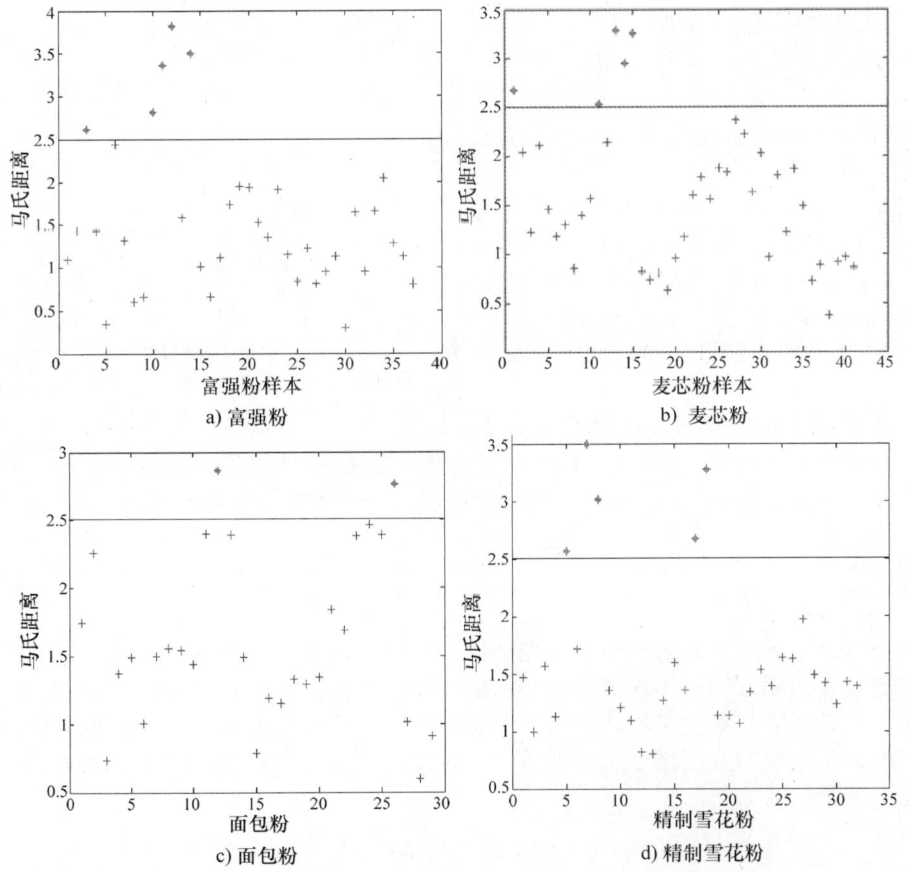

图 10-22　不同种类样本与各自平均光谱的马氏距离

从图 10-22 得出，异常样本共剔除 17 个，其中富强粉 5 个、麦芯粉 5 个、面包粉 2 个、精制雪花粉 5 个。剩余 122 个小麦粉样本用于 SVM 建模与测试。

10.4.4 基于 SVM 的小麦粉种类鉴别模型的建立与测试

首先将富强粉与精制雪花粉设为 A 类，麦芯粉与面包粉设为 B 类，使用 MATLAB 软件建立识别两大类样本的 SVM 模型。共有 27 份样本用于预测，其中富强粉（5 份）与精制雪花粉（7 份）共 12 份，麦芯粉（8 份）与面包粉（7 份）共 15 份。表 10-17 为采用不同核函数的 SVM 模型的分类准确率。

表 10-17 SVM 参数设置及其分类准确率

核函数	参数		预测准确率（%）
	惩罚参数	Gamma 参数	
线性	512	无	44.4444
多项式	32	16	77.7778
RBF	1024	0.125	88.8889
Sigmod	1024	0.03125	77.7778

从表 10-17 可以看出，通过网格法参数寻优后，核函数为 RBF 的预测准确率最高为 88.8889%；其次是以多项式函数和 Sigmod 函数为核函数的模型，预测准确率为 77.7778%；线性函数为核函数的预测情况较差。因此选用 RBF 为核函数的 SVM 模型进行 A 类（富强、精制雪花粉）与 B 类（麦芯粉、面包粉）的识别。

图 10-23 所示为 RBF 函数为核函数的模型预测结果，正确分类的样本总数为 24 份，仅有 3 个样本未正确分类，分类结果较好。

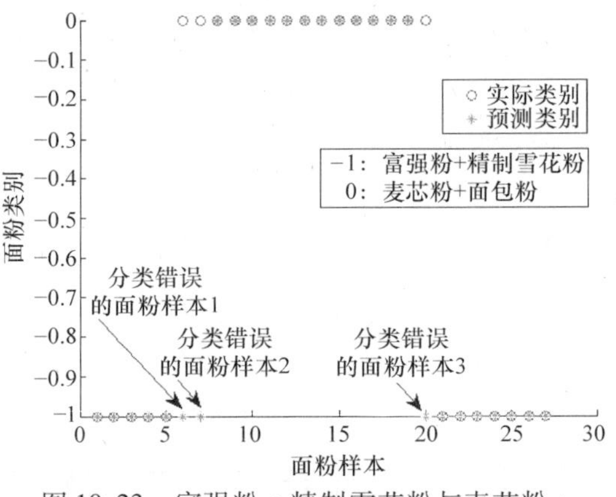

图 10-23 富强粉 + 精制雪花粉与麦芯粉 + 面包粉 SVM 预测结果

将识别后的 A 类与 B 类样本分别送入下一级的子分类器中，继续细化分类。一个子分类模型为富强粉（5 份）与精制雪花粉（7 份），一个子分类模型为麦芯粉（8 份）和面包粉（7 份）。

子分类器 A 中除以线性函数为核函数的模型分类结果较差以外，多项式、RBF、Sigmod 为核函数的 SVM 模型分类准确率均达到了 100%，分类情况非常好，实验选取 RBF 为核函数建立子 SVM 模型鉴别富强粉与精制雪花粉样本。

子分类器 B 以 Sigmod 为核函数的模型分类结果最好，预测准确率达到了 100%。RBF 函数为核函数的 SVM 模型分类结果次之，线性核函数分类结果较差。因此，实验选取 Sigmod 为核函数建立子 SVM 模型鉴别麦芯粉与面包粉样本。

10.5 小结

本章重点探讨了近红外光谱和中红外光谱技术在小麦粉水分、灰分和湿面筋指标定量检测中的应用；结合模式识别方法对小麦粉种类鉴别定性鉴别探索，本章实验取得了较好的预测准确度和识别效果。但是还需收集更多不同种类、不同生产厂家的小麦粉样本，以提高预测准确率，这样才能将不断优化的模型真正用于实际生活中，如将模型嵌入到便携式红外光谱仪上以便质检人员现场抽检与鉴别。

参考文献

[1] 朱小乔，刘通讯．面筋蛋白及其对面包品质的影响［J］．食品科学，2001，22（8）：90－93.

[2] 闫李慧. 基于近红外光谱技术的小麦粉品质研究 [D]. 郑州: 河南工业大学, 2012: 1-90.
[3] 中华人民共和国国家卫生和计划生育委员会. GB 5009. 3—2016 食品安全国家标准 食品中水分的测定 [S]. 北京: 中国标准出版社, 2016.
[4] 中华人民共和国国家卫生和计划生育委员会. GB 5009. 4—2016 食品安全国家标准 食品中灰分的测定 [S]. 北京: 中国标准出版社, 2016.
[5] 陈倩婷. 碱性蛋白酶水解小麦面筋蛋白的研究 [J]. 饲料研究, 2013 (3): 4-5.
[6] 闫李慧, 王金水, 金华丽, 等. 基于近红外光谱技术的小麦粉水分无损检测模型的建立 [J]. 现代食品科技, 2011, 27 (2): 235-238.
[7] 高居荣, 樊广华, 李圣福, 等. 近红外光谱技术分析小麦品质的应用研究 [J]. 实验技术与管理, 2009, 26 (3): 42-44.
[8] 刘翠玲, 吴胜男, 孙晓荣, 等. 基于近红外光谱的小麦粉灰分含量快速检测方法 [J]. 农机化研究, 2013, 35 (4): 144-147.
[9] 钱海波, 孙来军, 王乐凯, 等. 基于连续投影算法的小麦湿面筋近红外校正模型优化 [J]. 中国农学通报, 2011, 27 (18): 51-56.
[10] 金华丽, 卞科. 近红外光谱法检测小麦粉中的水分含量 [J]. 中国粮油学报, 2010, 25 (8): 109-112.
[11] 刘玲. 激光拉曼光谱及其应用进展 [J]. 山西大学学报: 自然科学版, 2001, 24 (3): 279-282.
[12] 马娜. 激光显微拉曼光谱仪的研究 [D]. 西安: 西安电子科技大学, 2007: 1-53.
[13] 陈秀丽, 王桂文, 刘军贤, 等. 基于拉曼光谱的地贫红细胞种类识别方法的研究 [J]. 分析测试学报, 2009, 28 (4): 403-408.
[14] 褚小立. 化学计量学方法与分子光谱分析技术 [M]. 北京: 化学工业出版社, 2011: 311-367.
[15] Shende C S, Inscore F, Gift A, et al. Analysis of pesticides on or in fruit by surface-enhanced Raman spectroscopy [C]. Optics East International Society for Optics and Photonics, 2004: 170-176.
[16] 卜雅丽, 宦双燕, 刘湘江, 等. 均匀表面增强活性基底上孔雀石绿的 SERS [J]. 上海师范大学学报: 自然科学版, 2008, 37 (4): 390-395.
[17] 刘文涵, 杨未, 吴小琼, 等. 激光拉曼光谱内标法直接测定乙醇浓度 [J]. 分析化学, 2007, 35 (3): 416-418.
[18] Cheng Y, Dong Y, Wu J, et al. Screening melamine adulterant in milk powder with laser Raman spectrometry [J]. Journal of food composition and analysis, 2010, 23 (2): 199-202.
[19] 韦娜. 拉曼光谱法检测辣椒制品中罗丹明 B 和掺兑地沟油的花生油 [D]. 沈阳: 沈阳农业大学, 2013: 1-59.
[20] 孟耀勇, 廖昱博. 激光喇曼光谱技术在食品科学中的应用 [J]. 激光生物学报, 2006, 15 (4): 429-435.
[21] Lopez-Diez E C, Blanchi G, Goodacre R. Rapid quantitative assessment of the adulteration of virgin olive oils with hazelnut oils using Raman spectroscopy and chemometrics [J]. Journal of agricultural and food chemistry, 2003, 51 (21): 6145-6150.
[22] 马寒露, 董英, 张孝芳, 等. 拉曼光谱法快速检测掺入梨汁的浓缩苹果汁 [J]. 分析测试学报, 2009, 28 (5): 535-538.
[23] Reid L M, O´donnell C P, Downey G. Recent technological advances for the determination of food authenticity [J]. Trends in Food Science & Technology, 2006, 17 (7): 344-353.
[24] Baeten V, Aparicio R. Edible oils and fats authentication by Fourier transform Raman spectrometry [J]. Biotechnologie Agronomie Societe Environnement, 2000, 4 (4): 196-203.
[25] 陈健, 肖凯军, 林福兰. 拉曼光谱在食品分析中的应用 [J]. 食品科学, 2008, 28 (12): 554-558.
[26] 马静, 马建锋, 张逊, 等. 拉曼光谱在植物细胞壁研究中的进展 [J]. 光谱学与光谱分析, 2013, 33 (5): 24.
[27] 郑少华. 小麦和小麦粉湿面筋含量测定影响因素的研究 [J]. 福建分析测试, 2011, 20 (1): 10-14.
[28] 金华丽, 王金水. 近红外光谱法检测小麦粉中灰分含量的研究 [J]. 河南工业大学学报: 自然科学版, 2010, 31 (1): 14-17.

第 11 章　多光谱技术在淀粉种类鉴别中的应用

11.1　简介

淀粉在自然界分布很广，存在于绿色植物的须根和种子当中，是高等植物中常见的组分，也是碳水化合物储藏的主要形式。植物绿叶利用光合作用，将二氧化碳和水变成淀粉，并存储起来。据市场调查，2001 年以来，我国淀粉年产量保持在平均 17% 的增长速度，并在 2005 年突破了一千万吨，居各国之首。并且，淀粉生产技术也已跻身世界强国行列，多项技术工艺达到国际先进水平。淀粉工业被誉为朝阳产业，可直接带动农业、食品、造纸、医药、化工、石油等诸多行业的发展。目前，我国淀粉工业虽已取得很大进步，但年人均消费只有 8.5kg，为美国的 9.4%、日本的 36.6%，并低于泰国人均消费水平。

目前，我国玉米淀粉年产 10 万 t 以上的企业有 25 个，其淀粉产量占总量的 87%。变性淀粉年产 1 万 t 以上的企业有 15 个，其变性淀粉产量占总量的 90% 以上。液体淀粉糖年产 10 万 t 以上的企业有 10 个，其液体淀粉糖产量占总产量的 85%。综合以上信息可以看出淀粉行业还是有很大上升空间和发展潜力的。

大多数高等植物的器官和原生动物、藻类以及微生物都含有淀粉粒。淀粉依据来源主要分为 4 大类：禾谷类、薯类、豆类、其他类。禾谷类淀粉主要来源于玉米、大米、大麦、小麦、燕麦、荞麦、高粱；薯类淀粉主要来源于红薯、马铃薯和木薯、葛根；豆类淀粉主要来源于蚕豆、豌豆、绿豆；其他淀粉主要来源于香蕉、西米、菠萝。淀粉在人类能量和营养素供给方面起到了重大作用，中国营养学会推荐由包含淀粉在内的碳水化合物提供人体所需总能量的 55% ~65%；随工业发展对工业用淀粉品种和性质提出更高要求，迫使人们从淀粉品种、性质、应用潜质等对淀粉开展研究。对淀粉的提取工艺、提取设备、化学组成、连接化学键、基本结构单元、三维结构、理化特征进行研究，有助于研发出满足工业需求的淀粉及其制品。

近年来，国内外对淀粉领域的研究颇丰，随着生物学、材料学、高分子科学方面研究技术的应用，以及现代化仪器的发展，对淀粉颗粒特性的研究取得了长足进展。田晓红等人采用扫描电子显微镜对 20 种高粱淀粉的微观结构进行观察，发现高粱淀粉颗粒多数为不规则体，颗粒较大，表面内凹，少部分颗粒表面有类蜂窝状结构，少数为球体，颗粒小，表面光滑。Bottose 等人用 8% 的 HCl 溶液在 38℃条件下处理马铃薯 48h，经过清洗、干燥后嵌入甲基丙烯酸酯中，用电镜观察马铃薯剖面的形态结构，发现非常明显的壳层结构。张慧等人使用扫描电子显微镜对原淀粉及干法制备的不同取代度羧甲基淀粉颗粒表面形态进行研究，发现玉米原淀粉颗粒形状较规则，多为圆形或椭圆形，颗粒完整，表面平滑。张玉荣等人利用偏光显微镜依次观察 6 个玉米样本的淀粉颗粒微观结构，发现原料玉米淀粉的颗粒外形为多角形，颗粒表面具有多个平面和棱角，存在明显的脐心，且能观察到明显的轮纹。秦志荣等人采用多功能光学显微镜和偏光显微镜等研究藕淀粉显微形态，发现藕淀粉颗粒多为长 10 ~ 50μm、宽 4 ~ 15μm 的长粒形，平均粒径长为 24.5 ~26.8μm，表面有轮纹，淀粉颗粒的一端有偏光十字。张本山等人采用光学显微镜及扫描电子显微镜系统分析了马铃薯、木薯和玉米 3 种原淀粉颗粒的脐点、轮纹等结构及整体形貌，发现马铃薯、木薯和玉米的淀粉都有脐点和轮纹。王金华等人采用扫描电子显微镜、粒度分析仪、差示扫描量热仪（DSC）等，对乌洋芋淀粉特性进行研究，发现乌洋芋淀粉颗粒均呈椭圆形且表面光滑，淀粉颗粒大小呈现明显的不均一性，脐点位于一侧。尽管对淀粉颗粒形态、大小的研究颇多，但因这些研究方法所采用的设备价格昂贵、成本高，不便推广。

近年来，我国的食品质量安全问题一直备受人们关注，各种掺假造假的事件层出不穷，严重危害到人们的生命健康。食品伪造或掺假行为已经成为现代社会中除农兽药残留、化学污染、滥用生长激素等传统因素外，又一个威胁食品安全的重要因素，例如三聚氰胺牛奶、苏丹红食品等危害食品安全事件，不仅严重损害消费者健康，而且造成恶劣社会影响。因此积极开发食品掺假的检验技术是保障食品质量和食品安全的关键。淀粉作为人类植物性食物的主要能量来源，广泛应用于现代食品加工业。但随着国内淀粉生产加工贸易的发展，食用淀粉中的掺假现象也越来越猖獗。针对淀粉中使用滑石粉和二氧化钛等提高淀粉虚假质量的掺假行为，国家制定了一系列检验方法标准。然而对于不同种类淀粉之间的掺假现象，这些标准却无能为力。我国食用淀粉主要包括：薯类淀粉、谷类淀粉、豆类淀粉等，其中玉米淀粉占有重要位置，目前应用最多且价格较为低廉。而大米和小麦因为价格高，且是主粮而相对用作加工淀粉及深加工较少，薯类淀粉中红薯淀粉和马铃薯淀粉也是价格相对偏高。因为不同种类淀粉颗粒的感官性状和物化指标差别不明显难以辨认，部分生产者便在薯类淀粉中添加价廉的玉米淀粉出售，用以赚取更高的利润。所以人们需要掌握淀粉种类的鉴别方法以防被不法商贩欺骗。传统的感官评定方法一方面需要经验，另一方面其检测结果受主观因素影响较大，准确度难以保证。而常规的理化分析方法不仅费时费力，还破坏样本。因此非常有必要研究一种简单、快速、无损的淀粉种类鉴别技术。

11.2 淀粉种类鉴别的研究现状

在对淀粉分类之前，首先要确定淀粉的真假，其实淀粉的品质可以通过感官进行初步鉴定：①颜色与光泽：淀粉的色泽与淀粉的含杂量有关，光泽与淀粉的颗粒大小有关，这是在鉴别时值得注意的问题。品质优良的淀粉色泽洁白，有一定光泽；品质差的淀粉呈黄白或灰白色，并缺乏光泽。一般来说，淀粉的颗粒大时就显得洁白有光泽，而颗粒小时则相反。②斑点：淀粉的斑点是因为含纤维素、砂粒等杂质所造成的，所以斑点的多少，可以说明淀粉的纯净程度和品质的好坏。③气味：品质优良的淀粉应有原料固有的气味，而不应有酸味、霉味及其他不良气味。④干度：淀粉应该干燥，手攥不应成团，有较好的分散性。

现代分析仪器有助于淀粉颗粒结构分析，应用于淀粉颗粒结构研究的主要有显微技术：偏光显微镜、扫描电子显微镜、透射电子显微镜、荧光显微镜、激光共聚焦扫描显微镜、原子力显微镜等；X 光衍射技术；色谱技术：凝胶渗透色谱、高效阴离子交换色谱、高效排阻色谱；以及质谱、核磁共振、红外光谱技术等。以显微镜技术为主结合其他物理化学或酶法，是对淀粉颗粒结构研究的主要方法，科学家们已提出过多种淀粉颗粒的结构模型。

国内对于淀粉的研究成果有以下实例：王绍清、王琳琳等人运用扫描电子显微镜对多种常见可食用淀粉颗粒的超微形貌进行观察，按照淀粉颗粒形貌差别，将考察的所有种类淀粉颗粒分为块茎形、棒形、球形、扁平形、复粒结构及肾形等类别，对每一类及每一种淀粉颗粒超微形貌的特征都分别进行了分析和总结，并归纳了淀粉颗粒超微形貌特征规律。

侯蕾、韩小贤等人对玉米淀粉、马铃薯淀粉、红薯淀粉等多种淀粉的理化性质进行了比较研究，其中包括白度、颗粒大小、凝沉性、透明度、冻融稳定性和糊化特性。

目前对淀粉的研究多是利用化学方法提取淀粉，并对其理化特性（淀粉组分构成、淀粉颗粒结构、糊化特性和老化特性及淀粉糊特性）进行研究。这些方法虽然结果准确，但都需要丰富的经验、熟练的操作技能，且耗时长，并且需要大量的样本和化学试剂，所用到的化学试剂可能还会对环境造成污染。现阶段用化学法对淀粉进行分类的实例有很多，比如运用碘液可以对淀粉进行分类，因为淀粉按结构可分为两类：一类是胶淀粉，又称淀粉精，位于淀粉粒外周，约占淀粉的80%。胶淀粉为支链淀粉，由1000个以上D－葡萄吡喃糖以a－1，4连接，并带有a－1，6连接的支链，分子量为50000～100000，在热水中膨胀成黏胶状，遇碘液呈紫色或红紫色。

另一类为糖淀粉，又称淀粉糖，位于淀粉粒中央，约占淀粉的20%。糖淀粉为直链淀粉，由约300个D-葡萄吡喃糖以a-1，4连接而成，分子量为10000~50000，可溶于热水，与碘液混合显深蓝色。因此通过遇碘液后颜色的不同可对淀粉进行粗分类。

在物理方法层面上，目前利用固体核磁共振波谱法在烘干和不烘干两种条件下可测定淀粉种类，其原理是根据峰形和化学位移差别来进行分类鉴定。通过固体核磁共振谱图分析，淀粉含水率在10%左右时，烘干前与烘干后的谱图基本相同，但峰形和化学位移仍有微小差别，可据此鉴别淀粉种类。

由于缺乏相应的食用淀粉检测技术标准，国内淀粉市场很难进行严格的监督。国家食品质量安全监督检验中心开展的“我国食用淀粉种类的鉴别技术研究”科研项目，采用经典方法，提取了24种不同植物来源的食用淀粉颗粒，运用扫描电子显微镜技术，对不同种类食用淀粉颗粒的超微形貌特征进行了分析，建立了不同种类食用淀粉的定性分析方法。由于上述方法相对来说仪器价格稍贵，所以采取近红外光谱分析方法利用化学物质在近红外光谱区内的光学特性，快速测定样本特性，从而判断出样本类别，是一种便捷、快速及无污染的分析检测技术。判别分析利用光谱数据来对样本进行归属指定，马氏距离（Mahalanobis Distance，MD）判别是多元统计分析中常用的方法。近红外光谱数据与组分浓度间常呈非线性映射关系，故研究面向小样本的非线性建模方法是近红外光谱分析技术发展的重点方向。马氏距离判别法是一种线性方法，处理这类问题有一定的局限性。支持向量机（Support Vector Machine，SVM）是建立在统计学习理论基础上的一种机器学习算法，故更适用于解决小样本非线性的机器学习问题。有研究将聚类分析和SVM方法应用于淀粉分类和葛粉掺假问题取得了良好效果。通过使用差示扫描量热仪，对常见的几种可食用淀粉种类的糊化过程进行扫描量热分析比较，可以对淀粉进行分类，此方法的开发弥补了前期开发的食用淀粉种类鉴别方法-扫描电子显微镜法的不足，完善了相关藕粉质量检测的国家标准方法，为打击市场上藕粉掺假行为提供了技术支持。

近几年，已有用近红外光技术研究淀粉特性的文章报道：唐忠厚等人利用近红外光谱快速测定了红薯的抗性淀粉含量；董小玲等人利用近红外光谱检测研究了基于小波压缩的马铃薯全粉还原糖；邹婷婷等人利用近红外光谱法结合C-SVM及V-SVM方法快速无损鉴别了淀粉种类。

傅里叶变换红外光谱法具有操作简单、灵敏度高、使用样本少等优点，已用于农产品鉴别研究和对中药材进行鉴定。随着二维相关红外光谱技术的发展，提高了红外光谱图的分辨率，在中草药分析鉴别的技术领域已经获得了很好的应用。红外光谱技术已用于淀粉的研究，如满建民等人利用红外光谱技术研究了淀粉粒有序结构；石振兴等人利用FTIR研究了GMG、MCC对小麦淀粉的抗回生规律；并且目前还有初步利用二维相关红外光谱来研究对淀粉掺假问题的实例，结合一维红外光谱和二阶导数谱，二维相关红外光谱揭示了在外部微观扰动的影响下，淀粉中各官能团之间的动态变化关系，直观地展现了不同种类淀粉的指纹特征。

近红外光谱分析技术是20世纪90年代以来发展最快、最引人注目的光谱分析技术，它以其快速、高效、取样简单以及无污染等独特的分析优点，已广泛应用于农业、食品、医药、石油、化工、烟草、化妆品等行业。在定性分析方面，近红外光谱技术已被应用于苹果、水稻、酸奶和黄酒等的品种鉴别，而对于淀粉品种的鉴别方面还少见报道。本章通过对两种淀粉共计45个样本的近红外光谱与拉曼光谱结合定性分析法进行分析，旨在寻找一种快速有效鉴别淀粉种类的方法。

11.3 基于近红外光谱的淀粉种类快速鉴别方法研究

11.3.1 实验材料与光谱采集

实验采用了45个从市场上买回来不同品牌、不同批次的淀粉样本，并将其混合穿插标号，主要有玉米和马铃薯两大类：玉米淀粉共29个，其中有25个老样本、4个新样本；马铃薯淀粉共16个，其中有12个老样本、4个新样本。根据这45个淀粉样本的近红外光谱图，用OPUS软件进行聚类分析，建立样本分类模型。

新旧淀粉混合使用建模和验证：本实验使用的淀粉主要有2012年和2014年两个批次，先把新旧淀粉混合在一起进行建模。选择12个马铃薯淀粉样本的原始光谱用来建模，马铃薯淀粉中的3号、12号、20号（新）和35号（新）用作预测。从玉米淀粉中选择25个样本的原始光谱用作建模，玉米淀粉中的10号、19号、30号和40号（新）用作预测，进行聚类分析。

取上述45个淀粉样本逐一放置在旋转样本台的样本杯中，然后进行近红外光谱采集。波数范围为4000～12500cm^{-1}，波长间隔为8cm^{-1}，环境温度为20～23℃。得到的近红外漫反射光谱如图11-1所示，其中，波数在9000～11500cm^{-1}段的光谱图多为噪声，一般情况下都将其忽略不计。

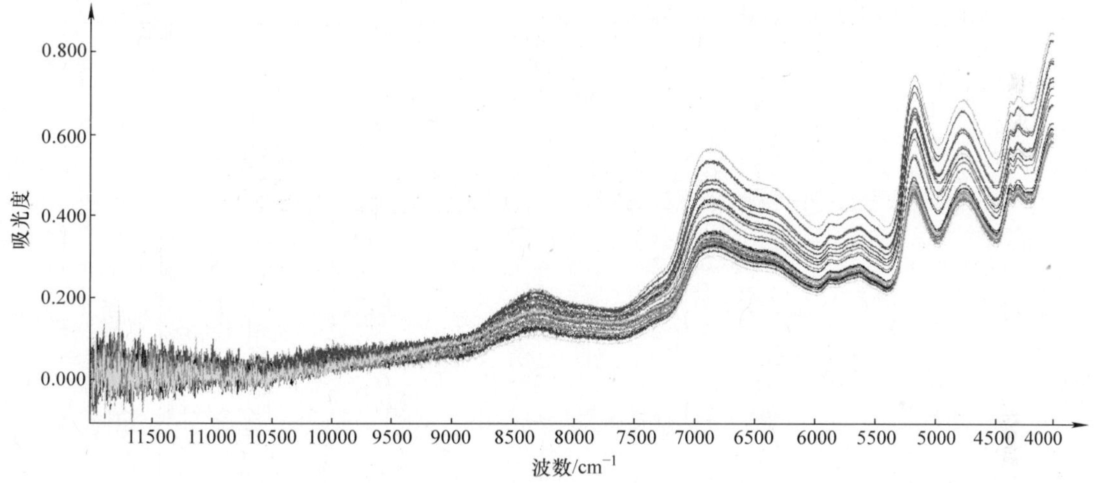

图11-1　45个淀粉样本的近红外光谱图

数据预处理的方法选择总共有6种，分别为不进行预处理、SNV、一阶导数、一阶导数+SNV、二阶导数、二阶导数+SNV。各种方法的处理算法并不相同，所以需要逐一进行验证比较，从而选择出最佳建模方案。

注意，实验中要将频谱范围缩小，排除频数近似、波动不大的部分，减小模型的误差，如图11-2所示。

本实验通过选择预处理的方法以及平滑点数不断地试验，找到最合适的方法建立出最佳模型，11.3.2节就是6种建模的结果分类树状图及相应分析说明。

11.3.2　基于聚类分析的淀粉种类鉴别模型建立与分析

1. 不进行预处理

左侧为玉米淀粉，右侧为马铃薯淀粉，从树状图（见图11-3）可看出2号应为马铃薯淀粉，但是归类到了玉米淀粉中，所建模型准确率高达97.8%。

2. SNV

左侧为玉米淀粉，右侧为马铃薯淀粉，从树状图（见图11-4）可看出2号应为马铃薯淀粉，但是归类到了玉米淀粉中，所建模型准确率高达97.8%。

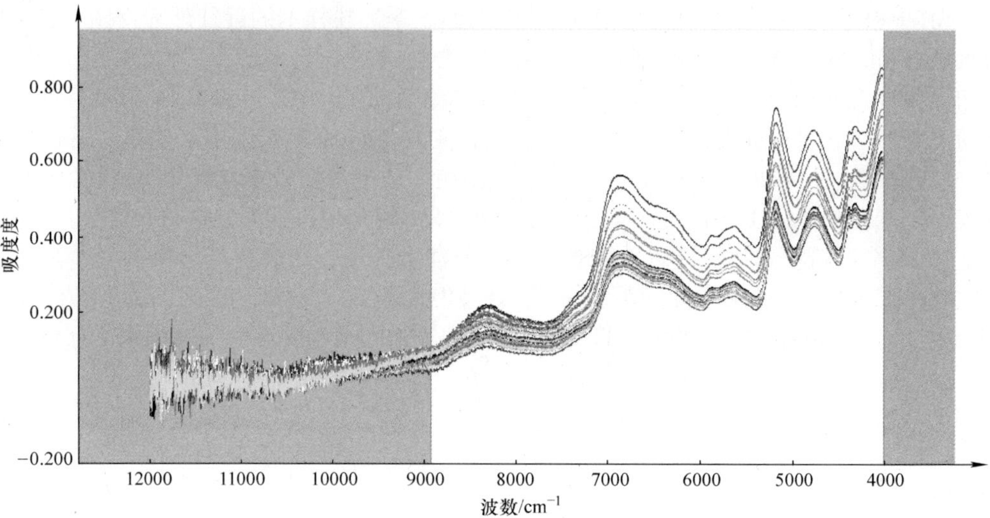

图 11-2　近红外定性分析的频率选择范围

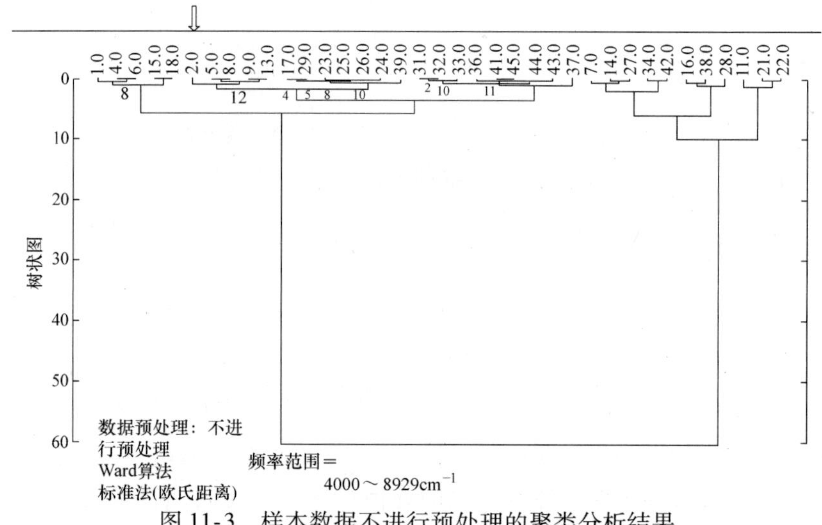

图 11-3　样本数据不进行预处理的聚类分析结果

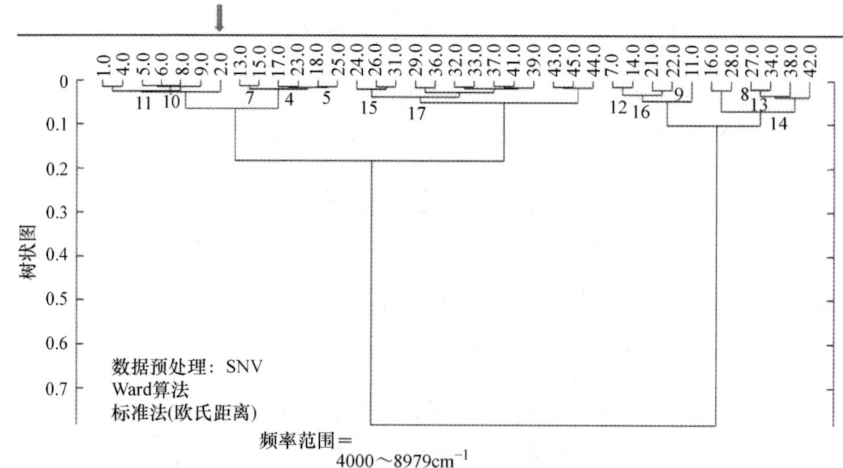

图 11-4　样本数据 SNV 的聚类分析结果

3. 一阶导数

左侧为玉米淀粉，右侧为马铃薯淀粉，从树状图（见图 11-5）可看出 2 号和 28 号应为土豆淀粉，但是归类到了玉米淀粉中，所建模型准确率为 95.6%。

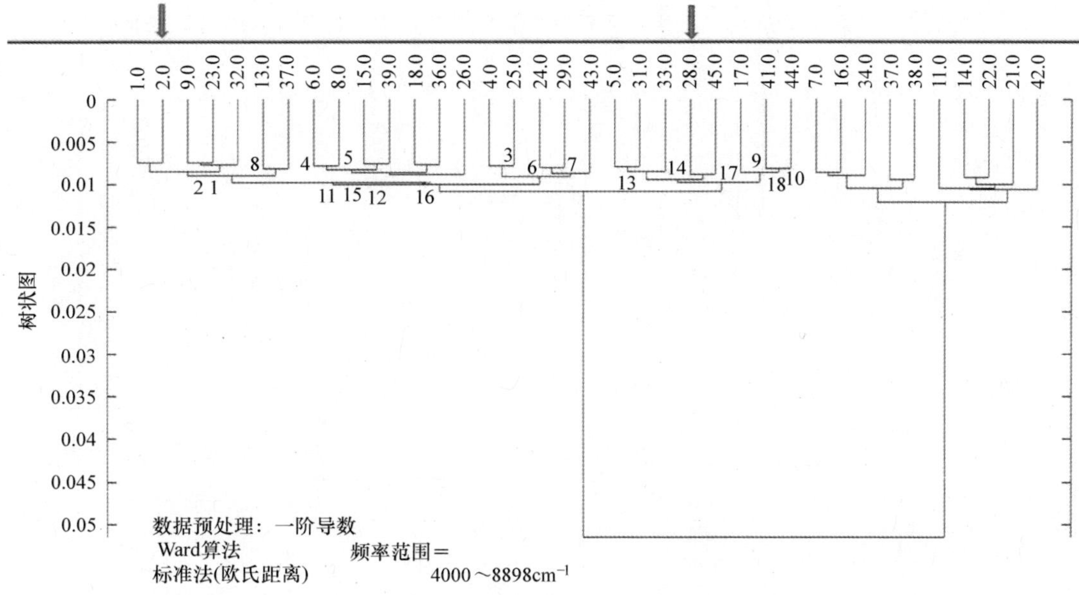

图 11-5　样本数据一阶导数的聚类分析结果

4. 一阶导数 + SNV

左侧为玉米淀粉，右侧为马铃薯淀粉，从树状图（见图 11-6）可看出分类完全正确，准确率高达 100%。

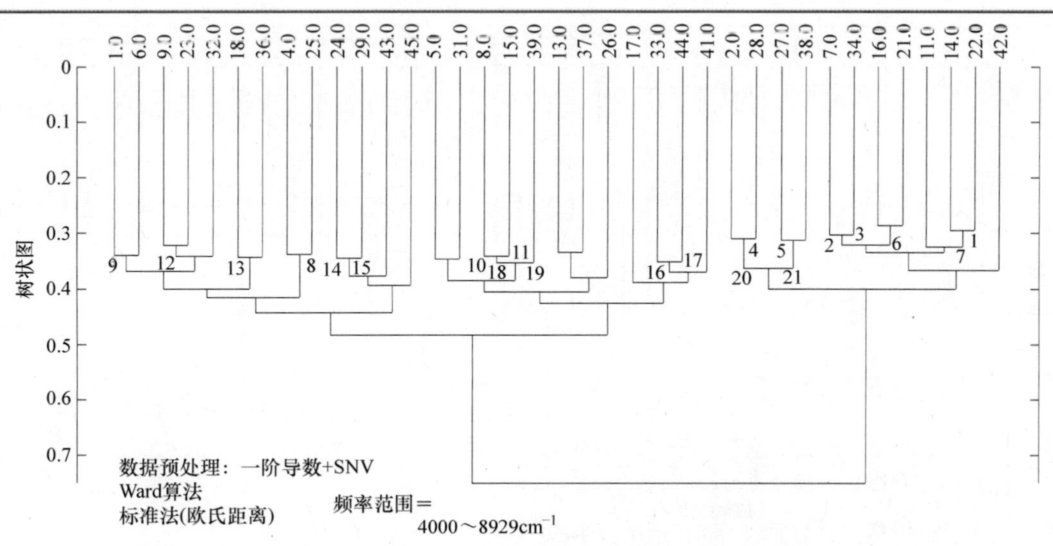

图 11-6　样本数据一阶导数 + SNV 的聚类分析结果

5. 二阶导数

左侧为玉米淀粉，右侧为玉米淀粉和马铃薯淀粉的混合，并且两者掺杂度非常高。此树状图（见图 11-7）错误分类数据太多，所以所建模型误差太大，不可采用。

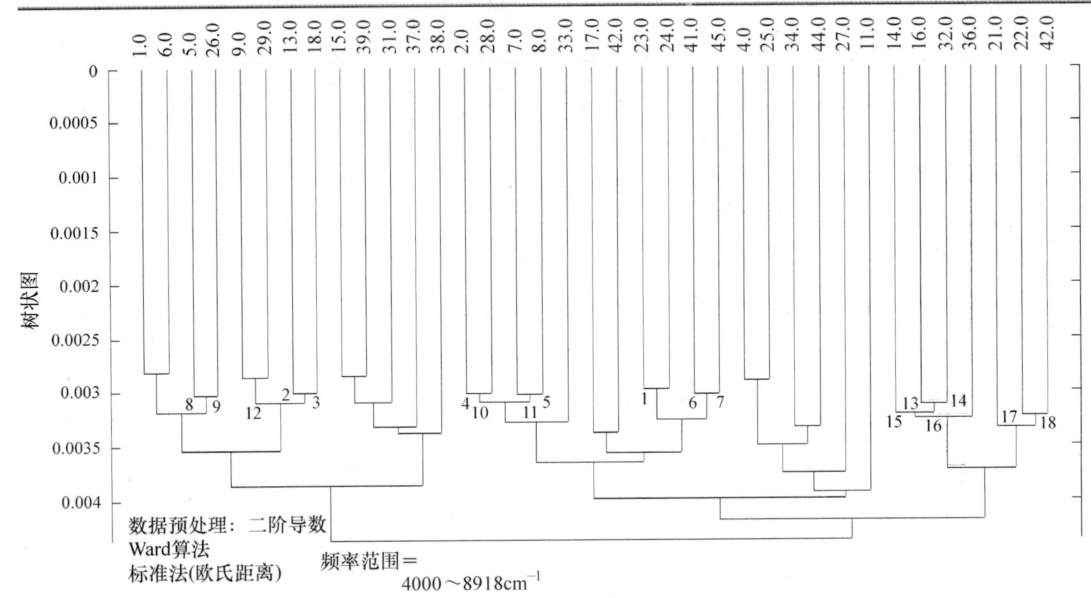

图 11-7　样本数据二阶导数的聚类分析结果

6. 二阶导数＋SNV

树状图（见图 11-8）左右两分支均为马铃薯淀粉与玉米淀粉的混合，且掺杂度都很高，无法做到清晰正确分类，因此分类结果误差太大，此模型不可被采用。

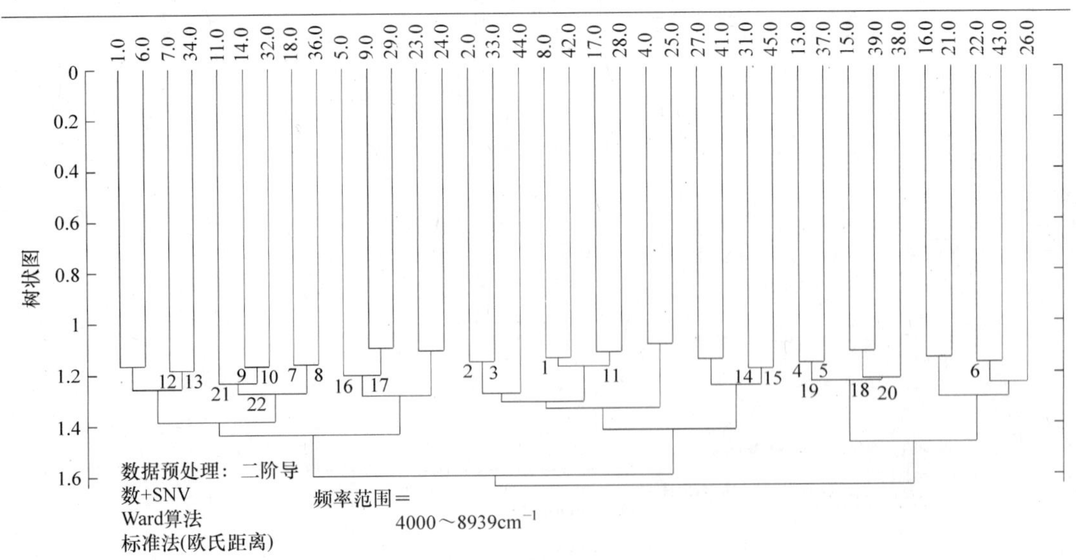

图 11-8　样本数据二阶导数＋SNV 的聚类分析结果

7. 基于近红外光谱的淀粉种类建模结果对比（见表 11-1）

表 11-1 淀粉近红外光谱建模结果分析比对表

	实验采集样本总数	马铃薯淀粉分类错误样本数	玉米淀粉分类错误样本数	所建模型准确率（%）
不进行预处理	45	1	0	97.8
SNV	45	1	0	97.8
一阶导数	45	2	0	95.6
一阶导数 + SNV	45	0	0	100
二阶导数	45	较多	较多	—
二阶导数 + SNV	45	较多	较多	—

从以上建模结果对比来看，一阶导数 + SNV 的建模结果分类错误最少，准确率达 100%，并且测试样本的测试结果表示分类均正确无误。

研究基于近红外光谱结合聚类分析法对马铃薯淀粉和玉米淀粉进行了鉴别，鉴别结果准确率达到了 100%。此方法比常规鉴别法简便、准确，且更具有科学性，从而为淀粉种类的鉴定提供了一种新的方法和手段。

11.4 基于中红外光的淀粉种类快速鉴别方法研究

11.4.1 实验仪器、材料及光谱采集

本实验采用德国布鲁克光学仪器公司傅里叶变换中红外光谱仪，扫描光谱时保持室内光线和温度恒定，实验结果分析运用 OPUS 7.2 光谱采集及分析软件。

本节使用的样本是 11.3 节所使用的玉米和马铃薯淀粉，将其顺序编号，1 ~ 29 号为玉米淀粉，30 ~ 45 号为马铃薯淀粉。根据这 45 个淀粉样本的中红外光谱图，用 OPUS 7.2 软件进行聚类分析，建立样本分类模型。

在温度和光线恒定的室内，以空气为背景，将配制好的淀粉样本用压杆压实，在中红外光谱仪器上扫描，样本扫描区间在 650 ~ 4000cm^{-1}，扫描 16 次，分辨率为 4cm^{-1}。得到的中红外光谱如图 11-9 所示。其中，波数在 3600 ~ 4400cm^{-1}段的谱图多为噪声，为避免噪声干扰，一般情况下都将其忽略不计。

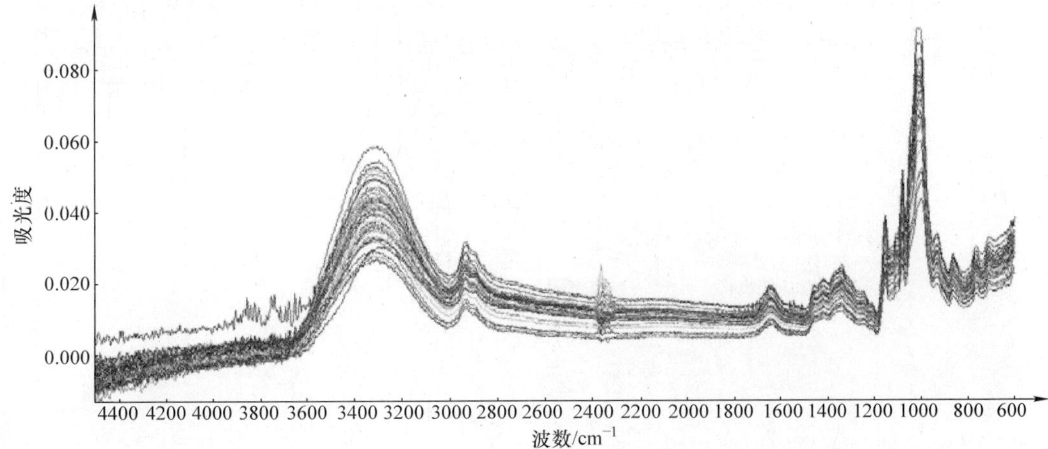

图 11-9 45 个淀粉样本的中红外光谱图

11.4.2 聚类分析模型的建立

导入光谱后设置光谱预处理方法，本模型最终选择方法为一阶导数 + SNV，平滑数为 13。

从玉米淀粉中选择 7 号、17 号、26 号（新）和 28 号（新）用作预测，其余用作建模。从马铃薯淀粉中选择 32 号、38 号、42 号（新）和 44 号（新）用作预测，其余用作建模，进行聚类分析。分析结果如图 11-10 所示。

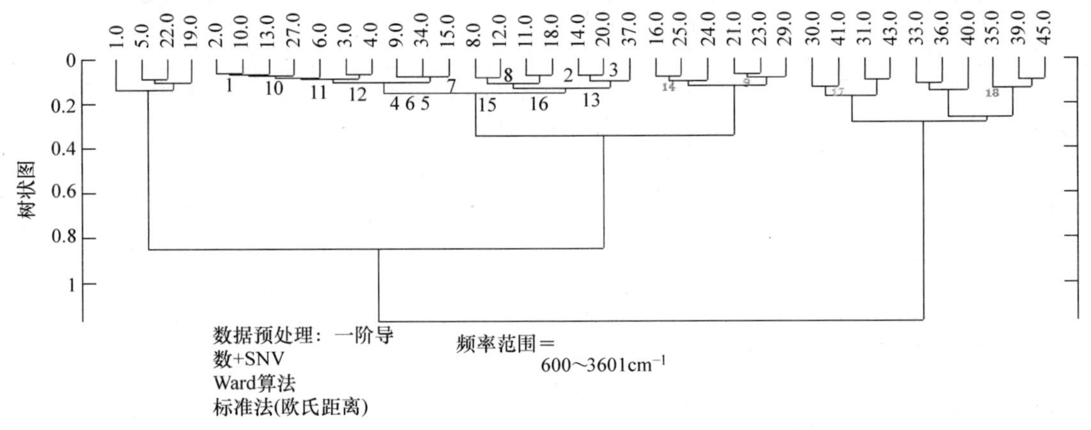

图 11-10　聚类分析结果

从上面的树状图可以看出，45 个淀粉样本基本准确地被分出了两大类：左边一类为玉米；右边一类为马铃薯。只有 34 号马铃薯被错误分到了玉米，准确率达到了 97.8%。以此作为分类方法，对剩余样本进行验证。

11.4.3 对样本进行预测分析

将预测样本依次进行验证。结果如图 11-11 所示，数字为预测样本。

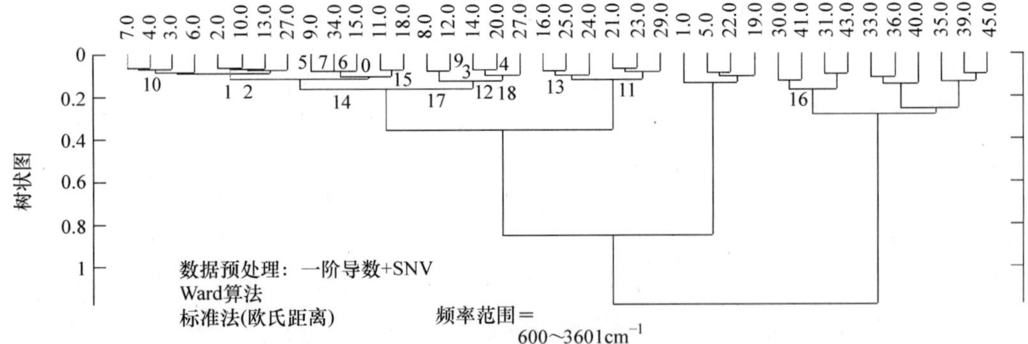

a) 7号玉米淀粉预测结果

图 11-11　淀粉样本预测结果

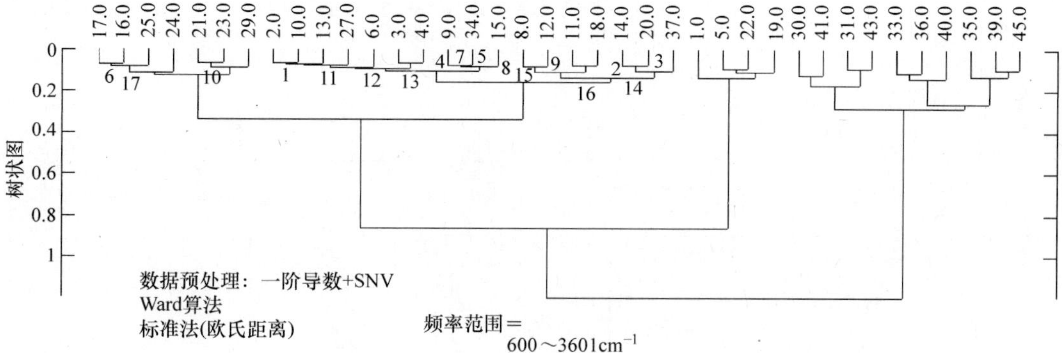

b) 17号玉米淀粉预测结果

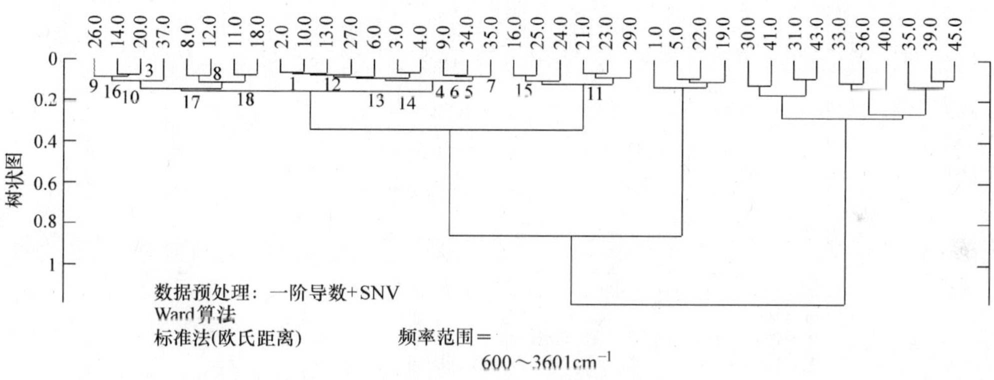

c) 26号新玉米淀粉预测结果

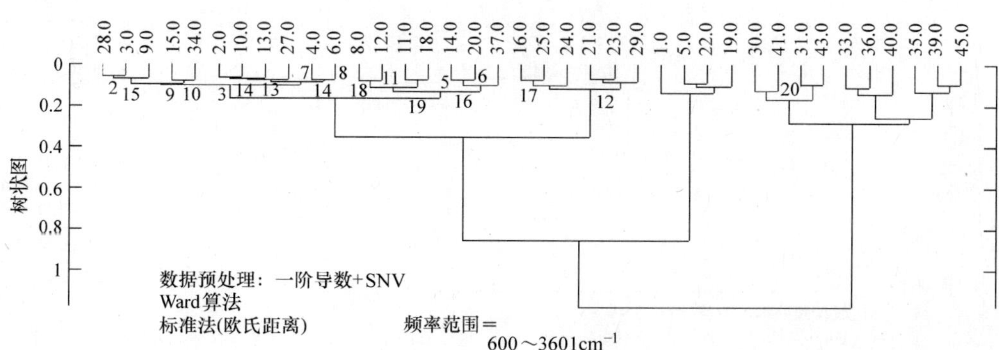

d) 28号新玉米淀粉预测结果

图 11-11　淀粉样本预测结果（续）

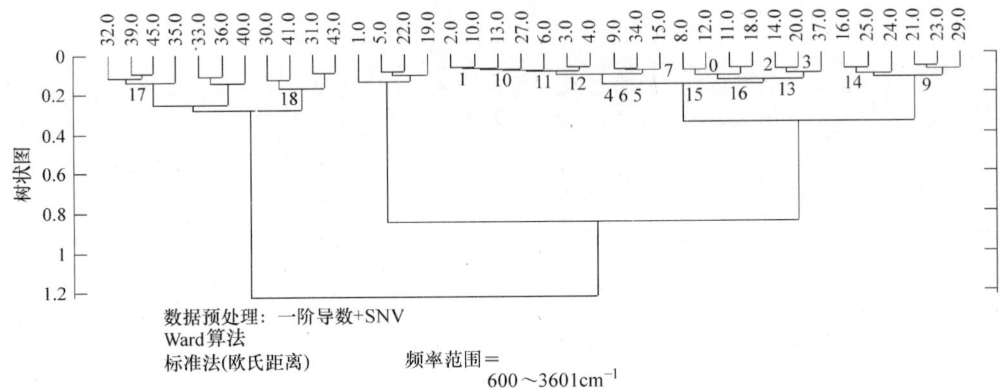

e) 32号马铃薯淀粉预测结果

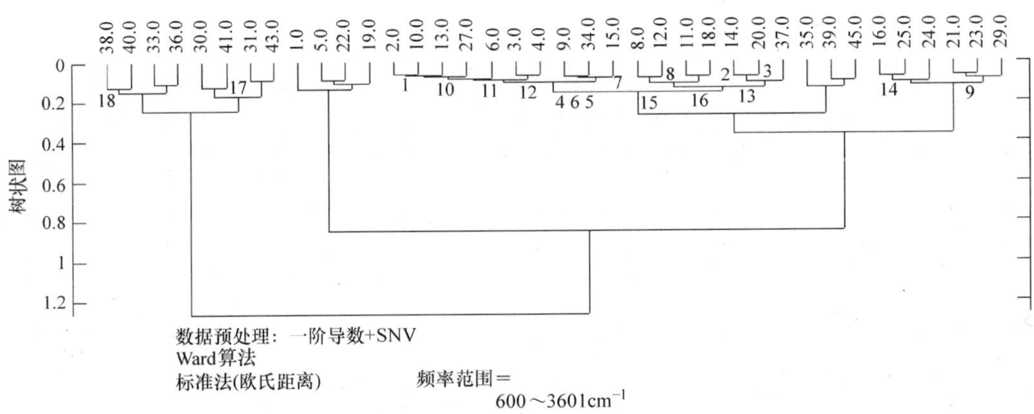

f) 38号马铃薯淀粉预测结果

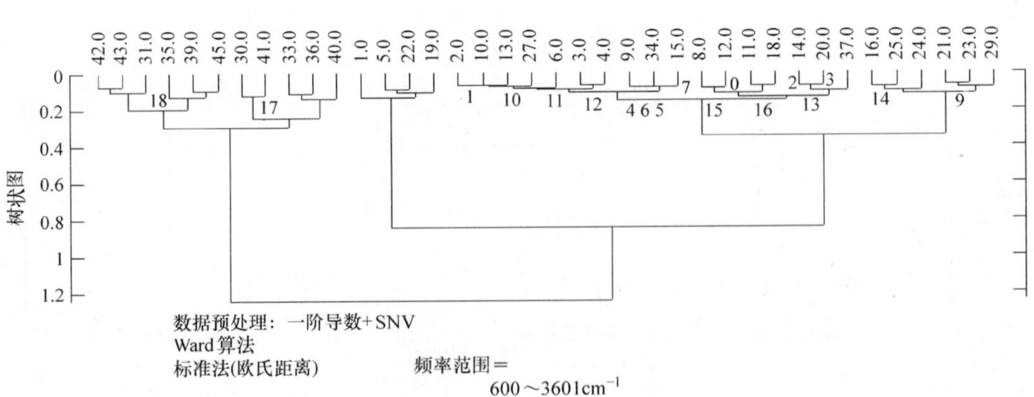

g) 42号新马铃薯淀粉预测结果

图 11-11　淀粉样本预测结果（续）

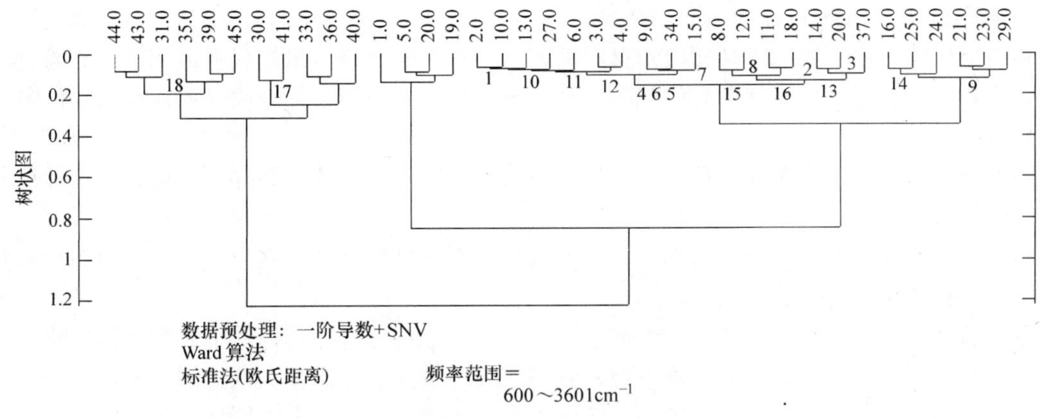

h) 44号新马铃薯淀粉预测结果

图 11-11　淀粉样本预测结果（续）

11.4.4　本节小结

对比 11.3 节的模型，可以发现用近红外和中红外光谱对淀粉进行定性分析，所建的模型准确率相差不大。但是在中红外光谱这个模型中，对 38 号马铃薯进行验证的时候，分类出现了错误，而且原有的模型被打乱了，准确率被拉低，所以还得继续进行研究探索。

11.5　基于拉曼光谱的淀粉种类快速鉴别研究

11.5.1　拉曼光谱的定性分析方法

TQ Analyst 软件提供的定性分析算法（见图 11-12）如下：

1. 相似度匹配（Similarity Match）

相似度匹配是一种光谱分类技术，它表示一个未知材料与已知材料的相似程度。

相似度匹配算法一般应用于质量控制。例如，你可以采用相似度匹配方法来监控在生产过程中材料的每个批次质量。

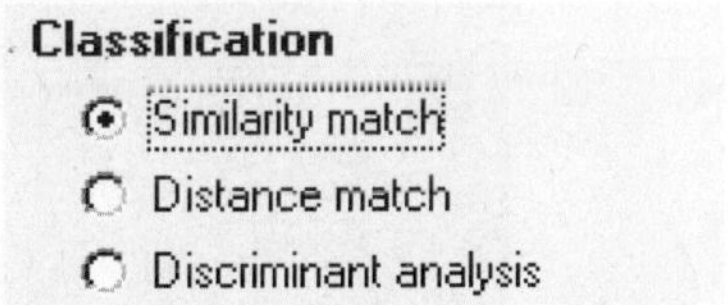

Classification
Similarity match
Distance match
Discriminant analysis

图 11-12　TQ Analyst 软件提供的定性分析算法

相似度匹配方法通过把已知标准光谱和未知样本光谱进行比较，以获得它们的匹配程度。得到的结果被称为匹配值，匹配值反映了未知样本光谱的残差平方和。

2. 距离匹配（Distance Match）

距离匹配计算其光谱到每个类别的中心距离，它可以用来确定一个未知材料到已知材料类别的匹配程度。这个技术一般用于筛分原材料，例如，测定材料与某化合物的匹配度，或测定未知材料与已知材料的“差别程度”。

在区分含有相同成分但含量不同的材料时，距离匹配算法十分适合。在这种分析中，每个类别的标准品光谱都非常相似。主要的不同仅仅出现在少数几个关键波段的峰强度上，它是一种统计学质量控制的有效技术。

3. 判别分析（Discriminant Analysis）

判别分析分类技术能用于判断已知材料的各个类别中哪个是与未知材料最相似的，通过马氏距离计算未知材料到每个类别中心的距离。判别分析技术一般用于筛分原材料，判断它们是否为化合物 a、b 还是 c。

判别分析算法能用于筛分多种材料。判别分析也可以用来计算未知样本光谱和一组标准品光谱之间的马氏距离。

判别分析方法是将一个未知样本在特定区域的光谱信息代入之前建立好的校正模型，来判断未知样本与标准品中的哪类最相似。

在建模过程中，软件先计算平均光谱，然后通过估计在分析区域内每个波数点的变化建立一个分类模型。如果所有类别只用一个模型，软件先把每条标准光谱减去该类别的平均光谱，然后利用所有类别的光谱信息生成一条单一的变异光谱。如果你选择每个类别使用各自唯一的分类模型，软件先把每条标准光谱减去该类别的平均光谱，然后只利用给定类别的光谱信息为该类别生成一条唯一的变异光谱。

用判别分析法分析一个未知样本时，软件对标准光谱进行主成分分析，用得到的结果来确定未知样本光谱的得分值。得分值用来计算马氏距离，依次进行分类。

用判别分析法，得到的结果是与未知样本光谱最相似的那个类别的名称。还能显示未知样本到每个类别的马氏距离。每个距离的值越接近于零，匹配程度越好。

11.5.2 实验材料与光谱采集

实验的材料同前面使用的样本，1 ~ 29 号为玉米淀粉，其中 5 号、6 号、10 号、23 号为新玉米淀粉。30 ~ 45 号为马铃薯淀粉，其中 33、35、39、44 号为新马铃薯淀粉。

光谱采集：按标号依次取少量淀粉样本放在载玻片上，再放到拉曼光谱仪上观察聚焦，进行面扫描。在显示屏上可以观察比较两种淀粉颗粒经放大后的图像，以及最终获得的光谱成像，如图 11-13 ~ 图 11-15 所示。

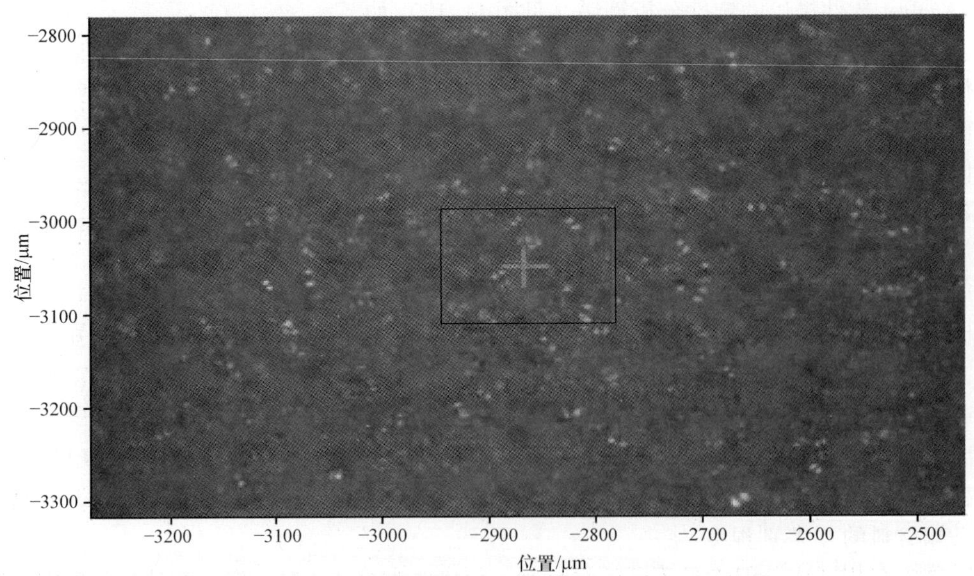

图 11-13　10 倍显微倍率下玉米淀粉颗粒图

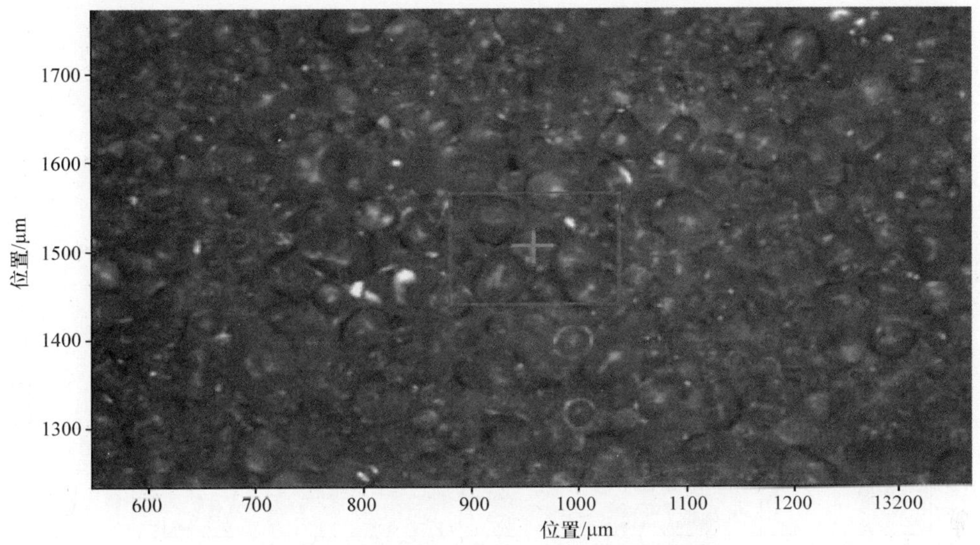

图 11-14　10 倍显微倍率下马铃薯淀粉颗粒图

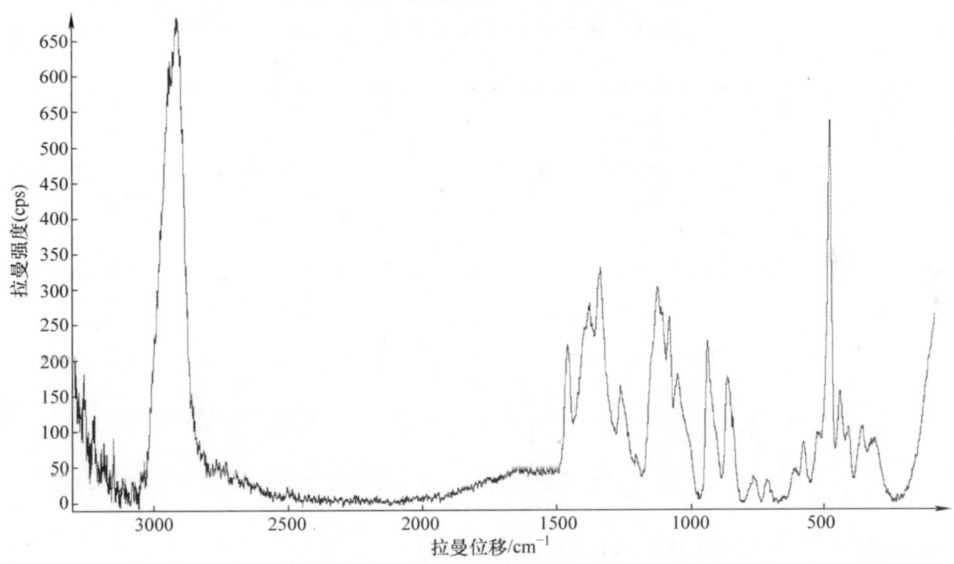

图 11-15　某淀粉样本的拉曼光谱

本实验抽取 45 个样本进行建模，其中 37 个做校正（Calibration），8 个做验证（Validation），这 8 个验证样本分别为（1 号、8 号、16 号、24 号和 30 号、35 号、40 号、45 号），如图 11-16 所示。

11.5.3　基于判别分析法的淀粉种类建模分析

1. 无光谱预处理 + 判别分析法建模

计算出来的模型如图 11-17 所示，可以看出玉米和马铃薯淀粉有了明显的分界，大体上分类正确。

由下面的分析结果可以看出：30 号（测试样本）、38 号、40 号（测试样本）、43 号实际为马铃薯淀粉，但是计算出来为玉米淀粉，准确率达 91.1%。

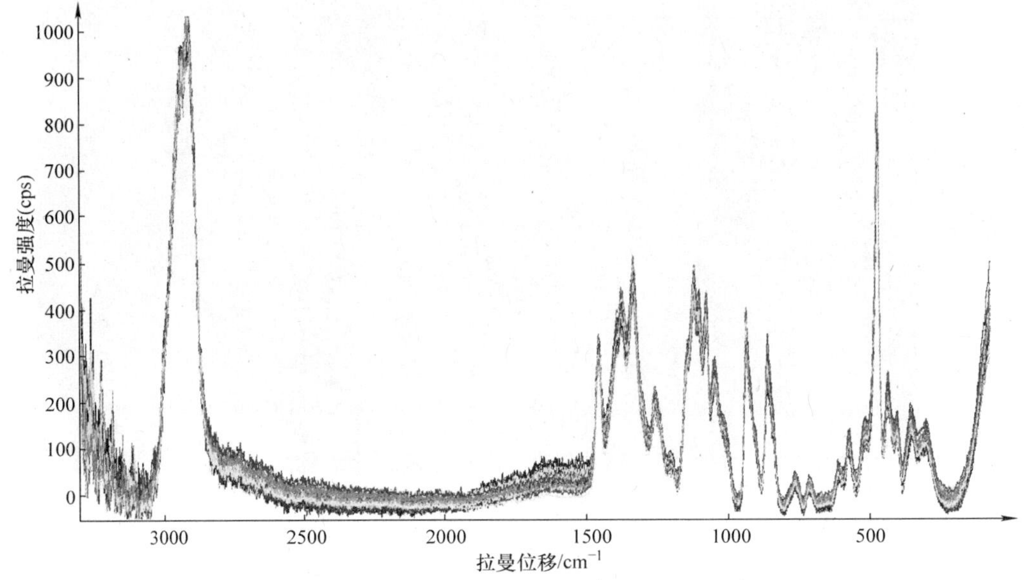

图 11-16　45 个淀粉样本的拉曼光谱

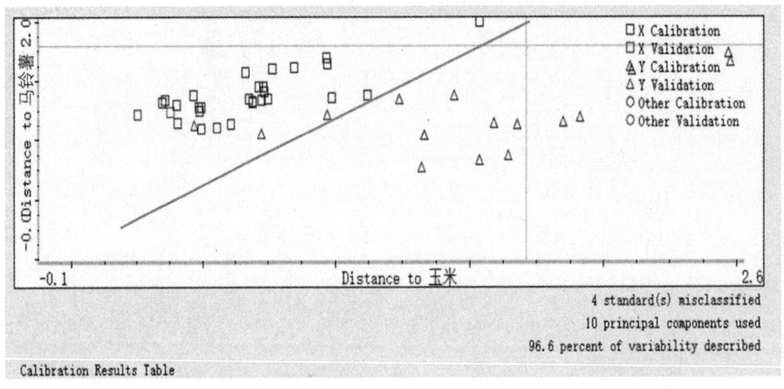

图 11-17　无光谱预处理结合判别分析法建模结果

2. 一阶导数 + 平滑 + 判别分析法建模

计算出来的模型如图 11-18 所示，可以看出来玉米和马铃薯淀粉有了明显的分界，大体上分类正确。

由下面的分析结果可以看出：30 号（测试样本）、36 号、40 号（测试样本）实际为马铃薯淀粉，但是计算出来为玉米淀粉，准确率达 93.3%。

3. 一阶导数 + 不平滑 + 判别分析法建模

计算出来的模型如图 11-19 所示，可以看出来玉米淀粉和马铃薯淀粉存在分界，但是两个类别的结果图形距离较近容易误判，大体上分类正确。

由下面的分析结果可以看出：11 号实际为玉米淀粉，但是计算为马铃薯淀粉，30 号（测试样本）、31 号、36 号、38 号、40 号（测试样本）、41 号、43 号实际为马铃薯淀粉，但是计算为玉米淀粉，准确率为 82.2%。

4. 二阶导数 + 平滑 + 判别分析法建模

计算出来的模型如图 11-20 所示，可以看出来玉米淀粉和马铃薯淀粉有了明显的分界，大体

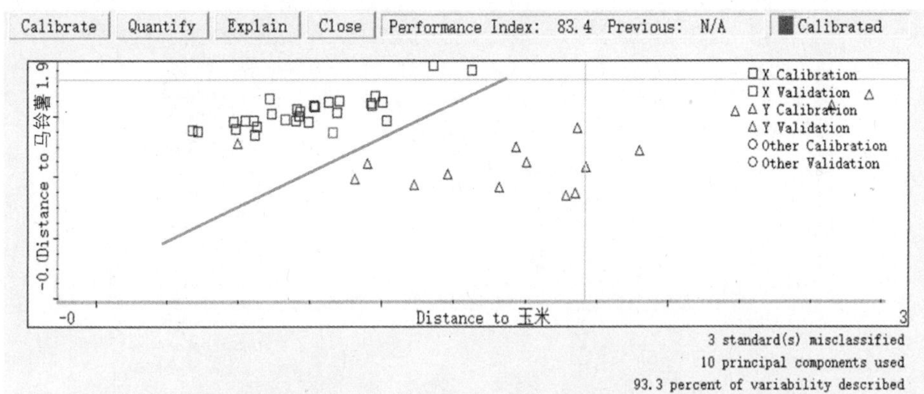

图 11-18 样本一阶导数 + 平滑的定性分析结果

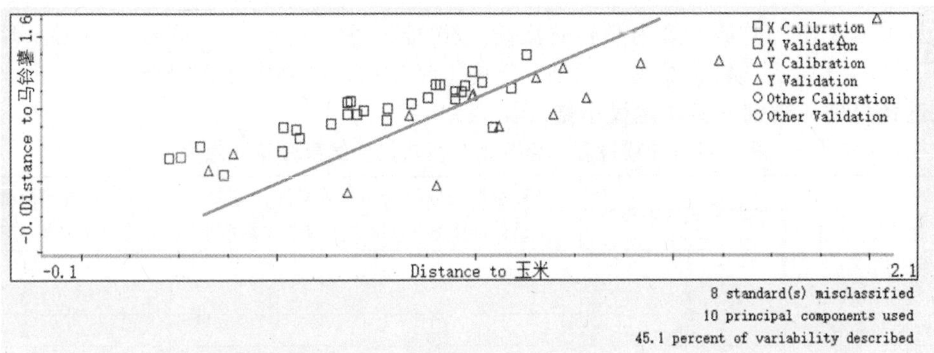

图 11-19 样本一阶导数 + 不平滑的定性分析结果

上分类正确。

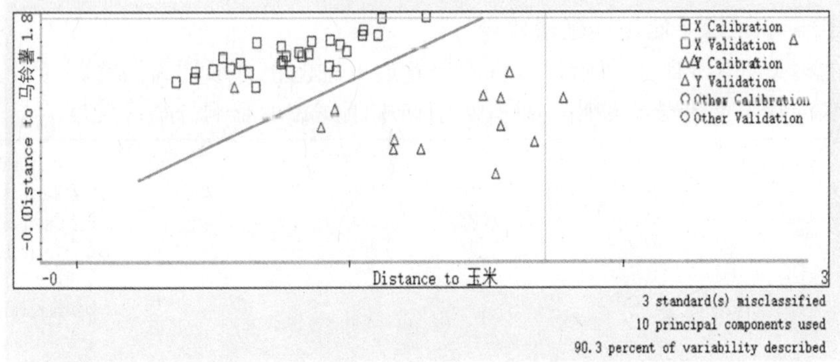

图 11-20 样本二阶导数 + 平滑的定性分析结果

由下面的分析结果可以看出：30 号、36 号、40 号实际为马铃薯淀粉，但是计算为玉米淀粉，准确率达 93.3%。

5. 二阶导数 + 不平滑 + 判别分析法建模

计算出来的模型如图 11-21 所示，可以看出来玉米淀粉和马铃薯淀粉没有明显的分界，无法正确分类。

由下面的分析结果可以看出：1 号、6 号、7 号、11 号、15 号、19 号、21 号、22 号、23 号、

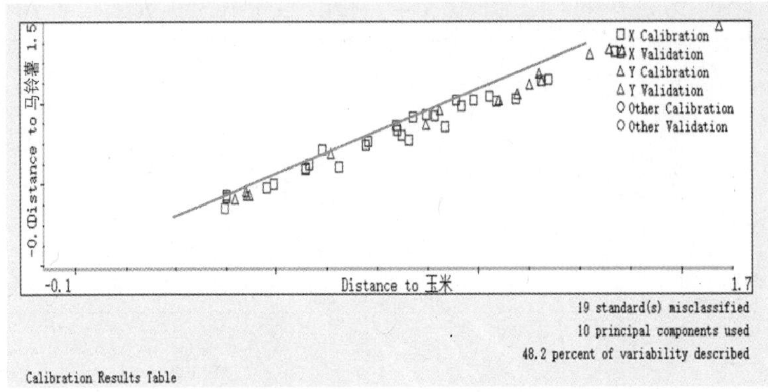

图 11-21　样本二阶导数 + 不平滑的定性分析结果

27 号实际为玉米淀粉，但是计算为马铃薯淀粉。30 号、35 号、36 号、38 号、40 号、41 号、43 号、44 号、45 号实际为马铃薯淀粉，但是计算为玉米淀粉，准确率才 57.8%。

6. 光谱预处理 + 判别分析法建模小结（见表 11-2）

表 11-2　淀粉拉曼光谱判别分析法建模结果分析比对表

	实验采集样本总数	马铃薯淀粉分类错误样本数	玉米淀粉分类错误样本数	所建模型准确率（%）
原始光谱	45	4	0	91.1
一阶导数 + 平滑	45	3	0	93.3
一阶导数 + 不平滑	45	7	1	82.2
二阶导数 + 平滑	45	3	0	93.3
二阶导数 + 不平滑	45	9	10	57.8

11.5.4　基于距离匹配法的淀粉种类建模分析

1. 原始光谱 + 不平滑 + 距离匹配法建模

计算出来的模型如图 11-22 所示，可以看出靠近 Y 轴的正方形均为马铃薯淀粉，靠近 X 轴的三角形均为玉米淀粉，两者分类清晰，只有个别样本距离较近影响分类准确度。

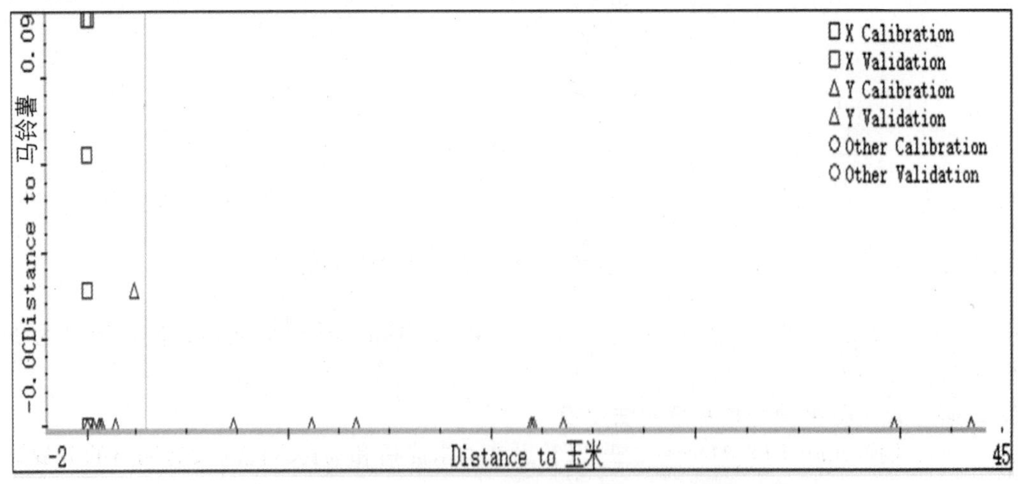

图 11-22　原始光谱 + 不平滑 + 距离匹配法建模结果

由下面的分析结果可以看出：8 号样本实际为玉米淀粉但是计算为马铃薯淀粉，30 号、40 号样本实际为马铃薯淀粉而模型计算为玉米淀粉，模型准确率为 93.3%。

2. 一阶导数 + 平滑 + 距离匹配法建模

计算出来的模型如图 11-23 所示，可以看出靠近 *Y* 轴的正方形均为马铃薯淀粉，靠近 *X* 轴的三角形均为玉米淀粉，两者分类清晰，只有个别样本距离较近影响分类准确度。

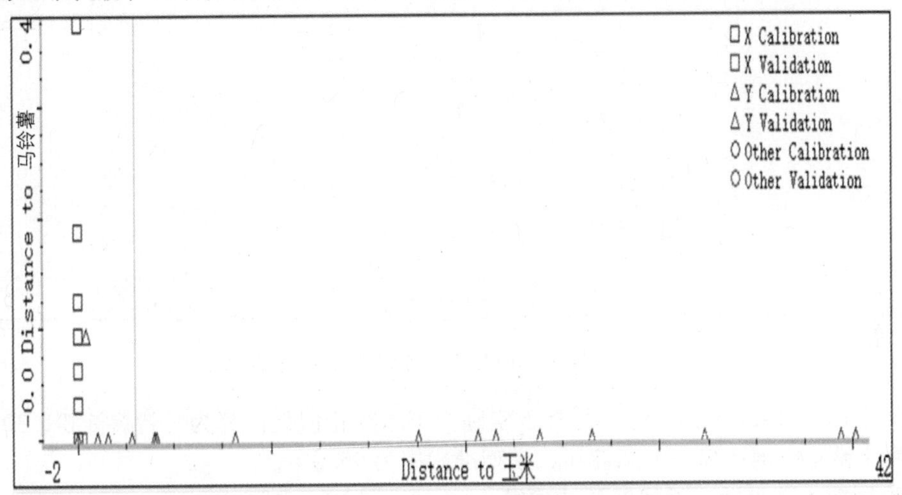

图 11-23　样本一阶导数 + 平滑的定性分析结果

由下面的分析结果可以看出：1 号样本实际为玉米淀粉但是计算为马铃薯淀粉，30 号样本实际为马铃薯淀粉而模型计算为玉米淀粉，模型准确率为 95.6%。

3. 一阶导数 + 不平滑 + 距离匹配法建模

计算出来的模型如图 11-24 所示，可以看出靠近 *Y* 轴的正方形均为马铃薯淀粉，靠近 *X* 轴的三角形均为玉米淀粉，两者分类情况较为聚集，影响分类准确度。

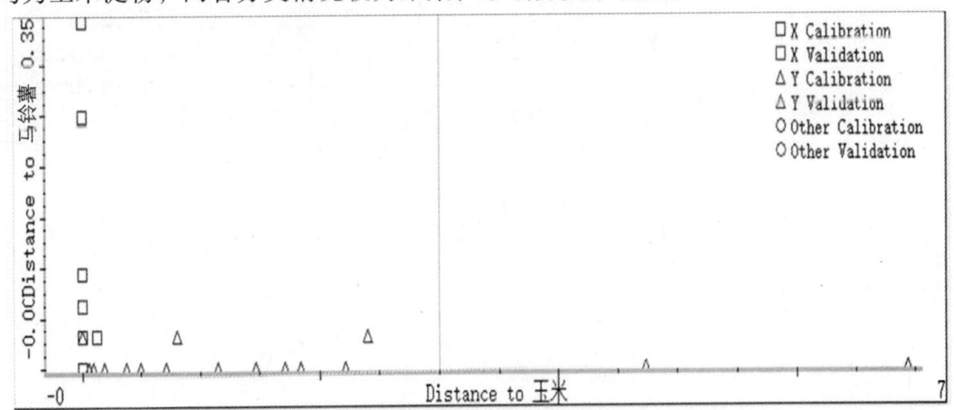

图 11-24　样本一阶导数 + 不平滑的定性分析结果

由下面的分析结果可以看出：8 号样本实际为玉米淀粉但是计算为马铃薯淀粉，30 号样本实际为马铃薯淀粉而模型计算为玉米淀粉，模型准确率为 95.6%。

4. 二阶导数 + 平滑 + 距离匹配法建模

计算出来的模型如图 11-25 所示，可以看出靠近 *Y* 轴的正方形均为马铃薯淀粉，靠近 *X* 轴的三角形均为玉米淀粉，两者分类情况较为清晰，极个别马铃薯淀粉与玉米淀粉距离较近影响分类准确度。

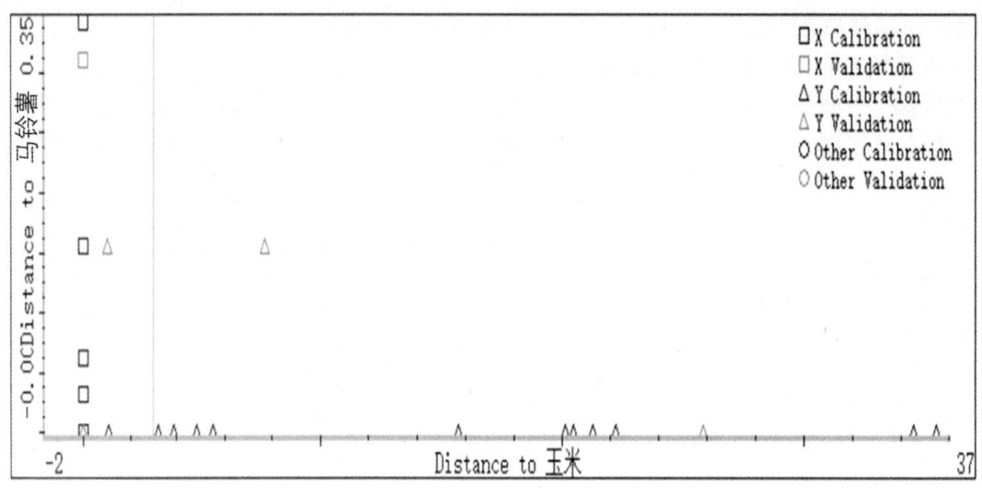

图 11-25　样本二阶导数 + 平滑的定性分析结果

由下面的分析结果可以看出：1 号样本实际为玉米淀粉但是计算为马铃薯淀粉，30 号样本实际为马铃薯淀粉而模型计算为玉米淀粉，模型准确率为 95. 6% 。

5. 二阶导数 + 不平滑 + 距离匹配法建模

计算出来的模型如图 11-26 所示，可以看出靠近 *Y* 轴的正方形均为马铃薯淀粉，靠近 *X* 轴的三角形均为玉米淀粉，两者分类情况较为清晰但是较为密集，极个别马铃薯淀粉与玉米淀粉距离太近影响分类准确度。

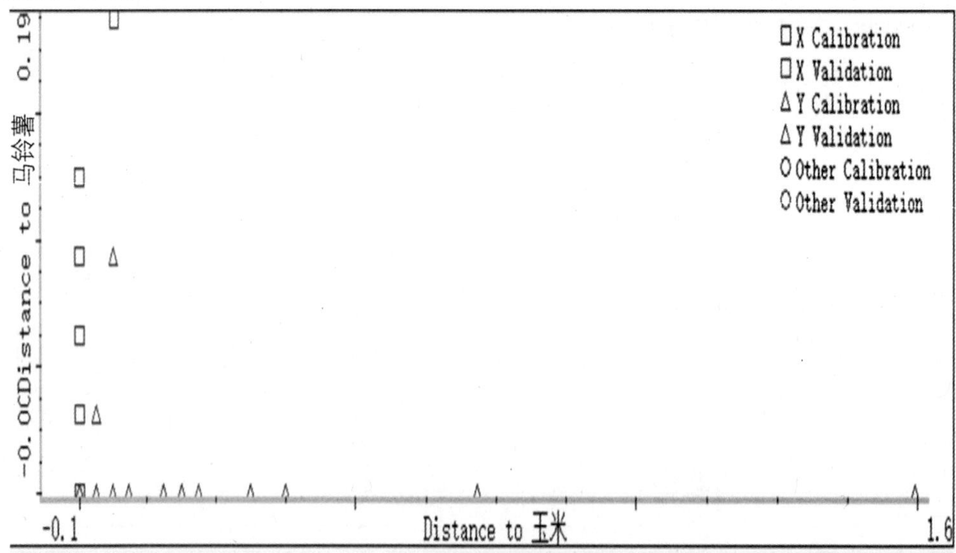

图 11-26　样本二阶导数 + 不平滑的定性分析结果

由下面的分析结果可以看出：1 号样本实际为玉米淀粉但是计算为马铃薯淀粉，40 号和 45 号样本实际为马铃薯淀粉而模型计算为玉米淀粉，模型准确率为 93. 3% 。

6. 光谱预处理 + 距离匹配法建模小结（见表 11-3）

综合上述两类方法可以看出：二阶导数 + 平滑的光谱预处理方法最为合适，虽然此种方法的准确率与一阶导数 + 平滑的相同，但是此种方法的测试样本的准确率要比一阶导数 + 平滑要高，所以为最佳预处理选择。从两类方法的模型准确率来看，显然距离匹配法的准确率普遍较高，并且其准确率的最大值都要比判别分析法的最大值大。

表 11-3　淀粉拉曼距离匹配法建模结果分析比对表

	实验采集样本总数	马铃薯淀粉分类错误样本数	玉米淀粉分类错误样本数	所建模型准确率（%）
原始光谱	45	2	1	93.3
一阶导数 + 平滑	45	1	1	95.6
一阶导数 + 不平滑	45	1	1	95.6
二阶导数 + 平滑	45	1	1	95.6
二阶导数 + 不平滑	45	2	1	93.3

11.6　小结

本章研究了基于多光谱技术的淀粉种类快速鉴别，分别结合近红外光谱、中红外光谱和拉曼光谱对淀粉的种类进行区分。运用光谱预处理和各种定性建模方面建立了淀粉的定性分类模型，并运用模型进行了预测，最后对每种光谱的建模结果进行了小结。

参考文献

[1] 张燕萍. 变性淀粉制造与应用 [M]. 北京：化学工业出版社，2000：1 – 7.

[2] 张萍，闫继红，朱志华，等. 近红外光谱技术在食品品质鉴别中的应用研究 [J]. 现代科学仪器，2006，1：60 – 62.

[3] Cai Q Y, Mo C H, Wu Q T, et al. The status of soil contamination by semivolatile organic chemicals (SVOCs) in China [J]. Science of the Total Environment, 2008, 389 (2/3): 209 – 224.

[4] 李建科，陈锦屏. 我国食品安全现状与入世后的形势与对策 [J]. 食品科学，2003，24 (4)：272 – 276.

[5] Leeman W R, van den Berg K J, Houben G F. Transfer of chemicals from feed to animal products: the use of transfer factors in risk assessment [J]. Food Additives and Contaminants, 2007, 24 (1): 1 – 13.

[6] Serratosa J, Blass A, Rigau B, et al. Residues from veterinary medicinal products, growth promotors and performance enhancers infood – producing animals: a European Union perspective [J]. Revue Scientifique et Technique, 2006, 25 (2): 637 – 653.

[7] 中华人民共和国国家质量监督检验检疫总局中国国家标准化管理委员会. GB/T 21913—2008，食品中滑石粉的测定 [S]. 北京：中国标准出版社，2008.

[8] 中华人民共和国国家质量监督检验检疫总局中国国家标准化管理委员会. GB/T 21912—2008，食品中二氧化钛的测定 [S]. 北京：中国标准出版社，2008.

[9] 潘明. 马铃薯淀粉与玉米淀粉的特性及其应用比较 [J]. 中国马铃薯，2001，15 (4)：222 – 226.

[10] 黄俊榕，付良绅. 淀粉颗粒结构的研究方法 [J]. 食品与机械，2010，26 (6)：5 – 11.

[11] 王绍清，王琳琳，范文浩，等. 扫描电镜法分析常见可食用淀粉颗粒的超微形貌 [J]. 食品科学，2011，32 (15)：74 – 79.

[12] 侯蕾，韩小贤，郑学玲. 不同淀粉理化性质的比较研究 [J]. 河南工业大学学报，2014，35 (1)：51 – 54.

[13] R F Tester, J Karkalas, X Qi. Starch structure and digestibility enzyme – substrate, relationship [J]. World' s poultry Science, 2004, (06): 186 – 193.

[14] 郭波莉，魏益民，潘家荣. 同位素溯源技术在食品安全中的应用 [J]. 核农学报，2006，20 (2)：

148 – 153.

[15] 赵杰文，陈文胜，张海东，等．近红外光谱分析在茶叶鉴别中的应用研究［J］．光谱学与光谱分析，2006，26（9）：1601 – 1603.

[16] 赵杰文，郭志明，陈全胜．基于 OSC/PLS 的茶叶中 EGCG 含量的近红外光谱法测定［J］．食品与生物技术学报，2008，27（4）：12 – 15.

[17] 张本山，刘培玲．几种淀粉颗粒的结构与形貌特征［J］．华南理工大学学报，2005，33（6）：68 – 73.

[18] 王彬．近红外光谱结合化学计量学在药物无损定量分析中的应用研究［D］．长春：吉林大学，2010.

[19] 董守龙，任芊，黄友之．近红外光谱分析技术的发展和应用［J］．分析与检测，2004，11（6）：44 – 46.

[20] 高红秀，金萍，周玉岩，等．近红外光谱分析原理、检测及定标技术简介［J］．中国科技信息，2014，03 – 04：59 – 61.

[21] 郑咏梅，张军．小麦近红外特征波长提取及蛋白质含量测定［J］．激光与红外，2003，33（2）：125 – 127.

[22] 陆婉珍，袁洪福，徐广通，等．现代近红外光谱分析技术［M］．北京：中国石油化工出版社，2000：14 – 36.

[23] A Vakurow，C E Simpson，C L Daly. Acetylcholinesterase – based biose – nsor electrodes for organophosphate pesticide detection［J］．Biosensors and Bioelectronics，2004，20：1118 – 1125.

[24] 张晓磊．啤酒酒精度测定方法探讨［J］．酿酒科技，2004，4：93 – 94.

[25] 常敏．应用红外光谱技术进行牛奶成分检测的研究［D］．天津：天津大学，2004.

第12章　多光谱技术在茶叶品质检测中的应用研究

12.1　简介

12.1.1　茶叶产地及新旧鉴别的研究背景

茶作为一种日常饮品具有重要的经济和社会价值。我国是世界上最大的茶叶生产、出口和消费国之一。我国共有34个省级行政区，其中有20个是产茶省，约有八千万茶农，是名副其实的产茶大国。2001年我国加入世贸组织后茶叶生产量实现了较快速增长，2001～2010年，年均增长8.4%，其中2010年我国茶叶产量145万t，排名世界第一。我国也是茶叶主要出口国，2010年我国茶叶出口30.24万t，位居第二，占全球茶叶出口总量的17.49%。但是由于我国茶叶产业化发展较慢，在国际市场上较多地以“农业茶”与“工业茶”竞争，以“文化茶”与“商品茶”“科技茶”竞争，以“风味茶”与“功能茶”“方便茶”竞争。

随着人们生活水平的提高，食品卫生已成为消费者最关注的问题之一。在某种程度上，卫生已成为食品质量最首要的条件，并已普遍引起各国政府及贸易部门的重视。因此，茶叶卫生项目的确立及其限量指标和检测方法标准的研究中国、美国、日本、德国、欧洲联盟、联合国粮农组织和世界卫生组织制定了各自的卫生法规。按制作工艺，茶可分为绿、红、青（乌龙）、白、黄、黑和花茶等，其中绿茶是我国优势茶叶产品，占世界绿茶总量的70%以上。随着茶叶质量安全准则制度的实施，对茶叶的品质质量要求越来越高，这对我国茶叶品质鉴定和检测提出了更高的要求。我国茶叶种类齐全、品目众多，如何快速而又准确地鉴别茶叶的种类及其产地逐渐得到人们的关注。茶叶是一个复杂的混合物体系，且各种成分含量相差很大。目前茶叶品质的评定一般是采用感官和理化审评相结合的方法。前者因受人为因素和外界环境的干扰，会影响到结果的客观性；后者存在诸如样本预处理过程繁琐、耗时长、耗试剂、无法实现快速分析等缺点，使其不能应用到茶叶的快速识别上。因此快速、准确地鉴别茶叶的种类和产地是当前茶叶行业面临的一项重要任务。

虽然茶叶资源丰富，但是目前国内茶叶市场的现状却不容乐观，茶叶市场相对混乱，特别是在名优茶市场，以次充好、以假乱真的现象比较严重，劣质茶穿新衣是茶叶造假者常用的手段。有的不法商户把往年旧茶更换成新包装，更改生产日期，陈茶就摇身变成当年新茶。对于普洱茶这类讲究越陈越香的茶类，他们则会多报几年甚至几十年的“年龄”。还有一些不法商户以低劣的一般等级的茶叶冒充特等茶叶，忽悠消费者。名茶自然销路好，于是许多不法茶叶商贩就打起了名茶的主意，一些店主自己买来包装袋，将散装的茶叶往里面一放，就成了名茶。甚至还有些小厂家自己加工之后冒充正宗的名茶。还有一些不法厂家进行废弃茶叶再利用，一些黑茶厂对被茶饮料厂等加工企业扔掉的废弃茶叶也不放过。他们将饮料厂废弃的、本该进入垃圾场的茶叶晒干后进行简单过滤，然后给这些经过简单处理的废弃茶叶穿上知名茶厂的包装后就以高价卖出去了，而且销路极好。所以发明一种快速检测茶叶品质的研究方法极为必要。这些违法行为既损害了消费者的利益，又不利于中国茶叶品牌的保护，在中国国际商贸与物联网高速发展的今天，茶叶作为中国文化的象征之一，这一问题也显得尤为重要。

目前对茶叶质量安全认证的研究大多集中在质量安全认证的实施阶段。在产品认证方面，农业部有关部门已经组织专家制定了包括无公害茶叶、绿色食品茶叶和有机茶的相关产品标准和技术规范，认证机构可以按照相关要求从事认证工作；在体系认证方面，结合了体系认证在其他食品或农产品中应用的成功经验，并且企业也在生产中不断通过发现问题、解决问题循序渐进的过程来完善体系认证，扩大其实际应用能力。在理论研究上，主要借鉴食品的相关研究，主要表现在食品的质量安全的特性和质量控制问题、食品质量安全生产者行为研究和食品质量安全消费者行为研究上。所以研究快速、准确的鉴别方法，对于维护中国茶叶品牌、提高茶叶品质有着直接的现实意义。

所谓的新茶与陈茶是相比较而言的，在习惯上，将当年春茶从茶树上采摘的头几批鲜叶，经过加工而成的茶叶，称为新茶。将上年甚至更长时间采制加工而成的茶叶，统称为陈茶。新茶与陈茶可以从以下方面进行识别：①观色泽：茶叶在存储过程中，由于受到空气中氧气和光的作用，使构成茶叶色泽的一些色素物质发生缓慢的自动分解，如绿茶中绿素分解的结果，使色泽由新茶时的青翠嫩绿逐渐变得枯灰黄绿；绿茶中含量较多的维生素 C 氧化产生的茶褐素，会使茶汤变得褐不清。而对红茶品质影响较大的茶黄素的氧化、分解或聚合，还有茶多酚的自动氧化的结果，会使红茶由新茶时的乌润变成灰褐。②尝滋味：陈茶由于茶叶中酯类物质经氧化后产生了一种易挥发的醛类物质，或不溶于水的缩合物，使可溶于水的有效成分减少，从而使茶叶滋味由醇厚变得淡薄；同时，又由于茶叶中氨基酸的氧化和脱氨、脱羧作用，使茶叶的鲜爽味减弱而变得“滞钝”。③闻气味：陈茶由于香气物质的氧化、缩合和缓慢挥发，使茶叶由清香变得低浊。但是上述方法都是不准确的鉴别手段，只有经验丰富的人才能依据它进行准确判别。

由于目前针对新旧茶叶的鉴别方法很少，所以需要探究寻找快速、简便的鉴别方法来便于消费者鉴别，并且还可以对茶叶行业进行规范整治。

国外对食品的原产地保护高度重视，如在欧盟不同原产地保护产品可以获得不同的财政补贴，欧盟法规（EC）510—2006《关于农产品和食品的原产地标识保护和地理标志保护》对 PDO（指定原产地保护）和 PGI（地理标识保护）产品有着明确规定。同时开展了不同的检测方法研究来验证原产地保护产品的真实性，主要集中在葡萄酒、谷物、蜂蜜、咖啡、橄榄油等。我国也开始关注茶叶原产地的保护和鉴别，并开展了相关研究。

光谱分析属于分析科学中的物理及物理化学分析或称仪器分析。光谱分析具有的共性特征是，分析依据的基础信息都是分子等微观粒子运动的特征，分析过程承载分析信息的信号都是待测样本的光谱。光谱分析是依据样本的光谱特征，通过对光谱参数与待测量之间的数学关系及数学模型来实现分析。按照光谱产生的过程，可以分为吸收光谱分析和发射光谱分析。

多光谱分析技术（近红外、中红外）是近年来发展起来的一种定性和定量分析技术，因其快速、不破坏样本、操作简单等特点，已广泛应用于石化、食品、医药、农业等领域。近红外光谱技术已逐步应用于茶叶加工中品质检测、品种识别等领域，在定性和定量检测方面表现出了巨大的潜力。本实验应用红外光谱分析技术，对茶叶种类及产地进行定性分析就是在上述背景下展开的探索性研究。

12.1.2　茶叶产地及新旧鉴别的研究现状

盛产多种多样品种茶叶的我国，被视作茶的故乡。在茶叶的分类方面，我国学者发表了“茶叶植物资源的订正”，确定了茶组植物中共有 32 种和 3 个变种。随着研究工作的开展，有部分研究人员开始参与到以下分类工作中，各自根据自身的研究资料为主要依据，提出了一些很有参考价值的分类意见。例如，庄晚芳教授等人主张在茶种下设立 2 个亚种和 7 个变种。2 个亚种分别为云南亚种和武夷亚种：云南亚种包括云南变种、川黔变种、苦茶变种、阿萨姆变种；武夷亚种包括武夷变种、江南变种、不孕变种。安徽农业大学陈椽教授提出的按制法和品质为基础，以茶多酚氧化程度为序把初制茶叶分为绿茶、黄茶、黑茶、青茶、白茶、红茶六大茶类，这种方法已被业界广泛应用。此外，结合茶叶的商品形态可把茶叶分成红茶、绿茶、花茶、乌龙茶、白茶、紧压茶和速溶茶七大茶类。

茶叶产地分类的方法主要有X射线荧光技术、近红外光谱分析、ICP-MS、ICP-AES等光谱法和高效液相色谱（HPLC）法、气相色谱（GC）法和高效毛细管电泳（HPCE）法等色谱法。

X射线荧光技术已应用于金属含量的检测。不同产地茶叶的重金属元素含量存在一定的差异，可以作为X射线荧光光谱分析茶叶产地鉴别的依据。茶叶中的主要重金属元素对应的谱线集中在313keV波段，该波段是X射线荧光光谱分析技术进行茶叶产地鉴别的有效波段。采用主成分分析方法和马氏距离法进行茶叶产地鉴别时，选取前4个主成分即可。采用X射线荧光光谱分析技术进行茶叶产地鉴别时，应采用原始光谱数据直接进行分类。

稳定同位素与矿物元素检测用于农产品产地溯源，不同产地同位素和矿物元素含量或比率不同，在作物栽培和动物饲养过程中发生转移，造成产品中这些元素含量或比率的不同，通常结合化学计量学，进行原产地验证和鉴别。元素含量主要受产地环境因素，如离海边距离、温度、海拔以及土壤的基本组成等影响较大，而受加工、品种和外形等因素的影响较小。因此该技术的稳定性好，适合用于茶叶产地溯源。

Marcos等人对10个国家15种茶叶（其中红茶11种、绿茶2种、花茶1种、乌龙茶1种）采用ICP-AES测定了Al、Ba和Zn等11种高含量元素，ICP-MS测定了Cd、Co和Zr等11种低含量元素，采用统计软件UNSCRAMBLER进行主成分分析（PCA），亚洲茶（中国、孟加拉国、印度、日本、斯里兰卡）与非洲茶（肯尼亚、布隆迪、马拉维、津巴布韦、坦桑尼亚）得到了很好的区分，而且中国与亚洲其他国家产的茶叶也得到了区分。尽管日本与中国的地理位置相近，但由于日本气候和土壤特点与印度的相近，使得日本茶在区分上更接近印度。当然茶叶中元素含量也不单纯来自土壤，还有来自农药和肥料的，茶叶种类也可能影响元素含量，这需要通过SLDA（统计线性判别分析）、SIMCA（软件独立模拟分类）和UNEQ（有监督模式识别）等方法优化，才能判定。Moreda-Pineiro等人对非洲（$n=17$）和亚洲（$n=36$）产的茶叶，采用ICP-MS测定Co、Cr、Cs等7种元素和ICP-AES测定Ba、Ca、Fe等7种元素，对数据进行自动归一化（Autoscaling）等6方式的预处理，确定了PC1、PC2和PC3 3个主成分，其中Sr、Co、Cs和Fe的权重值最高。结果表明，不同的数据预处理和判别模式对茶叶产地判定准确率有不同影响，如采用半幅-中值变换后，PCA分析能有效区分非洲和亚洲产的茶叶；而线性判别分析（LDA）却不受各预处理的影响，识别准确率分别为100%和97.2%，与LDA相比，SIMCA判别模式更具局限性，经半幅-中值变换处理后才有效避免数据噪声，对非洲和亚洲产的茶叶识别率分别为97.2%和88.9%。Tamara等人测定了中国（$n=12$）、印度（$n=43$）、斯里兰卡（$n=23$）等地产的茶叶中稳定同位素和多矿物元素（49Ti、53Cr、209Bi等20种），LDA分析表明，茶叶原产地的判定易受判别函数的影响。如只采取函数1和函数2能够很好地区分印度、斯里兰卡和中国产的茶叶，但不能有效区分我国大陆地区和我国台湾省产的茶叶；而结合函数1和函数3则能够有效区分各地产的茶叶，识别准确率为97.5%。该方法还能区分印度阿萨姆邦（东北部）、大吉岭（东北部）、尼尔吉里（南部）等不同地区的茶叶。结果表明，矿物元素结合稳定同位素的检测和判别分析方法，不受茶叶种类（红茶、绿茶和乌龙茶）、品质或年份的影响，适用于各国或地区茶叶的产地溯源。

有研究表明，采用胶束电动色谱法建立了以相对峰面积为基础的数字化色谱指纹图谱，实现了在无需标准样本的前提下可有效地进行红茶产地识别。采用MEKC法对红茶进行指纹图谱分析，优化了实验条件和样本的前处理技术，建立红茶样本数字指纹图谱的研究方法。采用支持向量分类机、聚类分析法、主成分分析法和线性判别分析法分别对11种红茶样本进行了合理分类，分析结果与茶叶产地完全一致，而且未知来源的红茶样本应用该模式进行判别可以实现正确分类。该分类方法可对红茶的产地进行判别，为红茶产地识别提供了一种合理、准确、可靠、快速、简便的方法模式。

聂光华用差示扫描量热（DSC）法和热重（TG/DTG）法对同期采摘的不同原产地的茶叶进行热分析研究。DSC 法是在程控温度下测量输入到物质和参比物之间功率差与温度关系的技术。由于试样的热量变化随时可得到补偿，试样与参比物的温度始终相等，避免了参比物与试样之间的热传递，故仪器反应灵敏、分辨率高、重现性好。实验中使用的 CDR－4P 型差动热分析仪采用计算机自动采集数据系统，测量误差小于 1%。用国际热分析协会（ICTA）规定的光谱纯校准物质 In 和 Sn 对仪器校准，实验条件如下：试样质量为 3～5mg，加热速率为 10℃/min，参考物质为光谱纯 Al_2O_3，静态空气气氛，铂金坩埚。在上述实验条件下，对鹤峰茶叶和恩施茶叶从室温到 600℃进行 DSC 法扫描。热重法是在程序控制温度下借助热天平以获得物质的质量与温度关系的一种技术。仪器用光谱纯的 Ni 校准。使用 WRT－2P 热重分析仪在程序温度控制（等速升温）下，用 10℃/min 的升温速率测量茶叶样本从室温到 600℃的热重曲线。结果发现不同产地的茶叶，因鞣质含量、半纤维素和纤维素的含量不同，其热化学性质必然存在差异。因此，热分析方法是一种鉴别不同原产地茶叶的有效方法。通过热分析法建立不同原产地茶叶的标准热谱曲线，从加热失重、焓变和峰的位置可快速、简便地鉴别不同产地的茶叶，提高对伪劣茶叶进行监管的科学性。

当然，近年来也有研究基于基因分析、X 射线荧光和电子鼻等检测技术进行产地溯源，但准确性较低，目前应用价值不大。Cho 等人采用 CAP（切割扩增多态序列）标记，进行系统发育分析和 RFLP（限制性片段长度多态性）分析，5SrRNA 表明韩国河东郡（Hadong）产的绿茶具有独特的多态现象，与日本绿茶和中国绿茶有很好的区分；而且 PAL（苯丙氨酸解氨酶）基因中 3 个 CAPS 标记能够很好地将 HadongCheon－nyeon 野生种与其他野生种区分开。这说明 Hadong Cheon－nyeon 野生种具有不同的遗传进化途径，相同种系在不同产地也具有一定的差异性，对茶叶的产地溯源具有一定的借鉴意义。饶秀勤等人采用 X 射线荧光检测技术（有效波段 3～13keV）分析不同产地的重金属含量，对原始光谱数据直接进行分类，不同地区茶叶中重金属（Fe、Cu、Ca）含量存在差异，结合主成分分析和马氏距离法能够鉴别不同产地（杭州、安吉、金华、台州）茶叶，但试验准确率仅为 58%，应用价值不高。Zoltán 等人利用电子鼻、电子舌和感官分析斯里兰卡不同海拔的康提（650～1300m）、乌瓦（1200～1500m）、迪不拉（1200～1700m）、努沃勒埃利耶（2000m）和卢哈纳（600m）5 个产地的红茶（$n=40$），LDA 表明能够区分不同产地和种植高度的茶叶，而且 PLS 法表明电子鼻和电子舌检测与专家感官分析间存在显著相关性。

鉴别茶叶的传统方法是通过茶叶的色、香、味的不同进行判别，这种方法依赖于人们的经验，易受主观因素影响。为了能客观地对茶叶进行分析和鉴别，研究者们开发了新的方法。利用化学分析方法对茶叶进行分类：Antonio 等人利用电感耦合等离子体原子发射光谱法和电感耦合等离子体质谱法对 85 个茶叶样本中的 17 种金属元素进行检测。Valera 等人利用各种化学方法检测了绿茶和黑茶中咖啡因、可可碱、茶碱、多酚等成分含量。Fernández 等人使用高效液相色谱法测定了茶叶中的儿茶酚和咖啡因等成分的含量。Togari 等人利用气相色谱法和气相色谱－质谱分析法对茶叶中的挥发性成分进行了检测。Hérrador 等人利用电感耦合等离子体原子发射光谱法测得了茶叶中 Zn、Mn、Mg、Cu 和 Al 等 8 种主要元素。

Pongsuwan 等人结合代谢学原理对绿茶的等级进行分类。利用电子鼻对茶叶进行分类：Yu 等人采用电子鼻和模式识别技术对 4 类不同等级的茶叶进行了区分试验；Bhattacharyya 等人利用电子鼻对 6 类不同的黑茶进行了区分。Dutta 等人对 5 类茶叶进行的分类表明，模糊 C 均值算法、自组织映射结合径向基函数网络模型分类效果最好。利用近红外光谱技术对茶叶进行分类：Zhao 等人对绿茶、乌龙茶和黑茶等的区分研究。Li 等人利用因次分析（FA）法和 BP 神经网络技术对不同品牌的茶叶进行了区分试验。Chen 等人利用近红外光谱法和软独立建模分类（SIMCA）法对茶叶分类试验。此外，Seetohul 等人利用荧光光谱技术和主成分分析技术进行了茶叶分类试验研究，但是这些方法不能对同类茶叶进行产地鉴别。

质谱（Mass Spectrum，MS）法是将样本提取液置于质谱仪中进行电子轰击电离，可获取提取液中化学成分的电子轰击质谱（EI－MS）图，不同样本提取液所含成分不同，所得质谱图显示的分子离子峰及进一步的裂解碎片峰亦各有特征，可用以鉴别。其常与高效液相色谱法、气相色谱法、高效毛细管电泳法等技术联用，可对指纹图谱中的部分色谱峰无标准物质验证的情况下，起到定性鉴别的作用。

紫外光谱法一般用于总提取物或部分提取物中某类成分的含量分析，在定性实验中，可作为辅助方法。以紫外光谱为基础的导数光谱能校正无关吸收、排除干扰，适用于亲缘关系较近而且普通紫外光谱不易区分的植物样本。

综上所述，对于传统的茶叶鉴别方法：感官评定法和化学方法，前者因受人为因素和外界环境的干扰，存在识别结果的主观性强和一致性差等缺点，会影响到结果的客观性；后者虽然能够准确地鉴别茶叶，但是需要对茶叶进行组分分离、提取等前期工作后才能进入实质分析过程，存在着实验分析周期长、手续繁琐的问题，对于现场或短时间要求结果的工作状况难以适应，使其不能应用到茶叶的快速识别上。因此，需要建立一种快速、准确鉴别茶叶品质及真伪的新方法。

2006年，浙江大学何勇等人通过WT预处理、采用主成分回归（PCA）和（BP）建立了BP－ANN模型，用以识别不同种类的绿茶。李晓丽等人采用主成分分析法对5个品种茶叶进行聚类分析并获得了茶叶的可见－近红外光谱数据的主成分，再结合人工神经网络技术建立模型进行品种鉴别。分析表明，以主成分1和2对所有建模样本的得分值做出的得分图，对不同种类茶叶具有较好的聚类作用，可以定性地分析茶叶的种类。把主成分分析得到的6个主成分作为神经网络的输入，茶叶品种值作为神经网络的输出，建立了茶叶品种鉴别的3层BP人工神经网络模型，对茶叶品种的识别准确率达到了100%。

陈全胜等人采用一种近红外光谱结合SIMCA模式识别的方法对茶叶进行识别与分类。他们选取5300～6500nm波长的光谱，通过SNV预处理后，利用SIMCA的模式识别力法分别为龙井、碧螺春、祁红和铁观音4类茶叶建立了类模型。并且指出主成分分别为4、5、2和3时，类模型对未知样本的识别效果最佳。赵文杰等人选用同样波段的光谱，通过多元散射校正（MSC）预处理后，结合主成分－马氏距离模式识别方法鉴别了龙井、碧螺春、毛峰和铁观音。蔡健荣等人采用近红外光谱结合K最近邻（KNN）法模式识别方法对上述4种茶叶进行识别和分类，结果表明，4主成分因子建立的KNN法判别模型最佳，模型对训练集与预测集中样本的识别率都达到了100%。该研究为快速、准确识别茶叶提供了一种新思路。

近红外光谱是指介于可见光和中红外光之间的电磁波，不同基团或同一基团在不同环境中产生的光谱在吸收峰的位置和强度上有所不同，适用于碳氢有机物的性质分析与组分测定。茶叶中不同组分具有丰富的结构和组成信息，由此利用近红外光谱扫描结合数据处理与统计分析，可以确定茶叶产地或类别，具有分析速度快、成本低和重现性好的特点，但该技术容易受茶叶种类、加工、样本制备（水分含量）以及扫描波数等因素影响。

近红外光技术在国外已有应用的报道，相关的应用，比如农产品的品质检测、病虫害检测、杂草识别、作物收获机械导航和作物生长状态监测等，已经在美国、日本、德国等技术先进的发达国家得到了熟练的应用。例如在果品品质检测方面，此技术结合红外光谱分析，不仅可以对果品颜色、大小、损伤压伤、吸虫孔进行检验，而且可以对果品的营养成分含量进行判断，从而对果品进行合理的市场定价或品种鉴别。国内的研究成果在近些年来有了突飞猛进的发展，但和发达国家相比，仍有很大的待提高空间。

现阶段，红外光谱法以其无污染、无损伤取样、实时性、使用方便等特点成为检测的首选，越来越受到人们的关注。根据所涉及的红外辐射波段的不同，红外光谱法又分为近红外光谱法、中红外光谱法和远红外光谱法，其中前两种方法在物质定性和定量分析中的应用较为普遍。

目前，对快速识别茶叶种类及真伪的研究虽然处于起步阶段，但是已有大量文献报道集中在近红外光谱法的探讨中，具体包括：夏贤明和丁宁用近红外光谱法检测绿茶中品质成分的研究；H. Schulz 等人采用 PLS 法测定绿茶中的生物碱和酚类物质的含量；蒋迎提出了基于积分球漫反射近红外光谱技术的花茶容制过程中水分含量的测定方法；J. Luypaert 等人探讨了近红外光谱技术在绿茶定量和定性分析中的应用；龚加顺等人进行了对茶饮料品质相关成分的近红外光谱技术分析；孙耀国等人利用近红外光谱法测定了绿茶中氨基酸、咖啡碱和茶多酚的含量；徐立恒等人应用 PLS 法建立了茶多酚、氨基酸及咖啡碱等主要品质成分的二阶导数近红外光谱与其含量间关系的分析模型；陈华才和吕进等人建立了基于径向基函数神经网络（RBFN）的茶多酚总儿茶素含量的近红外光谱分析模型。

现阶段利用近红外光谱技术进行产地溯源：Budínová 等对斯里兰卡（$n=2$）、中国（$n=5$）、印度（$n=2$）、日本（$n=2$）、爪哇（$n=1$）、肯尼亚（$n=1$）等 12 个茶叶样本，包括红茶、绿茶和乌龙茶 3 类，进行近红外光扫描（波数为 400 ~ 4000cm^{-1}），并采用 SIMCA 来定性区分不同茶叶，PCA 和全交叉验证表明 1278 ~ 1738cm^{-1} 为最大变异区，不同产地茶的差异程度不同，中国祁门红茶和日本煎茶的差异最大。而基于 PCA 进行 LDA 分析，所有样本得到了很好的聚类和区分。虽然结果表明该技术能够区分不同产地的茶叶，但由于该研究中茶叶的产地、类别均不同，因此无法判定该结果的准确性是由于类别还是产地不同造成的。

现阶段利用近红外光谱进行类别鉴定：赵杰文等人采用近红外光谱仪对龙井（$n=20$）、碧螺春（$n=20$）、毛峰（$n=20$）和铁观音（$n=20$）扫描，波数为 5300 ~ 6500cm^{-1}，通过 MSC 预处理，结合主成分 - 马氏距离模式识别法选用 8 个主成分建立预测模型，结果表明，校正集和预测集的鉴别准确率分别为 98.75% 和 95%，但龙井样本易误判为碧螺春。上述研究中茶叶属于不同类别或具有不同外形，无需通过仪器检测而通过感官分析也可鉴别，所以应用该方法具有很大的局限性。李晓丽等人采用可见 - 近红外光谱仪（波长为 325 ~ 1075nm）测定西湖龙井茶（$n=30$）、浙江龙井茶（$n=30$）、羊岩勾青茶（$n=30$）、雪水云绿茶（$n=30$）和庐山云雾茶（$n=30$），主成分分析法能够很好地区分羊岩勾青、雪水云绿、庐山云雾和龙井茶叶，而西湖龙井和浙江龙井存在部分重叠区；但采用人工神经网络技术构建的鉴别模型则能有效区分西湖龙井和浙江龙井及其他产地茶叶，预测准确率均为 100%。周健等人采用近红外光谱仪对滇青、青饼普洱和熟饼普洱茶进行吸收光谱扫描（3500 ~ 10000cm^{-1}），欧式距离比较、主成分分析和系统聚类分析结果表明，熟饼与青饼和滇青存在显著差异，容易区分开；而青饼与滇青茶的性质接近，存在较高类似性，不易区分开。周健等人对 4 个茶叶品种（龙井 43、群体种、迎霜和乌牛早）为原料加工成的龙井茶进行近红外光谱扫描，采用 PLS 法建立模型，结果表明，对定标集样本识别的准确率分别为 89.8%、90.9%、96.1% 和 99.5%，而验证集的准确率分别为 87.1%、84.2%、96.1% 和 97.5%。该方法对不同茶叶品种加工成相同外形的茶叶具有较好的区分和鉴别，但没有对外形相同而产地不同的茶叶进行溯源和验证。上述研究结果表明，种类相同而产地不同，或产地相同而种类不同（如加工外形或发酵程度）的茶叶，采用近红外光谱结合判别模型可以有效区分，但对于产地、种类（外形）相近的茶叶则难以有效区分。除了上述提到的应用，近红外光谱技术还用于茶制品中化学成分的多组分快速无损检测、茶叶等级的快速评定、茶树育种和栽培、茶制品生产过程在线检测以及茶叶真假、伪劣识别等。

12.2 基于多光谱技术的新、老茶叶鉴别方法研究

12.2.1 实验材料与光谱采集

实验用 72 个茶叶样本均为某研究院提供，为不同批次、不同品牌，其中 36 个样本为新茶，

36 个样本为老茶（其中编号为单数的为新茶，编号为双数的为老茶）。将作为建模样本的 62 个样本的光谱图录入 OPUS 软件中作聚类分析，建立样本分类模型。根据模型分类的结果通过逐一分析验证其余样本，与实际样本属性对比，验证结论的正确性。

将上述 72 个茶叶样本逐一放置在旋转样本台的样本杯中，然后进行近红外光谱采集。波数范围为 4000 ~ 12500cm^{-1}，波长间隔为 8cm^{-1}，环境温度为 23 ~ 25℃。

10 个测试样本分别如下：新茶测试样本 13 号、27 号、41 号、55 号、69 号；旧茶测试样本 14 号、28 号、42 号、56 号、70 号。

先对其余 62 个样本进行光谱分析，如图 12-1 所示。

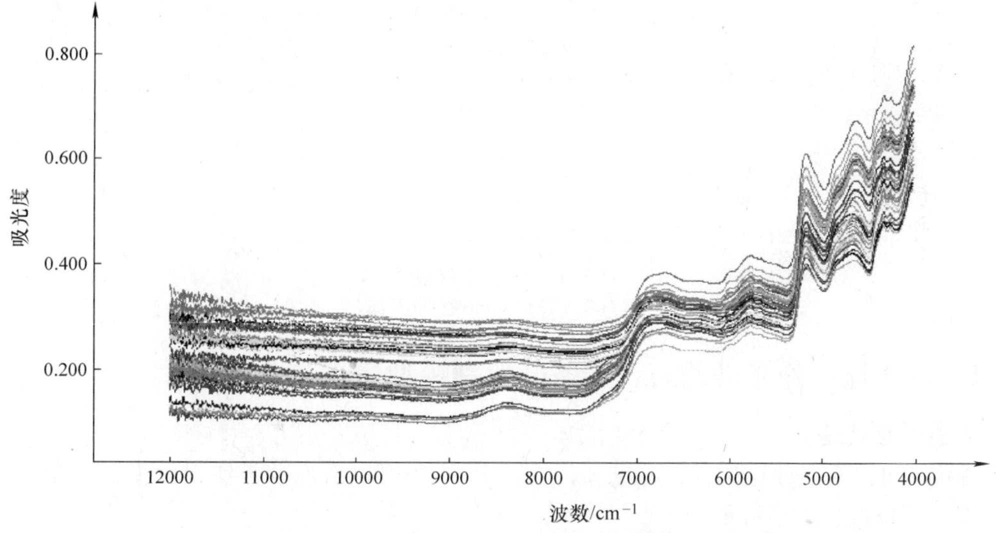

图 12-1　62 个茶叶样本近红外光谱图

为了避免不必要的扰动，通常将频谱范围缩小，排除频数近似、波动不大的部分，选择频率范围和参数设置如图 12-2 和图 12-3 所示。

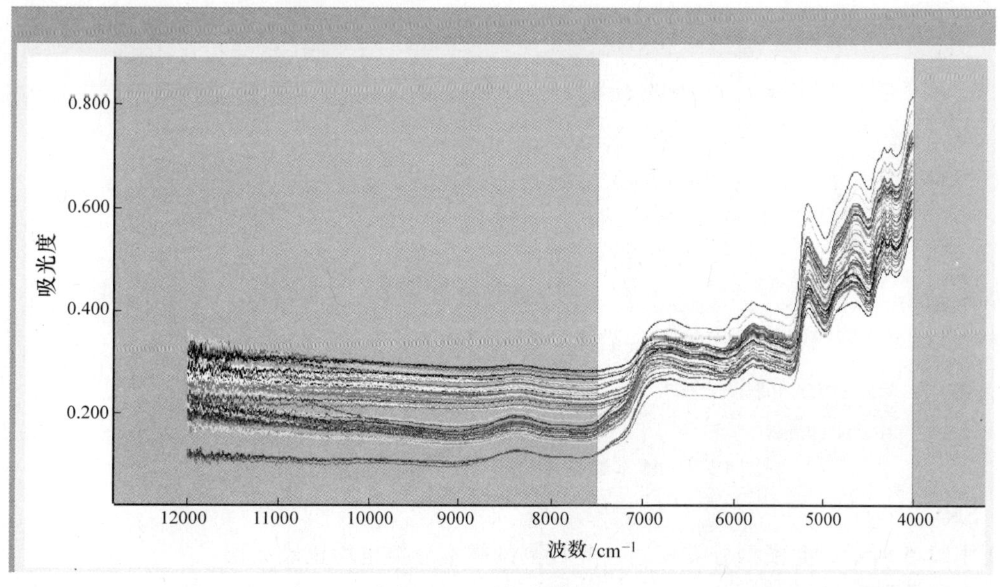

图 12-2　选择频率范围

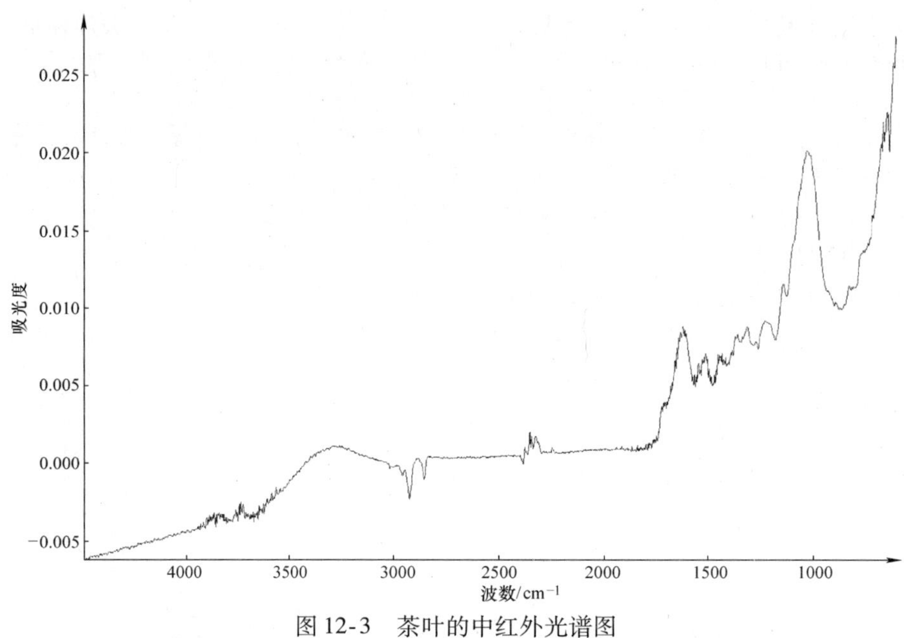

图 12-3　茶叶的中红外光谱图

12.2.2　基于近红外光谱的新、老茶叶鉴别模型建立与分析

1. 不进行预处理

由树状图可以看出此模型分类不准确，从图 12-4 中可以看出分类错误较多，模型准确率仅为 83.3%，所以此模型不可采用。

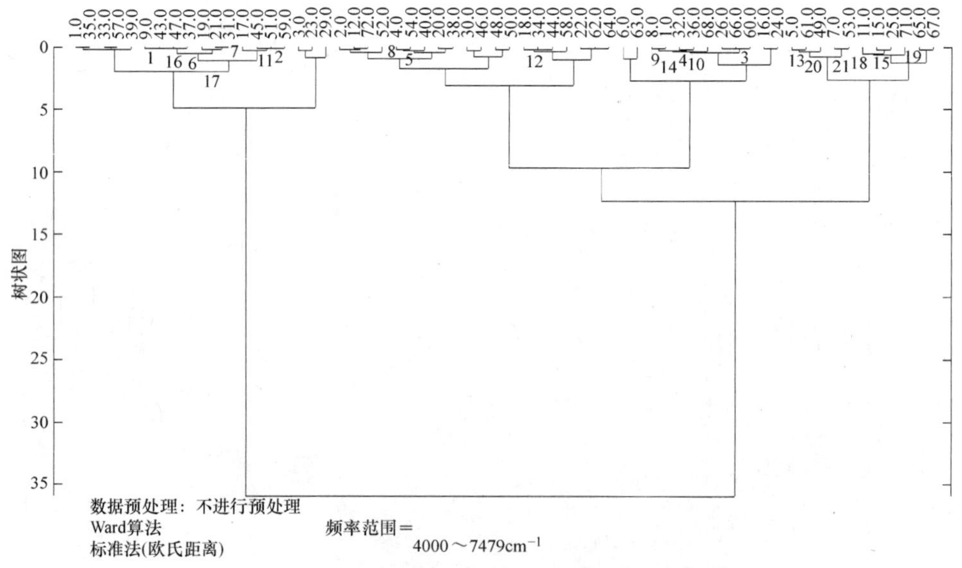

图 12-4　样本数据不进行预处理的聚类分析结果

2. SNV

如图 12-5 所示，此模型分类正确，并且测试样本分类也均正确无误。

3. 一阶导数

如图 12-6 所示，此模型分类正确，并且测试样本分类也均正确无误。

4. 一阶导数 + SNV

如图 12-7 所示，此模型分类正确，并且测试样本分类也均正确无误。

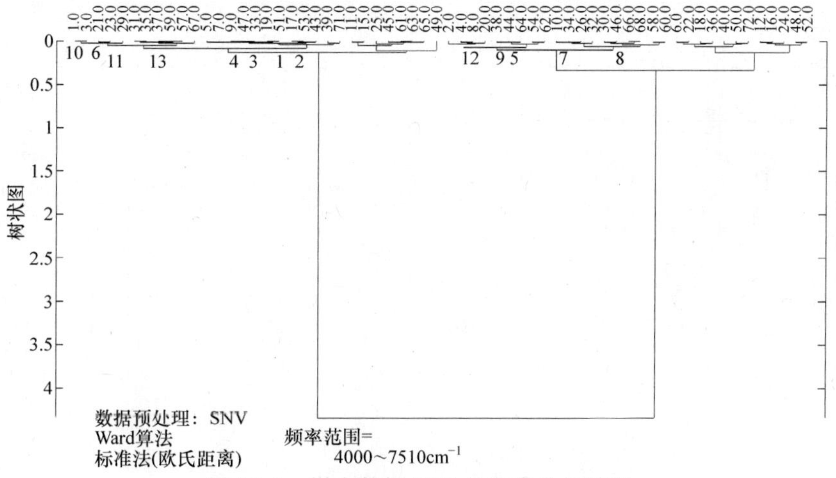

图 12-5　样本数据 SNV 的聚类分析结果

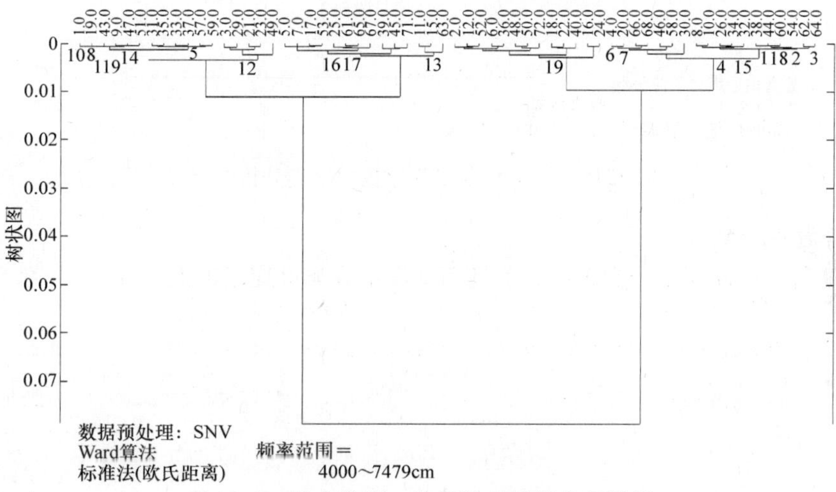

图 12-6　样本数据一阶导数的聚类分析结果

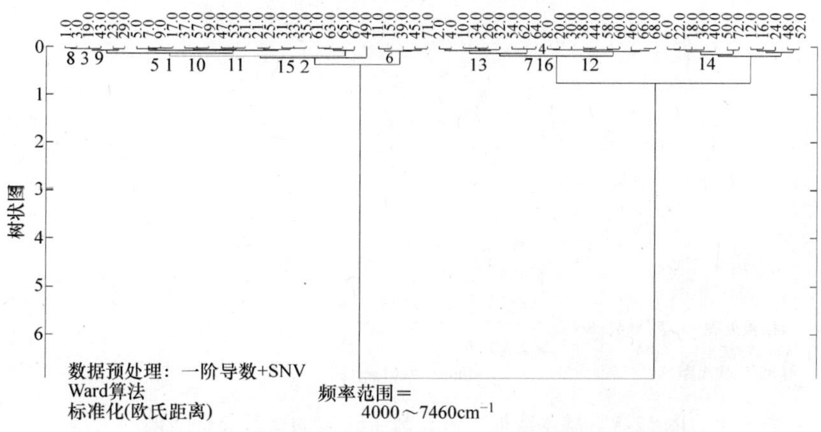

图 12-7　样本数据一阶导数 + SNV 的聚类分析结果

5. 二阶导数

如图 12-8 所示，此模型分类正确，并且测试样本分类也均正确无误。

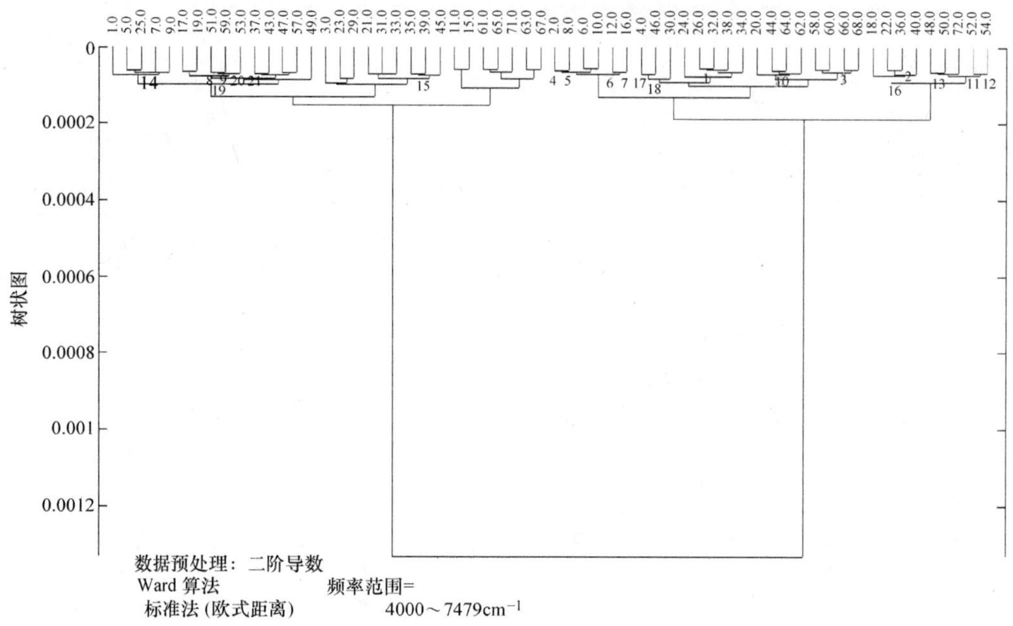

图 12-8　样本数据二阶导数的聚类分析结果

6. 二阶导数 + SNV

如图 12-9 所示，此模型分类正确，并且测试样本分类也均正确无误。

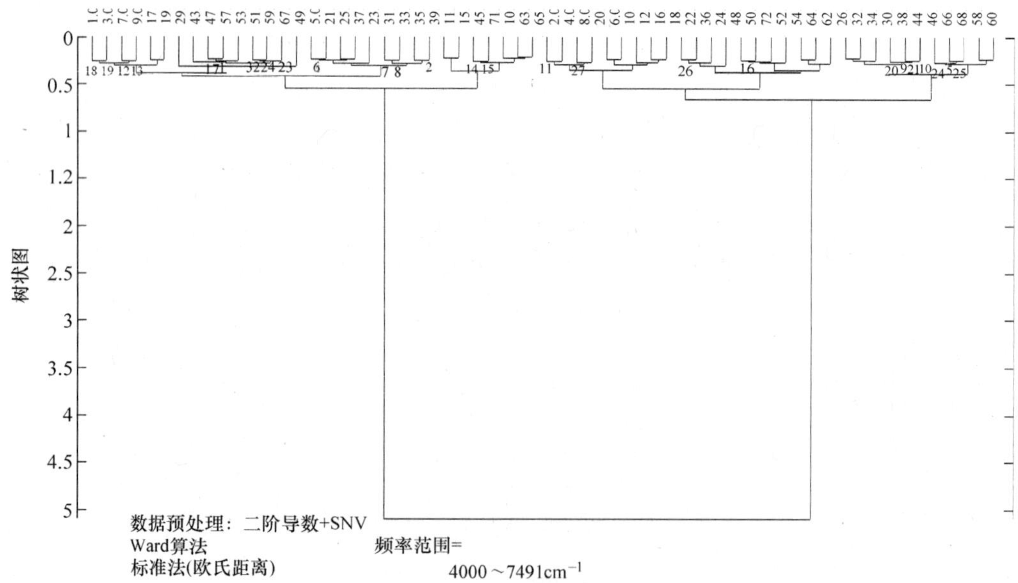

图 12-9　样本数据二阶导数 + SNV 的聚类分析结果

通过上述建模对比分析，从表 12-1 可以看出来，除了不进行预处理之外的其他建模方法均可做到 100% 分类准确。如上述结果所示，根据树状图，62 个茶叶样本被分成两类，可以看到树状图按奇偶数分为两个分支，与样本新、老茶叶按奇偶数分开的编码规则一样。

表 12-1　新、老茶叶近红外光建模结果分析对比表

	实验采集样本总数	新茶叶分类错误样本数	旧茶叶分类错误样本数	所建模型准确率（%）
不进行预处理	72	12	0	83.3
SNV	72	0	0	100
一阶导数	72	0	0	100
一阶导数 + SNV	72	0	0	100
二阶导数	72	0	0	100
二阶导数 + SNV	72	0	0	100

12.2.3　基于中红外光谱的新、老茶叶鉴别模型建立与分析

1. 不进行预处理

如图 12-10 所示，由所建模型可以看出，树状图两分支的新、老茶叶掺杂度高，无法正确分类。

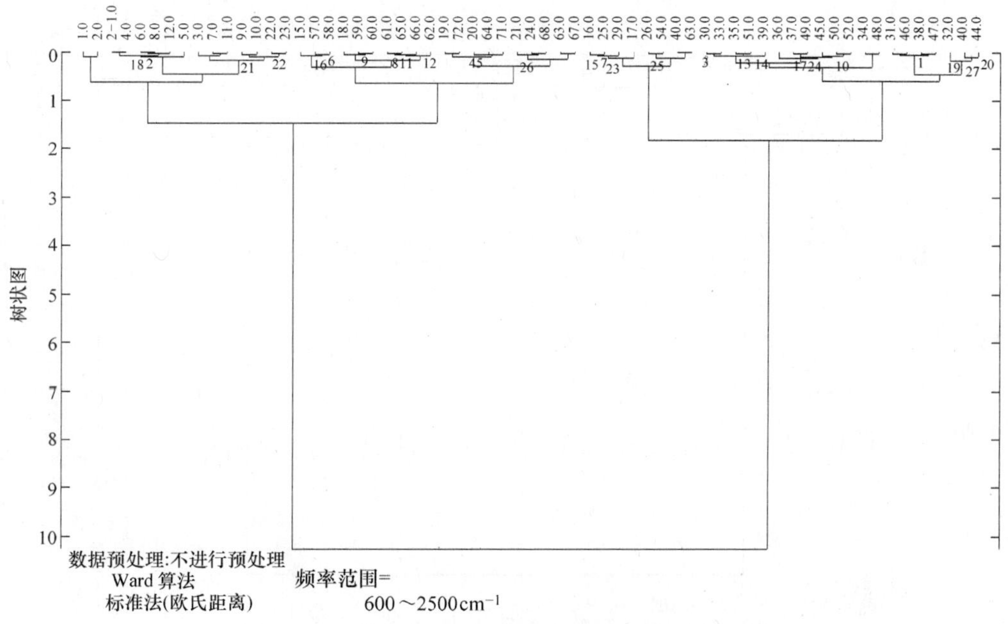

图 12-10　样本数据不进行预处理的聚类分析结果

2. SNV

如图 12-11 所示，由所建模型可以看出，树状图两分支的新、老茶叶掺杂度高，无法正确分类。

3. 一阶导数

如图 12-12 所示，由所建模型可以看出，树状图两分支的新、老茶叶掺杂度高，无法正确分类。

4. 一阶导数 + SNV

如图 12-13 所示，由所建模型可以看出，树状图两分支的新、老茶叶掺杂度高，无法正确分类。

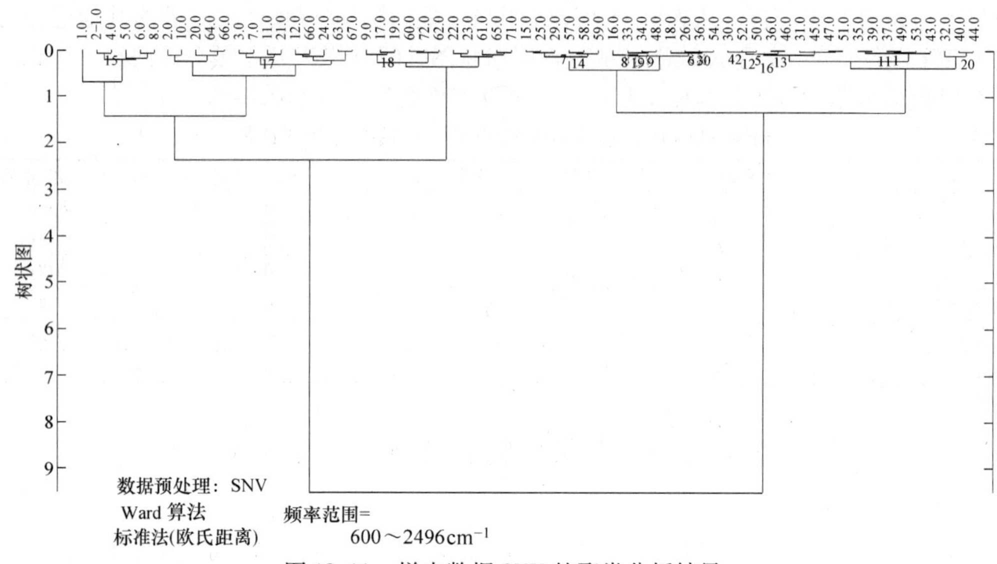

图 12-11　样本数据 SNV 的聚类分析结果

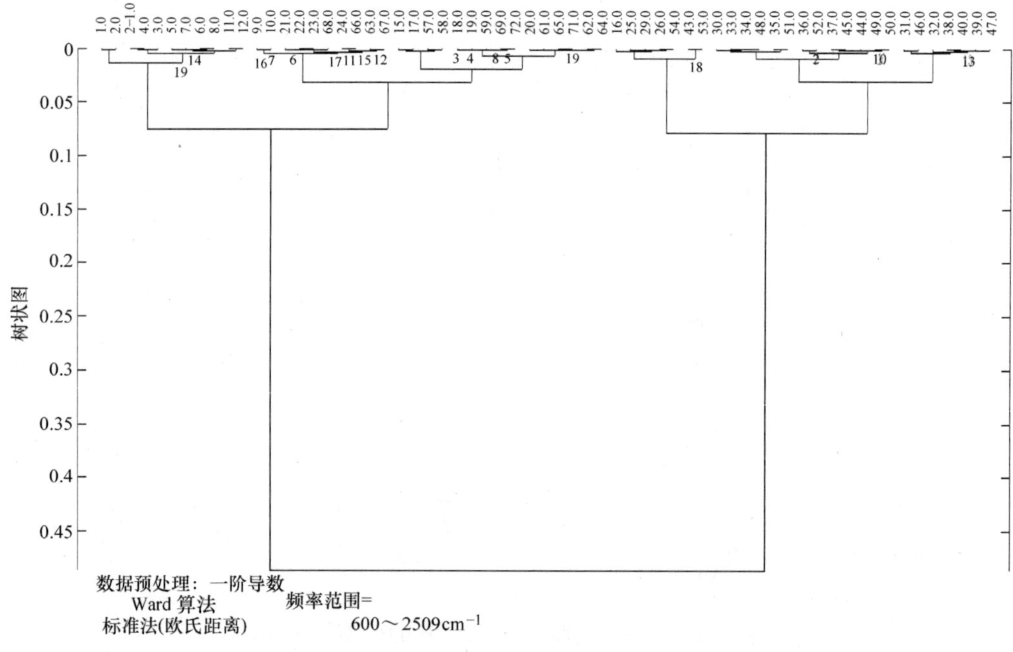

图 12-12　样本数据一阶导数的聚类分析结果

5. 二阶导数

如图 12-14 所示，由所建模型可以看出，树状图两分支的新、老茶叶掺杂度高，无法正确分类。

6. 二阶导数 + SNV

如图 12-15 所示，由所建模型可以看出，树状图两分支的新、老茶叶掺杂度高，无法正确分类。

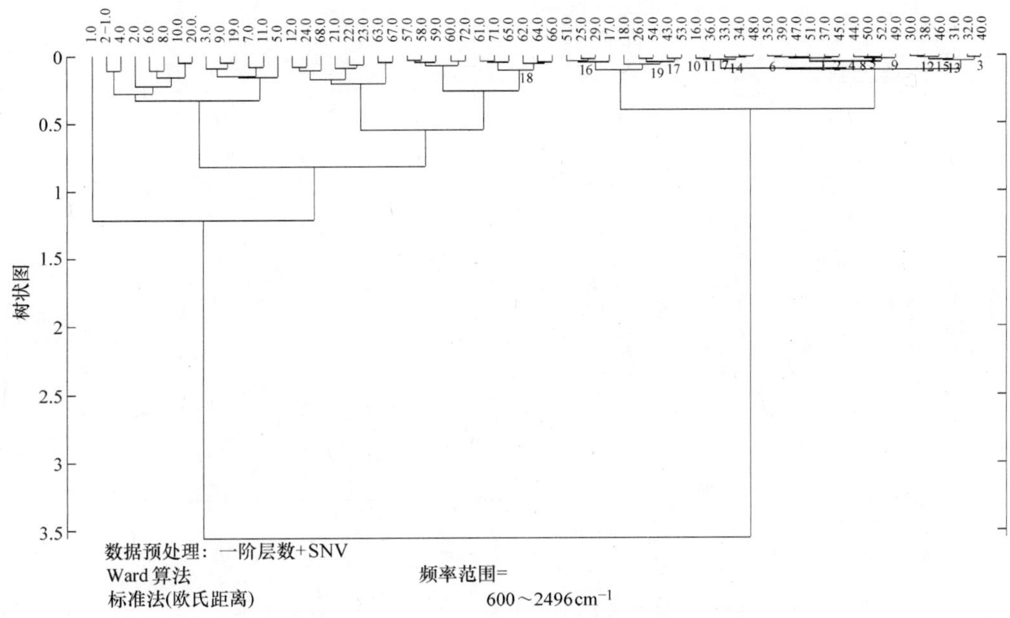

图 12-13　样本数据一阶导数 + SNV 的聚类分析结果

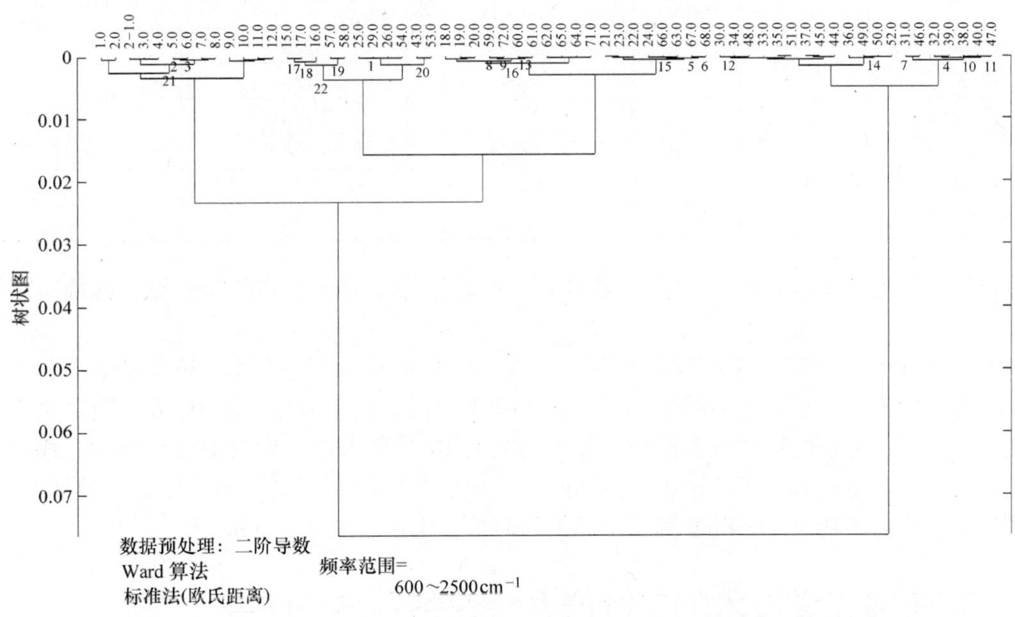

图 12-14　样本数据二阶导数的聚类分析结果

7. 小结

通过建模分析对比（见表 12-2），可以发现但凡是采用了中红外光，无论使用哪一种建模方法均不可能正确分类，结果都显示为树状图的两分支新、老茶叶高程度混杂，无法分类。

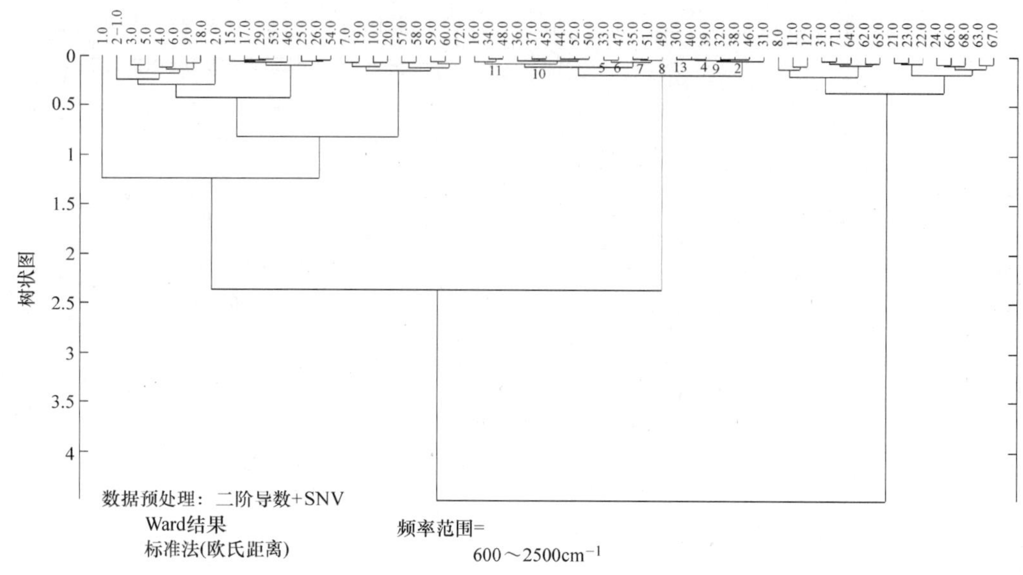

图 12-15　样本数据二阶导数 + SNV 的聚类分析结果

表 12-2　新、老茶叶中红外光谱建模结果分析对比表

	实验采集样本总数	新茶叶分类错误样本数	老茶叶分类错误样本数	所建模型准确率
不进行预处理	72	较多	较多	—
SNV	72	较多	较多	—
一阶导数	72	较多	较多	—
一阶导数 + SNV	72	较多	较多	—
二阶导数	72	较多	较多	—
二阶导数 + SNV	72	较多	较多	—

综合近红外光和中红外光的建模结果看来，用近红外光对新、老茶叶分类最准确，可靠性最高。

在本节实验中，以 72 个茶叶样本为研究对象。其中 36 个为新茶样本，36 个为老茶样本。得出以近红外光除不进行预处理的其他方法作为预处理方法，基于其中 62 个样本，通过聚类分析的方法建立了新、老茶的定性分类模型。并对剩余的 10 个样本逐一做聚类分析测试，成功地得到了正确的分类结果。验证了结论正确性的同时，也为茶叶的新、老鉴别提供了一种新的技术，也确实达到了目前市场上对茶叶鉴别技术提出的简单、快速、无损的要求。

12.3　基于多光谱技术的茶叶产地快速鉴别方法研究

12.3.1　实验材料与光谱采集

实验用 97 个茶叶样本均为某研究院提供，为不同批次、不同品牌，其中 30 个样本为南方茶，67 个样本为北方茶。为方便实验校对，将 30 个南方茶样本用 1 ~ 30 号进行重新编号，67 个北方茶样本仍保留原有的 5 位编号。关于这 97 个样本的详细产地信息见表 12-3。

表 12-3　茶叶产地明细表

样本 1	产地	样本 2	省份	种类
12295	泰安市金陡山工贸有限公司	1	江苏宜兴	绿茶
12296	泰安市泰顶青茶产销专业合作社	2	云南永德	绿茶
12297	临沂沂蒙绿茶业有限公司	3	山东日照甲子山	绿茶
12298	临沂市莒南县玉芽茶叶专业合作社	4	安徽 0559 - 弋江	绿茶
12299	临沂沁园春茶叶有限公司	5	安徽黄山	绿茶
12300	临沂金龙湖茶叶有限公司	6	福建省福安城湖	红茶
12301	日照碧波茶叶有限公司	7	浙江省武义	绿茶
12302	日照碧波茶叶有限公司	8	浙江省安吉	白茶
12303	日照后崖下茶叶专业合作社	9	浙江省安吉白茶	
12304	日照浏园生态园农业有限公司	10	贵州都匀	绿茶
12305	日照市共青茶厂	11	福建省	
12306	日照北叶青茶叶有限公司	12	浙江省	
12309	青岛即墨醒水王茶叶专业合作社	13	江苏无锡惠山	绿茶
12310	青岛即墨沅禾茶业有限公司	14	湖北省	
12311	青岛城阳鳌福茶厂	15	湖北省武汉江夏区	绿茶
12312	青岛城阳鳌海湾茶叶有限公司	16	浙江省千岛湖	绿茶
12313	青岛胶南海青镇碧雪春茶叶合作社	17	江苏宜兴绿茶	
12314	青岛胶南滨海茶叶合作社	18	江苏宜兴	绿茶
12315	青岛胶南铁山茶叶合作社	19	浙江省淳安	
12316	青岛胶南海博茶叶专业合作社	20	福建省武夷	红茶
12317	青岛胶南市雪螺春茶厂	21	福建省	
12318	青岛胶南增祥绿茶专业合作社	22	福建省	
12319	青岛胶南增祥绿茶专业合作社	23	重庆市云岭	
12320	青岛胶南市海青雪峰茶厂	24	山东崂山	
12321	青岛崂山万里江茶叶有限公司	25	广西	铁观音
12322	青岛崂山北崂茶业合作社	26	湖北省孝感福良	绿茶
12323	青岛崂山北崂茶业合作社	27	四川	
12324	青岛崂山珍辉绿色茶苑	28	四川	
12325	青岛崂山凉泉茶厂	29	广东省揭阳	绿茶
12326	青岛崂山涝池云峰茶叶有限公司	30	广东省揭阳	红茶
12327	青岛崂山晓阳工贸有限公司	31	内控	
12328	青岛崂山区泉心河茶场			
12533	泰安			
12535	泰安			
12536	临沂临沭			
12538	临沂莒南			
12540	临沂莒南			
12541	临沂莒南			
12542	临沂沂蒙			
12543	临沂沂蒙			
12546	青岛胶南			
12547	青岛胶南			
12548	青岛胶南			
12549	青岛胶南			
12550	青岛胶南			
12551	青岛胶南			
12569	青岛崂山			
12570	青岛崂山			

（续）

样本1	产地	样本2	省份	种类
12571	青岛崂山			
12572	青岛崂山			
12573	青岛崂山			
12574	青岛崂山			
12577	日照东港			
12578	日照东港			
12579	日照东港			
12580	日照东港			
12581	日照岚山巨峰			
12582	日照东港			
12583	日照东港			
12584	日照东港			
12585	日照东港			
12586	日照五莲			
12587	日照岚山巨峰			
12588	日照岚山巨峰			
12589	日照岚山巨峰			
12590	日照岚山巨峰			
12591	日照东港			

将上述97个茶叶样本逐一放置在旋转样本台的样本杯中，然后进行近红外光谱采集。波数范围为4000～12500cm^{-1}，波长间隔为8cm^{-1}，环境温度为23～25℃。

选取编号为1、6、12、18、24、12309、12322、12541、12574、12589这10个茶叶样本作为模型预测验证样本。先对其余87个样本做光谱分析。

注意：在实际操作当中，为了更准确地建立分类模型，应该避免噪声信号干扰，所以需对光谱的频率范围进行筛选。频率范围选择如图12-16所示。

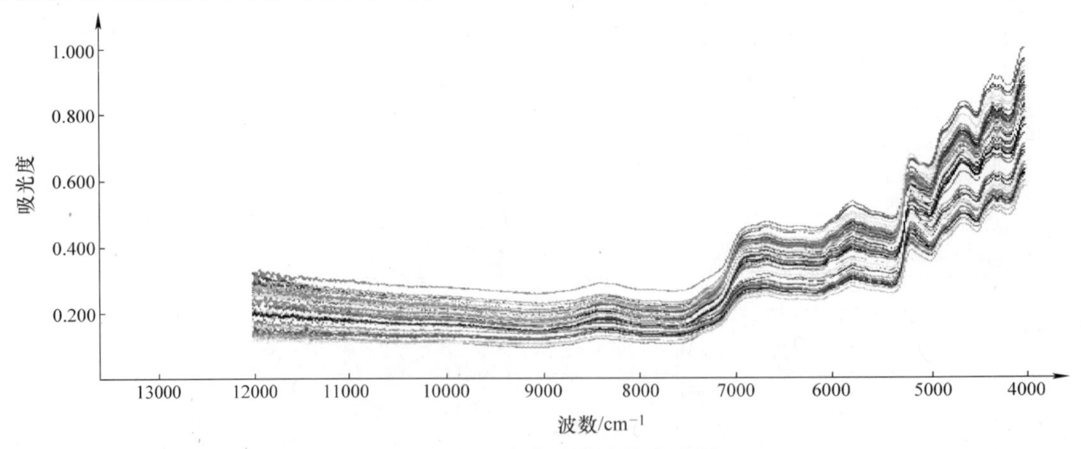

图12-16　87个茶叶样本的光谱图

12.3.2　基于近红外光谱的茶叶产地鉴别模型建立与分析

1. 不进行预处理

近红外光谱频率选择范围如图12-17所示。如图12-18所示，从树状图可以看出茶叶产地南、北方分类正确，并且经过测试发现测试样本验证均正确无误，此模型准确率达100%。

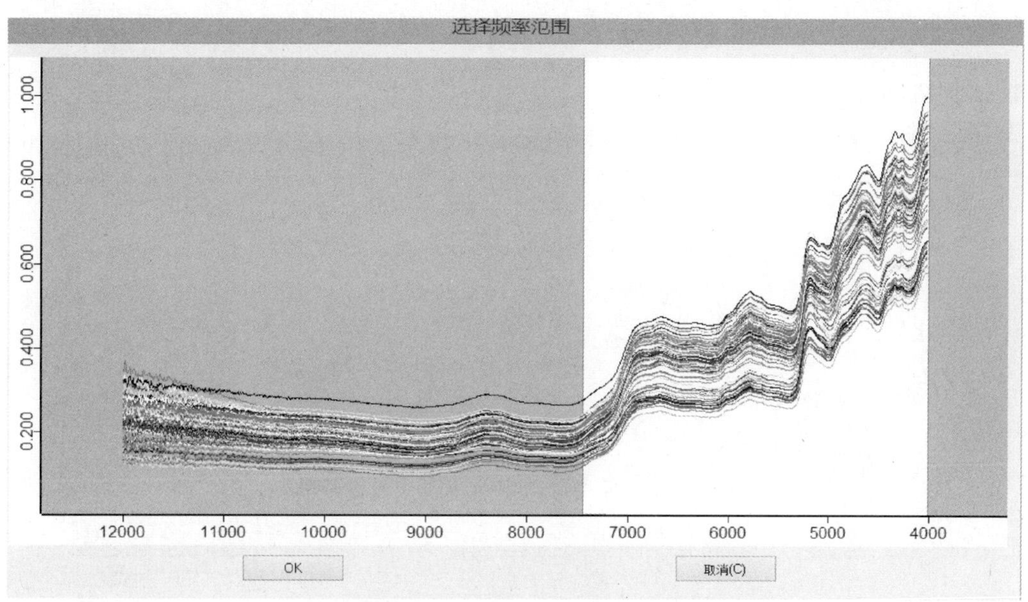

图 12-17　近红外光谱频率选择范围

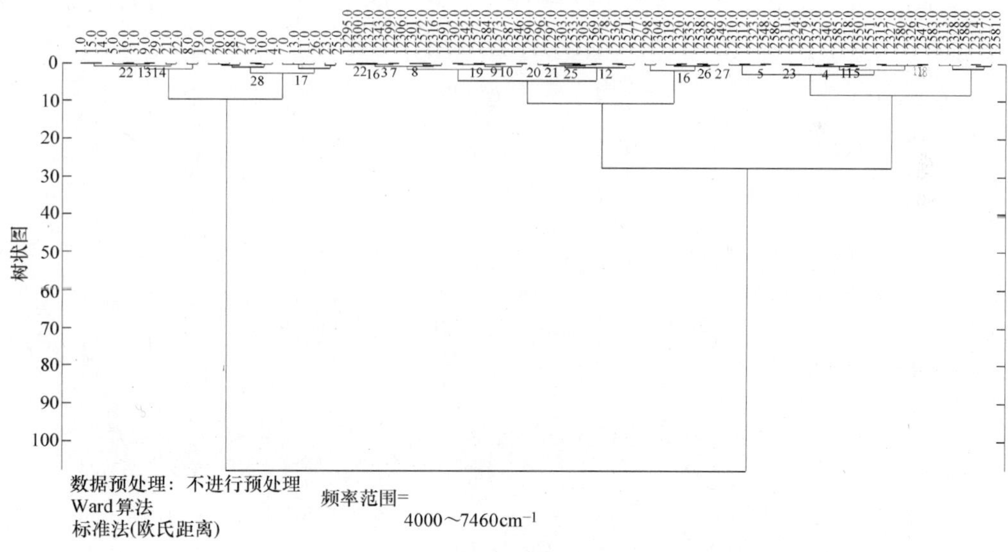

图 12-18　样本数据不进行预处理的聚类分析结果

2. SNV

如图 12-19 所示，从树状图可以看出茶叶产地分类大致正确，仅有小部分错误，分类准确率达 88.7%。

3. 一阶导数

如图 12-20 所示，从树状图可以看出茶叶产地分类基本正确，仅有一个分类错误，7 号南方茶叶被分到了北方，准确率达 99%。

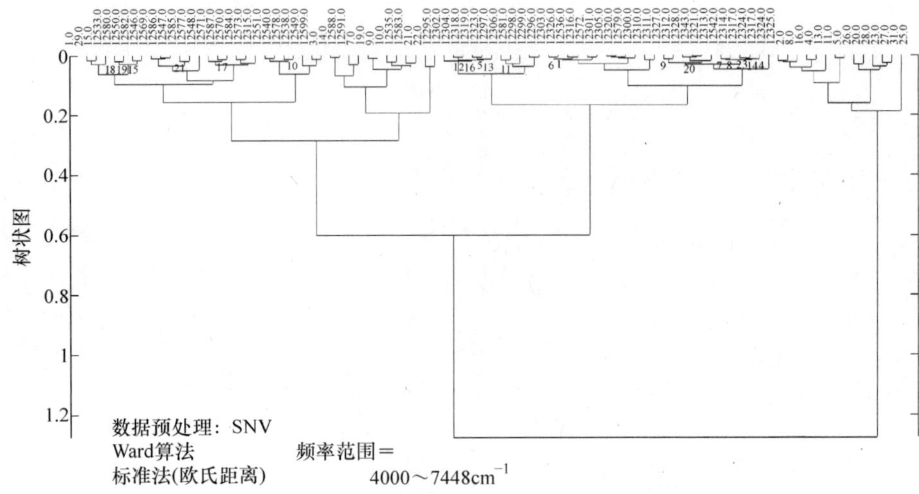

图 12-19　样本数据 SNV 的聚类分析结果

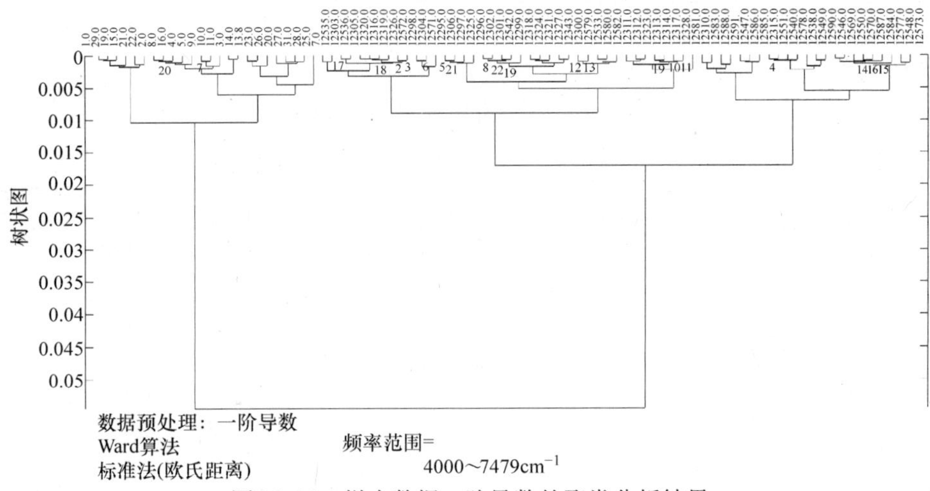

图 12-20　样本数据一阶导数的聚类分析结果

4. 一阶导数 + SNV（见图 12-21）

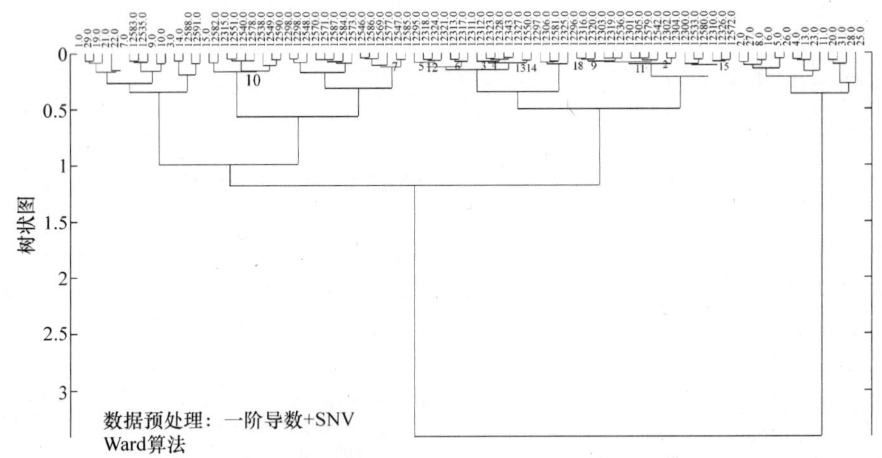

图 12-21　样本数据一阶导数 + SNV 的聚类分析结果

12.4 小结

本章运用近红外光谱和中红外光谱技术对新、老茶叶和茶叶的产地进行了定性分析，分别采用无光谱预处理、SNV、一阶导数、一阶导数 + SNV、二阶导数、二阶导数 + SNV 的数据预处理方法结合聚类分析对茶叶样本的新、老及产地进行定性检测，建立了聚类定性分析模型。采用聚类分析法建立了区别茶叶品质和产地的模型，该方法能够有效地判别样本茶叶是新茶还是老茶、产自于南方还是北方，结果表明，该系统分析模型对校正集和预测集样本的预测准确率都达到了高度准确，尤其是对样本茶叶新、老定性分析的准确率达到了 100%，该方法能够准确、有效地对茶叶种类进行定性鉴别。

参考文献

[1] 严衍禄，陈斌，朱大洲．近红外光谱分析的原理、技术与应用 [D]．北京：中国轻工业出版社，2013.

[2] 严衍禄．近红外光谱分析基础与应用 [D]．北京：中国轻工业出版社，2005.

[3] 宋岩．近红外光谱技术在药物检测中的应用研究 [D]．长春：吉林大学，2009.

[4] 傅霞萍．水果内部品质可见/近红外光谱无损检测方法的实验研究 [D]．杭州：浙江大学，2008.

[5] 褚小立，袁洪福，陆婉珍．近红外分析中光谱预处理与波长选择方法进展 [J]．化学进展，2004，4 (16)：528 - 542.

[6] 徐荣荣．基于近红外光谱的绿茶品质成分快速检测技术的研究 [D]．合肥：安徽农业大学，2012.

[7] 王彬．近红外光谱结合化学计量学在药物无损定量分析中的应用研究 [D]．长春：吉林大学，2010.

[8] 倪天予．基于 SVM 的医学图像分类的研究 [D]．沈阳：沈阳工业大学，2009.

[9] 赵杰文，郭志明，陈全胜．基于 OSC/PLS 的茶叶中 EGCG 含量的近红外光谱法测定 [J]．食品与生物技术学报，2008，27 (4)：12 - 15.

[10] 李晓丽．基于机器视觉及光谱技术的茶叶品质无损检测方法研究 [D]．杭州：浙江大学，2009.

[11] 刘保玲，姚飚，史春建，等．近红外图像处理技束在国外农业工程中的应用 [D]．镇江：江苏大学机械学院，2004.

[12] 刘辉军．基于近红外技术的茶叶成分快速分析仪的原理与设计 [D]．北京：中国计量科学研究院，2006.

[13] R F Tester，J Karkalas，X Qi. Starch structure and digestibility enzyme - substrate，relationship [J]. World' s poultry Science，2004，(06)：186 - 193.

[14] 郭波莉，魏益民，潘家荣．同位素溯源技术在食品安全中的应用 [J]．核农学报，2006，20 (2)：148 - 153.

[15] 赵杰文，陈文胜，张海东，等．近红外光谱分析在茶叶鉴别中的应用研究 [J]．光谱学与光谱分析，2006，26 (9)：1601 - 1603.

[16] 赵杰文，郭志明，陈全胜．基于 OSC/PLS 的茶叶中 EGCG 含量的近红外光谱法测定 [J]．食品与生物技术学报，2008，27 (4)：12 - 15.

[17] 张本山，刘培玲．几种淀粉颗粒的结构与形貌特征 [J]．华南理工大学学报，2005，33 (6)：68 - 73.

[18] 王彬．近红外光谱结合化学计量学在药物无损定量分析中的应用研究 [D]．长春：吉林大学，2010.

[19] 董守龙，任芊，黄友之．近红外光谱分析技术的发展和应用 [J]．分析与检测，2004，11 (6)：44 - 46.

[20] 高红秀，金萍，周玉岩，等．近红外光谱分析原理、检测及定标技术简介 [J]．中国科技信息，

2014，03－04：59－61.
[21] 郑咏梅，张军．小麦近红外特征波长提取及蛋白质含量测定［J］．激光与红外，2003，33（2）：125－127.
[22] 陆婉珍，袁洪福，徐广通，等．现代近红外光谱分析技术［M］．北京：中国石油化工出版社，2000：14－36.
[23] A Vakurow，C E Simpson，C L Daly. Acetylcholinesterase－based biose－nsor electrodes for organophosphate pesticide detection［J］. Biosensors and Bioelectronics，2004，20：1118～1125.
[24] 张晓磊．啤酒酒精度测定方法探讨［J］．酿酒科技，2004，4：93－94.
[25] 常敏．应用红外光谱技术进行牛奶成分检测的研究［D］．天津：天津大学，2004.
[26] 李晓丽，何勇，裘正军．一种基于可见—近红外光谱快速鉴别茶叶品种的新方法［J］．光谱学与光谱分析，2007，27：279－282.
[27] 陈全胜，赵杰文，张海东，等．SIMCA 模式识别方法在近红外光谱识别茶叶中的应用［J］．食品科学，2006，27：186－189.
[28] 聂光华．不同产地茶叶的热分析鉴别［J］．湖北农业科学，2004，5：77－78.

第 13 章　HSI 技术在食品品质检测中的应用研究

农产品及食品的品质检测对于提高产品质量、保障食品安全具有非常重要的意义。传统的品质检测主要采用化学分析、色谱分析等，这些检测方法虽然测定结果比较准确，但均需要进行前处理，而且检测速度较慢，只能针对待测样本进行抽样检测，不能进行高通量、快速、无损的实时在线检测。现如今，高光谱成像（Hyper Spectral Imaying，HSI）光谱技术成为 HSI 品质检测技术的主流。HSI 光谱技术是光谱技术和图像技术的完美结合，它在获得样本空间信息的同时，还为每个图像上的每个像素点提供数十至数千个窄波段的光谱信息，这样任何一个波长的光谱数据都能生成一幅图像，从而实现“图谱合一”。通过对光谱、图像的分析，即可对样本的成分含量、存在状态、空间分布及动态变化进行检测。近十年来，国外学者逐渐将 HSI 光谱技术应用于食品检测领域，取得了一系列重要成果，为该项技术在食品检测中的广泛应用奠定了夯实的基础。

13.1　HSI 技术在食品品质检测分析中的应用概述

随着现代社会的发展，人们的生活水平在不断提高，食品品质越来越成为人们关注的焦点。传统食品品质检测分析技术不仅价格昂贵、检测速度慢，并且对研究对象具有破坏性，不再能满足食品的即时检测需求，因此寻找高效无损检测技术迫在眉睫。近年来，HSI 技术以其先进的非破坏技术成为品质检测领域关注的焦点。HSI 技术是一种非侵入性、非接触式、非传统技术，它能提供研究对象的空间信息和光谱信息。该技术具有光谱分辨率高、光谱响应范围广、波段多而窄、“谱像合一”以及数据量大、信息丰富、数据描述模型多、分析灵活等基本特点。这些特点决定了 HSI 技术不仅能检测食品外部的质量，还可以检测到食品内部的品质，图像数据能反映产品的外部特征，而光谱数据又可以对物体内部物理结构及化学成分进行分析，所以说 HSI 技术是图像技术与光谱技术的完美结合。HSI 技术形成的数据可以用“三维数据块”来形象地描述，比传统机器视觉或光谱技术更可靠，这是 HSI 技术在食品品质无损检测方面的独特优势。

13.1.1　HSI 技术在食品品质检测应用中的发展现状

HSI 技术最早应用于军事和卫星遥感领域，后被引入医药学和农业检测，其许多卓越的优点逐渐被应用和发展。高光谱图像是一系列光波波长处的光学图像，其光谱分辨率可达 2～3nm，光谱波段数多达数十甚至上百个，各光谱波段间是通常连续图像数据的每个单元均可以提取一条完整的高分辨率光谱曲线。HSI 是一门化学或光谱的成像技术，融合了传统成像和光谱学，同时获得被检对象的光谱和空间信息。HSI 技术相似于分光技术，包括反射、透射和散射等模式。与多光谱图像相比，高光谱图像不仅在信息丰富程度方面有了极大的提高，在处理技术上，对该类光谱数据进行更为合理、有效的分析处理提供了可能。

高光谱图像检测分析技术，具有速度快、无破坏性、无侵入性等优点。最近几年的研究使其成为无损检测食品品质和安全方面有效的分析技术，在食品生产和加工过程的在线检测方面具有广阔的应用前景。食品生产和加工需要在关键过程利用实时、快速和精确的检测分析方法对食品质量安全进行确定，高效液相色谱（HPLC）、质谱（MS）等传统的检测方法不仅耗时而且损坏样本。近红外光谱虽然可以对食品的多组分进行无损检测，但近红外光谱技术只能对被测物体的一个小区域进行检测，然而食品的品质在空间上是存在差异的，所以该方法还存在一定的局限性。HSI 技术将成像技术和光谱技术相结合，不仅可以得到被测物体的光谱信息而且能获得其图像信息，从而克服了上述局限性。美国食品及药物管理局（FDA）提出过程分析技术（PAT）的首要目标是认识和控制在生产过程中对关键性能属性的监控。HSI 技术的无损性、稳定性、灵活性使它成为识别影响食品质量关键性能参数的一个有效的过程分析技术。虽然高光谱成像技术优点众多，但在食品工业上仍有其局限性，因为高光谱图像系统对软、硬件均要求较高，导致数据采集和分析的时间过长，但近些年来随着计算机的普及，HSI 技术应用在食品工业的在线检测进入了一个新的阶段。

例如，N. Aleixos 等人利用计算机视觉技术和数字信号处理器对柑橘类进行多光谱适时检测，对水果的外部特性（颜色、纹理、尺寸、形状、表面缺陷等）以及内部品质进行评估，对商品进行分级。计算机视觉系统安装在传送带上面，该系统可以以每秒 5 个水果的速度检测大小、颜色、表面缺陷等。

HSI 技术在肉类的检测方面也运用广泛。K. Cha 等人利用高光谱和多光谱图像分析来检测肉鸡表皮瘤。采集 8 幅波长在 420 ~ 850nm 的有表皮瘤的肉鸡图像，然后运用主成分分析法从图像中选择有用的 465nm、575nm 和 705nm 的波段。之后，利用多光谱成像技术同时采集在上述 3 个波段下 60 只病鸡和 20 只正常鸡的多光谱图像，从采集到的图像中得到图像的变异系数、偏斜系数、峰度等特征。如果同时用以上 3 个特征进行分析，可得到 91% 的准确率。Y. R. Chen 等人用计算机视觉技术和多光谱技术对家禽进行自动在线品质检测。

13.1.2 HSI 技术原理

根据光谱的分辨率，成像光谱技术可分为多光谱成像技术、HSI 技术、超光谱成像技术 3 大类。其中多光谱成像技术的光谱分辨率为 $\Delta\lambda/\lambda = 0.1$ 数量级，它一般只能提供可见光和近红外光区域内的几个波段。HSI 技术的光谱分辨率在 $\Delta\lambda/\lambda = 0.01$ 数量级，可达纳米级，它能提供可见光和近红外光区域内的几十至几百个波段。超光谱成像技术的光谱分辨率在 $\Delta\lambda/\lambda = 0.001$ 数量级，它在可见光和近红外光区域内可提供上千个波段。目前常用的成像光谱的波段范围有两种，可见光/近红外光区的波段范围是 400 ~ 1000nm，短波红外光区的波段范围是 900 ~ 2500nm。

成像光谱仪，也称为光谱成像仪，是成像光谱技术中必不可少的部件，能将电磁辐射与物质的相互作用以成像的方式表达出来。一套完整的 HSI 系统应包括成像光谱仪、图像采集卡、光源、传输装置及计算机等，其中成像光谱仪是最关键的部件。在了解成像光谱仪采集原理之前，必须要认识到高光谱数据采集是一种四维问题，其中包含两维空间信息、一维光谱信息、一维时间信息。因此，根据采集空间信息与光谱信息在时间序列上的不同，成像光谱仪数据采集方式可以分为两种类型：一种是按时间序列逐波长采集一维空间图像；另一种是按时间序列逐行采集一行像元光谱数据（即一维图像包含所有的光谱波段）。

其中基于第一种测试方法的被称为时间调制型成像光谱仪，其核心是一组迈克尔逊干涉仪，对入射图像通过移动动镜产生时间序列干涉图，进而通过傅里叶变换形成光谱图。因此其需要一个高精度的动镜系统，并且测量时要求高度安静平稳的操作环境，适用范围比较狭窄，主要用于卫星大型平台。同时，由于实时性差，因此对光谱在时间序列上的变化不敏感。

目前市场上常见的仪器都是基于第二种测量方式的空间调制型成像光谱仪，它是以面状阵列为探测器来获取数据的，主要包括前置光学系统、分光光栅、汇聚透镜、校正镜系统、指向镜、电子学系统和机械结构等。每个光谱仪都含有一套将景物成像到狭缝的折射式前置光学系统。通过狭缝的光被一个平面光栅在狭缝垂直的方向进行色散，然后成像在一个两维焦平面阵列上。沿狭缝方向的阵列提供空间景物信息，另一方向的阵列（狭缝光沿此阵列方向色散）提供光谱信息。沿垂直狭缝的方向推扫并依次存储焦面阵列所收集的空间/光谱信息，就可以产生一个二维的每个像素有多个谱段的空间影像。

成像光谱的获取包括 3 种模式，分别是逐点扫描式（point）、线推扫式（line）、画幅式（frame）。目前用得最多的是线推扫式，也称推扫式成像光谱，在推扫过程中，每个扫描位置将获得一个窄带空间位置上多个像素点的光谱图像，这就是原始图像，对推扫过程中多个窄带空间区域的原始图像进行图像拼接，即可得到整个样本的成像光谱，称为数据立方体。在数据立方体中，每个波长下都对应样本的图像。

13.1.3 HSI 检测系统的构成

一个典型的推扫式近红外光成像光谱系统由光源、成像光谱仪、红外光照相机、镜头、移动样本台、计算机图像采集系统和运动控制系统等组成，系统构成如图 13-1 所示。其中成像光谱仪多采用光栅进行分光。移动样本台由步进电动机驱动做匀速移动。有些系统为了调节方便，配制了三维运动平台，可作 x、y 轴方向上的匀速移动，还可根据样本尺寸在 z 轴方向上调整高度。有些成像光谱系统中样本是固定不动的，而红外光照相机和成像光谱仪匀速移动，完成光谱图像的扫描。

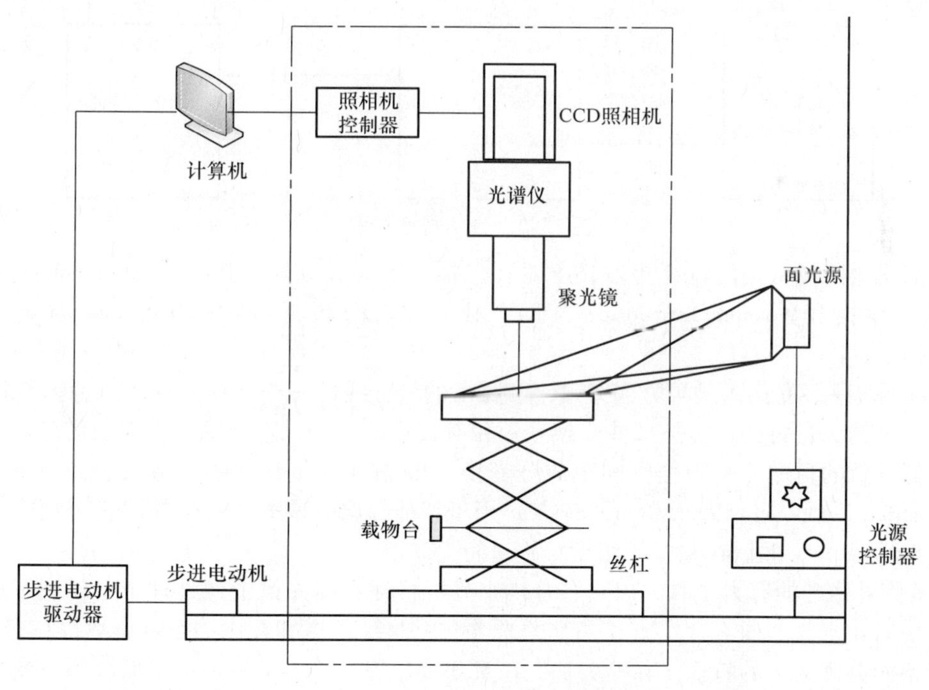

图 13-1　成像光谱系统的构成

13.2 HSI 检测系统中的图像处理方法

图像处理与识别技术是一门多学科交叉的前沿高科技。随着计算机软硬件技术的迅猛发展和计算机应用的日益普及，计算机图像处理与识别技术 20 世纪中期得到了飞速的发展，并取得了显著的社会效益和经济效益，计算机图像处理与识别技术是人们认识世界、改造世界的重要技术手段，是信息时代的一门极其重要的高科技。

13.2.1 HSI 检测系统中的图像处理基本流程

对图像处理环节来讲，其输入的是待处理的原始图像，而输出的是经过各种图像处理算法处理过的图像。其输出的图像为后面对图像识别提供便利条件。图像处理的基本流程如下：

1）图像变换；

2）图像分割；

3）图像重建；

4）图像数据压缩与编码。

13.2.2 高光谱图像的特征提取方法

特征提取也是一个光谱特征空间的降维过程，它是建立在各光谱波段间的重新组合和优化基础上的。在经过特征提取后的光谱特征空间中，其新的光谱向量应该是反映特定地物某一性状的一个光谱参量，后者是有别于其他地物的光谱参量。特征提取过程如图 13-2 所示，其中 $F(x_1, \cdots, x_5)$ 是一个线性或者非线性的转换方程，它将原始的特征空间投影到了一个低维并优化后的新特征空间。

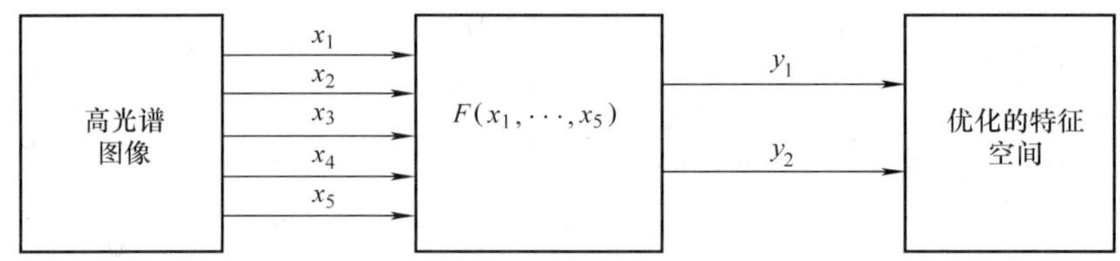

图 13-2　光谱特征提取

目前高光谱图像常用的特征提取技术主要包括：主成分分析（Principal Component Analysis，PCA）、小波变换（Wavelet Transform，WT）、独立成分分析（Independent Component Analysis，ICA）等。

PCA 也称 K－L 变换，是均方误差最小意义下的最佳线性正交变换。PCA 将原始特征化为少数几个不相关的综合特征，去掉那些变换系数相对较小的特征，不会损失太大的信息量，以达到有效地降低维数的目的。基于全空间主成分变换，Jia 和 Richards 提出了分段主成分变换（Segmented Pincipal Components Transform，SPCT）用于特征提取。该方法将全部波段分割成高度相关的子组（Subgroup），然后在每个子组中分别进行 PCA。

WT 是信号处理的有力工具，以其多分辨率分析特性在高光谱图像处理中也得到了重视。高光谱图像中对应于每个像素存在一条一维的光谱响应曲线，将其看作一个一维离散信号进行 WT 可以得到不同分辨率下的特征。在这方面，L. M. Bruce 等人提出了一种基于离散小波变换的特征提取方法，并应用到了分类系统中。此外，Li 等人还研究了基于 WT 的特征提取方法在混合光谱分解中的应用。Hsu 等人研究了基于最佳小波包基的高光谱图像特征提取和降维方法。使用 WT 进行特征提取的优点在于它能够保持光谱响应曲线的形状，为进一步的光谱匹配、地物识别提供了条件。

ICA 源自信号盲源分离领域。近年来，许多研究者把 ICA 引入了高光谱图像处理中，形成了较多形式的处理算法。应用 ICA 对高光谱数据进行特征提取需要首先确定高光谱数据的本征维数，因为高光谱图像相邻波段间具有很强的相关性，因此高光谱数据的本征维数一般要远小于其原始波段数目。在确定了本征维数之后，利用ICA进行独立分量的分离，最终得到远小于原始波段数目的相互独立的特征，实现高光谱图像的特征提取。

13.2.3 HSI检测系统中的分类与预测方法

经过研究人员多年的努力，目前高光谱图像分类和预测领域已形成了一系列技术与算法。其中基于高光谱数据本身统计特性的方法可以分为两大类，即有监督分类与无监督分类（有时候又成为聚类）。

无监督分类方法是通过计算机对图像进行集聚统计分析的方法。根据待分类样本特征参数的统计特征，建立决策规则来进行分类。而无需事先知道类别特征，自发地发现数据中蕴含的层次，即可实现对数据的分类。虽然相较于有监督分类，通常无监督分类的效果往往欠佳；但由于其不需要人工干预，易于实现与应用，已成为一种常用的分类方法。常见的这类算法有回归分析与K均值聚类法。

监督分类方法是以建立统计识别函数为理论基础，依据典型样本训练方法进行分类的技术。即根据已知训练区提供的样本，通过选择特征参数，求出特征参数作为决策规则，建立判别函数以对各待分类影像进行的图像分类。这类方法的关键在于利用有限的训练样本信息，形成最优的分类决策面。事实上对于所有监督分类方法其效果都最终体现在分类决策面的划分上。常见的分类器有最大似然分类法、贝叶斯分类法、决策树、神经网络、SVM等。

1. 多元线性回归

多元线性回归法，是研究一个因变量与两个或两个以自变量的回归。事实上，一种现象常常是与多个因素相联系的，由多个自变量的最优组合共同来预测或估计因变量，比只用一个自变量进行预测或估计更有效，更符合实际。因此利用多元线性回归建立多个变量之间线性或非线性数学模型数量关系式能反映一种现象或事物的数量依多种现象或事物的数量的变动而相应地变动的规律。可采用最小二乘法求出多元线性回归模型中的参数，即在其数学模型所属的函数类中找一个近似的函数，使得这个近似函数在已知的对应数据上尽可能和真实函数接近。

2. 主成分回归

主成分回归是一种常用的多元统计分析，它能对数据集进行简化。主成分回归是由主成分分析法构造回归模型，即把各主成分作为新自变量代替原来自变量做回归分析。主成分分析主要是对相互相关的一组数据，通过正交变换使其变为一组相互无关的变量的方法。在几何上这个变换相当于在多维向量空间进行坐标旋转以及平移，在代数上这个变换等价于求解一组变量的协方差矩阵的特征值后，变换后得到新的变量坐标轴，然后根据变量中所包含数据的方差特征值大小顺序把这些变量称为第一主成分、第二主成分等。主成分分析的中心思想是将数据降维，将原变量进行转换，使几个新变量小于原变量个数是原来变量的线性组合，以去除相关数据中的冗余信息。

3. PLS回归

PLS回归是近年来发展起来的一种多元统计方法。方法的数学基础是将自变量数据光谱矩阵一次性分解完成，获得互不相干的新的数据向量即主成分，以消除无用的噪声信息，然后再对新的数据向量建立回归模型。而同时考虑到浓度矩阵中同样也含有噪声信息，在分解光谱矩阵时同时考虑对浓度矩阵的影响。因此，PLS回归分析的基本思想是一种逐步回归逐步提取光谱数据中的成分，逐步添加变量信息不全时，逐步检验模型的显著性情况，一旦模型达到规定的显著性要求就停止计算。判别分析是，根据若干因素对预测对象进行分类的一种方法，通过分析能建立用于定性鉴别分析的数学模型。

4. 判别分析

判别分析是一种有监督的模式识别方法，需要将一定数量已知类别样本提交给计算机进行训练，计算机经过训练后则可识别未知样本类别。在多元统计分析中，常用的判别分析有马氏距离判别法、贝叶斯判别法、费歇尔判别法、模糊判别法、最近邻法、人工神经网络法等。马氏距离不受量纲的影响，由标准化数据和中心化数据（即原始数据与均值之差）计算出的两点之间的马氏距离相同。此外马氏距离还具有排除变量之间的相关性的干扰等优点。

5. SVM

统计学习理论，是一种专门研究小样本情况下机器学习规律的基本理论和数学构架，与传统统计学相比，该理论针对小样本统计问题构建了一套新的理论体系，该理论体系不仅考虑了渐近性能的要求，而且力求在现有有限信息的条件下获得最优结果，是小样本统计估计和预测学习的最佳理论。SVM，是由统计学习理论发展起来的机器学习算法，它以结构风险最小化角度保证了模型的最大泛化能力。因此基于 SVM 的回归分析和函数拟合与神经网络、最小二乘、多元线性回归、灰色理论预测模型等相比，通常具有更高的预测精度和预测结果。回归分析和函数拟合与最小二乘法、神经网络、灰色模型等模型相比，往往具有更高的预测精度和预测效果。SVM 是统计学习理论中最年轻的部分，目前该理论仍然在不断发展之中。SVM 的基本思想来自于线性判别最优分类面，而所谓的最优分类面不仅要求分类面能将两类样本零错误分开，而且要使两类样本的分类间隔最大，如图 13-3 所示。最优分类面的一个最直接的优点就是能提高预测能力，降低分类错误率。

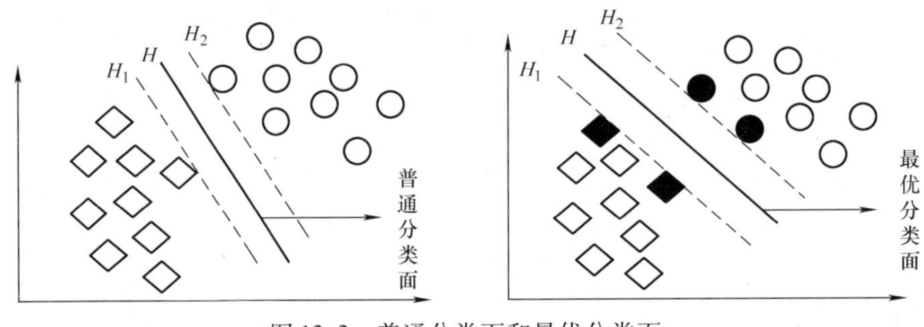

图 13-3　普通分类面和最优分类面

支持向量回归的基本思想就是通过一个非线性映射模型将数据映射到高维空间中去，并在这个空间上进行线性回归。

6. 人工神经网络

人工神经网络，是近年来发展起来的非常热门的交叉学科，它是建立在现代神经科学研究成果基础之上的一种数学模型，在一定程度上能够模拟人脑神经系统的活动过程。与其他传统数据分析方法相比，人工神经网络具有自学习、适用于处理非线性问题、自适应学习能力、集体运算能力、较强的容错性。人工神经网络按学习策略可分为有监督的人工神经网络和无监督的人工神经网络。由于有监督的人工神经网络与无监督的人工神经网络相比具有运算速度快、精度高等特点，解决了多层网络的训练问题，使得许多复杂的信息处理问题都可以通过多层人工神经网络去解决。BP 神经网络是在神经网络诸多算法中研究和应用最多的方法，主要采用误差反向传播算法，可以逼近任意连续函数，具有很强的非线性映射逼近能力和预测能理。此外，该方法极易实现。

7. 深度学习

近几年来深度学习是机器学习领域的科学家们在神经网络方面取得的重大突破。

早在 1989 年，Kolmogorov 就曾用波包及傅里叶分析的思想证明了神经网络方法的巨大潜能。依据他的证明，3 层的神经网络即可拟合有限维空间下任意映射函数，只要隐层神经元数目足够多，每个神经元的激活函数适当并且神经元之间的连接权值被妥当地设置。然而由于当时的网络训练算法并不成熟，被认为很有前途的反向传播算法在 3 层以上的深度网络中表现得非常糟糕。再加上 20 世纪 80 年代后期 SVM 这支劲旅的出现，神经网络的相关算法研究一度被搁置。直至 2006 年 Hinton 与 Bengio 等人在受限玻尔兹曼机、自动编码机上的重大突破，人们的视野才重新回到相关领域上来。

该理论给神经网络方法带来了一次革命，并使得神经网络重新回到人们的视野之中。其创新之处主要在于将神经网络模型扩展到前所未及的层数，往往会达到 7、8 乃至 10 层以上。而传统的，基于后向传播算法的多层神经网络往往不会多于 4 层。并且深度学习在高光谱检测领域得到了很好的发展。

13.3 深度学习在 HSI 检测系统中的应用

13.3.1 深度学习概述

深度学习是新兴的一种多层神经网络学习算法，通过建立类似人脑的分层模型，对输入数据从底层到高层逐步提取特征，实现从底层信号到高层语义的良好映射，因此可以改善传统训练算法的局部最小性，从而引起了机器学习领域的广泛关注。目前深度学习在语音识别、图像语义分类、人脸识别以及视频目标跟踪等领域有了很好的应用。

13.3.1.1 机器学习的发展过程

所谓机器学习就是使机器通过算法，从大量的数据中学习规律，从而可以实现对新样本进行智能识别或预测。20 世纪 80 年代末以来，根据机器学习的模型的层次结构划分，机器学习的过程大致经历了两次浪潮，即浅层学习和深度学习。

在 20 世纪 80 年代末，用于人工神经网络的反向传播（Back Propagation，BP）算法的出现，给机器学习带来了希望，掀起了基于统计模型的机器学习热潮。利用 BP 算法可以使一个人工神经网络从大量训练样本中学习统计规律，从而对未知事件进行预测，此时的人工神经网络虽被称作多层感知机，但是这实际上是一种仅含一层隐层的浅层模型。

在 20 世纪 90 年代，最大熵、SVM 与 Boosting 等各种浅层学习模型被陆续提出，这些模型基本上是一个隐层或者没有隐层。虽然这些模型在理论和应用中都取得了很大的成功，但是多层人工神经网络比较复杂，导致理论分析较难，而且训练方法又需要大量的技巧和经验，因此这个时期比较沉寂。

2006 年，Hinton 等人提出了深度学习概念，深度学习的概念源于人工神经网络的研究。深度学习是机器学习研究的一个新领域，具有多隐层的多层感知器就是深度学习的一种范例。深度学习通过建立具有多隐层的机器学习模型训练海量数据，并且训练过程中不依赖样本的标签信息，从而可以提高分类和预测的准确性，并且改善传统神经网络算法对复杂函数的表示能力有限的局限性，并且可以实现对非线性的自然信号的处理，比如自然语言处理、大数据特征提取、图像识别以及语音识别等方面。

目前深度学习的理论虽然处于起步阶段，但是在实际应用中已经取得了显著的成功。自 2010 年以来，微软研究院和谷歌的语音识别研究人员先后采用 DNN 技术降低语音识别错误率 20%～30%，是语音识别领域 10 年来最大的突破性进展，2012 年 DNN 技术在图像识别领域中取得惊人的效果，在 ImageNet 评测上将错误率从 26% 降低到 15%，2013 年 DNN 应用于制药公司的 Druge Activity 预测问题，并取得了好成绩。

13.3.1.2　深度学习理论框架

对训练样本进行有效的特征提取是很多人工智能问题得以有效解决的前提，然后选择合适的算法对测试样本进行分类或预测。特征选取的好坏对实验最终的结果有很大的影响，因此如何有效地选取特征对实际问题的解决至关重要。

在很多实际问题中，选取哪种特征是事先未知的，而且原始数据也会受到外在因素的影响，例如汽车的轮廓受观察者的角度影响等。类似的高层抽象的特征是很难从原始数据中进行直接提取，人工提取费时、费力，又需要经验值和技巧。但是深度学习可以实现在无监督条件下，不需人为干涉，实现自主地从原始数据中学习、提取出相应的特征。

1. 深度学习的基本思想

假设系统 S，它有 n 层（S_1，…，S_n），输入为 I，输出为 O，若 O = I，即输入 I 经过此系统后没有任何的信息损失，这标志着输入 I 经过每一层 S_i 都没有任何的信息损失，或丢失冗余信息，保留有用信息，即在任何一层 S_i，它都是原输入 I 的另外一种表示形式。深度学习的基本思想就是多个层的堆叠，上一层的输出是下一层的输入，通过此种方式实现输入信息的分级表达。

分层的无监督特征学习是深度学习的重要基础，通过对特征进行逐层变换，实现样本在原空间的特征表示被映射到一个新的特征空间之中，通过大量简单的特征时间复杂表示的构建，从而消除对输入数据中的噪声，保留对学习任务有用的信息。

2. 深度学习与神经网络

如图 13-4 所示，深度学习可以理解为神经网络的延伸和发展，是机器学习的一个新领域，通过构建模拟人脑进行分析学习的神经网络，模仿人脑机制解释数据，通过组合底层特征形成更加抽象的高层表示属性类别或特征，以发现数据的分布式特征表示，具体训练过程如图 13-5 所示。

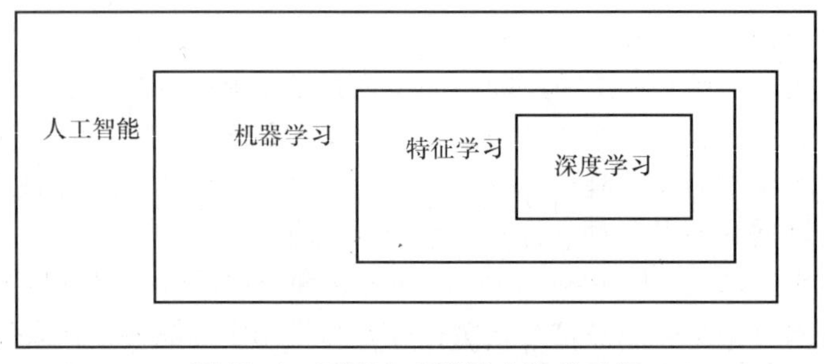

图 13-4　不同人工智能方法关系图

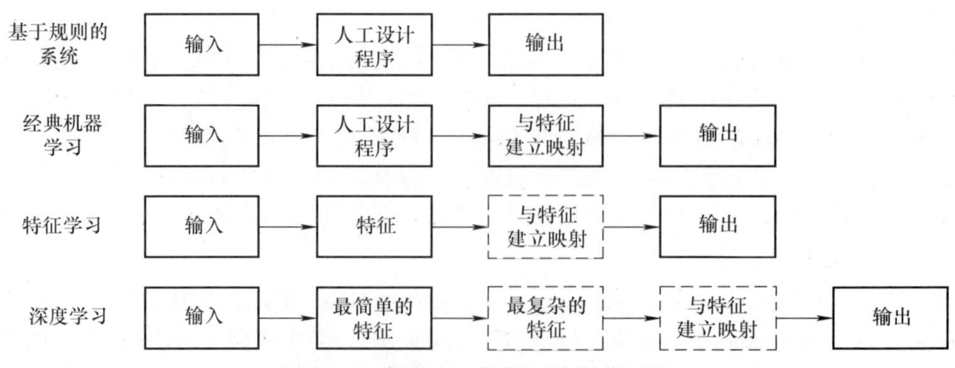

图 13-5　各类人工智能系统训练过程

通过图13-4和图13-5可以看出，深度学习与神经网络有着紧密的联系。两者的共同点在于深度学习依旧采用了类似神经网络的分层结构，系统是一个包含输入层、隐层（多层）、输出层的多层网络，其中每一层可以看作一个接近人脑结构的逻辑斯谛回归模型。

深度学习算法打破了传统神经网络对层数的限制，可根据设计者的需要选择网络层数。另外在训练问题上两者也不相同。传统的神经网络，采用BP算法通过梯度下降方法训练整个网络，即通过随机初始化初值，计算当前网络输出，然后根据实际输出和期望值来调节各层的权值，直至收敛。此种方法的问题是梯度逐渐稀疏，会出现梯度扩散现象，而且从顶层越往下误差校正信号越来越小，残差向前传播会丢失严重。而深度学习则是采用贪婪无监督逐层训练，当前一层训练完后，新的一层将前一层的输出作为输入并编码以用于训练；最后每层参数训练完后，在整个网络中利用有监督学习进行参数微调，可以很好地解决BP的缺陷，每次训练一层网络，同时使本层特征表示与其向上生成的高级表示以及该高级表示向下生成的特征表示尽量保持一致。

3. 深度学习的训练过程

如果对所有层同时训练，时间复杂度会太高；如果每次训练一层，偏差就会逐层传递。这会面临跟上面监督学习中相反的问题，会严重欠拟合（因为深度网络的神经元和参数太多了）。

2006年，Hinton提出了在非监督数据上建立多层神经网络的一个有效方法，简单地说，分为两步：一是每次训练一层网络；二是调优，使原始表示 x 向上生成的高级表示 r 和该高级表示 r 向下生成的 x' 尽可能一致。方法如下：

1）首先逐层构建单层神经元，这样每次都是训练一个单层网络。

2）当所有层训练完后，Hinton使用Wake - Sleep算法进行调优。

将除最顶层的其他层间的权重变为双向的，这样最顶层仍然是一个单层神经网络，而其他层则变为了图模型。向上的权重用于“认知”，向下的权重用于“生成”。然后使用Wake - Sleep算法调整所有的权重。让认知和生成达成一致，也就是保证生成的最顶层表示能够尽可能正确的复原底层的节点。比如顶层的一个节点表示人脸，那么所有人脸的图像应该激活这个节点，并且这个结果向下生成的图像应该能够表现为一个大概的人脸图像。Wake - Sleep算法分为醒（Wake）和睡（Sleep）两个部分。

1）Wake阶段：认知过程，通过外界的特征和向上的权重（认知权重）产生每一层的抽象表示（节点状态），并且使用梯度下降修改层间的下行权重（生成权重），也就是“如果现实跟我想象的不一样，改变我的权重使得我想象的东西就是这样的”。

2）Sleep阶段：生成过程，通过顶层表示（醒时学得的概念）和向下权重，生成底层的状态，同时修改层间向上的权重，也就是“如果梦中的景象不是我脑中的相应概念，改变我的认知权重使得这种景象在我看来就是这个概念”。

深度学习训练过程具体如下：

1）使用自下上升非监督学习（就是从底层开始，一层一层往顶层训练）：采用无标定数据（有标定数据也可）分层训练各层参数，这一步可以看作一个无监督训练过程，是和传统神经网络区别最大的部分（这个过程可以看作特征学习过程）。

具体的，先用无标定数据训练第一层，训练时先学习第一层的参数（这一层可以看作得到一个使得输出和输入差别最小的3层神经网络的隐层），由于模型容量的限制以及稀疏性约束，使得得到的模型能够学习到数据本身的结构，从而得到比输入更具有表示能力的特征；在学习得到第 $n-1$ 层后，将 $n-1$ 层的输出作为第 n 层的输入，训练第 n 层，由此分别得到各层的参数。

2）自顶向下的监督学习（就是通过带标签的数据去训练，误差自顶向下传输，对网络进行微调）：基于第一步得到的各层参数进一步微调整个多层模型的参数，这一步是一个有监督训练过程；第一步类似神经网络的随机初始化初值过程，由于 DL 的第一步不是随机初始化，而是通过学习输入数据的结构得到的，因而这个初值更接近全局最优，从而能够取得更好的效果，所以深度学习效果好很大程度上归功于第一步的特征过程。

13.3.1.3 深度学习模型结构

典型的深度学习模型为卷积神经网络（Convolutional Neural Network，CNN）、深度信念网络（Deep Belief Networks，DBN）、堆栈自编码器（Stacked Auto－Encoders，SAE）、循环神经网络（Recurrent Neural Networks，RNN）等，如图 13-6 所示。

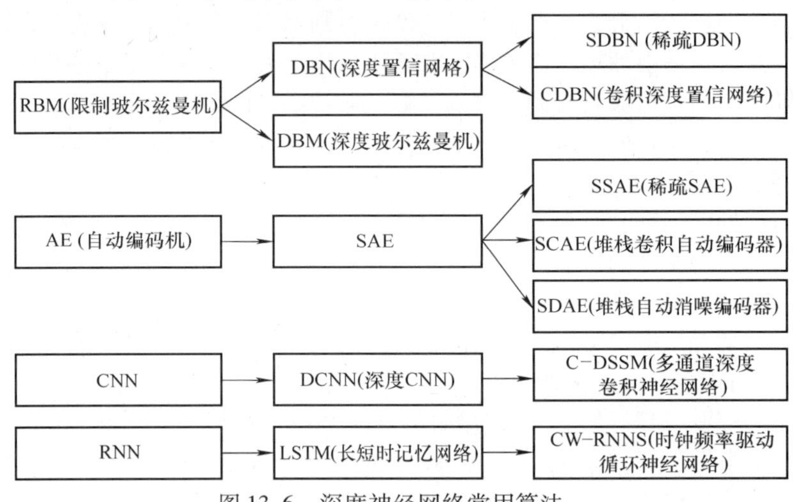

图 13-6 深度神经网络常用算法

1. CNN 模型

CNN 模型是一种特殊的深层神经网络模型，凭借其权值共享、卷积运算直接处理二维图像，避免前期对图像复杂的预处理，这对于较难学习的深层结构来说尤为重要，因此得到了广泛的应用。

一种典型的卷积网络结构是 LeNet－5，如图 13-7 所示。

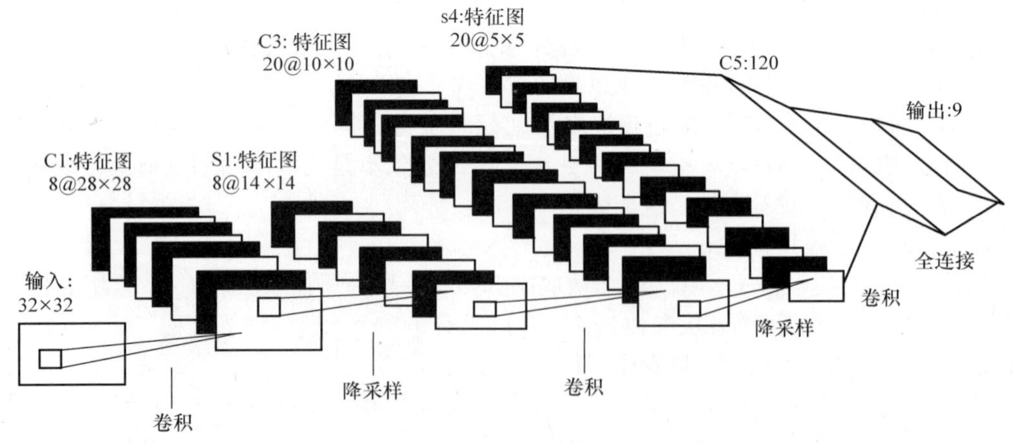

图 13-7 LeNet－5 结构

通过图 13-7 可以看出，CNN 由输入、卷积层、降采样层、全连接层和输出层构成，其中卷积层和降采样层交替进行。C 代表卷积层也称特征提取层，该层有多个不相同的二维特征图，其中一个特征图提取一种特征，多个特征图提取多种特征。同一个特征图采用相同的卷积核，不相同的特征图采用不同的卷积核，同一特征图的权值是共享的。S 代表子降采样层，也称为特征映射层，对特征层提取的特征进行子采样，保证提取特征的缩放不变性。CNN 末层是全连接层，分类结果个数就是最终输出节点个数。训练过程是使 CNN 的预测值尽可能靠近期望值。

2. DBN 模型

RBM 是一种可通过输入数据集学习概率分布的随机生成神经网络。RBM 在降维、分类、协同过滤、特征学习和主题建模中得到了应用。根据任务的不同，RBM 可以使用监督学习或无监督学习的方法进行训练。DBN（见图 13-8）就是由多层的 RBM（见图 13-9）组成，上面的两层具有无向对称连接，下面的层得到来自上一层的自顶向下的有向连接，最底层单元的状态为可见输入数据向量。

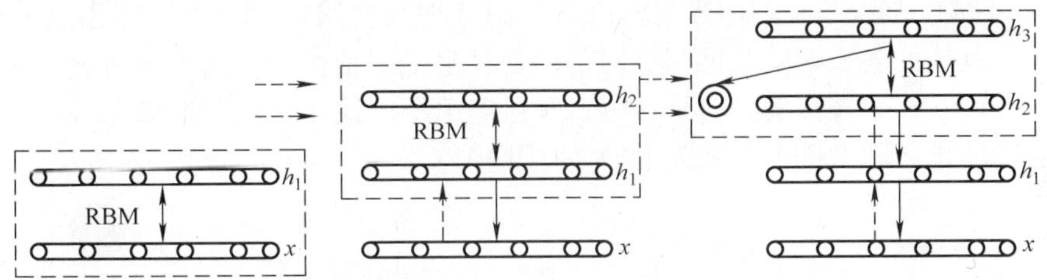

图 13-8　DBN 的生成过程

DBN 在训练模型的过程中主要分两步：

第一步，预训练：分别单独无监督地训练每一层 RBM 网络，确保特征向量映射到不同特征空间时，都尽可能多地保留特征信息。

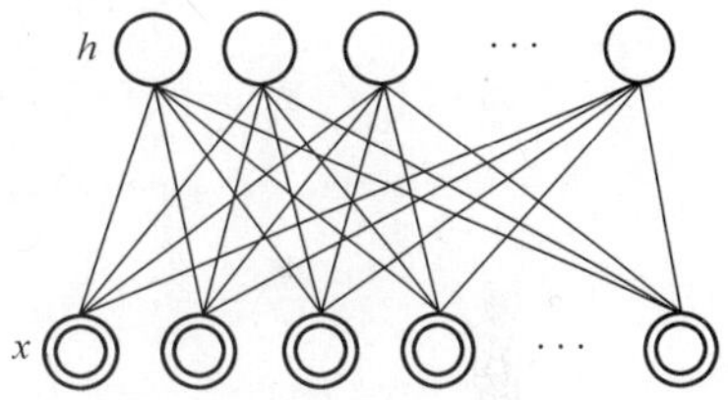

图 13-9　RBM 的无向图模型

第二步，微调：在 DBN 的最后一层设置 BP 网络，接收 RBM 的输出特征向量作为它的输入特征向量，有监督地训练实体关系分类器。而且每一层 RBM 网络只能确保自身层内的权值对该层特征向量映射达到最优，并不是对整个 DBN 的特征向量映射达到最优，所以反向传播网络还将错误信息自顶向下传播至每一层 RBM，微调整个 DBN 网络。RBM 网络训练模型的过程可以看作对一个深层 BP 网络权值参数的初始化，使 DBN 克服了 BP 网络因随机初始化权值参数而容易陷入局部最优和训练时间长的缺点。

3. SAE 模型

自编码模型是一个由编码层和解码层组成的两层神经网络模型，如图 13-10 所示。自编码模型的输出是其输入本身，通过最小化重构误差来执行训练。SAE 模型由多个自编码模型堆栈组成，网络结构与 DBN 类似。此外，SAE 的结构单元还可以使用收缩自编码模型和降噪自编码模型等。

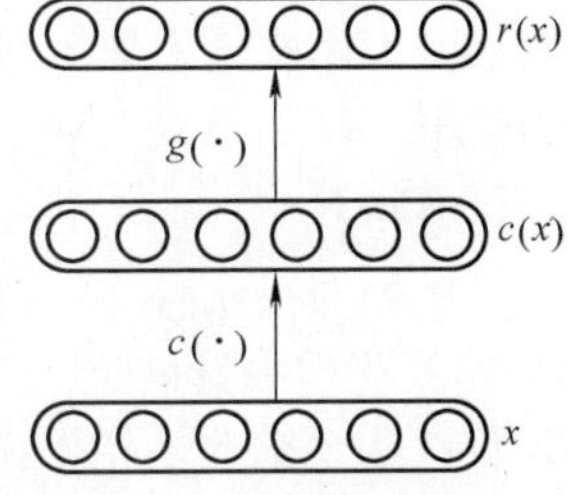

图 13-10　自编码模型结构

降噪自编码模型避免了一般的自编码模型可能会学习得到无编码功能的恒等函数和需要样本的个数大于样本维数的限制，尝试通过最小降噪重构误差，从含有随机噪声的数据中重构真实的原始输入。

收缩自编码模型的训练目标函数是重构误差和收缩罚项的综合，通过最小化该目标函数使已学习到的表示尽量对输入保持不变。收缩自编码采用固定权值，使解码器权值作为编码器权值的置换阵，而且该模型趋向于寻找尽量少的特征值，特征值的数量对应局部秩和局部维数，此外还可以利用隐单元建立复杂的非线性流行模型。

深度学习已经成功地应用于大量的模式分类问题中。这一研究领域虽然属于发展初期，但是它的发展给机器学习和人工智能产生了很大的影响。但与此同时，也存在某些特定任务不适合，例如虹膜识别等，每类样本仅包含单个样本的模式分类问题不能很好完成的任务。

4. RNN 模型

RNN 的目的是用来处理序列数据。在传统的神经网络模型中，是从输入层到隐层再到输出层，层与层之间是全连接的，每层之间的节点是无连接的。但是这种普通的神经网络对于很多问题却无能为力。例如，你要预测句子的下一个单词是什么，一般需要用到前面的单词，因为一个句子中前后单词并不是独立的。RNN 之所以称为循环神经网路，即一个序列当前的输出与前面的输出也有关。具体的表现形式为网络会对前面的信息进行记忆并应用于当前输出的计算中，即隐藏层之间的节点不再无连接而是有连接的，并且隐藏层的输入不仅包括输入层的输出还包括上一时刻隐藏层的输出。图 13-11 所示为 RNN 的结构图。

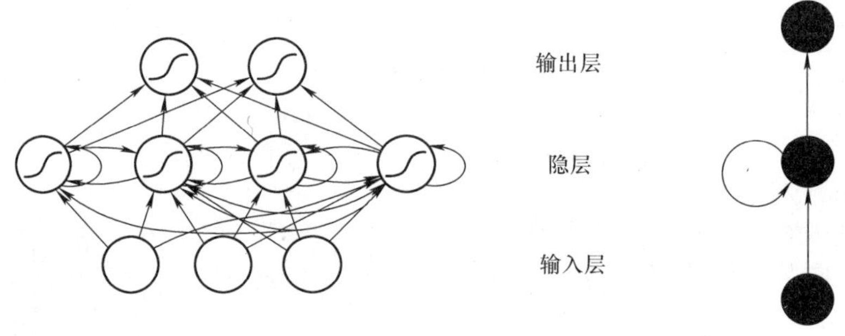

图 13-11　RNN 结构图

在 RNN 中，目前使用最广泛、最成功的模型便是 LSTM 模型。RNN 一旦展开，可以将它视为一个所有层共享同样权值的深度前馈神经网络。虽然它们的目的是学习长期的依赖性，但理论的和经验的证据表明很难学习并长期保存信息。LSTM 其自然行为便是长期的保存输入，LSTM 随后被证明比传统的 RNN 更加有效。

13.3.1.4　CNN 发展历程

CNN 是近年发展起来的，CNN 已经成为众多科学领域的研究热点之一，特别是在模式分类领域，由于该网络避免了对图像的复杂前期预处理，可以直接输入原始图像，因而得到了更为广泛的应用。以下是对 CNN 的发展历程的回顾。

1. AlexNet

Alex Krizhevsky、Ilya Sutskever 和 Geoffrey Hinton 创造了一个“大型的 DCNN”，赢得了 2012 ILSVRC（2012 年 ImageNet 大规模视觉识别挑战赛），全球最权威的计算机视觉竞赛。2012 年是 CNN 首次实现前 5 名错误率为 15.4% 的一年，当时的次优项误差率为 26.2%。这个表现不用说震惊了整个计算机视觉界。可以说，是自那时起，CNN 才成了家喻户晓的名字。

网络的架构（名为 AlexNet）如图 13-12 所示。相比现代架构，它们使用了一种相对简单的布局，整个网络由 5 层卷积层组成，最大池化层、退出层和 3 层全卷积层。网络能够对 1000 种潜在类别进行分类。

2. ZF Net

2013 年的冠军是纽约大学 Matthew Zeiler 和 Rob Fergus 设计的网络 ZFNet，错误率为 11.2%。

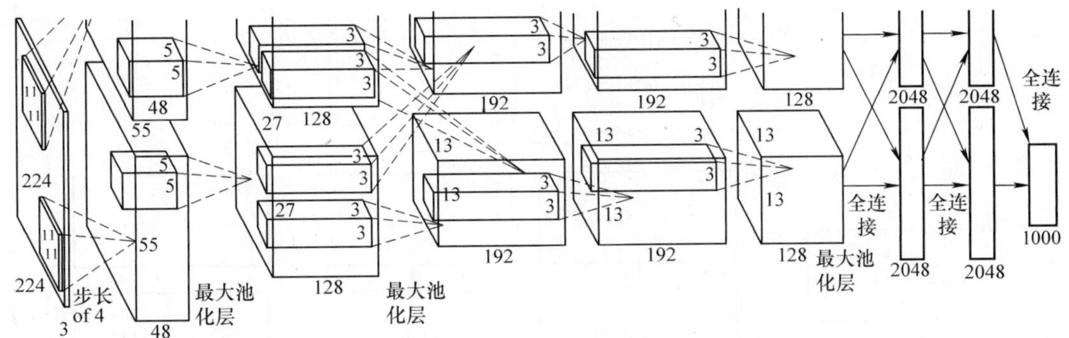

图 13-12　AlexNet 架构

如图 13-13 所示，ZF Net 模型更像是 AlexNet 架构的微调优化版，但还是提出了有关优化性能的一些关键想法。Zeiler 和 Fergus 从大数据和 GPU 计算力让人们重拾对 CNN 的兴趣讲起，讨论了研究人员对模型内在机制知之甚少，一针见血地指出“发展更好的模型实际上是不断试错的过程”，还提供了一些制作可视化特征图值得借鉴的方法。ZF Net 不仅是 2013 年比赛的冠军，还对 CNN 的运作机制提供了极好的直观信息，展示了更多提升性能的方法。

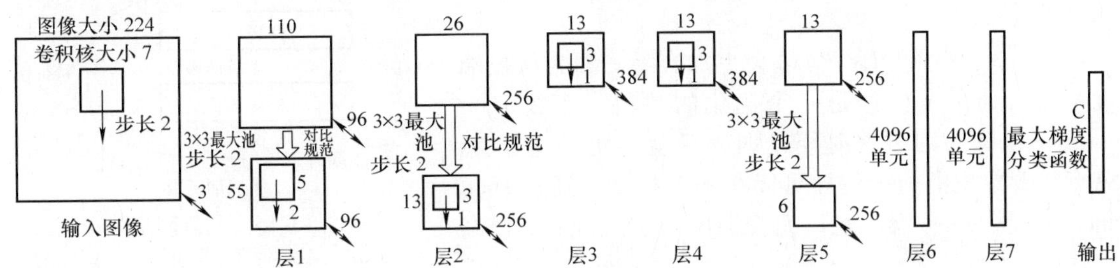

图 13-13　ZF Net 架构

3. VGG Net

简单、有深度，这就是 2014 年错误率为 7.3% 的模型 VGG Net。牛津大学的 Karen Simonyan 和 Andrew Zisserman Main Points 创造了一个 19 层的 CNN，严格使用 3×3 的过滤器（stride = 1，pad = 1）和 2×2 的 maxpooling 层（stride = 2）。VGG Net 是最重要的模型之一，因为它再次强调 CNN 必须够深，视觉数据的层次化表示才有用。深的同时结构简单。

4. GoogLeNet

GoogLeNet 是一个 22 层的 CNN，在 2014 年的 ILSVRC 上凭借 6.7% 的错误率进入前 5 名。这是第一个真正不使用通用方法的 CNN 架构，传统的 CNN 的方法是简单堆叠卷积层，然后把各层以序列结构堆积起来。这种新的模型重点考虑了内存和能量消耗。把所有的层都堆叠、增加大量的滤波器，在计算和内存上消耗很大，过拟合的风险也会增加。因此，GoogLeNet 设计了 Inception 模块，如图 13-14 所示，能同时并行发生反应。

5. ResNet

微软公司的 152 层 ResNet 架构，是 2015 ILSVRC 冠军。除了在层数上面创纪录，ResNet 的错误率也低得惊人，达到了 3.6%，人类都在 5% ~ 10% 的水平。主要的创新在残差网络，如图 13-15 所示，其实这个网络的提出本质上还是要解决层次比较深时无法训练的问题。ResNet 通过 short connections 将低层的特征图 x 直接映射到高层的网络中。假设原本网络的非线性映射为

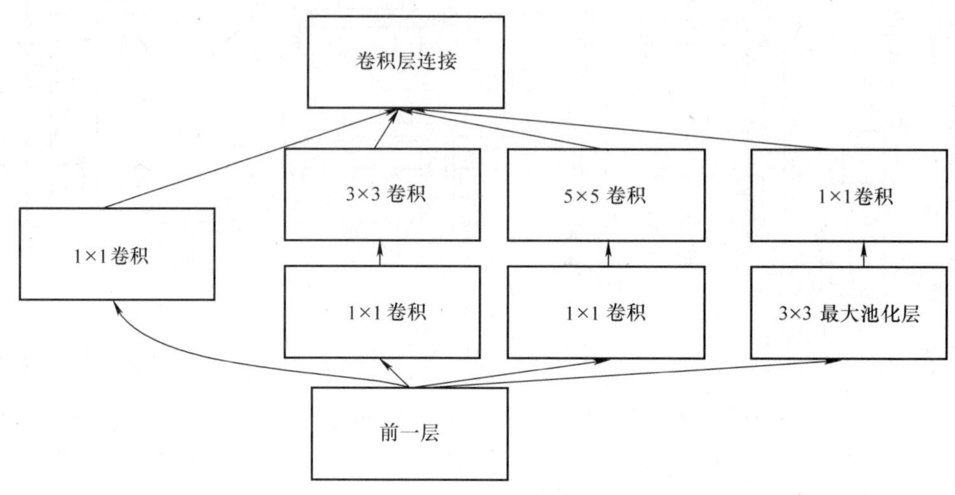

图 13-14　Inception 模块

$F(x)$，那么通过 short connection 连接之后的映射关系就变为了 $F(x)+x$。

$F(x)+x$ 的优化相比 $F(x)$ 会更加容易。因为从极端角度考虑，如果 x 已经是一个优化的映射，那么 short connection 之间的网络映射经过训练后就会更趋近于 0。这就意味着数据的前向传导可以在一定程度上通过 short connection 跳过一些没有经过完善训练的层次，从而提高网络性能。

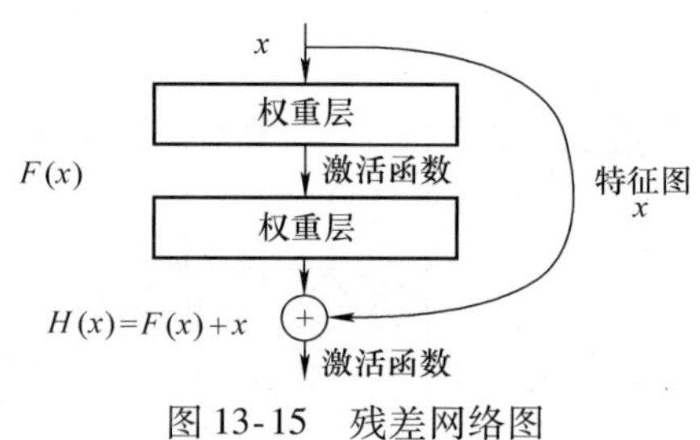

图 13-15　残差网络图

6. 区域 CNN（R－CNN、Fast R－CNN、Faster R－CNN）

R－CNN 的目标是解决物体识别的难题。在获得特定的一张图像后人们希望能够绘制图像中所有物体的边缘。这一过程可以分为两个组成部分：一个是区域建议；另一个是分类。

Selective Search 专用于 RCNN。Selective Search 的作用是聚合 2000 个不同的区域，这些区域有最高的可能性会包含一个物体。在设计出一系列的区域建议之后，这些建议被汇合到一个图像大小的区域，能被填入经过训练的 CNN，能为每一个区域提取出一个对应的特征。这个向量随后被用于作为一个线性 SVM 的输入，SVM 经过了每一种类型和输出分类训练。向量还可以被填入一个有边界的回归区域，获得最精准的一致性。图 13-16 所示为 R－CNN 架构。

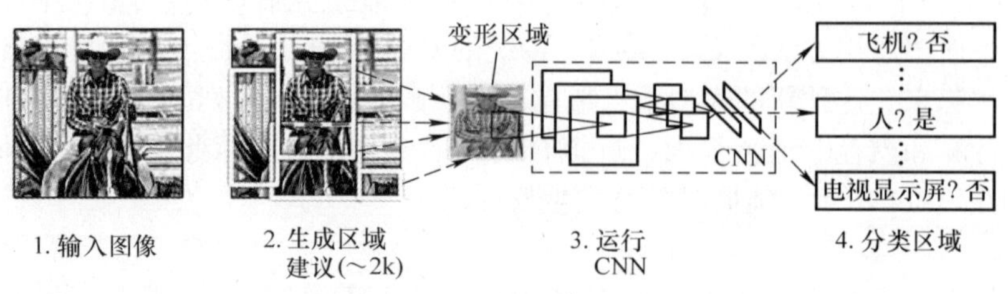

图 13-16　R－CNN 架构

Fast R－CNN 是从 R－CNN 改进而来，改进原因：训练需要多个步骤，这在计算上成本过高，而且速度很慢。Fast R－CNN 通过从根本上在不同的建议中分析卷积层的计算，同时打乱生成区域建议的窗口以及运行 CNN，能够快速地解决问题。图 13-17 所示为 Fast R－CNN 架构。

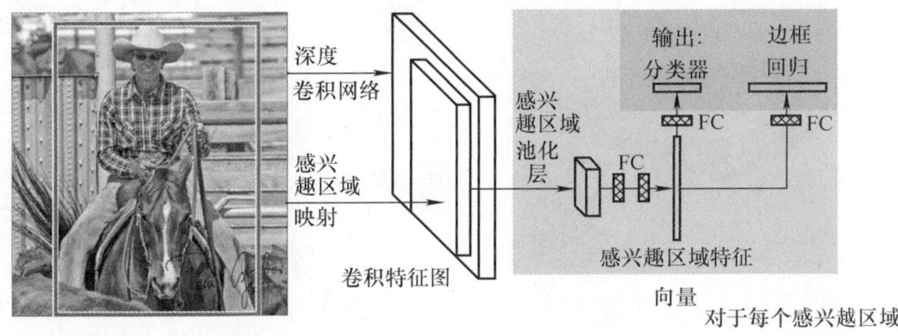

图 13-17　Fast R－CNN 架构

Fast R－CNN 取得了接近实时的物体检测速度，而 Faster R－CNN 则是通过利用端到端的 CNN 实现了对于物体的实时检测。在最后一个卷积层上引入了一个区域建议框网络（RPN）。这一网络能够只看最后一层的特征就产出区域建议。图 13-18 为 Faster R－CNN 架构。

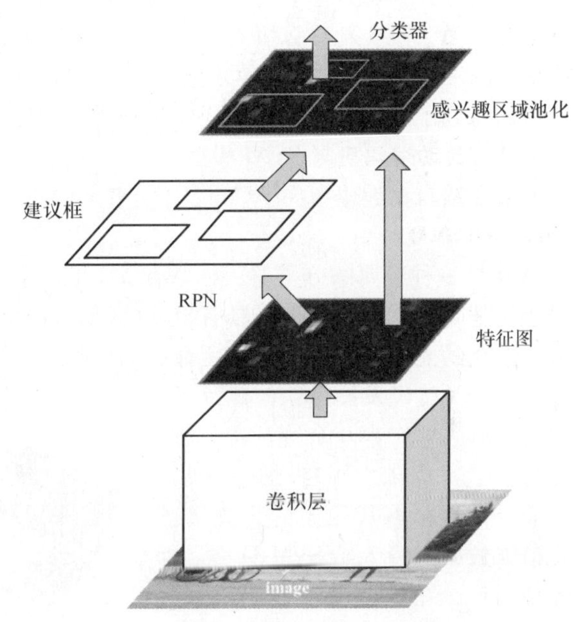

图 13-18　Faster R－CNN 架构

13.3.2　基于深度学习的高光谱数据分类

近年来随着高光谱遥感技术的逐渐强大，遥感数据维度不断增加，对高光谱数据分类问题带来了极大挑战。高光谱数据具有数据量大、相关性、多维度、非线性等特点，选择有效的算法用到高光谱数据的分类中，成为了高光谱遥感图像数据分析的重要问题。根据深度学习的特点，在高光谱图像分类任务中引入深度神经网络的理论和模型，使得通过高光谱遥感获取的丰富信息被充分利用，对现实应用有着重要的意义。

如图 13-19 所示，实际上高光谱图像是一个三维立体结构，三维图像的深度层次即不同谱段的信息。图 13-19 中，λ 轴是波长信息坐标轴，x、y 轴表示二维平面像元信息的坐标轴。图像将图谱完美地结合在一起。图 13-20 所示为高光谱遥感影像示意图，不同种类的像元（图中为地物信息）对应着不同的光谱信息，整张图信息和谱信息同时传达出来。

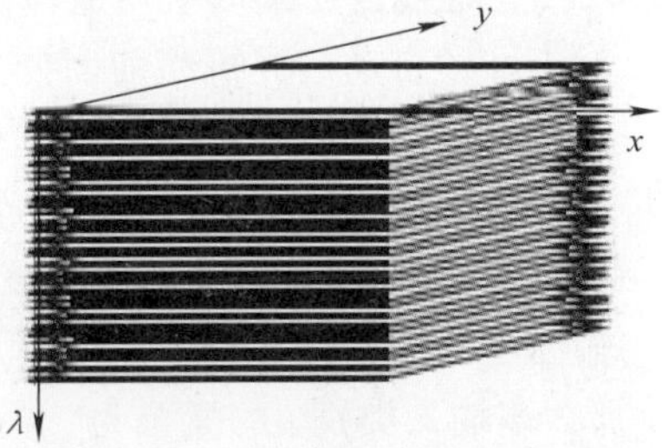

图 13-19　高光谱图像数据示意图

最常见的高光谱数据分析处理任务是关于数据分类的，是利用遥感图像上所携带的有价值的信息，借助计算机统计方法，将图像上类似的目标进行

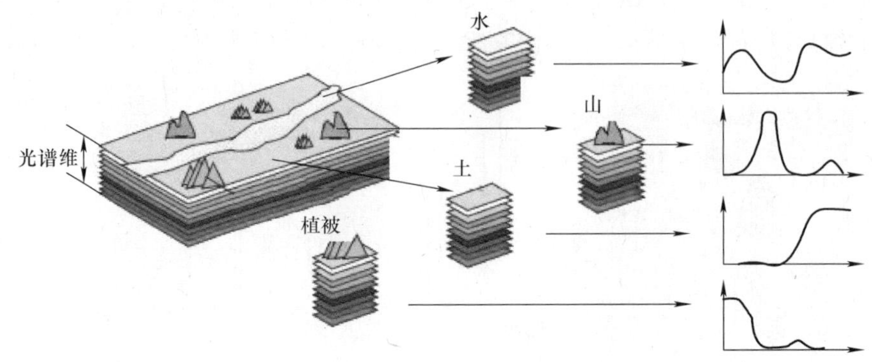

图 13-20　高光谱遥感影像示意图

像元归类的一种分类方法。对每一个像素在光谱维度上进行信息的展开、定量分析，利用一些特征提取和分类手段实现计算机对具有不同语意的目标快速地自动分类，使经过分类和处理后的图像能够清晰、明确地反映出各种地物信息，以达到智能化和自动化识别地物的任务。

前面写到了深度学习相关知识，下面讲述深度学习在对高光谱图像进行分类方面的应用。

13.3.2.1　自动编码机与 SVM 模型

本节介绍自动编码机与 SVM 结合起来，构成一种高光谱图像的分类方法。该方法称为基于自动编码的 SVM。

SVM 是一种经典的分类器，建立在 VC 维（Vapnik – Chervonenkis Dimension）理论与结构风险最小化基础之上。该分类器具有很好的泛化能力与适应性。多年来 SVM 一直被认为是所有经典方法中在高光谱图像上分类精度最高的分类器。通过调整核函数、惩罚因子、松弛系数这 3 个要素，其分类已经发挥得比较极致了。

自动编码即作为一个特征提取器，刚好符合这一需求。用自动编码机提取的非线性特征取代原始的高光谱图像光谱维数据，输入给 SVM 分类。即首先使用一个单层的自动编码机来提取图像光谱的特征，然后在自动编码机隐层单元的基础上训练 SVM，如图 13-21 所示。

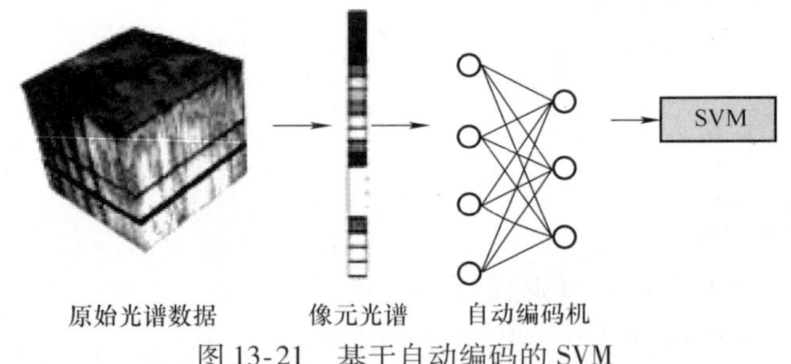

图 13-21　基于自动编码的 SVM

13.3.2.2　堆栈自动编码机与逻辑回归分类器模型

对于堆栈自动编码机当前面分类器是一个神经网络时，训练分类器时可以通过微调来调整前面自动编码机的参数，从而得到更高的分类精度。如图 13-22 所示，逻辑回归分类器的输入是前面堆栈自动编码机所提取的特征：输出层中输出单元的数目与类别总数相同。逻辑回归分类器采用一种称为 softmax 的激活函数，该激活函数保证每个输出层单元的输出值总和为 1，这样就可以认为输出是一种条件概率，即该输入属于每一个类别的概率。例如逻辑回归分类器的输入为向量 $\boldsymbol{R}$，那么该输入类别 i 的概率为

$$P(Y=i \mid \boldsymbol{R},\boldsymbol{W},\boldsymbol{b}) = s(\boldsymbol{WR}+\boldsymbol{b}) = \frac{\mathrm{e}^{\boldsymbol{W}_i\boldsymbol{R}+\boldsymbol{b}_i}}{\sum_j \mathrm{e}^{\boldsymbol{W}_j\boldsymbol{R}+\boldsymbol{b}_j}} \tag{13-1}$$

式中，w、b 是逻辑回归层的权重与偏置，等号右边分母中的求和是在所有输出单元上进行的。

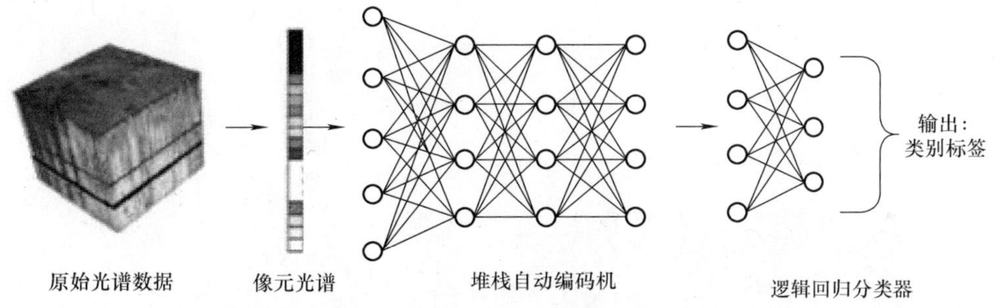

图 13-22 堆栈自动编码机与逻辑回归分类器

由于逻辑回归分类器是一个单层神经网络，通过反向传播算法训练，因此在训练逻辑回归分类器的同时，前面自动编码机部分的参数也可以跟着一起调节，从而与前面的堆栈自动编码机整合形成一个深度的神经网络分类器。由于含有多层的堆栈自动编码机，反向传播算法的偏导数表达式会非常复杂，但是推导过程没有变化，因此不再赘述。

13.3.2.3 CNN 模型

CNN 很成功地应用在了图像分类检测领域，因为卷积网络的特殊结构，对于二维图像具有很好的效果。如何将卷积网络应用到高光谱图像中是关键。结合了空间信息的高光谱数据，本身可以看作一个多通道的图像，通道数为高光谱数据的波段数，图像的大小为空间信息的窗口大小。可以作为卷积网络的输入数据，这是比较直接的结合空间信息利用卷积网络的方式。

另外一种结合方式，这种方式使用的卷积核为一维卷积核。将一个像元的光谱特征作为一个通道的图像，例如高光谱图像有 m 个波段，那么空间将这一个通道的图像作为一个一维图像便是一幅宽为 m、高为 1 的图像，即 $1\times m$ 大小的图像。将整个空间所包含的像素数作为通道数，例如二维像元大小 $x\times y$，则通道数为 $x\times y$。

13.3.3 CNN 在高光谱数据分类中的实验

13.3.3.1 实验数据简介

本实验用到的高光谱数据库为 Indian Pines。此数据库场景的拍摄内容为位于美国的印第安纳州西北部的 Indian Pines 测试区域，地表覆盖类型混合了林地、道路、农田、房屋建筑等。标记的样本分布不均衡，并且部分类别样本较少。各种农作物基本都处于生长初期，对地表的林冠覆盖程度只有 5%，裸地和作物残渣对植被像元分类影响明显。Indian Pines 图像大小为 145×145 像素，波长范围为 0.4 ~ 2.5 μm，220 个波段，空间分辨率为 20m，去除坏波段和水体吸收的波段，试验中使用 200 个波段，如图 13-23 所示：图 13-23a 表示 Indian Pines 数据灰度图像；图 13-23b 表示其对应的地面真值。此场景中主要内容为自然制备，其中 60% 以上为农业场景，30% 以上为森林场景和其他常年自然植被，共包含地物信息 16 类，见表 13-1。

13.3.3.2 建立 CNN 模型

1. 数据预处理

Indian Pines 共 10249 个样本，首先选出标签不为 0 的数据，然后将数据按照各属性归一化到 0 ~ 1。样本维度为 200，将其转变为二维数组 20×10，随机选取 80% 作为训练，20% 作为测试。标签 1 ~ 16 采用 one - hot 编码，例如 1（1000000000000000）、2（0100000000000000），以此类推。

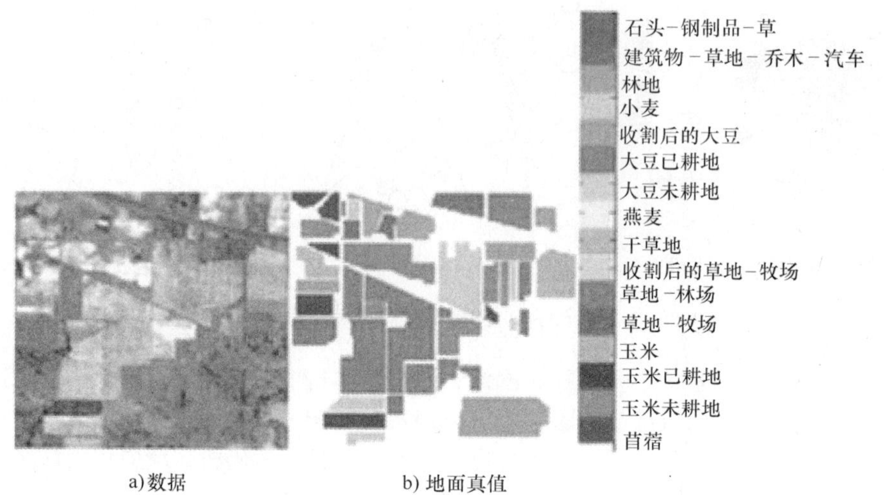

图 13-23　Indian Pines 数据及地面真值

表 13-1　Indian Pines 数据含有的类别及样本数量

标签	类名	解释	样本量	标签	类名	解释	样本量
1	Alfalfa	紫花苜蓿	46	9	Oats	燕麦	20
2	Corn – notill	玉米 n	1428	10	Soybean – notill	大豆 n	972
3	Corn – mintill	玉米 m	830	11	Soybean – mintill	大豆 m	2455
4	Corn	玉米	237	12	Soybean – clean	大豆地	593
5	Grass – pasture	基层农场	483	13	Wheat	小麦	205
6	Grass – trees	草树木	730	14	Woods	木头	165
7	Grass – pasture – mowed	草木草割	8	15	Buildings – Grass – Trees – Drives	机器	386
8	windrowed	干草	478	16	Stone – Steel – Towers	石钢塔	93
总计				5959			

2. CNN 模型的参数设置

CNN 模型的参数选取见表 13-2。

表 13-2　CNN 模型参数选取

卷积核大小/步长	卷积核个数	下采样层大小/步长
5×5/1×1	32	2×2/2×2
3×3/1×1	64	2×2/2×2

3. 实验结果

按照表 13-2 所设置的参数，CNN 模型对 Indian Pines 进行实验，分类的准确率为 91.4%。

4. 模型对比

采用 SVM 模型做对比，损失函数采用 e – SVR，核函数中的 degree 设置（针对多项式核函数）设置为 2，n – fold 交互检验模式中的 n 设置为 2，其余参数均为默认参数。实验分类准确率为 89.5%。通过对比可以看出，CNN 模型的分类准确率高，所以 CNN 模型更好。

13.4　小麦不完善粒高光谱检测分类的应用实例

我国国家标准“小麦”（GB 1351—2008）按容重、不完善粒、水分、杂质、气味、色泽将小麦分为5个等级。在国家标准中采用容重作为小麦定等指标，不完善粒等指标作为小麦质量限制指标，该标准是小麦收购过程中判断质量等级的重要依据。

由此可见，不完善粒对小麦的质量评价等级具有很大的影响。不完善粒小麦主要是指那些受到损伤，但是依旧具有一定使用价值的小麦，这些小麦包含有生芽粒、虫蚀粒、病斑粒（黑胚粒和赤霉病粒）、霉变粒和破损粒。不完善粒小麦会降低小麦的商品价值和使用价值，比如霉变小麦可能引起人们中毒，虫蚀小麦会影响口感、气味等食用品质，黑胚小麦可能诱发食道癌，而且使小麦品质和商品性质下降等。因此，对小麦不完善粒的检测，对小麦的收购、食品加工等具有重要的价值和意义。

传统不完善粒的检测方法主要是人工检测，具有工作强度大、检测速度慢、主观因素强以及准确率低等缺点。近年来国内外专家也提出了一些新的检测方法，如基于声学原理的检测方法、基于近红外光谱的检测方法，这些方法虽然解决了人工检测的主观性等一些问题，但是这些方法也各自都存在一定的弊端，例如声学原理检测方法在采集超声信号时利用传声器将接收到的信号经信号调制放大后上传至主机，声信号的采集过程中具有噪声，而且经过放大器时噪声又会传播，并且是无法消除的弊端；近红外光谱法对样本的湿度以及温度相对敏感。

近几年来，高光谱成像技术依其快速无损检测的独特优势得到快速发展。高光谱成像技术是集探测器技术、精密光学机械、微弱信号检测、计算机技术、信息处理技术于一体的综合性技术。高光谱图像样本将光谱信息和图像信息集为一体，其最大的特点就是将成像技术和光谱技术结合在一起，可以实现在对目标的空间特征成像的同时，对每个空间像元经过色散形成成百个窄波段以进行连续的光谱覆盖。图像信息用来反映样本的大小、形状、缺陷等外部品质特征，但是由于不同成分对光谱的吸收也不相同，在某个特定波长下，图像会对某个缺陷有着较显著的反映；而光谱信息则能充分反映样本内部的物理结构、化学成分的差异。

因此在对高光谱数据分类时，利用高维谱数据的固有特点，在深度学习理论知识的指引下，针对CNN特点，将数据分类与图像分类相结合，将CNN高光谱数据分类原理应用于我国小麦不完善粒的检测试验中。

13.4.1 材料与方法

13.4.1.1 材料

本实验所采用的样本材料由中国农业科学院作物科学研究所提供。正常样本与不完善粒的挑选均由实验人员凭借视觉经验进行区分筛选，分别选出正常粒样本486个、破损粒样本170个、虫蚀粒样本149个及黑胚粒样本127个进行实验。

13.4.1.2 高光谱图像采集与处理

1. 高光谱图像采集

实验设备采用北京安洲科技有限公司SOC710VP便携式高光谱成像光谱仪作为高光谱图像采集系统，如图13-24所示，光谱采集过程如图13-25所示。采集过程及仪器参数设定如下：每类小麦样本以10×10网格状放置于样本台采集其高光谱图像，图像分辨率为696×520像素，光谱扫描范围为493～1106nm，扫描速度为30线/s，波段间隔为5.1nm，波段数为116。

2. 高光谱图像黑白校正

在高光谱采集过程中，由于每个波段的光照强度分布不均匀，摄像头中有暗电流以及样本的形状不规则，导致光源强度分布比较弱的波段得到的图像会含有较大的噪声。因此为了减少噪声和误差，需要对采集到的高光谱图像进行黑白标定：

图 13-24　SOC710VP 便携式高光谱成像光谱仪

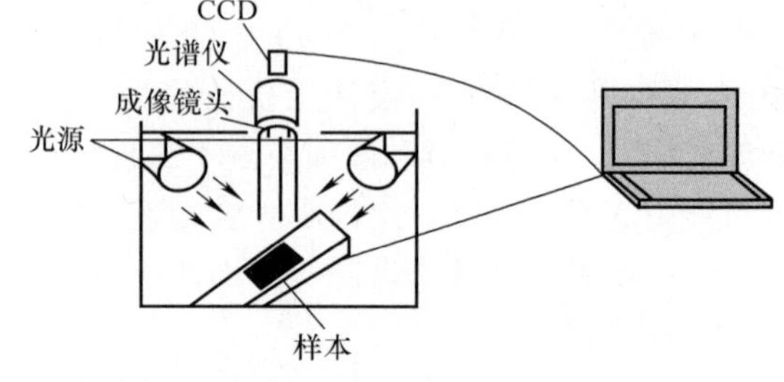

图 13-25　SOC710VP 高光谱图像采集过程原理

$$I_{\text{correction}} = \frac{I_{\text{raw}} - I_{\text{dark}}}{I_{\text{white}} - I_{\text{dark}}} \tag{13-2}$$

式中，$I_{\text{correction}}$为校正后的光谱图像；I_{raw}为原始光谱图像；I_{white}为扫描反射率为 99% 的标准白板得到的白板标定图像；I_{dark}为关上光源，拧上镜头盖后采集的黑板标定图像。

13.4.1.3　建模算法

CNN 模型是一种特殊的深层神经网络模型，凭借其权值共享、卷积运算直接处理二维图像，避免前期对图像复杂的预处理，这对于深层结构来说尤为重要，因此得到了广泛的应用。

利用 CNN 进行图像识别的方法流程如图 13-26 所示。

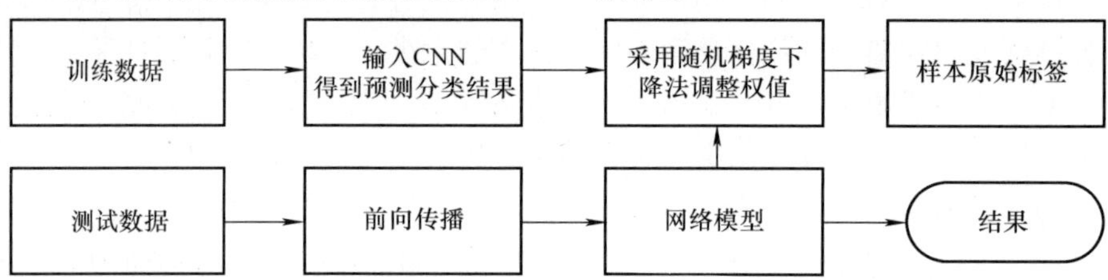

图 13-26　CNN 的处理过程

首先选定训练集和测试集的数目，其次对训练样本进行规则化，将其调整为同样的尺寸 $m \times n$，然后采用随机梯度下降（Stochastic Gradient Descent，SGD）进行权值更新，当误差或迭代次数达到阈值时训练停止。最后将测试集输入已经训练好的 CNN 中，通过前向传播得到最终的分类结果。

13.4.2　结果分析

13.4.2.1　感兴趣区域的提取

高光谱图像感兴趣区域（Region Of Iinterest，ROI）选取的好坏将直接影响到后续建立模型的预测精度。因此为使提取的 ROI 作为的光谱具有较强的代表性，选取籽粒样本全区域作为感兴趣区。

13.4.2.2　数据预处理

在对每类小麦样本以 10×10 网格进行光谱采集时，有的样本的数据不完整，直接剔除。由于高光谱在测量临界区具有较大的机器噪声，因此需要去除两端噪声严重的波段，如图 13-27、图 13-28 所示。而且原始高光谱的数据也存在波段多、冗余性强、数据量大等特点，如果直接采用全波段数据进行建模，则会导致建模效率降低、模型性能变差。因此选取 722.5～880.6nm 的 30 个高光谱波段作为特征波进行分析，如图 13-29、图 13-30 所示。

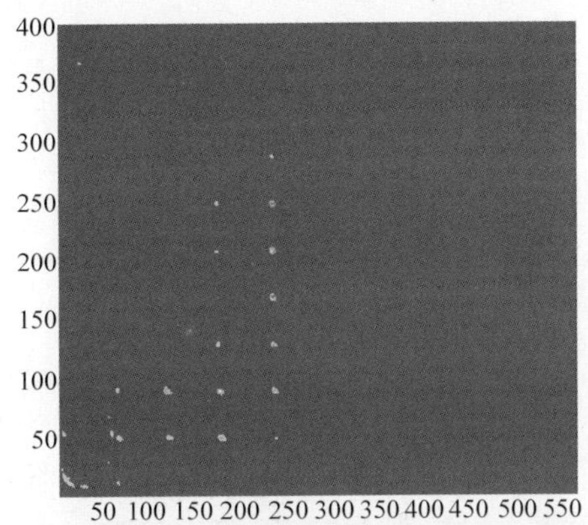

图 13-27　正常样本第 15 个波段的光谱图

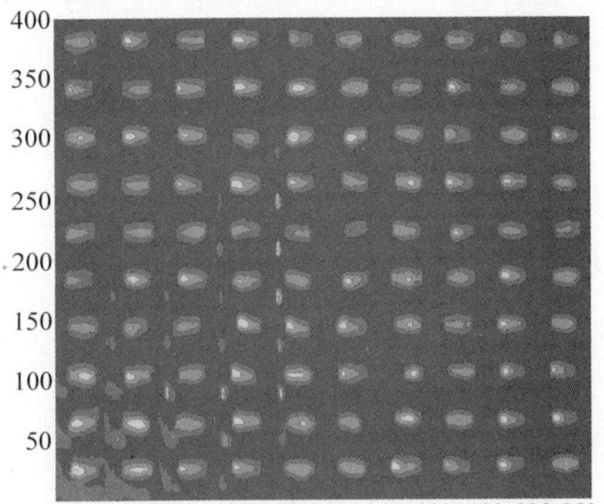

图 13-28　正常样本第 100 个波段的光谱图

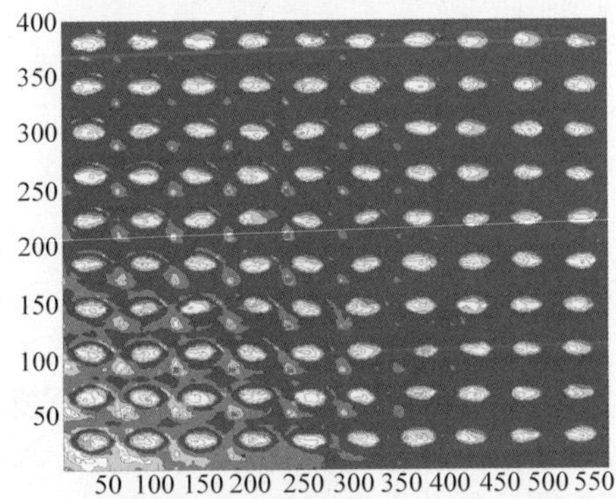

图 13-29　正常样本第 46 个波段的光谱图

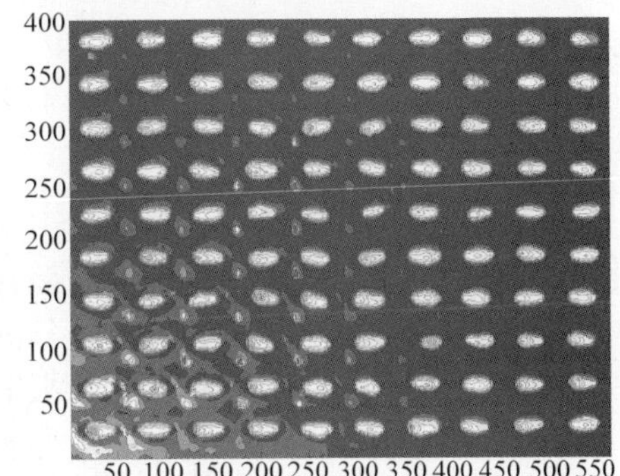

图 13-30　正常样本第 76 个波段的光谱图

13.4.2.3　预测模型与结果分析

1. 预测模型

正常粒样本 486 个、破损粒样本 170 个、虫蚀粒样本 149 个及黑胚粒样本 127 个，一共 932 个样本，采用 10×10 的网格切割出每个小麦样本，每个小麦样本的像素为 40×57，每个样本选择第 46～76 的 30 个波段，则每个样本具有 30 个样本光谱图，作为 CNN 的输入图像数据。同时标签数据采用 one－hot 编码方式，4 类小麦类别的标签分别为 0001、0010、0100 和 1000。CNN 模型构建两层卷积：第一层的卷积核大小为 3×3，一共 32 个卷积核；第二层卷积核大小为 5×5，共 64 个卷积核。采样层大小为 2×2，选用最大池；激活函数采用 ReLu（Rectifield Linear Units，整流线性单元激活函数）。为防止过拟合，在全连接层后接入 Dropout 层，参数设置为 0.5。

932 个样本，每个样本 30 个光谱图，则总共有 27960 个样本图，随机打乱数据，50% 作为训练集，50% 作为测试集。

2. 结果分析

迭代 2500 次后，模型收敛。最终得到分类准确率为 99.98%。损失函数曲线如图 13-31 所示。

通过损失函数 loss 的曲线走势可以看出，模型训练过程非常好，在迭代 90 次之后曲线开始陡降，在迭代 2000 次时，损失函数曲线已几乎趋近于 0，识别准确率为 99.98%，几乎完全准确地识别出不完善粒，由此可以说明此模型是非常可靠的。

通过近年来各种发表文献模型对比可以看出，CNN 模型时效高，处理过程简单，直接用原始光谱图像，而且识别准确率又极高。

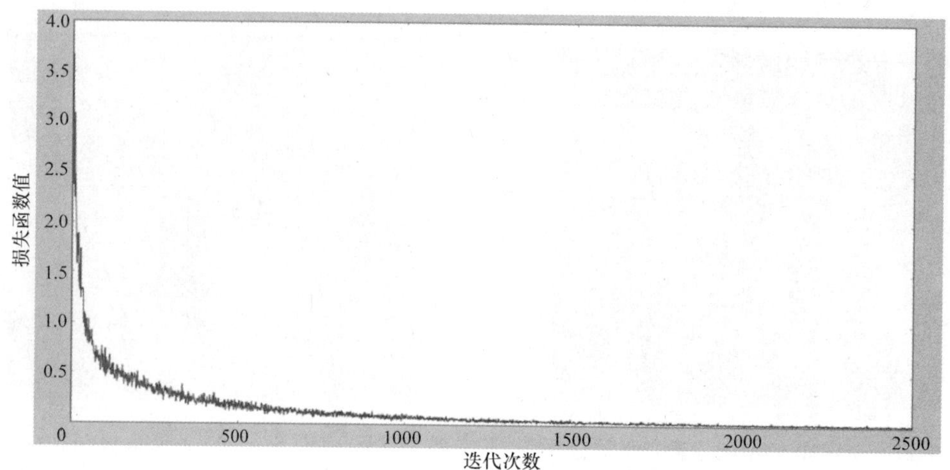

图 13-31　CNN 模型的损失函数曲线图

13.5　小结

高光谱图像检测分析技术，具有速度快、无破坏性、无侵入性等优点。在最近几年的研究中，它成为无损检测食品品质和安全方面最有效的技术之一，在食品生产和加工过程的在线检测方面具有广阔的应用前景。在高光谱检测分析技术中。常用的分类方法有多元线性回归、主成分回归、PLS 回归、判别分析、SVM、神经网络。这些传统的方法对样本提取出的分类特征要求比较高，人工设定的特征需要多次尝试，并不一定能够较好地覆盖住样本的最有效特征，而深度学习方法有着天然的自动提取特征能力，使得其在高光谱检测分析技术中有着不俗的表现。

本章介绍了 HSI 技术原理、高光谱的图像处理方法、CNN 的发展历史以及其原理。CNN 在图像方面有着突出的表现，它的局部感知、参数共享、多卷积核特点，让待调参数锐减，鲁棒性大大提高，CNN 的迅速发展，把图像识别能力一步步推高。

本章实验利用 HSI 技术对小麦不完善粒进行无损检测。以 932 个小麦样本，其中正常粒样本 486 个、破损粒样本 170 个、虫蚀粒样本 149 个及黑胚粒样本 127 个为研究对象，通过高光谱图像采集系统采集样本的光谱信息，然后从每个样本的 116 个波段中选取 30 个波段，建立基于深度学习的 CNN 模型。实验中的 CNN 采用两个卷积层：第一层采用大小为 3×3 的 32 个卷积核；第二层采用大小为 5×5 的 64 个卷积核，池化层采用最大池，激活函数采用修正线性单元，为避免过拟合，在全连接层后面接入 Dropout 层，参数设置为 0.5，其他卷积参数均为默认值，得到校正集识别准确率为 1，测试集识别准确率为 0.9998。可见 CNN 在高光谱食品品质检测中有着很好的表现。

参 考 文 献

[1] 周全，朱大洲，王成，等．成像光谱技术在农产品/食品检测中的研究进展 [J]．食品科学，2010，(23)：423－428.

[2] 刘建学，杨莹，韩四海，等．高光谱成像技术在食品品质无损检测中的应用 [J]．食品工业科技，2016，(03)：389－393.

[3] 郭俊先．基于高光谱成像技术的棉花杂质检测方法的研究 [D]．杭州：浙江大学，2011.

[4] 叶昱程，应义斌．多光谱图像技术在食品品质检测中的应用与发展 [J]．中国食品学报，2003，(04)：89－92.

[5] 马淏．光谱及高光谱成像技术在作物特征信息提取中的应用研究 [D]．北京：中国农业大学，2015.

[6] 马本学．基于图像处理和光谱分析技术的水果品质快速无损检测方法研究 [D]．杭州：浙江大

学，2009.
[7] 谈晓晔．基于高光谱图像的特征提取/选择及其应用的研究［D］．哈尔滨：哈尔滨工业大学，2006.
[8] 林洲汉．基于自动编码机的高光谱图像特征提取及分类方法研究［D］．哈尔滨：哈尔滨工业大学，2014.
[9] 余凯，贾磊，陈雨强，等．深度学习的昨天、今天和明天［J］．计算机研究与发展，2013，50（9）：1799－1804.
[10] 陈栩杉，张雄伟，乔林，等．深度学习理论及其应用专题讲座（1）第2讲深度学习基本理论概述［J］．军事通信技术，2015，36（4）：96－102.
[11] 刘建伟，刘媛，罗雄麟．深度学习研究进展［J］．计算机应用研究，2014，31（7）：1911－1942.
[12] Vincent P, Larochelle H, Lajoie I, et al. Stacked denoising autoencoders: learning useful representations in a deep network with a local denoising criterion [J]. Journal of Machine Learning Research, 2010, 11 (3): 3371－3408.
[13] Rifai S, Vincent P, Muler X, et al. Contracting auto－en－coders: explicit invariance during feature extraction [C]. Proc of the 28th International Conference on Machine Learning, 2011.
[14] Krizhevsky A, Sutskever I, Hinton G E. ImageNet classification with deep convolutional neural networks [C]. International Conference on Neural Information Processing Systems. Curran Associates Inc. 2012: 1097－1105.
[15] Zeiler M D, Fergus R. Visualizing and Understanding Convolutional Networks [M]. Computer Vision － ECCV 2014. Springer International Publishing, 2014: 818－833.
[16] Simonyan K, Zisserman A. Very Deep Convolutional Networks for Large－Scale Image Recognition [J]. Computer Science, 2014.
[17] Szegedy C, Liu W, Jia Y, et al. Going deeper with convolutions [C]. IEEE Conference on Computer Vision and Pattern Recognition. IEEE Computer Society, 2014: 1－9.
[18] He K, Zhang X, Ren S, et al. Deep Residual Learning for Image Recognition [J]. IEEE Computer Society, 2015: 770－778.
[19] Girshick R, Donahue J, Darrell T, et al. Rich Feature Hierarchies for Accurate Object Detection and Semantic Segmentation [C]. Computer Vision and Pattern Recognition. IEEE, 2013: 580－587.
[20] Girshick R. Fast R－CNN [C]. IEEE International Conference on Computer Vision. IEEE, 2015: 1440－1448.
[21] Ren S, He K, Girshick R, et al. Faster R－CNN: Towards Real－Time Object Detection with Region Proposal Networks. [J]. IEEE Transactions on Pattern Analysis & Machine Intelligence, 2015: 1－10.
[22] 高晓健，基于支持向量机的高光谱遥感图像分类方法研究［D］．杭州：杭州电子科技大学，2012.
[23] Bioucas－Dias J M, Plaza A, Dobigeon N, et al. Hyperspectral unmixing overview: Geometrical, sparse regression－based approaches [J]. IEEE Journal of Selected Topics in Applied Earth Observations and Remote Sensing, 2012, 5 (2): 354－379.
[24] Bruzzone L, Chi Mrnational M. Advanced Semisupervised SVM Approaches to Classification of Hyperspectral Data [J]. 2006 IEEE International Geoscience And Remote Sensing Symposium. VOLS 1－8. 2006: 3887－3890.
[25] 王俊淑，江南，张国明，等．融合光谱－空间信息的高光谱遥感影像增量分类算法［J］．测绘学报，2015，44（9）：1003－1013.
[26] 张玉荣，陈赛赛，周显青，等．不完善粒类型对小麦容重的影响［J］．河南工业大学：自然科学版，2013，34(6):51－59.
[27] 薛朝美．小麦不完善粒的分析［J］．西部粮油科技，2001，26（5）：54－55.
[28] 魏琳，王爱民，杨红卫．基于声学原理的小麦虫蚀粒检测方法［J］．农机化研究，2013,(6)：33－36.
[29] 宋欣益，基于卷积神经网络的高光谱数据分类方法研究［D］．哈尔滨：哈尔滨工业大学，2016，7.
[30] 麻永平，张炜，刘东旭．高光谱侦查技术特点及其面对地面军事目标威胁分析［J］．上海航天，2012，29（1）：37－40.
[31] 曲景影，孙显，高鑫．基于CNN模型的高分辨率遥感图像目标识别［J］．研究与开发，2016，35（8）：45－50.

第 14 章　结论和展望

14.1　结论

本书主要介绍了作者所在课题组基于多光谱分析技术在果蔬农药残留的检测、食用植物油、面粉、淀粉以及茶叶品质检测中的应用研究。本书得到如下研究结论：

1. 较系统地综述了多光谱分析技术的发展应用过程及相关理论基础

概述了光谱技术的起源、应用领域和应用特点，重点介绍了光谱技术目前在食品品质检测领域（以农药残留、面粉和食用油为代表）的应用现状。其次，阐述了以近红外光谱、红外光谱、拉曼光谱和紫外光谱为代表的光谱分析理论基础和技术特点、光谱的分析流程、常规预处理方法和典型的校正建模方法、光谱模型评价指标以及光谱仪器。

2. 主要介绍了多光谱技术在农药残留检测领域的研究

首先介绍了目前农药残留检测的主流方法以及本书中所涉及的研究工作中的光谱仪器。其次，介绍了采用近红外光谱、红外光谱和拉曼光谱技术在农药残留检测领域所做的研究工作和取得的成果。主要包括以下 4 个方面的研究：

1）近红外光谱技术农药残留检测方法研究。近年来近红外光谱技术应用存在很多不足，针对众多不足，作者使用近红外光谱技术和高光谱技术结合 PLS 法和 BP 神经网络法对果蔬表面农药残留量进行试验研究，并探索出一种无损、快速、无接触和无污染的光谱检测新方法。

2）衰减全反射傅里叶变换红外（ATR－FTIR）光谱技术在瓜果蔬菜等农作物农药残留量痕量检测中的应用。近年来该技术在食品、工业、生物化学等领域的高精度、快速检测方法应用研究随着硬件技术和光学科技发展水平的提高而更有优势，但由于该技术在农药残留检测领域的文献记载相对较少，且研究者所做的工作主要集中在最低检测限的研究，因此想要对该技术的可行性和适用性进行完整的研究。

3）SERS 技术在瓜果蔬菜等农作物农药残留量痕量检测中的应用。为了消除可能杂质带来的干扰，每次实验必须耗费大量时间进行样本前处理，但在操作过程中极有可能加大检测误差造成检测结果的不准确。所以研究便捷、选择性高且又绿色无污染的样本预处理方法是非常必要的。QuEChERS 技术是一种经欧洲标准委员会（CEN）和美国分析化学师协会（AOAC）评估承认的快速、准确、有效的农药残留样本前处理方法。本书重点研究采用 QuEChERS 技术对样本进行一定的前处理，结合 SERS 光谱对经过前处理后的样本进行扫描及分析，探索该技术的可行性和适用性。

4）采用 4 种光谱技术对二嗪农进行初步检测分析。同一光谱技术对不同农药的检测效果参差不齐，针对具体农药，何种光谱检测技术为最优选择更无确切定论，因此选择常见的农药二嗪农作为主要研究对象，着重分析不同光谱对农药二嗪农的敏感性，以寻求最适宜二嗪农的光谱检测技术。

3. 主要介绍了多光谱技术在食用植物油安全品质检测领域的研究

主要介绍了采用近红外光谱、红外光谱和拉曼光谱技术在食用植物油安全品质、营养品质和理化指标检测领域所做的研究工作和取得的成果。分别采用了近红外光谱、中红外光谱和拉曼光谱法对食用油的脂肪酸、酸值和过氧化值进行定量分析检测，结果表明，3 种光谱方法都可以进行食用油上述指标的定量预测分析。同时探索研究了近红外光谱与中红外光谱的融合分析方法，结果表明采用 NIR－IR 融合方法进行定量检测的模型结果优于单一方法的模型结果，多光谱融合的方法可以提高定量分析模型的精度。

4. 主要介绍了多光谱技术在面粉品质检测领域的研究

重点探讨了近红外光谱和中红外光谱技术在小麦粉水分、灰分和湿面筋指标定量检测中的应用；结合模式识别方法对小麦粉种类鉴别定性鉴别探索，实验取得了较好的预测精度和识别效果。但是还需收集更多不同种类、不同生产厂家的小麦粉样本，以提高预测准确率，这样才能将不断优化的模型真正用于实际生活，如将模型嵌入便携式红外光谱仪上以便质检人员现场抽检与鉴别。

5. 主要介绍了多光谱技术在其他品质检测领域（淀粉和茶叶）的研究

首先，进行了基于多光谱技术的淀粉种类快速鉴别，分别结合近红外光谱、中红外光谱和拉曼光谱对淀粉的种类进行区分。运用光谱预处理和各种定性建模方面建立了淀粉的定性分类模型，并运用模型进行了预测，最后对每种光谱的建模结果进行了小结。其次，运用近红外光谱和中红外光谱技术对新旧茶叶和茶叶的产地进行了定性分析，分别采用无光谱预处理、SNV、一阶导数、一阶导数＋SNV、二阶导数、二阶导数＋SNV 的数据预处理方法结合聚类分析对茶叶样本的新、老及产地进行定性检测，建立了聚类定性分析模型。采用聚类分析法建立了区别茶叶品质和产地的模型，该方法能够有效地判别样本茶叶是新茶还是老茶、产自于南方还是北方，结果表明，该系统分析模型对校正集和预测集样本的预测准确率都达到了高度准确，尤其是对样本茶叶新、老定性分析的准确率达到了 100%，该方法能够准确、有效地对茶叶种类进行定性鉴别。

第 11 章和第 12 章介绍了采用近红外光谱、红外光谱和拉曼光谱技术在其他品质检测领域（淀粉和茶叶）所做的研究工作和取得的成果。

6. 主要介绍了采用 HSI 技术对小麦不完善粒进行无损检测的研究工作

14.2 展望

光谱检测技术（原子荧光光谱法、紫外－可见光谱法、红外光谱法、拉曼光谱法、HSI 检测技术等）作为近些年发展起来的检测方法，在石化、医药、食品和农业方面的检测领域得到了卓有成效的广泛研究和使用。光谱检测方法属二次检测技术，只要在首次建模时建立优秀的标准模型数据库并定期进行维护、模型修正和转移，即可将此检测方法应用于农产品的品质检测领域。光谱检测技术无需像生物化学原理方法每次测量都进行复杂的样本前处理，可对农产品进行快速、无损、无污染直接测量，更适用于现场检测，具有较好的应用前景。

在今后的研究中，将从以下方面开展：①对果蔬农残的无损检测方法的研究；②对面粉、食用植物油的品质检测模型传递的研究；③对多光谱信息结合深度学习方法进行品质检测的研究等。进一步开展高光谱、太赫兹光谱技术在食品品质检测中的应用。

附　　录

附录 A　近红外光谱采集步骤

1. 开机

1）常温下打开 VERTEX 70 傅里叶变换红外光谱仪，确保仪器所有指示灯均为绿色后预热 20 ~ 30min；

2）开启计算机，进入 Windows 系统，打开 OPUS 6.5 软件。

2. 仪器参数设置

1）点击 OPUS 6.5 软件工具栏中的“高级数据采集”按钮来进入采集界面；

2）点击连接 NIR – fiber 探测器，确定连接状态为绿色，分辨率设置为 $8cm^{-1}$，扫描次数为 32，光谱范围为 4000 ~ $12500cm^{-1}$；

3）进行信号检查，出现“+”型峰位图后保存峰位，每次重新开机或仪器参数发生改变后均需进行信号检查并保存峰位；

4）在“基本设置”界面中测量实验室环境的单通道背景，正常情况下若试验参数无改变，应每隔 1h 左右测一次单通道背景，可根据外界环境变化对单通道背景测量时间进行适当增加或减少。

3. 光谱采集步骤

1）把光纤探头没入待测样本中扫描光谱，此过程必须确保样本能够完全淹没探测器的透射装置；

2）每一个样本扫描完毕后都要使用清水或有机溶剂来清洗探头，以保证不对下一个样本的光谱产生干扰。

附录 B　中红外光谱采集步骤

1. 开机

1）常温下打开 VERTEX 70 傅里叶变换红外光谱仪，确保仪器所有指示灯均为绿色后预热 20 ~ 30min；

2）开启计算机，进入 Windows 系统，打开 OPUS 6.5 软件。

2. 仪器参数设置

1）点击 OPUS 6.5 软件工具栏中的“高级数据采集”按钮来进入采集界面；

2）点击连接 MIR – ZnSe 探测器，确定连接状态为绿色，分辨率设置为 $8cm^{-1}$，扫描次数为 32，光谱范围为 400 ~ $4000cm^{-1}$；

3）进行信号检查，出现“+”型峰位图后保存峰位，每次重新开机或仪器参数发生改变后均需进行信号检查并保存峰位；

4）设置所扫描样本光谱保存路径；

5）在“基本设置”界面中测量实验室环境的单通道背景。

3. 光谱采集步骤

1）根据实际情况取 10 ~ 20μL（以样本能够覆盖整个 ZnSe 晶体表面为准）样本滴在 ZnSe 晶

体表面，来进行光谱扫描；

2）每采集一个样本之前都需要用石油醚擦拭 ZnSe 晶体表面，擦拭完毕后 30s 采集单通道背景，再采集下一个样本光谱。

附录 C　表面增强拉曼散射光谱采集步骤

1. 开机

1）打开 DXR 激光共焦显微拉曼光谱仪，预热 20 ~ 30min；

2）开启计算机，点击 OMNIC 软件，进入 μ - View 模块，进行显微对焦。

2. 仪器参数设置

1）在第一次测量时，点击“高级测量”选项，进入设置选项，点击“光学台”，查看光谱扫描情况；

2）在正式测量样本前，先用聚乙烯对拉曼传感器进行峰位校准。

3. 光谱采集步骤

1）进入“高级测量”界面，先进行背景测量，正常情况下若试验参数无改变，应每隔 1h 左右测一次单通道背景，可根据外界环境变化对单通道背景测量时间进行适当增加或减少；

2）然后向液体池中分别加入 200μL 的样本溶液和 200μL 表面增强剂，混合均匀后将液体池放到光学台上，盖上仪器盖子，点击“样本扫描”，设置文件名，等待光谱扫描结果；

3）每次扫描完将液体池拿出，用纯净水清洗，用干净纸巾擦干，继续进行下一个样本的测量。

附录 D　紫外光谱采集步骤

1. 开机

1）开启计算机，待 Windows 系统完全启动后方可打开 TU - 1900 仪器主机电源；

2）打开“UVWin 5.0”软件对仪器进行初始化自检，若自检各项都没问题则进入工作界面预热 30min。

2. 光度测量

1）点击“光度测量”，进入光度测量界面后进行参数设置；

2）点击“校零”，将两个比色皿样本池中都放入样本背景溶液后进行校零；

3）取出外池比色皿中的样本背景溶液，清洗比色皿，点击“开始”进行光度测量。

3. 光谱测量

1）点击“光谱测量”，进入光谱测量界面后进行参数设置；

2）将两个比色皿样本池中都放入样本背景溶液进行基线校正，校完后保存基线；

3）取出外池比色皿中样本背景溶液，清洗比色皿，点击“开始”进行光谱测量。

4. 定量测量

1）点击“定量测量”，进入光度测量界面后进行参数设置；

2）点击“校零”，将两个比色皿样本池中都放入样本背景溶液后进行校零；

3）取出外池比色皿中的样本背景溶液，清洗比色皿；

4）测量标准样本；

5）测量待测样本。